地理信息系统理论与应用丛书

数字地形分析

周启鸣　刘学军　著

科学出版社

北　京

内 容 简 介

数字地形分析是随着数字高程模型的发展而出现的地形分析方法。全书由三个部分组成。第一部分重点讨论数字地形分析的基本概念、地形的数字特征以及地形的数学建模。第二部分着重介绍数字地形分析的基本技术,包括基本地形参数计算、地形形态特征分析、地形统计特征分析、复合地形属性和地形可视化及分析。第三部分重点讨论了数字地形分析中的误差处理方法,以及数字地形分析的技术走向和发展趋势。

本书适合于地理信息系统、测绘、地理、水文、生态、环境等地学相关领域的科研、生产、开发人员使用,也可作为大专院校测绘工程、地理信息系统和地学等相关领域和专业的本科生、研究生的教材。

图书在版编目(CIP)数据

数字地形分析/周启鸣,刘学军 著.—北京:科学出版社,2006
(地理信息系统理论与应用丛书)
ISBN 978-7-03-016885-6

Ⅰ.数… Ⅱ.①周…②刘… Ⅲ.数字地形模型 Ⅳ.P287

中国版本图书馆 CIP 数据核字(2006)第 010194 号

责任编辑:朱海燕 韩 鹏 吕晨旭/责任校对:张怡君
责任印制:吴兆东/封面设计:王 浩

科 学 出 版 社出版
北京东黄城根北街 16 号
邮政编码:100717
http://www.sciencep.com

北京虎彩文化传播有限公司印刷
科学出版社发行 各地新华书店经销

*

2006年5月第 一 版 开本:787×1092 1/16
2023年1月第九次印刷 印张:22 插页:2
字数:485 000
定价 78.00元
(如有印装质量问题,我社负责调换)

《地理信息系统理论与应用丛书》编委会

《地理信息系统理论与应用丛书》出版说明

若从 1980 年陈述彭院士建立第一个 GIS 研究室算起,中国 GIS 已经走过了 23 年的发展历程,开始进入了青壮年发展时期。这主要表现为国家和省、市基础地理信息系统提供着权威的基础地理数据,一些应用系统已从早期的"实验型"或"科研成果型"提升为业务化运作型,具有自主知识产权的 GIS 软件初步地具备了与国外同类软件竞争的能力,多层次的 GIS 研究、开发队伍不断扩大,GIS 高科技公司不断涌现,约 100 所大专院校开设了 GIS 本科专业,GIS 硕士、博士培养点逐渐增加。今后我国的 GIS 业务化应用将蔚然成风,地理空间数据库将动态更新和不断丰富,具有自主产权的 GIS 系统将成为主流技术平台,GIS 基础和应用基础研究将在国际上占有一席之地,GIS 产业将会成为一些地区新的经济增长点。

应该指出的是,过去国内外 GIS 的发展都主要是靠"应用驱动"和"技术导引"的。随着 GIS 在国家信息化、国家安全、经济建设、科学研究、产业推进等方面应用的不断扩展与深化,原有的 GIS 方法与技术已难以解决应用实践中提出的许多问题,GIS 理论研究滞后于应用、教学、软件开发及科普的情况日益明显,系统的科学理论指导对 GIS 持续发展的重要性和必要性已为越来越多的 GIS 工作者所认识。自 20 世纪 90 年代初以来,国内外学术界都加强了对 GIS 的理论研究,经常组织高水平的 GIS 学术会议,多个国际和国内学术性组织设立了 GIS 专题委员会或工作组,一些国家和地区的政府设立了专门的 GIS 理论研究机构,以期推动 GIS 科学理论体系的形成与发展。

针对当前全国各地对 GIS 理论方法的迫切需要,中国地理信息系统协会(CAGIS)会同科学出版社启动了《地理信息系统理论与应用丛书》的出版计划。其目的旨在组织出版一套能系统、深入地反映 GIS 理论方法、关键技术、应用系统、政策管理等的学术专著,在为广大 GIS 工作者提供知识读本、工具书、教学参考书的同时,逐步地构建我国 GIS 的科学体系,提升我国 GIS 的发展和应用水平。就总体而言,本丛书力求反映 GIS 科学的知识体系,将包括理论与概念、方法与关键技术、工程与集成应用以及政策、法规、教育四大部分的著作。就每一单本书来说,要求作者应有深厚的科学研究功底和工程实践经验,所编著作有独到的体系和见解,能反映国内外本领域发展历程、主要流派、最新成果和发展趋势,争取出精品、创品牌。

为了切实地推动这项事业,中国地理信息系统协会邀请了一批具有不同专业背景,活跃在 GIS 科研、工程、教学、产业、管理和出版前沿的专家、学者担任丛书编委,具体地组织本丛书的选题、审稿等工作,面向全国发布指南和征集著作。这项出版工作从一开始就得到了徐冠华院士、陈述彭院士、李德仁院士等的热心指导,并得到了科技部高新技术司等政府部门的鼎力支持。我们相信,经过本丛书编委会和全国 GIS 专家、科学出版社的通力合作,将会有一大批反映我国 GIS 研究和实践水平、在内容和形式上与国际同类著作接轨的 GIS 优秀专著面世,这将会有力地推动我国 GIS 科学理论体系的形成和发展,成为我国 GIS 科技创新的一个新亮点。

中国地理信息系统协会

《地理信息系统理论与应用丛书》编委会

2003 年 9 月 25 日

序

　　周启鸣、刘学军教授通力合作,历时三载,精心推出《数字地形分析》著作,完成了《地理信息系统理论与应用丛书》的约稿计划。首先,我表示衷心的感谢和祝贺。

　　他们在编纂过程中,努力争取国家自然科学基金和大学的资助,进行了大量的组织协调工作,听取了许多同行专家的意见,凝聚了许多知名专家和青年学子的智慧和力量,仍然坦诚指出"该领域中尚存在诸多理论问题值得进一步的深入探讨和研究。"他们这种认真负责、精益求精的科学态度,虚怀若谷的严谨学风,更是令人钦佩!

　　地形分析是地球科学中的一个经典课题,也是研究自然环境与资源、人口分布的一项基础性工作。因为诸多自然和人文要素的区域分异,无不深受地形下垫面的制约和影响。地形曲面的数字模型和形态表达,长期以来,深受地球科学家和地学工程师们的关注。大地测量、地形测绘、地貌学、地图学家们都进行过大量地观测、分析与研究工作,从而在社会上形成巨大的生产企业,服务于众多工程建设与管理、规划部门,使地形分析的理论和方法获得了长足的进步和丰富的科学积累。

　　早在 20 世纪 30 年代,我刚上大学,就曾饶有兴趣地学习采用格网进行相对地势的分析,练习在二维平面上的各种地形表示方法,那是在量尺和珠算作为工具的条件下进行的。而今进入了 21 世纪航天时代与信息社会,全数字化成为地形分析的主流。卫星遥感图像数据分辨率已达到厘米级,全球的大部分地区已建成了 DEM 数据库,三维仿真虚拟与漫游技术已广泛应用于动画和游戏机之中。基于地形数字模型的各种趋势分析预测、预警、应急反应信息系统乃至工程解决方案,在互联网上已随处可见。正当遥感、全球定位系统融入地理信息系统,而又广泛成为网络信息资源的今天,这部专著对数字地形模型及其分析应用,进行系统、全面的理论和方法的总结,是及时的。它承前启后,推陈出新,不仅提供了纲举目张的教材,使初学者受益,而且对于专业同仁也是难能可贵的思路疏理与启示。例如,本书以适度的篇幅,阐述地形曲面模型参数、误差及其分析、应用,介绍基于格网和 TIN 的地形分析,讨论地形三维可视化,湿地的评估,都是大有可为的创新亮点,读后深受启迪,它可能为我们开拓创新指引方向。

　　中国地理信息系统协会之所以吁请同仁在百忙中挤出时间,编纂这套丛书,总结学科发展的历史,疏理科学思想的轨迹,其目的就是为创新开拓,寻找突破口。这部专著正是一个良好的开端。

陈述彭

2005 年 10 月 20 日

前　言

数字高程模型(Digital Elevation Model，DEM)自 20 世纪 50 年代后期首次提出以来，就受到了科学界和工程界极为广泛地关注。特别是近几年来，随着空间信息基础设施、"数字地球"、"数字区域"、"数字城市"等概念和技术应用领域的兴起，DEM 作为国家空间数据基础设施的基本产品之一和赖以进行地形分析的基础数据，已经规模化生产，并在不同领域逐步取代传统地形图对地形的描述。目前我国已经建成了全国 1∶100 万、1∶25 万、1∶5 万等不同比例尺的 DEM 数据库，1∶1 万 DEM 数据库也正在积极的建设中。可以肯定，在我国国民经济各个领域中，高质量、高精度、多种类的 DEM 产品必将发挥出越来越大的作用。

DEM 作为数字化的地形图，蕴含着大量的、各种各样的地形结构和特征信息，是定量描述地貌结构、水文过程、生物分布等空间变化的基础数据。然而，DEM 数据的本质是离散的高程数据，每个数据本身并不能反映实际地表的几何特征，如同传统的基于纸质地图的地形分析，在 DEM 上进行地形分析时，也需要一种基于数字高程的信息分析方法——数字地形分析(Digital Terrain Analysis，DTA)，其定义为在数字高程模型上进行地形属性计算和特征提取的数字地形信息处理的理论和方法。

从 DEM 提出到现在的 40 余年间，DEM 在数据获取、建模方法、质量控制等方面都取得了长足的进步。而过去由于地图的直观性、一览性，人们忽视了地图信息的解析性和复杂性，忽视了地图信息分析和应用的研究，从而导致数字地形分析理论与技术的发展落后于应用的要求。迄今为止，关于 DEM 应用和 DTA 方面的科学技术文献仅限于在国内外一些学术期刊上发表的论文和有关地理信息系统(GIS)和数字地形模型著作中的个别章节，GIS 软件商提供的也大多数是介绍性的宣传资料或简单的用户手册。国内外专门论述数字地形分析原理与方法的论著可谓凤毛麟角，在过去 20 余年中也仅出现少数几部集个别研究成果而成的编著，因而缺乏对数字地形分析理论和技术全面和系统的介绍，更谈不上对各种地形分析方法的比较、分析和研究。因此，人们很难全面了解和把握有关数字地形分析的概念、与 DEM 的关系、算法设计与评价等关键问题，在很大程度上限制了数字地形分析理论和技术的应用和普及。

自 1995 年以来，笔者先后主持或参与了国内外多项 DEM 建立和应用方面的课题研究，笔者之一以数字地形分析为研究方向完成了博士学位论文。

在长期的科研、学术交流、工程实践与教学中,笔者查阅了大量的国内外相关文献资料,积累了一些经验,深感数字地形分析理论和技术对科研和工程实践的重要性。鉴于目前资料的匮乏,在国家地理信息系统协会的建议,以及众多学术界的前辈、同行和朋友的鼓励下,终于完成这本关于数字地形分析方面的专著,希望藉此推动我国数字地形分析理论研究和应用的进展。

本书在笔者近十年来从事 DEM 和 DTA 研究的基础上,综合相关领域专家学者在该领域的研究成果,汇集国内外最新的理论与技术成就,系统全面地介绍了数字地形分析的框架体系、理论基础、算法原理和算法分析评价方法。全书可分为三个部分。第一部分包括 1～3 章,主要介绍数字地形分析的背景、基本概念、研究内容及其应用领域,并着重讨论数字地形分析方法的数学基础和地形数据建模。第二部分由第 4～8 章组成,介绍数字地形模型的分析方法和计算算法,包括基本地形曲面参数的计算方法,地形特征提取算法,地形曲面参数的统计特征,复合地形属性的概念、应用意义和计算方法,以及地形曲面可视化分析方法与原理。第三部分包括第 9 章和第 10 章,重点讨论数字地形分析的误差分析,阐述了数字地形分析面临的挑战及其发展前景,并对本书进行了总结。笔者对书中所介绍的主要内容都进行了对比分析和比较,力求具有较强的针对性和实用价值。所介绍的算法在效率上虽不一定是最优的,但大部分都通过了实例验证,对读者有一定的启发作用。本书在写作过程中,力求内容简练,全面系统,方法实用,同时反映 DEM 和 DTA 方面研究的最新成就,希望为地学和工程学相关领域的各类专业技术、研究和管理人员进行科学研究、教学、软件开发和生产等提供较为完整的理论依据和技术参考。

本书构想于 2002 年春,成稿于 2005 年秋,历时三年多。直至完稿之际,虽顿觉轻松,完成多年的夙愿,但也感触颇深:地形表面是人类活动和能量物质交换的场所,对地形表达目前研究较多,而地形分析特别是数字地形分析的研究相对滞后。本书的研究虽然只是一个开始,但笔者相信可以为今后的研究奠定一个较好的基础。同时作者也希望通过本书的出版,能抛砖引玉,使更多的专家、同行和学者关注该领域的研究,进一步推动中国基础地理信息的开发和应用,此其一也。其二,在撰写过程中,笔者发现该领域中尚存在诸多理论问题值得进一步深入地探讨和研究。例如,DEM 地形分析尺度问题、误差分布与传播、地形参数与地学分析模型的耦合、DEM 地形单元异质性及其影响等,这些问题的解决不但能够进一步拓展 DEM 的应用领域,而且也能为相关学科的研究提供可借鉴的理论和方法。其三,当今科学技术发展极其迅速,日新月异,本书虽尽可能力求全面,紧跟学科发展,但深感该领域理论之深奥,应用之广泛,然笔者才疏学浅,书中难免挂一漏万,恳请读者见谅并不吝赐教。

作　者

2005 年 9 月 29 日完稿于南京随园

致　谢

本书的研究工作和出版得到以下基金的资助。

① 中国科学院出版基金。

② 国家自然科学基金(40571120)："DEM 地形分析的尺度效应与机理"。

③ 南京师范大学科学研究启动基金(2004105XGQ2B53)："数字高程模型尺度特征及对应用影响的研究"。

④ 香港浸会大学研究基金(FRG/98-99/Ⅱ-35)："3-Dimensional Hydrological Modelling"。

⑤ 国家自然科学基金"两个基地研究"项目(49810361644)："三维数字景观的理论、方法研究"。

⑥ 国家自然科学基金(40271089)："不同空间尺度数字高程模型地形信息容量与转换图谱研究"。

中国科学院资深院士陈述彭先生在百忙之中审阅了全书的初稿并亲自作序。

中国地理信息系统协会会长、国家基础地理信息中心主任陈军教授始终关注着本书的写作进展,从选题立项、结构确定到书稿内容的各个方面,对作者提供了毫无保留的支持。

南京师范大学虚拟地理环境教育部重点实验室主任闾国年教授、南京师范大学地理科学学院地理信息系统系主任汤国安教授多次与作者讨论书稿构架,并提出不少建设性意见,也为作者完成书稿提供了数据、软件、设备和时间,可以说没有他们的帮助,本书难以如期与读者见面。

武汉大学测绘遥感信息工程国家重点实验室龚健雅教授、朱庆教授、香港理工大学李志林教授审阅了本书的全部或部分书稿,并提出许多建设性意见,使得本书的结构更加合理,内容更加完善。

长沙理工大学公路工程学院赵建三教授、郭云开教授、宋谦工程师为本书的完成提供了帮助和方便。

中国科学院计算技术研究所方金云研究员利用自主研发的"织女星"GIS软件系统,专门为本书制作了地形飞行模拟动画系列。

武汉大学博士研究生吴波,南京师范大学博士研究生卢华兴、李发源,长沙理工大学硕士研究生周访滨、黄雄、王叶飞、曹志东,南京师范大学硕士研究生韩富江、潘胜玲、任政、任志峰、卞璐、房亮、陈盼盼、叶蔚,香港浸会大学硕士研究生侯全等同学,分别参与了本书的资料收集、文献整理、数据处理、文字编辑、插图绘制等工作,为本书的完成付出了辛勤的劳动。

笔者对所有为本书的完成提供帮助的学者、专家、同学和朋友们表示衷心地感谢!

书中引用和参考了大量的国内外文献,笔者对各位作者表示诚挚的谢意,如有引用不当或曲解原意之处,敬请谅解并祈指教。

最后笔者衷心感谢我们的家人,没有他们的支持与理解,本书不可能顺利完成。

作 者

2005 年于南京随园

目　　录

第1章 绪 论

导读:科学的产生和发展一开始就是由生产决定的。与其他学科一样,地图学也是在生产和社会需要中产生的,并随着社会和生产的需要而不断丰富其理论、方法和内容。地图学及其在数码时代的延伸——地理信息科学,作为人们认识自然、改造自然的一种方法和交流语言,已融合到众多学科的实践中。随着近年来科学技术的进步,地理信息科学更是呈现出蓬勃发展的趋势,并不断形成新的生长点和应用领域。数字地形分析便是其中之一。

本章简要介绍数字地形分析的发展背景、研究内容以及主要应用领域,以求对数字地形分析从整体上有所了解和认识。

1.1 地形图与地形分析

地形图作为区域地理环境空间信息的载体和传输工具,在人类文明历史的长河中源远流长,方兴未艾。之所以如此,一方面在于地形图是现实世界的一种缩影,人们在足不出户的情况下,通过阅图而了解感兴趣区域的自然、社会、经济现象和地势起伏等;另一方面,则是在地形图所反映的自然和社会现象基础上,通过对这些数据和图形的解译和发现,可获取在地形图上没有直接表现的知识。例如,地势起伏在地形图上通常用等高线表示,通过对等高线数据的进一步分析和发掘,可获得该区域的地形坡度、坡向、流域密度等地貌特征。通常,上述前一种情况称为地形图的直接信息,即用图形符号直接表示的地理现象,如道路、河流、居民地等;后一种则称为地形图的间接信息,需要通过对地形图分析而获得有关物体和现象的规律信息。在地图学领域中,这一过程称为地图分析,而当地图为地形图时,可称为地形分析。

地形分析包括两个方面的含义,一是地形数据的基本量算,一是数据的地形特征分析。地形数据的基本量算包括如何确定点的高程、确定两点之间的距离和方位,以及给定区域的面积、表面积和体积的计算;数据的地形特征分析则是地形特征识别及地理对象的相关关系分析,如在地形图上根据等高线疏密程度判断地势起伏与地形走向,及通过分析等高线之间的关系识别山脊、山谷等地貌特征。

严格地讲,地形分析并不是一个新概念。自从有了地形图,人们就在不断地进行着各种各样的地形分析,如在地形图上进行距离、方位、面积、体积的量算;利用地形图进行路线选线、厂址规划、战术研究和战略决策等都是人们利用地形图进行地形分析的实例。

从中国魏晋时期地图学家裴秀提出的制图六体(分率——比例尺,准望——方位,道理——距离,高下——相对高程,方雅——地表起伏,迂直——表面距离和平面距离的换算),到16世纪荷兰地图大师墨卡托研究设计的墨卡托投影(正轴等角圆柱投影),到今天的地图设计理论、地图信息论、地图传输论、地图模式论、地图感受论、地学信息图谱和地图数据模型等概念的提出；从过去的写景法表示地形地貌，到 19 世纪等高线的出现，20 世纪初摄影测量的理论的完善和普及，以及近代遥感理论、数字高程模型、虚拟现实、地形场景仿真等；几千年来，人们对地图、地形图的制作和应用的理论和方法进行了广泛地研究，创立了体系完整的地图科学。地图学家这种跨越历史时空的努力，无一不是为了提高地图及地形图的制作水平和精度，进而提高人们对地图、地形图所表达空间现象的理解和解译能力，而这种理解和解译能力也是一种地（形）图分析。

传统地形图一般采用手工方法进行地表信息的采集、处理和表达，如早期的写景法、地貌晕翁法、地貌晕渲法、分层设色法、等高线法等。人们通过地形图所获取的关于地形起伏、坡面朝向等知识，往往是借助于视觉感受、测验理解以及简单的量测工具，如三角板、量角器等进行，地形图的这种直观性、一览性、抽象性、合成性、地理对应性、可量测性等，使人们忽视了地形信息的解析性和复杂性，忽视了对地形信息分析和应用方法的研究，从而导致了在地图学中本应齐头并进的两个分支——地图制图和地图应用的不平衡发展。随着现代科学技术尤其是计算机技术引入地图学领域，催生了计算机辅助地图制图（Computer Assisted Mapping，CAM）、地理信息系统（Geographic Information System，GIS）等空间信息技术，地形图以数字形式存入计算机，取代了传统的存储介质，如纸张等。以数字形式表达地形，既迫使人们改变地形图的使用方式，又向人们展示了地图、地形图更广阔的应用领域和更灵活的应用方式。

1.2　数字高程模型与数字地形分析

计算机对地形地貌的表示，不再是人们常见的直观的地形图形式，即以等高线表示地貌、用图例符号表示地物，而是通过在存储介质中的大量的、密集的、呈规则分布或不规则分布的地面点的空间坐标和地形属性代码，以数字的形式加以描述。地形的这种表达形式称为数字地面模型（Digital Terrain Model，DTM），定义为区域地形表面诸特性的数字化表达。当地形属性代码为地面高程时，即为数字高程模型（Digital Elevation Model，DEM）。数字高程模型是新一代的地形图，是 GIS 空间数据库的主要内容之一和进行各种地学分析的基础数据。

和传统的地形图相比，DEM 作为地形地貌数字化表达方式，有着诸多的优点。主要体现在如下几个方面（李志林等，2003）：第一，容易以多种形式显示地形信息。地形数据经过计算机软件处理后，产生多种比例尺的地形图、纵断面图和立体图。而常规地形图一经制作完成后，比例尺不容易改变，改变或绘制其他形式的地形图，则需人工处理。第二，精度不会损失。常规地形图随着时间的推移，图纸将会变形，失掉原有精度，而 DEM 采用数字媒介，因而能保持原有精度。同时，用常规的人工方法在地形图上制图，精度容易受到损失，而由 DEM 直接输出，精度将得到控制。第三，容易实现自动化、实时化。常规地图的增删和修改都必须采用相同的工序，劳动强度大，生产周期长且不利于地图的实时更新。而 DEM 由于是以数字形式存储的，因此更新或改变地形信息只需将修改信息直接处理输入，经软件处理后即可产生是实时化的各种地形图。第四，数字形式存储的地形数据特别适合进行各种地形定量化的描述和地形三维建模分析，是各种地学分析的得力工具。

然而 DEM 尽管有如此多的优点,但它缺乏纸质地图的一览性和直观性,所含有的信息更加隐蔽。表面上看,DEM 是一组离散的呈规则或不规则分布的高程数据,每个数据本身并不能反映实际地形地貌的几何特征。如同传统的基于纸质地图的地形分析,在 DEM 上进行地形分析需要一种基于数字的信息分析技术,即数字地形分析(Digital Terrain Analysis, DTA),定义为在数字高程模型上进行地形属性计算和特征提取的数字信息处理技术,而用于进行地形属性计算的数学模型和地形特征提取算法称为 DEM 解译算法(DEM Interpretation Algorithms)。DTA 技术是各种与地形因素相关的空间模拟技术的基础,其结果通常被理解为更为广义上的 DTM,即数字地面模型。DTA、DEM、DTM 的关系如图 1.1 所示。

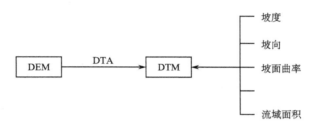

图 1.1　DEM、DTM 和 DTA

数字地形分析技术是常规纸质地形图分析、DEM 应用范围的拓广和延伸,除包括基本分析内容,如点的高程内插、等高线追踪、地形曲面拟合、剖面计算、面(体)积计算、坡度坡向分析、可视区域分析、流域网络与地形特征等提取外,还包括在土壤、水文、环境等地学领域广泛应用的复合地形属性,如地形湿度指数(Topographic Wetness Index)、水流强度指数(Stream Power Index)等。

数字地形分析技术是基于数字高程模型的,因此在具体实施数字地形分析时,应从概念上理解数字高程模型的几个特点。

(1)关于 DEM 的本质。实际地形中的悬崖、断层等特殊地形较少,地形表面常被看成一个"场",因而 DEM 并不是"真三维"空间模型(Weibel and Heller, 1991)。DEM 实现了在二维地理空间上对三维地形表面与地形特征的描述和表达,即叠加在二维地理空间上的一维或多维地理特征向量空间,故其本质是二维地理空间的定位和描述(柯正谊等,1993)。由此,人们往往把 DEM 定义为"2.5 维"空间模型。

(2)关于地形模型。DEM 是在最优意义下对实际地形的逼近,是地形表面的模拟和模型化表达。因此,DEM 所表示的并非真正的地形数学模型。DEM 对地形的逼近程度取决于原始地形采样点的质量和分布、地形粗糙程度、格网分辨率等因素。因此,DEM 中不可避免的含有误差。大量的理论和实践研究表明,数字地形分析对 DEM 误差是非常敏感的,DEM 生产者、用户应对此有非常明确的认识。

(3)关于 DEM 内插技术。数据内插技术在 DEM 的建立中是必需的。不同的内插方法对 DEM 精度并无显著影响(龚健雅,1993),Eklundh 和 Martensson(1995)也指出"DEM 用户应把重点放在数据来源和输入质量控制上,而不是学习复杂的内插方法",只要原始数据质量好,简单的内插方法也能取得满意的结果;相反,若原始数据质量不高,再好的内插方法也难得到较高精度的 DEM。然而,由不同内插方法形成的 DEM 对基于 DEM 的数字地形分析却有着较大的影响。例如,Fisher(1993)证实不同的内插方法形成的 DEM 会对视场分析产生显著影响。

(4) 关于 DEM 分辨率。DEM 以一定的分辨率(resolution)实现连续变化地形表面的离散表示,DEM 分辨率会带来两方面的问题,一是 DEM 地形表示尺度(scale),一是格网点所代表的高程范围。这一点在数字地形分析中尤为明显(Garbrecht et al.,1999)。例如,Hodgson(1995)曾研究了格网 DEM 的计算坡度坡向范围。DEM 高程矩阵中的高程点不是孤立的,应用和分析中应顾及相邻高程点之间的空间相关关系。

1.3 数字地形分析的技术内涵

1.3.1 地形数据与数据结构

数字高程模型包括平面位置和高程数据两种信息,这两种信息目前主要通过野外测量、航空航天遥感影像和现有地形图数字化三种方式获得。航空摄影测量一直是地形图测绘和更新的有效手段,其所获取的影像数据是高精度大范围的 DEM 生产最有价值的数据源。另外,近年来出现的干涉雷达、激光扫描仪等新型传感器数据被认为是快速获取高精度、高分辨率的 DEM 最有希望的数据来源(李志林等,2003)。地形图数字化是 DEM 的另外一种主要数据源,几乎世界上各国都测绘了覆盖本国的各种比例尺的地形图,这些数据为地形建模提供了丰富廉价的数据。通过全站仪、全球定位系统(GPS)、经纬仪等手段可获取小范围、大比例尺、高精度的地形建模数据,同时也是对航空摄影测量和地形图数字化的一种补充。实际工作中,具体采用何种数据源和相应的生产工艺,一方面取决于数据的可获取性,另一方面也取决于应用目的和对数据的要求,包括 DEM 的分辨率、数据精度、数据量大小和技术条件等。

对上述各种方式所获取的地形数据,可通过以下三种方式进行组织:

(1) 规则格网结构(grid,lattice,raster)。

(2) 不规则三角网结构(Triangulated Irregular Network,TIN)。

(3) 等高(值)线结构(contour)。

规则格网数据结构和计算处理简单,有利于摄影测量与遥感方法数据的自动产生,是目前广为采用的 DEM 结构。但其结构特征,如固定的分辨率、规则排列的数据点等也限制了其对地形表达的灵活性和精确性。同时,当由随机分布的采样数据(地面测量、航测解析法测图、地图数字化等)产生格网时,要采用数据内插技术,这不但会平滑地形特征,而且会导致伪洼地等非自然现象,增加了 DTA 的复杂性。如在进行水文模型分析时,水流路线会呈"Z"状,导致水文模型参数如单位汇水面积(Specific Catchment Area,SCA)计算困难且不精确(Zevenbergen et al.,1987;Moore et al.,1991b)。

不规则三角网用互不交叉、互不重叠的三角形网络模拟地形表面。三角形的形状和大小取决于随机分布的采样点的位置和密度,随地形变化而变化,因而 TIN 具有可变的分辨率。同时由于 TIN 能顾及各种地形特征点(山顶、鞍部点、坡度变换点等)、线(山脊线、山谷线、坡脚线等),故能以较少的采样点高精度逼近复杂的地形表面。但 TIN 的数据结构、存储管理与操纵较为复杂,数据不便共享,故大规模 DEM 生产与管理较少采用,一般用于大比例尺地形测图等。

基于等高线的 DEM,是由一系列等高线集合和其对应的高程值组成,等高线按有序的坐标点存储,可认为是带有高程属性的简单多边形或多边形弧段(Moore et al.,1991b;Burrough et al.,1998)。通过等高线和流线(等高线的法线方向)可把地形表面划分成不规则的多边形,这有利于简化水文模型的分析计算(Wilson et al.,2000),因而这种结构在水文模型等地学分析领域应用较多。

数字地形分析中的各种地形地貌因子和地形特征,在三种结构的 DEM 上都可产生,但以在格网 DEM 上的实现最为简单,效率也较高。目前,DEM 已经严格定义为格网结构(Theobald,1989),许多国家提供的 DEM 数据都是以规则格网的数据矩阵形式提供的。如美国地质调查局(USGS)提供分辨率为 30m、90m 的 DEM,澳大利亚、日本、英国均提供 50m 分辨率的 DEM,而加拿大则为 93m 的 DEM,法国为 100m 的 DEM、中国则建立了 1∶100 万、1∶25 万、1∶5 万和 1∶1 万比例尺的 DEM 系列。数据采集自动化程度高、计算与存储管理简单、易于与遥感和栅格 GIS 结合等优点,使格网 DEM 在数字地面模型数据组织中占据主导地位(Tang,2000)。虽然如此,数字地面模型数据结构并非是一成不变的,大量的算法可实现不同结构 DEM 的相互转换(Van Kreveld et al.,1997)。所以,对数字地面模型数据结构的选择要考虑数据来源、技术要求和应用目的。

1.3.2 误差分析与不确定性

与基于纸质地图的地形分析精度受地形图精度和比例尺的控制一样,数字地形分析的误差和精度与 DEM 精度、DEM 分辨率有关。DEM 本身的误差在地形分析过程中被放大和传播,特别是当地形分析结果作为 GIS 地学应用模型(如水文、土壤、环境等模型)的输入数据时,数字地形分析结果中的误差(包括 DEM 数据误差和 DTA 算法误差)影响着人们对地学模拟过程中的解释和判断。因此长期以来,关于 DEM 的精度和误差分析一直是研究的重点(Florinsky,1998a,1998b;Tang,2000)。例如,DEM 粗差探测(López,1997)、DEM 质量控制(李志林等,2003)、DEM 地形描述精度(Tang,2000)、DEM 误差空间分布模式(Liu et al.,1999)、原始数据误差和地形复杂度与 DEM 精度关系(Li,1991,1993a,1993b;Kumler,1994)、DEM 误差可视化(Kraus,1994;Hunter et al.,1995)、分辨率与 DEM 精度关系(Li,1994)等。对 DEM 生产与质量控制的各个环节,提出了各种 DEM 精度的估计公式(柯正谊,1988;李志林等,2000)和 DEM 误差修正方法。

相对 DEM 精度研究而言,数字地形分析误差和精度研究所做的工作则比较薄弱。到目前为止,关于地形属性误差空间分布特征、误差传播机理、DEM 误差和分辨率与地形属性关系、解译算法的分析和评价、地形分析结果的可信度、地形分析过程控制、结果预测和误差修正以及对地学应用影响等的认识还不十分清楚,有时甚至得出矛盾的结论(Florinsky,1998a,1998b)。李德仁[①]指出:"近年来,随着诸多高新技术的应用,在数字

---

① 见 Tang G. A Research on the Accuracy of Digital Elevation Models,Beijing:Science Press,2000

高程模型数据采集方法与数据精度上有了长足进步。然而,人们在对数字高程模型数据不确定性问题的研究却相对落后于应用的要求。各类数字高程模型误差的存在,不同程度的降低了 GIS 分析与应用结果的精确性。加强数字高程模型不确定性的理论研究,为各类地理信息系统分析结果提供科学、合理的质量标准,是十分必要而紧迫的任务"。因此研究数字地形分析中各种地形属性的误差成因、误差空间分布、DEM 误差和结构与地形属性的关系、分析评价现有的各种地形属性解译算法,为地理信息系统的地学分析模型提供科学、合理的地形分析数据,并对分析结果做出合乎实际的解释,是有着现实意义的。

　　数字地形分析中误差和精度的研究,首先是研究方法的问题(Florinsky,1998a)。目前大部分有关数字地形分析精度研究(包括 DEM 精度分析)都是在实际地形 DEM 上通过对比分析技术进行(Bolstad et al.,1994;Garbrecht et al.,1994;Wolock et al.,1994;Zhang et al.,1994;Wolock et al.,1995;Desmet et al.,1996;Mendicino et al.,1997;Walker et al.,1999;Tang,2000)。这种方法忽视了 DEM 本身是对地形的模拟这一事实,由于 DEM 中不确定性因素还有大部分是未知的,因此数据本身的误差导致对地形分析结果和解译算法评价的不确定性,同时也可能得出互相矛盾的结论(Florinsky,1998a,1998b)。地形属性的特殊性在于其定义与实现并不一致,许多地形参数定义是明确的(如汇水面积、单位汇水面积、径流长度等),但在 DEM 实现上则是一种模拟(例如,汇水面积计算中的路径算法),通过误差传播分析方法(Florinsky,1998a)只能实现部分具有明确解析式(如坡度、坡向)的地形参数精度分析。

1.3.3　算法设计与实现

　　如前所述,DEM 是连续变化地形表面的离散化表达,是对地形表面的一种近似,其本身就含有数据误差和结构上的局限性。理论上,各地形属性的定义和表达是明确的、唯一的和解析的,然而在离散 DEM 上实现定义在连续表面的地形属性计算,各种假设是必须的。同一地形属性可能具有不同的解译算法,地形分析结果和地形分析方法高度相关。Moore(1996),Pilesjö 和 Zhou(1998),Zhou 和 Liu(2002)也相继指出,目前许多 GIS 软件中的地形分析算法(如 D8 水流路径算法)并不能给出和实际相符的地形解译结果。

　　一个算法必须由一个高效的数学模型和计算程序实现。算法在具体应用中发挥的作用由算法本身的性能和实现它的程序质量共同决定,而程序的好坏在很大程度上依赖于算法的原理(刘学军,2001)。对算法本身在理论上进行分析论证,寻求高效率、高精度、适用面广的数字地形分析算法是获取真实可靠地形分析结果的重要一环,算法设计中除要考虑实际地貌形态,还要考虑地表物质运动规律以及地理现象的尺度特征等。

1.4　数字地形分析的主要内容

　　在复杂的现实世界地理过程中各影响因子和简单、高效、精确和易于理解的抽象和计算机实现中找到平衡,是数字地形分析的核心任务。用来描述地形特征和空间分布的地形参数有很多,不同学科和领域对地形属性的分类也不尽相同。根据地形属性的地学应用范畴,地形属性可分为一般地形属性(如高程、坡度、坡向等)和水文特征(如地形结构识别、流域分割等)(Wood，1996)。若按地形要素关系，则有单要素属性和复合属性(Wilson et al.，2000；邬伦等，2001)。单要素属性由高程数据直接得到，而复合属性是几个单要素属性的函数，常用来描述某种空间变化(邬伦等，2001)，一般通过经验关系或简化的自然机理模型建立。按计算特性则地形属性可划分为局部地形属性和非局部属性(Florinsky，1998a)。本书根据地形要素的关系特征和计算特征，将地形属性归纳为地形曲面参数(parameters)、地形形态特征(features)、地形统计特征(statistics)和复合地形属性(compound attributes)，如表 1.1～表 1.4 所示。

表 1.1 地形曲面参数

（地形曲面函数：$z=f(x,y)$，$p=\dfrac{\partial f}{\partial x}$，$q=\dfrac{\partial f}{\partial y}$，$r=\dfrac{\partial^2 f}{\partial x^2}$，$t=\dfrac{\partial^2 f}{\partial y^2}$，$s=\dfrac{\partial^2 f}{\partial x \partial y}$）

类别	名称	符号	量纲	描述与表达	应用意义
高程(elevation)		H	m	地面点沿铅垂线到大地水准面的距离	地势起伏、势能、气候、植被类型等
高差(relief)	绝对高差	ΔH	m	区域最高点和最低点之高差	地势起伏、土壤侵蚀、地形复杂度
	相对高差	δH	m	局部山脊线至山谷线之高差	
距离(distance)	投影距离	L	m	两点间平面投影之距离	地形复杂度、土木工程
	坡面距离	L_p	m	两点间坡面距离	
地表统计参数 (terrain surface statistics parameters)	面积	S	m²	地形单元的投影面积	土木工程
	表面积	S_s	m²	地形表面实际面积	
	体积	V	m³	地形表面与任意平面之间的体积	
	起伏度(粗糙度) (roughness)	K_r		单位地表单元地势起伏的复杂程度，$K_r=\dfrac{S_s}{S}=\dfrac{\sum\limits_{i=1}^{n} S_i \sec\beta_i}{\sum\limits_{i=1}^{n} S_i}$	
坡面参数 (slope parameters)	坡度(slope)	β	°	地面点法线与铅垂线之夹角，$\beta=\arctan\sqrt{p^2+q^2}$	径流流速、植被、降雨量、地貌、土壤水分、土地适用性评价
	坡向(aspect)	α	°	地面点法线在水平面投影与北方向之夹角，$\alpha=\arctan\left(\dfrac{q}{p}\right)$	流向、太阳日照、土壤水分蒸发、植物群分布
曲率 (curvature)	平均曲率 (mean curvature)	C_m	m⁻¹	最大、最小曲率的算术平均值，$C_m=-\dfrac{(1+q^2)r-2pqs+(1+p^2)t}{2(1+p^2+q^2)^{3/2}}$	分水/汇水流域、土壤水分含量、土壤特性分析、滑坡分布、径流加速度、侵蚀/分解速率、地貌特征研究、植物分布、水流分解、移动与累积分布和密度、断层交点，水流分解、移动与累积分布和密度
	剖面曲率 (slope profile curvature)	C_p	m⁻¹	坡度方向曲率，$C_p=-\dfrac{p^2 r+2pqs+q^2 t}{(p^2+q^2)(1+p^2+q^2)^{3/2}}$	
	等高线曲率 (contour curvature)	C_c	m⁻¹	等高线方向曲率，$C_c=-\dfrac{q^2 r-2pqs+p^2 t}{(p^2+q^2)^{3/2}}$	

类别	名称	符号	量纲	描述与表达	应用意义
曲率 (curvature)	正切曲率 (tangential curvature)	C_t	m^{-1}	坡度垂直方向曲率， $C_t = -\dfrac{q^2 r - 2pqs + p^2 t}{(p^2+q^2)(1+p^2+q^2)^{1/2}}$	分水/汇水流域、土壤水分含量、土壤特性分析、滑坡分布、径流加速度、侵蚀/分解速率、地貌特征研究、植物分布、水流分解、移动与累积分布和密度、断层交点、水流分解、移动与累积分布和密度
	纵向曲率 (longitudal curvature)	C_l	m^{-1}	下坡方向曲率， $C_l = -\dfrac{p^2 r + 2pqs + q^2 t}{p^2+q^2}$	
	断面曲率 (cross section curvature)	C_s	m^{-1}	与下坡方向垂直的方向曲率， $C_s = -\dfrac{q^2 r - 2pqs + p^2 t}{p^2+q^2}$	
	流向路径曲率 (flow-path curvature)	C_f	m^{-1}	水流路径方向曲率， $C_f = \dfrac{(p^2-q^2)s - pq(r-t)}{(p^2+q^2)^{3/2}}$	
	总高斯曲率 (total Gaussian curvature)	C_G	m^{-2}	最大、最小曲率的几何平均值， $C_G = \dfrac{rt-s^2}{(1+p^2+q^2)^2}$	
	总环向曲率 (total ring curvature)	C_r	m^{-2}	坡面曲率和正切曲率的几何平均值， $C_r = \dfrac{[(p^2-q^2)s - pq(r-t)]^2}{(p^2+q^2)^2(1+p^2+q^2)^2}$	
水文参数 (hydrologic parameters)	上坡坡度 (upslope slope)	β_u	°	上坡区域内坡度平均值	径流速度
	上坡坡长 (upslope length)	L_u	m	到某点的上坡区域径流长度平均值	流速加速度、侵蚀速率
	上坡面积 (upslope area)	S_u	m^2	上坡区域面积	径流体积、稳定流速率
	散水坡度 (dispersal slope)	β_d	°	散水区域坡度平均值	土壤排水速率
	散水坡长 (dispersal length)	L_d	m	地面某点到散水区域边界之长度	土壤排水阻抗
	散水面积 (dispersal area)	S_d	m^2	散水区域面积	土壤排水速率
	径流长度 (flow path length)	L_f	m	流域中，到某点的最大水流长度	土壤侵蚀、沉积物产生、地表运动物质聚集时间
	流域坡度 (catchment slope)	β_c	°	流域坡度平均值	地表运动物质聚集时间
	流域长度 (catchment length)	L_c	m	流域中最高点到流域出口的距离	表面径流衰减
	流域面积 (catchment area)	A	m^2	地表上任意点或等高线段之上游汇水区的平面投影面积	径流量、径流深

类别	名称	符号	量纲	描述与表达	应用意义
水文参数 （hydrologic parameters）	单位汇水面积 （specific catchment area）	A_s	m²	流域面积与流域宽度（即等高线段长度）L 之比，$A_s=\lim\limits_{L \to 0}\dfrac{A}{L}$	径流量、稳定流径流流速、土壤水分、地貌特征
	累计流量 （flow accumulation）	V_a	m³	在地表任意点上游坡面水流之总和，$V_a=A \cdot R$（R 为径流深）	径流量、排水网络、地貌特征

表 1.2 地形形态特征

类别	名称	描述与表达	应用意义
地形特征点	凸点（peak）	位于凸面上的点（各个方向上均高于相邻个点）$r>0,t>0$	地形结构与形态研究，地貌单元类型划分，土壤含水量分析，土地利用
	山脊点（ridge）	位于凸线上的点 $r>0,t=0$	
	交线点（pass）	位于成正交的凹凸线的交点处 $r>0,t<0$	
	平地点（plane）	位于平面上的各点 $r=0,t=0$	
	山谷点（valley）	位于凹线上的点 $r<0,t=0$	
	凹点（pit）	位于凹面上的点（各方向均低于相邻各点）$r<0,t<0$	
地貌特征单元	分水山肩 （divergent shoulder）	分水坡上部	土壤景观单元地形分类，土壤含水量，地貌单元制图，流域网络提取，水文模型
	汇水山肩 （convergent shoulder）	汇水坡上部	
	分水背坡 （divergent backslope）	分水坡中部	
	汇水背坡 （convergent backslope）	汇水坡中部	
	分水麓坡 （divergent footslope）	分水坡下部	
	汇水麓坡 （convergent footslope）	汇水坡下部	
	洼地（sink）	没有排水出口的区域	
水文要素	水流方向 （flow direction）	在地表任意点坡面水流之方向	水文模型，土壤，地理单元，流域地貌
	流域（catchment）	流域单元的划分	
	排水网络 （drainage network）	地表水文网络	
	径流节点（runoff node）	汇流节点	

类别	名称	描述与表达	应用意义
地形结构线	山脊线（ridge line）	分水线，累计流量等于零	测绘，水文，土壤，地貌，地理
	山谷线（valley line）	汇水线，累计流量大于某一数值	
地形剖面	纵断面（longitudinal section）	沿任意方向的高程起伏	区域地势起伏、地质与水文特征，土壤，植被覆盖类型，土木工程，土地利用等
	横断面（cross section）	与纵断面垂直方向的高程起伏状况	
可视性特征（visibility）	通视性（inter-visibility）	地面任意两点之间的通视性	雷达站设置、电视台发射站、通讯、航海导航、测绘、军事等领域
	通视区（viewshed）	地面点的可见/不可见范围	

表 1.3 地形统计特征

类别	名称	符号	量纲	描述与表达	应用意义
高程数据统计	平均高程（mean elevation）	$\overline{H}$	m	$\overline{H} = \dfrac{1}{N}\sum\limits_{i=1}^{N} H_i$	反映高程变化趋势
	平均高程差（difference from mean elevation）	$\Delta\overline{H}$	m	$\Delta\overline{H} = H_0 - \overline{H}$	反映局部高程变化，应用于地下水分析、林火分析等
	高程标准差（standard deviation of elevation）	σ	m	$\sigma = \sqrt{\dfrac{\sum\limits_{i=1}^{N}(H_i - \overline{H})^2}{N-1}}$	局部地形的高程变异和地貌景观单元的粗糙程度
	高程变幅（elevation range）		m	局部窗口内最大高程与最小高程之差	地形起伏度，地形描述的宏观指标
	高程偏差（deviation from mean elevation）	$D\overline{H}$	m	$D\overline{H} = \dfrac{\Delta\overline{H}}{\sigma} = \dfrac{H_0 - \overline{H}}{\sigma}$	发现地面高程异常
	高程百分位（percentile）	pctl	%	$\text{pctl} = \dfrac{100}{N}\underset{i\in C}{\text{count}}(H_i < H_0)$	确定在局部地形起伏中的相对位置
	相对高程百分位（percentage of elevation range）	pctg	%	$\text{pctg} = 100\dfrac{H_0 - H_{\min}}{H_{\max} - H_{\min}}$	
坡向数据统计	平均方向（mean aspect）	$\overline{\alpha}$	°	$\overline{\alpha} = \tan^{-1}\left(\dfrac{\sum\limits_{i=1}^{n}\sin\alpha_i}{\sum\limits_{i=1}^{n}\cos\alpha_i}\right)$	区域平均坡向，反映地貌总体特征
	合成长度	$\overline{R}$		$\overline{R} = \dfrac{1}{n}\sqrt{\left(\sum\limits_{i=1}^{n}\cos\alpha_i\right)^2 + \left(\sum\limits_{i=1}^{n}\sin\alpha_i\right)^2}$	反映坡向分布的离散程度，用于地貌形态分析

类别	名称	符号	量纲	描述与表达	应用意义
高程分布特征模型	正态分布模型			$p=\dfrac{\Delta H}{\sigma\sqrt{2\pi}}\mathrm{e}^{-\frac{(H_i-\overline{H})^2}{2\sigma^2}}$	反映高程分布特征，用于地形地貌模型、制图、工程设计
	皮尔逊Ⅲ分布模型			$p=\dfrac{\Delta H\beta^\alpha}{\Gamma(\alpha)}(H_i-\delta)^{\alpha-1}\mathrm{e}^{-\beta(H_i-\delta)}$	
沟壑密度（gully density）		D	m^{-1}	$D=\sum\dfrac{L}{S}$	单位地表面积上的沟谷线总长度，反映地表切割破碎程度，用于水土流失、土木工程等
趋势面（trend surface）				$\hat{Z}=\displaystyle\sum_{\substack{i,j=0\\i+j<N}}^{N}a_{ij}x^iy^i$	地形总体变化趋势，反映地形宏观分布特征
地形相关性指数	莫兰指数（Moran's I）	I		$I=\dfrac{n\times\displaystyle\sum_{i=1}^{n}\sum_{j=1}^{m}w_{ij}(x_i-x_m)(x_j-x_m)}{\displaystyle\sum_{i=1}^{n}\sum_{j=1}^{m}w_{ij}\times\sum_{i=1}^{n}(x_i-x_m)^2}$	描述地形数据空间自相关，用于空间数据建模
	局耶瑞指数（Geary's c）	c		$c=\dfrac{(n-1)\times\displaystyle\sum_{i=1}^{n}\sum_{j=1}^{m}w_{ij}(x_i-x_j)^2}{\displaystyle\sum_{i=1}^{n}\sum_{j=1}^{m}w_{ij}\times\sum_{i=1}^{n}(x_i-x_m)^2}$	
	半变异函数（semi-variance）	$\gamma(h)$		$\gamma(h)=\dfrac{1}{2n}\displaystyle\sum_{i=1}^{n}\left[z(x_i)-z(x_i+h)\right]^2$	

表 1.4　复合地形属性

名称	符号	描述与表达	应用意义
地形湿度指数（topographic wetness index）	ω	$\omega=\ln\left(\dfrac{A_s}{\tan\beta}\right)$	流量累积，土壤湿度，饱和区域分布，水位深度，土壤水分蒸发，土壤中的有机物、pH、含沙量分布，植被生态分布等
水流强度指数（stream power index）	Ω	$\Omega=A_s\tan\beta$	表面水流潜在侵蚀能力，土壤中的有机物、pH、含沙量分布，植被生态分布等
输沙能力指数（sediment transport capacity index）	T_c	$T_c=\left(\dfrac{A_s}{22.13}\right)^m\left(\dfrac{\sin\beta}{0.0896}\right)^n$	表面水流潜在侵蚀能力，土壤中的有机物、pH、含沙量分布，植被生态分布等
太阳辐射模型（solar radiation models）	R_{dirs}	$R_{dirs}=\dfrac{R_{dirh}(1-a)}{\sqrt{1+p^2+q^2}}\times$ $(\sin Z-p\sin\alpha\cos Z-q\cos\alpha\cos Z)$	地表日照强度，即晴空斜坡面太阳直接辐射（变量 p 和 q 在表 1.1 中定义）
	R_{difs}	$R_{difs}=\nu R_{difh}$	非平坦地形上的晴空均匀散射辐射
	R_{ref}	$R_{ref}=(R_{dirh}+R_{difh})(1-\nu)a$	非平坦地形上的晴空反射辐射

名称	符号	描述与表达	应用意义
太阳辐射模型 （solar radiation models）	R_{ts}	$R_{ts}=(R_{dirs}+R_{difs})\times$ $\left[\dfrac{n}{N}+\left(1-\dfrac{n}{N}\right)\xi\right]+R_{ref}$	在给定时段内地表接收到的太阳短波总辐射（包括地形和阴天影响修正）
	L_{in}	$L_{in}=\varepsilon_a\sigma T_a^4\nu+(1-\nu)L_{out}$	入射和大气长波辐射
	L_{out}	$L_{out}=\varepsilon_s\sigma T_s^4$	射出长波辐射
	R_n	$R_n=(1-a)R_{ts}+\varepsilon_s L_{in}-L_{out}$	在给定时段内的净辐射和地表能量平衡
温度模型 （temperature model）	T	$T=T_0-\dfrac{T_{lapse}(H-H_0)}{1000}+$ $C\left(\xi_R-\dfrac{1}{\xi_R}\right)\left(1-\dfrac{LAI}{LAI_{max}}\right)$	由测站数据外推邻近景观气温和地表温度，包括坡度坡向效应（短波辐射比）、高度纠正（温度递减率）和植被效应（叶面指数）

　　地形曲面参数具有明确的数学表达式和物理定义，并可在 DEM 上直接量算，如坡度、坡向、曲率等。地形曲面参数计算的结果均为具有实际物理意义和量纲的量，可以通过实地或地形图的量测而直接检验。地形曲面参数的计算一般在格网 DEM 的局部范围（2×2、3×3、5×5 等窗口）内通过差分或曲面拟合技术实现（Zevenbergen et al.，1987；Moore，1993e；O'Callaghan et al.，1984；Sharpnack et al.，1969）。

　　地形形态特征是地表形态和特征的定性表达，可以在 DEM 上直接提取，特点是定义明确，但边界条件有一定的模糊性，难以用数学表达式表达，如在实际的流域单元的划分中，往往难于确定流域的边界。根据地表形态的空间特性和相互关系，提取地表的形态特征，从而确定地形特征点、地貌特征单元、水文要素、地形结构线、可视性等地形要素。地形形态特征提取通常根据对高程点的空间分布关系的分析或对地表物质运动机理的简化建模，通过某种模拟算法而实现，如确定水文要素的流水路径算法（Skidmore，1990；Freeman，1991；Quinn et al.，1991；Costa-Cabral et al.，1994；Tarboton，1997）。地形形态特征提取的结果通常以分类的形式表达，并可利用常用的统计学方法进行分类检验。

　　地形统计特征是指给定地表区域的统计学特征，对地形统计特征的分析是应用统计方法对描述地形特征的各种可量化的因子或参数进行相关、回归、趋势面、聚类等统计分析，找出各因子或参数的变化规律和内在联系，并选择合适的因子或参数建立地学模型，从而可以在更深层次探讨地形演化及其空间变异规律。

　　复合地形属性是在地形曲面参数和地形形态特征的基础上，利用应用学科（如水文学、地貌学和土壤学）的应用模型而建立的环境变量，通常以指数形式表达。与上述地形曲面参数和地形形态特征不同，复合地形属性不直接在 DEM 上进行量算和特征提取，因此也被称为"次生地形属性"（Secondary Topographic Attributes）（Wilson et al.，2000）。复合地形属性在其应用领域中具有现实意义，但其结果难以在实际应用中检验，其物理含义则需要专业应用领域的量测和解译。

　　由表 1.1～表 1.4 可以看出，复合地形要素与坡度、坡向、汇水面积、单位汇水面积等地形曲面参数直接或间接相关，同时这几个地形参数在水文、土壤、地貌等地学分析中应用广泛（Moore et al.，1991b；Florinsky，1998a；Wilson et al.，2000）。例如，由坡度可确定水流方向(流向),从流向可计算上游单位汇水面积,通过单位汇水面积可分析提取地貌结构线(山脊线、山谷线);同时坡度和单位汇水面积是地形湿度指数、水流强度指数的参数等。

数字地形分析的另一重要内容是 DTM 的可视化分析。DEM 的可视化表现是数字地面模型研究的重要内容(李志林等,2003),也是各种商业 GIS 软件重点开发的功能。然而,数字地形分析中可视化分析的重点,则在于地形特征的可视化表达和信息增强,以帮助传达地形曲面参数、地表形态特征和复合地形属性的信息。从这一考虑出发,数字地形分析的可视化分析着重地形特征和参数的表现方法,可视化的软件工程实现则不在其研究范围。

1.5　数字地形分析的主要应用范畴

Wilson 和 Gallant(2000)在《地形分析:理论与实践》一书的开篇中指出:"过去一个世纪以来,大多数的水文、地貌和生态研究多集中在全球尺度、小尺度或微观尺度上(图1.2),而中尺度和地形尺度则得到了较少的注意,但这些尺度恰恰是十分重要的,因为很多环境问题的解决,如加速的土壤侵蚀和非点源污染,都需要在这些尺度上管理观念和策略上的改变。"数字地形分析的研究对象是地形尺度上的地球表面,在这一尺度上,主要的生物地理过程包括地表形态影响流域水文特征及坡度、坡向、地形遮蔽调节地表热辐射。因此,数字地形分析的主要内容围绕着水文地貌参数和特征,其主要应用范畴也集中在区域范围内的地貌、土壤、水文和生态学应用。同时值得注意的是,由于地球表面是人类活动集中而强烈的区域,数字地形分析的理论与技术也大量地应用于人类的生产、生活和政治活动中,如土木工程、景观设计、军事、通讯等。

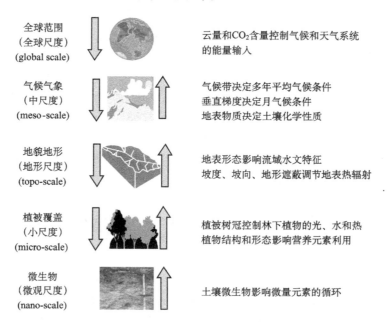

图 1.2　不同尺度的生物地理过程及主要的环境影响[根据 Mackey(1996)改编]

基于数字地形分析技术的通用性及其与 DEM 的紧密联系,部分 DTA 技术已形成信息技术产品。除主要用于科研和专业应用的著名专用软件系列如 TAPES-C(Moore et al.,1988b)和 TOPOG(O'Loughlin et al.,1989;Vertessy et al.,1993)等,现代的商品化 GIS 软件系统大多将 DEM 和 DTA 作为其中一重要模块来开发,如美国 ESRI 公司开发的 ArcGIS 中的 Arc 3D-Analyst 和 GIS 水文模型的专用模块 Arc Hydrological Data Model 等(Maidment et al.,2000)。在中国,主要国产软件如 GeoStar,MapGIS 和 SuperMap 等,也都在不同程度上具备了数字地形分析的功能(国家科技部国家 863 计划信息获取与处理主题专家组等,2003)。

需要指出的是,数字地形分析的很多方法,如坡度、坡向等,已经在极为广泛的领域中应用。作为重要的环境参数,数字地形分析的结果往往被各种各样的环境、资源、工程和地理模型所采用。因此,这里讨论的重点,放在以数字地形分析为主要手段的应用范畴,以此说明数字地形分析应用的基本性质,从而避免漫无边际的简单罗列。

1.5.1 水文学应用

水文学最早是地理学的一个分支,即地理水文学,其出现为水文学的形成奠定了基础,至今仍为水文学重要内容之一(陈家琦,1998)。现代水文学是一门研究地球上水的起源、存在、分布、循环和运动等变化规律,并运用这些规律为人类服务的知识体系(夏军,2001)。

陆地水文过程(包括下渗、蒸发和径流)是一个高度非线性且在空间上变化的过程。影响水文特征空间不均匀性的众多因素中,地形是处于第一位的主导因素(任立良等,2001)。在非降雨时期,地形影响土壤水分的分配,并决定了蒸发的初始条件。降雨时期,流域的地形地貌特性制约着降雨前后径流的路径,并极大地影响着产流、汇流过程。自然界的水量平衡及水文过程,无一不是和地形形态紧密相关的。因此,水文学应用也许是数字地形分析最直接的应用领域。

水文学科本质上是有关信息的学科(刘新仁,2001)。在水文学科的发展过程中,各种水文模型应运而生,并在生产应用中发挥着重大作用,如著名的 MIKE-11 模型,已在实际的流域管理中被广泛接受,成为行业的标准应用模型。应该注意的是,在 GIS 的文献和软件系统中,数字地形分析往往和水文模型混为一谈。实际上,水文模型的范畴及其所需参数和数据处理功能远远超出目前 GIS 的能力。因此,在应用中常看到通过整合水文模型和 GIS 以达到应用目的的实例(Djokic et al.,1993;Long,2000;Ackerman et al.,2000;Zhou et al.,2001)也就不足为怪了。

本书的目的是阐述数字地形分析在水文分析中起到的作用。因此,这里的讨论集中在水文模型中的地形因子,包括流域特征提取、土壤水分模型和产流汇流模型等。

1. 流域特征提取

至今对水文流域的描述无外乎为两种基本模型,一为基于连续水流路径和地形属性连续变化的连续模型,另一为基于将整个地区分割为相互排斥的离散面的离散模型(Band,1999),采用哪一种模型往往取决于相关的水文学应用;连续模型多用于基于水流水量的流域特征提取,而离散模型则多用于基于形态和统计量的流域特征提取。从流域结构的角度上来讲,流域(Watershed)可以被描述为由水流方向连接的多层体系(Band,1999)。水文学和地貌学意义上的沟壑网络、河谷网络和山脊网络形成了流水地貌景观的地形骨架,同时其拓扑关系和几何形状也直接影响着流域的性质(Abrahams,1984)。因此,在 DEM 上自动化分流域,提取水文网络,亦成为数字地形分析的重点任务之一。

流域的自动划分在实际应用中具有重要的意义。例如,区域水土保持的重要工作之一是小流域治理(刘黎明,1998),其产流汇流过程的模拟(刘昌明,1998)均离不开精确划分治理模型及其评价的基本单元——小流域。利用 DEM 自动化分小流域主要通过两种方法,一种是基于水流路径和累计流量的划分方法,如 Band(1986);Moore 和 Grayson(1991b);Liang 和 Mackay(2000)等。这类方法的基本思路是以确定地表每一点的水流流向(flow direction)为基本出发点,计算地表每一点的上游汇水面积,并以上游汇水面积接近于零的点确定流域的分水线。该方法简单易懂,容易计算实现。因此,在 GIS 的水文模型实现和应用中成为主流。另一类方法则从地形形态着手,将地面分割为小片(facet),再通过其拓扑关系完成流域的划分。如 Jones 等(1998)利用了不规则三角网来划分流域,O'Loughlin(1986)根据 Onstad 和 Brakensiek(1968)提出的"流管"(stream tube)的概念,将地面根据等高线及其垂线划分为不规则的小多边形(即单元),以此来划分流域和计算流域水文属性。

然而,在现实世界中,分水线却不一定是山脊,其也许只是一片散流区,而无明显的地貌形态特征,小流域的划分同时也受 DEM 的精度和空间分辨率的影响,在实际应用中往往需要主观地设立阈值,以消除由于数据质量和精度造成的"伪像"。

水文网络包括排水网络(drainage network)和分水线(divide)。通常水文网络特征的提取方法与上述基于水流路径和累计流量的流域划分方法类似,通过水流路径跟踪(flow routing),并计算累计流量和确定阈值,从而自动生成流域的排水网络,如 Mark(1984);O'Callaghan 和 Mark(1984);Fairfield 和 Leymarie(1991);Chorowicz 等(1992);Tribe(1992);Tarboton 等(1994);Pilotti 等(1996)等。比较不同的方法是基于地形形态的方法,如 Meisels 等(1995)提出的"多层骨架化"(multilevel skeletonization)算法,在栅格 DEM 上,从区域的最高点逐级向下,在每一等高面上判断地面的等高线曲率,由此提取汇水区面而构成排水网络。

虽然从理论上说,可以简单地考虑排水网络由相互连接的汇水线(lines of convergent flow)组成,分水线即散流线(lines of divergent flow),在实际应用中,这样的理论假设往往需要加上种种限制和条件。例如,如上所述,分水线不一定就是山脊线。因此,山脊附近应为散流的假设不一定处处成立(Band,1999)。同时,在坡面上部自动确定沟谷线的上限已被证明是相当困难的,特别当考虑到地形定义和地表形态连续性的不确定性的时候(Fisher,1999),以及 DEM 的误差,生成的水文网络往往与实际观测有一定差距(Saunders,2000)。

2. 土壤水分模型

土壤水分模型是水文模型中受数字地形分析影响较大的模型之一,它的核心任务之一是计算土壤湿度因子,从而计算土壤饱和湿度、地形土壤湿度指数(topographic soil wetness index)及土壤水分平衡等,这些参数在有关的地学应用中广泛应用,如土壤侵蚀、环境影响评价、土地适宜性评价等。在流域管理中,及时可靠地了解土壤水分分布和土壤水分饱和程度,是预测流域产流汇流过程的关键技术手段。

O'Loughlin（1986）分析了流域和坡面地形的几何特征和排水特性,以检验受地形影响的土壤水分分布,提出当满足以下条件时,土壤水分达到饱和。

$$\frac{a}{b} \geqslant \frac{T}{q}M \tag{1.1}$$

这里,a 为上游流域面积;b 为等高线长度;比率 $\frac{a}{b}$ 即为表 1.1 中的单位汇水面积（SCA）;T 为土壤透水性（transmissivity）;q 为单位面积上的径流（runoff）;M 为地表坡度。换言之,当地形比率 $\frac{a}{bM}$ 大于或等于水文比率 $\frac{T}{q}$ 时,土壤水分达到饱和。在此基础上,O'Loughlin 等（1989）开发了 TOPOG 模型,其主要任务是模拟浅层土壤剖面中的侧流（lateral flow）,从而计算在三维坡面上土壤水分的再分配和水分平衡。

假设在三维地表上的任一点上,总有一部分下渗到浅层土壤的水分流向坡向的方向,这在 TOPOG 模型中称之为"净排水侧流"（net lateral drainage flow）,以 $q(x, y)$ 表示,其流量取决于在这一点上的浅层土壤水分平衡,即:

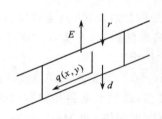

$$q(x,y) = r - E - d$$

其中,r 为土壤静态下渗水流;E 为蒸发;d 为深层下渗（图 1.3）;各变量的量纲均为 $m^3 \cdot s^{-1}$。这里假设蒸发与地面接收的太阳辐射成正比,但受制于土壤水分。

在地表任一点上,通过的总流量可以由其上游所有点的积分得到,从而得到无量纲"湿度指数"W:

图 1.3　净排水测流各参数定义

$$W(x,y) = \frac{1}{MT} \int q(x,y) \mathrm{d}a \tag{1.2}$$

其中,M 为坡度;T 为土壤透水性;对面积的积分为单位等高线上游所对应的汇水面积,即单位汇水面积。

类似的概念也在另一重要的水文模型 TOPMODEL（Beven et al., 1979）体现。TOPMODEL 本身并不是一个单一的模型,而是一系列针对不同水文分布模型的概念（Quinn et al, 1991）,其核心主要建立在两个基本概念上,一是下坡的浅层地下水流可以由一系列的静态地下水位描述,另一是储水量（或水位）和流速间呈指数关系。另一重要的,并在迄今所有的应用中都采用的进一步假设是水力坡度（hydraulic gradient）可以由地面坡度来近似,因此,TOPMODEL 的应用极大地依靠详细而精确的数字地形分析。在 TOPMODEL 的研究中,提出了重要的地形湿度指数（topographic wetness index, W）:

$$W = \ln\left(\frac{a}{\tan\beta}\right) \tag{1.3}$$

这里,a 是单位汇水面积;β 为地面坡度。由于其简单的表达式,地形湿度指数有时也被直称为 $\ln(a/\tan\beta)$ 指数。这一指数描述了坡面水文过程的两个方面:一是通过变量 a 来描述在流域任一点上游水聚集的趋向,另一是通过变量 $\tan\beta$ 来近似水力坡度,从而描述重力将水移向下游的趋向。由此可见,计算地形湿度指数的关键是变量 a 的计算,其也是 TOPMODEL 中研究最深入而且争论最多的内容(Freeman,1991;Quinn et al.,1991;Quinn et al.,1995;Pilesjö et al.,1998;Zhou et al.,2002),在数字地形分析的应用中占有重要的地位。

3. 产流汇流模型

根据实测的降雨径流参数和流域下垫面的性质推测径流过程,特别是径流的峰值和过程,是流域管理的重要任务之一。数字地形分析在这一领域中的贡献集中于对于流域下垫面几何特征的描述,其应用在小流域暴雨径流过程的计算中有着重要意义。

小流域的暴雨径流计算,是通过降水径流关系用演绎法估算单元集水区的径流特征值,主要是峰值与过程。小流域径流对降雨的响应,受到多种自然地理要素的影响,包括气象气候、地质地貌、土壤植被、流域形态和水系结构等。而且流域状态与降水有时间和空间的动态变化,如降水前期土壤湿度与降水数量、强度与分配等(刘昌明,1998)。数字地形分析的很多结果,如上述土壤饱和度和湿度指数,流域排水网络等,直接或间接地描述了流域状态,因而在小流域降雨径流的模拟中成为不可缺少的输入变量。

在实际的应用中,数字地形分析的一些概念和方法也可以在不同的地理数据模型中实现,如 Zhou 和 Yang(2001)将 DTA 和水文学的方法引入 GIS 中常用的网络分析模型,在精确的地面测量的基础上建立滨海平原农业地区的三维人工排水网络模型,在此基础上根据排水渠道的水力坡度(由渠道底坡度近似)和降雨过程的数据,运用和水文学上常用的曼宁公式计算流速,再通过 GIS 的网络分析功能计算汇流区,模拟了整个降雨—

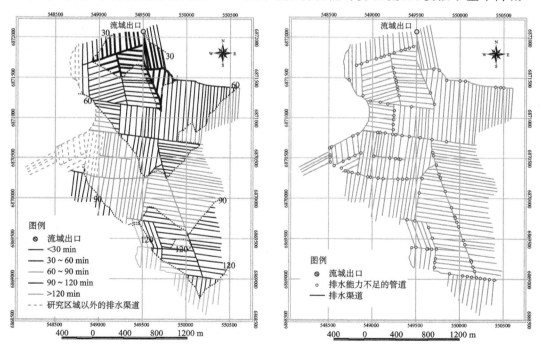

图 1.4　基于三维网络和地形分析的产流汇流模型的应用(引自 Zhou and Yang,2001)

左图:汇流到流域出口所需时间;右图:在两年一遇洪水过程中排水能力不足的管道位置

产流—汇流过程的时空变化,并将其成果应用到排水网络排水能力的检测(图1.4)和计算在给定时间经流域出口排出的非点源污染物及其源区(图1.5),为农业地区小流域排水管理、洪水预测及农业非点源污染监控提供了定量化的技术手段。

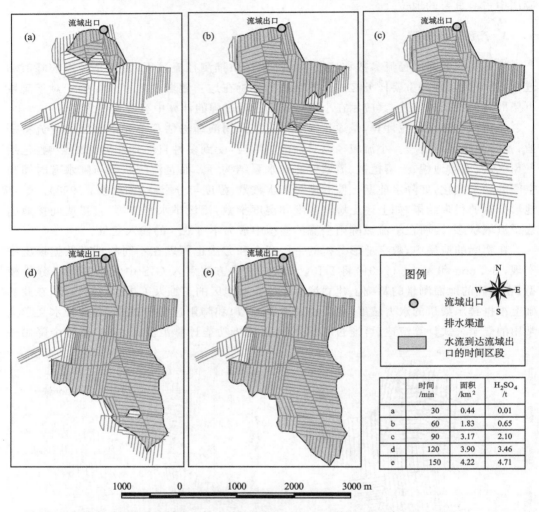

	时间 /min	面积 /km²	H₂SO₄ /t
a	30	0.44	0.01
b	60	1.83	0.65
c	90	3.17	2.10
d	120	3.90	3.46
e	150	4.22	4.71

图 1.5　在给定时间内经流域出口排出的污染物(H_2SO_4)及其源区(引自 Zhou and Yang,2001)

　　除地形因素外,环境因子如土壤、植被等在洪水过程中可以起到相当关键的作用。Storck 等(2000)在数字地形数据的基础上分析了美国西北部不同流域的洪水过程,建立了水文-土壤-植被的分布模型(Distributed Hydrology-Soil-Vegetation Model,DHSVM),并进行了流域的水文响应试验,针对不同的植被盖度和洪水过程计算了植被敏感度(vegetation sensitivity),指出森林的砍伐可能增加超过 30% 的洪峰流量。在正在采伐的森林地区的小流域上,DHSVM 预测结果显示林区道路本身也可导致增加近 30%的洪峰流量。

1.5.2　地貌、土壤学应用

地貌学是研究地表形态、物质和成因的科学。土壤学研究土壤的结构、成因和演化规律,其中研究土壤系统内部及其边界产生的各种过程与发生机理是土壤学的核心(赵其国,1998)。数字地形分析和有关技术的发展,为土壤调查提供了更科学化的手段,并克服了传统土壤调查中的一些限制因素。McKenzie 等(2000)认为,数字地形分析可以在三方面改善土壤调查:

(1)产生可以直接用于土地评价的高分辨率环境数据(如坡度、辐射平衡等)。

(2)为土壤调查建立清晰的环境框架。

(3)提供土壤性质的定量化空间预测。

根据土壤发生学,地形是土壤形成的主要影响因子之一,土壤性状和其所在的地形部位紧密相关。因此,在数字地形分析的应用中,通过对地貌部位的特征提取和地形曲面参数的计算来推断土壤性状,已成为通常的研究手段之一。

1. 土壤侵蚀模型

土壤侵蚀模型是水力、风力、重力、冻融力和岩滚力等外营力及其他侵蚀因子对土壤及其母质破损、剥离、搬运、堆积的量或过程的数学描述(杨艳生,1998)。常见的土壤侵蚀模型按侵蚀营力分为风蚀模型和水蚀模型,按侵蚀方式分为面状侵蚀模型、沟壑侵蚀模型和雨滴溅蚀模型等。其中,数字地形分析在水蚀模型,特别是面状侵蚀(sheet erosion)和沟壑侵蚀(gully erosion)的研究中应用最为广泛。

目前,最著名的土壤侵蚀模型是美国农业部发表的通用土壤流失方程(universal soil loss equation,USLE)(Wischmeier et al.,1978),其目的是计算由于面蚀而造成的表层土壤的流失量。USLE 的基本表达形式为:

$$A = RKSLCP \tag{1.4}$$

其中,A 为单位面积土壤流失量;R 为降雨因子,与降雨量、降雨强度、雨滴大小和降落速度有关;K 为土壤可蚀性因子,决定于不同的土壤类型;地面坡度(S)和坡长(L)构成地形因子(LS);耕作管理因子(C)由作物生长和覆盖决定;P 为保土措施因子。

显而易见,数字地形分析在土壤侵蚀模型应用中的贡献集中于计算地形因子。USLE 自问世以来,被迅速地推广到世界各地,并在其应用过程中不断地被修正、完善,其中地形因子是最具争议性且研究最深入的因子。根据地表千变万化的形态特征,USLE 中的 LS 因子的计算方法在各地有所不同,但都不外乎是通过地形分析中的坡度和坡长计算,再根据具体情况给予不同的加权而来。随着 GIS 和 DTA 技术的发展,USLE 及其各种改进版本在 GIS 应用中被广泛采用,如 Spanner 等(1983),Zhou(1990),Biesemans 等(2000),Krysanova 等(2000)等。

在沟壑侵蚀的研究中,Moore 等(1988a)利用统计方法分析了地形参数(如坡度、单位汇水面积等)与季节性沟壑出现的地形部位的相关关系,提出与上述土壤湿度指数类似的测量土壤饱和度的 $\ln\left(\dfrac{A_b}{S}\right)$ 指数和测量坡面径流侵蚀力的($A_b S$)指数(其中,A_b 表示单位汇水面积，S 表示地面坡度），以此来预测季节性沟壑的位置。在这个试验中，季节性沟壑在坡面上的出现位置可以由条件 $\ln\left(\dfrac{A_b}{S}\right) > 6.5$ 且 $(A_b S) > 18$ 来预测。Dietrich 等（1992，1993）将水文、地貌学中计算土壤水分饱和度（O'Loughlin，1986）和水流侵蚀切应力（shear stress）的方法引入数字地形分析，提出了土壤侵蚀阈值（erosion thresholds）的概念和计算方法。他们指出：当土壤水分达到饱和时，坡面水流产生，当由此产生的水流侵蚀切应力超过土壤临界剪切力（critical shear strength）时，侵蚀沟壑则开始形成。根据这一关系，Dietrich 等（1993）利用数字地形分析软件 TOPOG（O'Loughlin et al.，1989）在 DEM 上预测了由于水分饱和而发生土壤侵蚀的区域（图 1.6）。

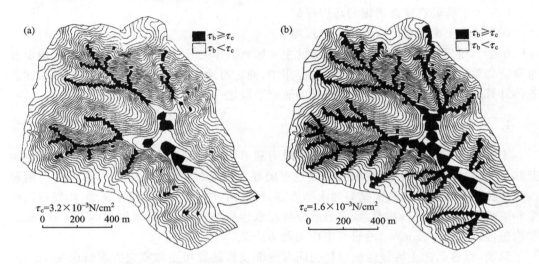

图 1.6　预测的由于水分饱和而发生土壤侵蚀的区域（引自 Dietrich et al.，1993）
(a) 临界剪切力 $3.2 \times 10^{-3} \mathrm{N/cm^2}$；(b) 临界剪切力 $1.6 \times 10^{-3} \mathrm{N/cm^2}$

2. 地貌、地形分类

　　土壤分类通常受地形部位的控制，虽然在理论上讲土壤在自然景观中是连续变化的，但是自然地表上的不连续变化使得土壤性质随地表形态特征而发生突变，土壤学家就是利用了地形部位和土壤性状这一紧密相关的特点来绘制土壤图。

　　地形分类（landform classification）是研究土壤—景观关系的基础。在土壤景观的研究中，一个重要的假设就是土壤和地形形态共同变化并反映其形成过程。为此，很多学者做出了不懈的努力，以证明土壤和地形的相关性。例如，Ruhe（1969）利用纵坡面的坡度、坡长和坡宽将地形坡面划分为山顶（summit）、山肩（shoulder）、背坡（back-slope）、麓坡（foot-slope）、趾坡（toe-slope）和冲积地（alluvium），同时进一步根据坡面的平面曲率将其分为源头坡（head-slope）、山嘴坡（nose-slope）和边坡（side-slope）等地貌单元，以表述水流的散流、汇流等特征（图 1.7）。Ruhe 的地形分类也许是目前最广泛应用的坡面分类（Hall et al.，1991），同时也被认为是和土壤性状密切相关（Nizeyimana et al.，1992）。

　　地形部位（terrain position）的判别、提取和分类为自然景观建模提供了重要的参数。

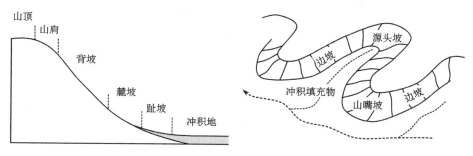

图 1.7 地形类型单元［根据 Ruhe（1969）改编］
左图显示纵坡面类型；右图显示地貌单元

利用 DEM 数据提取地形形态特征，对自然地表根据其地貌部位进行分类，可为进一步的环境研究提供有用的地形数据。例如，Skidmore（1990）利用格网 DEM 对地表形态进行了分类，将地表区域分为山脊（ridge）、山谷（valley）、中坡低部（lower mid-slope）、中坡（mid-slope）和中坡上部（upper mid-slope）等部位。闾国年等（1998a，1998b）提出了基于地貌学定义的特征地貌提取技术，针对位于黄土地区的试验区，定义了沟谷网络、分水线网络、沟底线、沟沿线、沟头区等基本的特征地貌，并认为其能够反映出流域的基本形态结构，在此基础上提出了在格网 DEM 上提取台地、阶地、低洼平地、孤立洼地、组合洼地、坡地等地貌形态的技术方案。Ventura 和 Irvin（2000）则采用了在卫星图像处理中常用的 ISODATA 无监督分类和基于模糊集（fuzzy set）理论（Zedeh，1965）的连续分类（continuous classification）方法（McBratney et al.，1992），利用包括高程、坡度、剖面曲率、正切曲率、地形湿度指数和入射太阳辐射强度等六项地形属性，进行了地形部位分类，分出谷底（valley bottom）、台地（terrace）、麓坡（foot-slope）、边坡（side-slope）、北边坡（north side-slope）、南边坡（south side-slope）、山肩（shoulder）和山顶（summit）等 8 个地形部位类型。

3. 土壤景观模型

土壤景观模型目的是通过对地形和其他环境要素的分析，预测土壤性状。土壤景观单元（soil-landscape unit）的概念与地形部位类型相似，但其定义更集中在土壤形成因子上（Hudson，1990）。例如，山坡可以被分为阴坡和阳坡等土壤景观单元，因为由于坡向的不同而产生的温度和水分差异足以影响到土壤的形成过程。原则上讲，同一土壤景观单元类型应具有基本一致的土壤，而其空间分布在给定地区是可预测和可重复的。

Skidmore 等（1991）利用了专家系统的方法，由遥感影像和数字地形数据推测土壤景观单元。在其土壤景观模型中使用了四个数据层，包括由遥感影像和 DEM 分类而获取的林冠类型、由 DEM 通过数字地形分析而获取的坡度、地形部位和地形土壤湿度，并由土壤专家制定判断规则，从而以环境要素推测土壤景观单元，制成森林土壤景观图。

Zhu 等（1996）根据土壤—景观的一致性而创造了 SoLIM（Soil Land Inference Model）模型。SoLIM 模型的目的是根据环境变量推测土壤相似性向量（Soil Similarity Vector，SSV），从而由 SSV 推测土壤特征值。Zhu 等引入了模糊集和专家系统的方法，建立了土壤-地形和其他环境要素的推测规则，由通过数字地形分析所获得的地面高程、坡度、坡向和地面曲率等地形参数,以及由遥感图像获取的植被覆盖和专题图获取的母质数据,成功地推测了土壤类型,并在其空间分布、属性和特定采样点等不同水平上与传统土壤图进行了比较检验。SoLIM 模型及其方法在其后得到了发展和完善,并在土壤制图(Zhu et al.,2001)、土壤性状推测(Zhu et al.,1997)以及土壤、水文生态景观(Zhu et al.,2001)研究中得到了较好的应用。

Bell 等(2000)提出了基于数字地形分析的土壤-地形模型(Soil-Terrain Model),用以估算土壤有机碳(Soil Organic Carbon,SOC)的空间分布。这一模型利用数字地形分析所得到的地形参数,估算了 SOC 的储量和空间分布,并发现 SOC 与坡度、泥炭地以上高程、到泥炭地距离等环境因素的明显相关性。其模型的建立和应用可以简化表示为图 1.8。

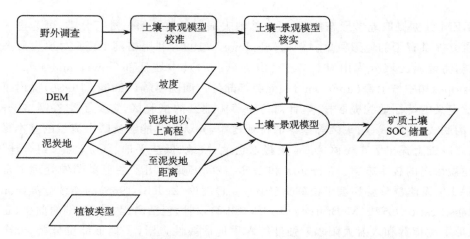

图 1.8　土壤-景观模型的建立和应用[根据 Bell 等(2000)改编]

1.5.3　生态学应用

数字地形分析的另一重要的应用领域是有关景观生态的研究。由于植被分布往往处于景观生态问题的核心。因此,DTA 在生态学的应用也自然地围绕着植被类型和状态的预测和建模来实现。

分类和制图在植被研究中占有重要的地位。目前,由于遥感技术,特别是多光谱和高光谱卫星遥感技术的发展,植被研究和制图的主要技术手段已离不开对遥感图像的处理和分类(Lillesand et al.,2004;Ustin,2004)。然而,由于生态环境的复杂性和现代遥感技术的局限性,完全依靠植被的光谱特征来探测和分析景观生态,仍然被视为是十分困难的。因此,在遥感植被模型或分类中引入地形属性变量,乃是十分普遍的做法。

从自然环境的角度来讲,在自然景观中植物种类的分布是和太阳辐射量及土壤水分平衡密切相关,而这两者在不同程度上都受地形的控制。研究表明,土壤水分供应、浅层土壤水分、土壤持水能力和土壤需水量(主要由蒸散量决定)均和一些地形变量有关,如高程、坡向、坡度、曲率、坡面部位、流域部位以及一些更为复杂的复合地形属性如入射太阳辐射和地形湿度等(Franklin et al.，2000)。

　　数字地形分类在景观生态应用中的贡献主要在两个方面,一是计算自然景观中的能量平衡和水分平衡,另一是在景观生态分类和制图中引入和计算地形因子。在实际应用中,特别在植被分类和制图中,这两方面的贡献经常结合在一起,以求达到最佳的分类和制图精度。

　　地表太阳辐射量的时空分布和计算是在景观生态应用中经常引用的因子。在给定的地表点上,地形对入射太阳辐射的影响可能是相当大的,高程、坡度、坡向和当地地形基准面可能造成太阳辐射平衡的巨大差异,由此影响诸如空气与土壤的热量平衡、蒸散和光合潜力等生物物理过程和因子,从而影响植物和动物区系的空间分布。例如,Moore 等(1993e)利用计算的太阳辐射和温度指数对不同森林类型的环境差异性和范围作了详尽的分析,描述了地形变化导致的地表太阳辐射的差异和由此对森林植被分布的影响。

　　不同的太阳辐射指数在其方法、数据源和估算各个算子的假设上都有所不同,通常是先计算流域的潜在太阳辐射(potential solar radiation),表示为坡度、坡向、地形阴影和时间等的函数,之后考虑其他校正因子,如云量、大气透明度以及土地覆盖效应等。在计算中,辐射模型的一些输入环境变量由于资料的限制经常要在某种程度上简化,如采用反射率(albedo)、云量、发射率(emissivity)、日照时间、平均空气和地面温度以及大气透射率的月平均值或年平均值来代替实时测量值在时间上的积分,有些模型甚至将环境修正忽略不计,如 Kumar 等(1997)利用地理纬度和从栅格 DEM 上获取的地形参数估算了晴朗天空条件下的短波直接辐射,将校正因子从模型中彻底简化出去。

　　在景观生态分类和制图方面,Franklin 等(2000)利用遥感图像分类的方法,建立地形属性和由遥感手段获取的光谱变量的相关模型,从而利用数字地形数据和遥感图像预测植被类型的分布并制图。模型的输入部分包括在美国地质调查局(USGS)的 7.5′DEM 数据上利用数字地形分析技术获取的坡度、坡向、入射太阳辐射、汇水面积、地形湿度指数、坡面曲率、剖面曲率、平面曲率、至流水线距离和至山脊线距离等十项地形参数和复合地形属性,和 Landsat TM 的红色波段(TM 3)、近红外波段(TM 4)和中红外波段(TM 5),以及由 TM 数据提取的植被指数(NDVI)、亮度(brightness)、绿度(greenness)和湿度(wetness)等七项光谱特征变量。利用统计学上的分类树分析(Classification and Regression Tree Analysis,CRT)方法(Breiman et al.，1984；Venables et al.，1994),建立了浓密常绿阔叶灌丛(chaparral)和滨岸(riparian)植被分类树模型,并制成了位于美国加利福尼亚州圣地亚哥地区的实验区的植被分布推测图。

　　Wheatley 等(2000)和 Mackey 等(2000)也报告了类似的方法和应用。Wheatley 等(2000)采用了遥感图像处理中常用的非监督分类和监督分类的方法,用 Landsat TM 多光谱图像,对位于美国中北部小密苏里河流域的试验区进行了土地覆盖分类和制图,并对加入地形因子和没有地形因子的分类结果进行了比较,认为基本地形参数如高程、坡度和坡向对分类结果影响不大,而模拟地形物理过程的复合地形属性如受坡度和汇水面积控制的土壤湿度和受地形坡向控制的太阳辐射量则与植被分布有较密切的关系。Mackey 等(2000)检验了加拿大寒温带针叶林(boreal forest)地区,利用统计学方法,分析了地形参数和属性(如汇水面积、入射短波辐射、地形湿度指数、地面高程、地形部位、坡度等)和其他环境因子(如土壤厚度、土壤 C 层质地、土壤水分等)对植被种类分布的控制效应,指出了地形因子在寒温带针叶林植被分布中的重大作用。

1.5.4 工程和其他应用

除了自然环境科学应用之外,数字地形分析在土木工程、水利工程、景观设计、通讯、军事、外交等各个领域广泛应用,迄今已取得了十分显著的经济和社会效益。

在土木工程设计中,数字地形分析的最典型的应用就是挖填方计算和工程作业设计。为达到最佳的施工效益,在土木工程作业设计中,尽量减少挖填土方的运移距离是提高效率的重要指标,在每一给定的局部区域,利用设计高程和实际地面的高程的差,计算工程所需要的挖填土方量,再利用空间上的组合优化,得出最佳的施工方案,以求以最少的搬运达到挖填土方的平衡。挖填土方计算和作业方案优化,是数字地形分析最早的应用领域之一(李志林等,2003),其应用范围已包括估算道路、沟渠、管道、输配电线等工程土方量,矿区开挖回填作业设计、土地整治工程、填海造地工程规划设计等。

在水利工程设计和库区规划中,为确定水库的工程规模,需要计算水库的特征水位以及相应的库容和淹没面积。利用 DEM 和数字地形分析技术,可以准确计算规划水库的库容和淹没面积,以及在各种假设的降雨径流过程中的流域水文响应,用以模拟在给定的水文断面上的流速、流量、含沙量等,据此来指导水利枢纽工程的设计。在库区移民规划中,通过对地形地貌的分析,可以计算土地承载力,并以此来有效地选定移民地,估算必要的工程量,从而指导诸如基础设施建设、人口分配、赔偿等库区移民工作。

数字地形分析的另一工程应用领域在于滑坡预测和工程治理。如香港土木工程拓展署土力工程处(Geotechnical Engineering Office,GEO)在 20 世纪 90 年代用了数年时间,进行了自然地表滑坡的研究(GEO,1997)。这一研究的成果之一是建成了香港特区的自1945 年以来的滑坡数据库,并整合了地质、坡度、地貌和植被等数据建成 GIS,对滑坡的成因和影响因素进行了详细的分析。研究表明,下垫面的地质条件和地面坡度是决定区域自然地表稳定性的两个最重要的参数,其中滑坡的临界坡度以及坡向、坡面形状等是数字地形分析在这一领域中的研究重点。在相同的应用领域,Montgomery 等(2000)在美国俄勒冈州和华盛顿州的 14 个流域进行了浅层滑坡实验,在近 $3000km^2$ 的区域在 30m DEM 上建立了基于数字地形分析的临界降雨量—地形参数—浅层滑坡的预测模型。

另一类工程应用包括景观设计、通讯工程等。在这一类应用中,数字地形分析中的可视性分析(De Floriani et al.,1999)是主要的手段。如在景观设计中,为避免工程建设破坏自然景观协调性,可以用可视性分析来确定工程建设的最佳位置,从而使人工建筑尽量避开人们的视线,达到保护景观视觉价值的目的。在现代的通讯工程设计中,地形起伏和遮蔽性会在不同程度上影响无线通讯的信号强度,因此利用可视域分析的方法,可以更有效和科学地选择工程地点,以达到优化的目的。

在其他的领域如军事、外交等,数字地形分析的技术也在不同的层面得到了很实在的应用。在军事领域中,数字地形分析中的地面坡度、粗糙度等参数可用于指导机械化军事行动计划和给定区域的可达性,通视性和可视域分析可应用于战场模拟和军事设施选址等。在外交方面,数字地形分析技术的诸多功能,如坡面分析、可视性分析和流域分析等,可以为边界划定谈判提供有力的技术支持。在国际河流的管理和开发中,基于数字地形分析的水文模型可以为河流资源的权益分配和管理提供科学的依据。

1.6 关于本书内容

综上所述,随着现代信息技术的发展,数字地形分析的理论和技术已在越来越多的领域中应用发展。然而,虽然有关数字高程模型的专著和文献已在国内外陆续出版[如柯正谊等(1993);李志林等(2003);Li 等(2005)],并在大部分有关 GIS 的专著中均占有一定的篇幅,但关于数字地形分析的专著却寥寥无几,并且全部是集研究文章为一体的编著,着重于具体的应用领域,如水文、地貌、生态等。本书的目的在于尝试总结迄今为止数字地形分析中发展的各种理论概念和计算算法,希望为读者提供对数字地形分析理论与技术较为系统的介绍。

本书的内容以介绍理论和算法为主,并尽量结合应用问题说明。全书共分为 10 章,其大致内容如下:

第 1 章:绪论,即本章,介绍数字地形分析的基本概念、它的起源、与数字地面模型的关系、技术内涵、研究内容和应用范畴。

第 2 章:地形曲面的基本数字特征,介绍用解析法建立地面模型的方法以及对地形地貌参数的数学描述。本章是其后章节的理论基础。

第 3 章:数字高程模型与地面形态表达,讨论地形曲面的计算机实现和建模,包括数字高程数据的来源、采集方法、结构模型、处理和优化等。

第 4 章:地形曲面参数计算,介绍各种地形曲面参数(见表 1.1)的定义、性质、计算方法和计算机算法实现。

第 5 章:地形形态特征分析,介绍各种地形形态特征(见表 1.2)的定义、性质、提取方法和计算机算法实现。

第 6 章:地形统计特征分析,介绍数字地形分析中的所涉及的统计方法等内容(见表 1.3)。

第 7 章:复合地形属性,介绍各种复合地形属性(见表 1.4)的定义、性质、计算方法和计算机算法实现。

第 8 章:地形可视化及分析,讨论数字地形的可视化表现和信息增强方法及其分析。

第 9 章:数字地形分析的误差与精度,讨论分析数字地形分析中的误差及其对分析结果和应用的影响。

第 10 章:数字地形分析的发展方向和展望,讨论数字地形分析面对的挑战和今后的发展方向。

第 2 章　地形曲面的基本数字特征

　　导读：地表形态千变万化，形态各异，不可能用一个简单的函数式表达。因此，对地表形态的研究首先需要建立针对不同地表形态的数学模型。本章论述用解析法建立地形数学模型的方法，并讨论二维等高线模型的实质。在此基础上，阐述各种地形参数的理论定义和理论计算公式，以及典型地貌形态的数学定义。本章是本书后续章节的理论基础。

2.1　地形的数学描述

　　地形模型是地貌形态的表示。对地形模型研究的数学方法，一般有统计方法和解析方法（毋河海等，1997）。统计方法从概率论的角度研究地形形态和结构特征，而解析方法认为局部地形表面可用解析函数逼近，函数曲面的形态反映了地形的变化特征。本节从解析方法的角度讨论数学曲面与地形曲面的关系，并通过拓扑学理论，探讨地貌形态的二维表示——等高线地貌模型本质。

2.1.1　地形的抽象表达

　　在地球内外营力的相互作用下，地球表面不仅有连续变化可用等高线表示的地貌形态，还有在用特殊符号表示的陡坎、陡崖、冲沟、绝壁等特殊地貌，这些特殊地貌虽然较少，但他们的存在破坏了地貌连续变化，使之不满足单值、连续和光滑的数学条件。因此函数曲面一般是对局部范围内具有缓和变化的地貌形态进行表达，这样的地形表面可表示为地形起伏 z 关于平面位置 (x,y) 的函数：

$$z = f(x,y) \tag{2.1}$$

当 z 为常数 c 时，有等高线方程

$$f(x,y) = c \tag{2.2}$$

　　式（2.2）为一空间曲线，投影至水平面并不破坏其形状，表现为等高线簇，可用微分方程表示如下（式中 c 为任意常数）：

$$y = \int \left(\frac{\partial f}{\partial x} \Big/ \frac{\partial f}{\partial y} \right) \mathrm{d}x + c \tag{2.3}$$

　　地形结构线如山脊线、山谷线是地貌的骨架线，决定了地形的基本形态。结构线上的点位于式（2.1）的极值（极大值、极小值）点上，因此对式（2.1）极值的研究可分析提取地形结构线，这可由以下方程求解：

$$\frac{\partial f}{\partial x} = 0, \quad \frac{\partial f}{\partial y} = 0 \tag{2.4}$$

前一式是被平行于 xz 平面所截得曲线的斜率,后一式为被平行于 yz 平面所截得曲线的斜率。

2.1.2 地形的数学模型

地形表面千变万化,形态各异,简单数学曲面一般较难反映地形的变化特征。理论上,任何复杂的曲面都可用高次多项式以任意的精度去逼近(Phillips et al.,1972),但以高阶曲面逼近地形表面,需要很多系数,这些系数的物理意义一般很难弄清楚,同时高阶多项式保凸性较差,易产生震荡现象而导致无意义的地形起伏(柯正谊等,1993;毋河海等,1997)。另外,高阶多项式的系数需要求解高阶方程组,计算量大而且对计算舍入误差比较敏感,不容易得到稳定解。因此在实际工作中,较少使用高次多项式来模拟地形,一般地,按一定的规律(如结构线)把整个研究地区划分成简单的、具有单一坡面的地形单元,每一单元由于结构单一,因而可用低次多项式表示且具有足够的精度,这样整个地区就近似等于一个分块多项式函数,这类似于常规地形测量中对地形的描述。采用低次多项式对地形模拟,一方面充分利用了数学手段,各系数的物理意义很清楚,同时减少了计算量;另一方面不会漏掉地貌的细部特征,能以较少的信息获取可靠的模型特征(鲍伊柯,1989)。地形数学建模中,常用的低阶多项式有如下几种。

一阶线性方程:$z = ax + by + c$

二次曲面方程:$z = ax^2 + by^2 + cxy + dx + ey + f$

三次曲面方程:$z = ax^3 + bx^2y + cxy^2 + dy^3 + ex^2 + fxy + gy^2 + hx + iy + j$

这些低次多项式有着其实际的地形意义,如一阶线性方程可描述倾斜坡面,二次曲面方程则常用来表示山脊、谷地等,三次曲面能描述较为复杂的地貌。在各种低次多项式中尤以二次曲面及其变形能表达较多的地形特征,对此做一简要的分析。

例如,$z = ax^2 + by^2 + cxy + dx + ey + f$ 的二次曲面可变形成如下形式

$$\left.\begin{aligned} ax^2 + 2hxy + by^2 + 2jx + 2ky + m = 0 \\ h = \frac{c}{2}, j = \frac{d}{2}, k = \frac{e}{2}, m = f - z \end{aligned}\right\} \tag{2.5}$$

式(2.5)是一典型的二次曲面标准形式,依系数之间关系,分别表示三种曲线类型:

当 $ab - h^2 > 0$ 时,为椭球面;

当 $ab - h^2 = 0$ 时,为抛物面;

当 $ab - h^2 < 0$ 时,为双曲面。

其地形意义分别为,椭球面可表示洼地和山顶,抛物面描述山谷和山脊,而双曲面表达垭口或地形鞍部。二次曲面表示地形理论意义也是明显的。例如,在地形图上,山顶或洼地的等高线常类似于一簇共心椭圆。设 (x_0, y_0) 是 $z = f(x, y)$ 的极值点,在这点满足式(2.5)。把 $z = f(x, y)$ 在 (x_0, y_0) 处按泰勒级数展开并取至二次项,有:

$$\left.\begin{aligned} f(x, y) &= f(x_0, y_0) + \frac{1}{2}\left[a(x - x_0)^2 + 2b(x - x_0)(y - y_0) + c(y - y_0)^2\right] \\ a &= \frac{\partial^2 f}{\partial x^2}\bigg|(x_0, y_0), b = \frac{\partial f}{\partial x \partial y}\bigg|(x_0, y_0), c = \frac{\partial^2 f}{\partial y^2}\bigg|(x_0, y_0) \end{aligned}\right\} \tag{2.6}$$

一般为使(x_0,y_0)为极值点,式(2.6)中系数应满足$b^2-ac<0$,则这时的等高线方程为(c为任意常数):

$$f(x_0,y_0)+\frac{1}{2}[a(x-x_0)^2+2b(x-x_0)(y-y_0)+c(y-y_0)^2]=c \qquad (2.7)$$

式(2.7)中不论c为多少,都表示以(x_0,y_0)为中心的椭圆,即在极值点附近等高线近似于椭圆。

地形数学曲面模型是提取各种地形基本参数的基础。

2.1.3 地形曲面的二维平面模型——等高线模型

地形曲面$T:z=f(x,y)$是三维空间R^3的子集,$T\in R^3$。T由若干典型地貌如山顶、山脊、山谷、斜坡等组成,设这些典型地貌为T_i,则T为T_i的并集,即$T=\bigcup T_i$。

当用高程为H_i平面P_i切割地形曲面T,并将切割线CM_i投影到二维平面B上($B\in R^2$),则得到地形曲面的二维直观形象模型——等高线模型CM,根据集合理论,等高线模型可表示为:

$$CM=\{CM_i\}=\{P_i\cap T\}=\left\{\int\left(\frac{\partial f}{\partial x}\Big/\frac{\partial f}{\partial y}\right)\mathrm{d}x+c\right\} \qquad (2.8)$$

由T到CM的过程是一拓扑变换过程(钟业勋等,2002),设为$f:T\to CM$。此处,B是底空间,(T,f)是覆盖空间。根据拓扑映射定义,有$CM_i=f(T_i)=P_i\cap T$,也就是说,CM_i是T_i在f下的同胚像,$CM_i\approx T_i$,即CM保持了T_i的拓扑性质。

同胚:设X与Y是两个任意的拓扑空间。设有变换函数为:$f:X\to Y$,如果函数f连续且一一对应,并且f的反函数f^{-1}也连续,则f称作空间X到空间Y上的拓扑变换,此时的空间X与空间Y叫做同胚,表示为$X\approx Y$。

如果f是空间X到空间Y的一个同胚,$A\subset X$,并且$B=f(A)$,则称点集A与点集B是同胚的,记为$A\approx B$;此时又称点集B是点集A在同胚f下的同胚像或拓扑像。同样,如果$f:X\to Y$,f连续,且$A\subset X$,$f(A)$称为点集A在f下的连续像。如果$f(X)=Y$,则空间Y称为空间X在变换f下的像空间。

覆盖空间:设A和B是连通且局部道路连通的拓扑空间,$f:A\to B$是连续的满射,如果对每个$b\in B$,存在b的道路连通开邻域U,使得f把$f^{-1}(U)$的每个道路连通分支同胚地映设成U,则称(A,f)是B的覆盖空间,这种U称为容许邻域,B称为底空间,f成为覆盖投影。

上述论述说明,等高线集合CM(模型)是地形曲面T(原始客体)的一个模型。由模型理论知,虽然模型和原始客体之间并不完全一致,但它们的特性类似,对模型的研究内容和结论可转移到原始客体上。因此通过对等高线集合的研究,可实现对地形曲面基本地貌形态$T=\bigcup T_i$的定义和数学描述。

2.2 地形曲面的基本参数

在地形模型上,不仅可获取地形的结构特征,如山顶点、山谷点、山脊线、山谷线,同时还可导出其他用于描述地形地貌的数字特征参数,如坡度、坡向、剖面曲率、平面曲率、单位汇水面积、汇水面积等。本节简要介绍坡度、坡向、汇水面积等地形参数的理论定义和分析方法,其他地形参数可用类似方法分析建立。

2.2.1 高　　程

地面点高程定义为地面点沿铅垂线到大地水准面(我国为黄海海平面,称 1985 黄海高程基准)的距离。高程是地形表面最基本的属性,反映了地形的起伏状态和地表物质的势能,是高出陆地地貌发育的最终基准的高度(李钜章,1987)。在地形模型上,除了采样点或格网点的高程值可直接获取外,其他任意点的高程要通过内插的方法得到,即若已知 P 的平面位置(x_P,y_P),则该点的高程为:

$$H_P = f(x_P,y_P) \tag{2.9}$$

2.2.2 高　　差

高差定义为地面两点之间的高程之差,并且任意两点之间的高差与起算面无关。即给定地面两点 P 和 Q,其高差 ΔH_{PQ} 定义为:

$$\Delta H_{PQ} = H_Q - H_P \tag{2.10}$$

这一定义在测量和地形制图领域是非常明确和唯一的。然而在地貌、地理学等地学应用领域,由于各自研究的需要,对高差的定义和术语使用上并不一致(李钜章,1987;牛文元,1992)。例如,牛文元(1992)在其著作《理论地理学》中将高差称为起伏(relief),并定义为在一个单元地域中,从某个基准而起算的在高度上所表现出的最大差异;而李钜章在研究中国地貌形态划分时,其高差分别称为相对高度、局部地势和山体起伏高度,并分别从地貌发育和地貌类型划分的角度给出了如下的定义。

相对高度,指地面上的点与地方基准的高差。即高出地貌发育的临时(地方)基准的高度。地方基准定义为:①一般情况下,从给定点顺水流方向,向下追溯所遇到的第一个(即最近的)汇流面积大于 20000km² 的点,即为该区域的地方基准;②当地表水汇入流域面积小于 20000km² 的闭合盆地时,以盆地的最低陆上点为地方基准;③当山前具有宽广的洪冲积扇(裙),上下高差大于 200m,且顺水流方向到达出口(即洪积扇上界)汇流面积小于 5000km² 时,且不再顺水流向下追索,转而向左右沿山麓找出最近的山口汇流面积大于或等于 5000km² 的河,若该河之山口点的汇流面积已大于 20000km²,就以该河的山口点为地方基准,若该河山口汇流面积不足 20000km²,则顺该河向下找到汇流面积大于 20000km² 的点,以此点为地方基准;④对分水线上的点,则取所有按上述规定找到的点的最低者为地方基准。

局部地势,指地面一定距离内之最高点与最低点之高差。在这一定义中,地面范围的确定是一个关键。李钜章参照欧洲 1:250 万地貌图的规定(16km² 面积内的高差),将我国局部地势计算的范围定义为 4.5km 的距离范围(直径为 4.5km 的圆的面积为 15.9km²),而刘新华等(2001)在水土流失评价研究中,通过 DEM 的窗口分析结果的采样统计,认为确定中国水土流失地形起伏度的最佳分析窗口大小为 5km×5km 的矩形窗口。这里要注意的是,无论规定距离还是规定面积(规定一定距离能够避免规定一定面积时由于形状不确定而产生的不确定性),由于没有规定水流方向,因而局部地势与地貌发育的基准没有必然的联系(李钜章,1987)。

山体起伏高度(起伏高度),一个山体山脊上各点顺水流方向(每一个都有两个以上的方向)向下追溯遇到第一个汇流面积大于 500km² 的河流或宽度大于 5km 的平原的边缘的高差中的最大者,称为这个山的起伏高度。山体起伏高度与相对高度之间的区别在于:①地面上每一点都有自己的相对高度,而起伏度则一个山(包括很多点)仅有一个;②相对高度的零点是较大范围的地方基准,起伏高度的零点是较小范围的地方基准。

要说明的是,无论是相对高度还是起伏度,其关键是基准和范围的确定,应该在一个具体的环境和应用领域进行讨论,并分析其地学意义。

2.2.3 高程分布曲线

高程分布曲线,又称高程面积曲线或高程面积频率曲线,是以某一区域的高程和该高程以上(或以下)面积的百分比或频率为纵、横坐标轴所绘制的统计图,它是一条累积曲线(表 2.1、图 2.1)。在地学领域,高程分布曲线常用来对地貌发育过程(张超等,1991)、宏

表 2.1 地球表面的高程和深度

高程和深度 /km	所占面积		累积面积	
	×10⁶ km²	%	×10⁶ km²	%
海平面以上:最大高程 8844.43m;平均高程 875m				
>5	0.5	0.1	0.5	0.1
4～5	2.2	0.4	2.7	0.5
3～4	5.8	1.1	8.5	1.6
2～3	11.2	2.2	19.7	3.8
1～2	22.6	4.5	42.3	8.3
0～1	105.8	20.8	148.1	29.1
海平面以下:最大深度>11000m;平均深度 3729m				
0～0.2	27.1	5.3	175.2	34.4
0.2～1	16.0	3.1	191.2	37.5
1～2	15.8	3.1	207.0	40.6
2～3	30.8	6.1	237.8	46.5
3～4	75.8	14.8	313.6	61.5
4～5	114.7	22.6	428.3	84.0
5～6	76.8	15.0	505.1	99.0
6～7	4.5	0.9	509.6	99.9
7～11	0.5	0.1	510.1	100

观地貌特征、地表高程分配(牛文元,1992)等进行定量分析和描述,同时也是流域地形分析和模拟的重要指标之一,而在土木工程中,高程分布曲线也可用来进行库容体积计算。另外,对于其他具有连续分布的地理现象,如"费用面"、"土地价值面"、"人口密度面"、"影响作用面"等,也可用高程分布曲线进行分析和讨论。

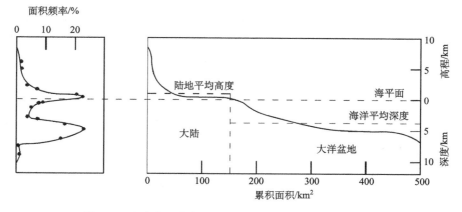

图 2.1　地球表面的高程面积分配[据牛文元(1992)改绘]

　　当对不同区域的地貌发育情况进行分析时,应该将高程换算到统一的标准下,以便于进行比较。一般是把所有的高程都换算成相对高度(以流域最低点为基础),并把他们的值换算为与流域中最大高差的比值,使高程分布曲线中的高程百分比单位相同。即

$$\frac{h_i - H_{\min}}{H_{\max} - H_{\min}} \tag{2.11}$$

式中,h_i 为等高线的高程(海拔),$H_{\min}$ 为流域的最低点高程;$H_{\max}$ 是流域最高点的高程,这时高程的取值范围为 0~1,而面积尺度则是某一条等高线以上的面积 S_i 与整个流域面积 S 的比值,其值范围也为 0~1。这样便可把不同流域的高程分布曲线绘制到同一个坐标系中,从而实现两个区域的地貌发育对比研究。如图 2.2 的左图,虚线流域为一个外凸的曲线,而实线流域为一条近乎直线,表明前者还没有达到后者的发育程度。

　　如果以 $\frac{S_i}{S}$ 为 x 轴,$\frac{h - H_{\min}}{H_{\max} - H_{\min}}$ 为 y 轴,则可得到曲线 $y = f(x)$,此曲线也称为 Strahler

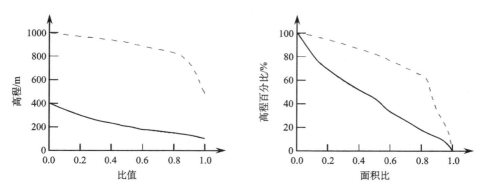

图 2.2　两个流域的高程分布曲线

实线为流域 A,虚线为流域 B

面积高程曲线。如果测度每条高程曲线与坐标轴所包围的面积,即:

$$s = \int_0^t f(x)\,\mathrm{d}x \qquad (2.12)$$

则得到所谓的面积积分值(Strahler 积分)。面积积分值定量地表达了地貌演化的各个阶段(幼年期、壮年期、老年期等)。例如,当地貌处于幼年期时,Strahler 曲线上凸,$s > 0.60$;若处于壮年期,Strahler 曲线接近直线,s 为 $0.35 \sim 0.60$;而当地貌发育到晚年期,Strahler 曲线下凹,s 值小于 0.35。

2.2.4　距　离

距离是人们经常涉及的话题,它表达了两个对象之间的远近亲疏程度(郭仁忠,2001)。距离的定义与度量空间有关,而度量空间有匀质空间和非匀质空间,在这两种空间上的距离定义和实现是不同的。

1. 匀质空间距离定义

所谓匀质空间,是指度量距离的空间物质在任意位置和方向都一样。在这种情况下,可采用欧氏距离来表达(n 维空间)两个空间物体 P 和 Q 之间的距离 L_{PQ}:

$$L_{PQ} = \left[\sum_{i=1}^{n} (x_{P_i} - x_{Q_i})^2 \right]^{\frac{1}{2}} \qquad (2.13)$$

式中,x_i 表示第 i 维坐标;当距离空间为二维平面时,一般表示为:

$$L_{PQ} = \sqrt{(x_P - x_Q)^2 + (y_P - y_Q)^2} \qquad (2.14)$$

对三维空间而言,L_{PQ} 表示了三维空间上两点之间的空间距离(即本书的斜坡距离),表示为:

$$L_{PQ} = \sqrt{(x_P - x_Q)^2 + (y_P - y_Q)^2 + (z_P - z_Q)^2} \qquad (2.15)$$

欧氏距离是一种广为采用的距离计算方法,它实际上是称之为广义距离(张克权等,1991)(亦称明考斯基距离)的特例,广义距离一般定义为:

$$L_{PQ}(m) = \left[\sum_{i=1}^{n} (x_{P_i} - x_{Q_i})^m \right]^{\frac{1}{m}} \qquad (2.16)$$

当 $m=2$ 时,得到形如式(2.13)的欧氏距离。当 $m=1$ 时,有绝对距离:

$$L_{PQ}(1) = \sum_{i=1}^{n} |\, x_{P_i} - x_{Q_i}\, | \qquad (2.17)$$

而当 $m \to \infty$ 时,即有所谓的切比雪夫距离:

$$L_{PQ}(\infty) = \max\{\, |\, x_{P_i} - x_{Q_i}\, |\, \} \qquad (2.18)$$

不同的距离有不同的应用领域和特点,本书的分析中,采用式(2.14)和(2.15)所定义的欧氏距离。

2. 非匀质空间距离定义

当度量空间的物质在位置和方向上不一致时就构成所谓的非匀质空间。在非匀质空间上,两点之间的距离定义就不仅仅是表达式上的变化,而且要考虑度量空间上的物质变化。这时的距离定义并不能用一个简单的公式给出,需要通过一定的算法来实现。

地形模型本身是一个非匀质的三维空间模型,计算其上两点之间的距离是一个非常复杂的问题,即便是地形曲面为一个规则的曲面,计算也相当困难。因此在一般的应用领域,通常将地形曲面看做是匀质空间,因而可以应用式(2.14)和(2.15)来计算两点之间的距离,但是对于一些特殊场合,如两点之间的最佳距离,这时则要将地形模型看做非匀质空间,关于这一点,在相关成本距离表面和最短距离计算中有详细的讨论。

2.2.5 面积与表面积

空间曲面的面积包括在一定范围内的曲面投影面积和在该范围内的曲面表面积,是地形形态和其他地形参数,如土方、表面粗糙度等计算的基本参数。

如图 2.3 所示,设空间封闭区域由多边形 $D\{(x_1,y_1),(x_2,y_2),\cdots,(x_n,y_n),(x_1,y_1)\}$ 定义(顶点按逆时针方向排列),覆盖于 D 上的地形曲面为 $f(x,y)$,则多边形 D 的面积(曲面投影面积)为:

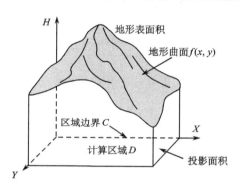

图 2.3 面积与表面积计算

$$S = \frac{1}{2}\left(\begin{vmatrix} x_1 & y_1 \\ x_2 & y_2 \end{vmatrix} + \begin{vmatrix} x_2 & y_2 \\ x_3 & y_3 \end{vmatrix} + \cdots + \begin{vmatrix} x_n & y_n \\ x_1 & y_1 \end{vmatrix}\right) \tag{2.19}$$

如果 D 的边界由函数 $C:y=g(x)$ 给出,则 D 的面积为:

$$S = \iint_C \mathrm{d}x\mathrm{d}y = \frac{1}{2}\oint_C x\,\mathrm{d}y - y\,\mathrm{d}x \tag{2.20}$$

在 D 上的曲面表面积计算如下:

$$S_s = \iint_D \sqrt{1 + f_x^2 + f_y^2}\,\mathrm{d}x\mathrm{d}y = \iint_D \sqrt{EG - F^2}\,\mathrm{d}u\mathrm{d}v \tag{2.21}$$

式(2.21)中 $x=x(u,v),y=y(u,v),z=z(u,v)$ 为曲面的参数形式,E、F、G 分别为:

$$\left.\begin{array}{l} E = \left(\dfrac{\partial x}{\partial u}\right)^2 + \left(\dfrac{\partial y}{\partial u}\right)^2 + \left(\dfrac{\partial z}{\partial u}\right)^2 \\[2mm] F = \dfrac{\partial x}{\partial u}\dfrac{\partial x}{\partial v} + \dfrac{\partial y}{\partial u}\dfrac{\partial y}{\partial v} + \dfrac{\partial z}{\partial u}\dfrac{\partial z}{\partial v} \\[2mm] G = \left(\dfrac{\partial x}{\partial v}\right)^2 + \left(\dfrac{\partial y}{\partial v}\right)^2 + \left(\dfrac{\partial z}{\partial v}\right)^2 \end{array}\right\} \tag{2.22}$$

2.2.6 体 积

体积计算是公路、铁路、水利工程、土地平整、建筑工程、矿山、岩土等土木工程的一项重要的工作。所谓体积,通常是指在一定的区域内地形曲面参考基准面(设计表面)之间所包含的空间物体的容积。体积计算也称为土方计算。

图 2.4 简要表示体积计算的原理。设地形曲面为 $H_T = f(x, y)$,设计表面为 $H_D = g(x, y)$,在给定区域 D 内,地形曲面 H_T 和设计曲面 H_D 包含的体积 V 为:

$$V = \iint\limits_{D} [f(x, y) - g(x, y)] \mathrm{d}x \mathrm{d}y \tag{2.23}$$

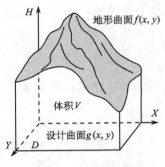

图 2.4　体积计算原理

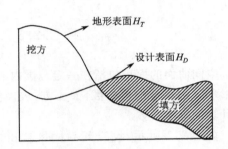

图 2.5　挖方和填方

体积计算中,基准面可以是任何形式的曲面,但通常情况下为平面。体积计算有正有负,取决于空间曲面与基准面的位置关系。当基准面高于空间曲面时,体积为负,在工程上称之为挖方,反之当基准面低于空间曲面时,体积为正,称为填方。在某一范围内,当空间曲面与基准面相交时,该范围内体积有正有负,为半填半挖区域(图 2.5)。一个范围的所有的挖方、填方各自求和,即得该地区的总的填挖方量。

2.2.7　地形粗糙度

地形粗糙度常用来刻画一个单位地表单元地势起伏的复杂程度,是地形曲面特征描述的宏观因子,在一定程度上反映了地质构造运动的幅度,同时对水土流失、洪涝灾害、农业灌溉、军事机械化作战有重要的应用意义。地形复杂度由地表的实际面积与投影面积的比值来刻画。设地形曲面为 $f(x, y)$,区域范围为 D,D 的投影面积 S 可由式(2.19)或式(2.20)给出,其表面积 S_s 由式(2.21)求得。由此,地形粗糙度 K_r 可表示为:

$$K_r = \frac{S_s}{S} = \frac{\iint\limits_{D} (1 + f_x^2 + f_y^2)^{\frac{1}{2}} \mathrm{d}x \mathrm{d}y}{S} = \frac{\sum\limits_{i=1}^{n} S_i \sec \beta_i}{\sum\limits_{i=1}^{n} S_i} \tag{2.24}$$

有的学者认为地形复杂度也可由相对高差的变化表示(张超等,1999),这与地形复杂度所要表达的地形特征内涵不太一致,故本书采用式(2.24)的表达形式。

2.2.8　坡度与坡向

空间曲面的坡度(slope)和坡向(aspect)是互相联系的两个参数,均是点位函数,除非曲面是一平面,否则曲面上不同位置的坡度和坡向是不相等的。坡度反映曲面的倾斜程度,定义为曲面上一点 P 的法线方向与垂直方向(即天顶)Z 之间的夹角,而坡向是斜坡面对的方向,定义为 P 的法线正方向在平面的投影与正北方向的夹角,如图 2.6 所示。

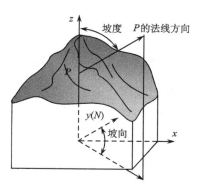

图 2.6　坡度和坡向定义

由数学分析知,任一空间曲面 $z=f(x,y)$ 在平面上表示一等值线簇 $f(x,y)=c$(c 为任意常数),当 z 为高程时则为等高线。对任意点 $P(x,y)$,沿 P 的梯度反方向,$f(x,y)$ 取得其下降最快值。在数字地形分析中,该值即为 P 的坡度,其下降方向即为坡向或流向。对于函数 $f(x,y)$,P 点的梯度表示为:

$$\mathrm{grad}(x,y) = f_x i + f_y j \tag{2.25}$$

式中 i,j 为单位方向,其模(norm)即为坡度(或梯度),表示为单位长度上的高程升降,通常以百分数表示。

$$\tan\beta = \sqrt{f_x^2 + f_y^2} \tag{2.26}$$

当需要计算斜坡角度时(即 P 的法线与天顶 Z 之间的夹角),由式(2.26)可得:

$$\beta = \arctan\sqrt{f_x^2 + f_y^2} \tag{2.27}$$

当 $f_x \neq 0$ 时,梯度方向即为坡向,定义为:

$$\alpha = \arctan\frac{f_y}{f_x} \tag{2.28}$$

实际工作中,坡向一般以北方向为起始方向,并按顺时针方向度量,则坡向在 x 轴为东西方向、y 轴为南北方向(北方向)的坐标系中表示为:

$$\alpha = 180° - \arctan\frac{f_y}{f_x} + 90°\frac{f_x}{|f_x|} \tag{2.29}$$

坡度范围一般取为 $[-90°, 90°]$,坡向范围为 $[0°, 360°]$。P 点的坡向与经过该点的等高线是正交的,当任一点沿曲面由高向低运动时,其轨迹即为流线(flow path)。流线上每一点的法线方向为该点的等高线切线方向,也就是说,流线与等高线处处正交。因此,流线方程可由 $f(x,y)$ 导出。设过任意点 $p(x,y)$ 的流线方程为 $g(x,y)$,则它们满足下式:

$$f'(x,y)g'(x,y) = -1 \tag{2.30}$$

由该微分方程可求得流线方程 $g(x,y)$:

$$g(x,y) = \int \frac{-1}{f'(x,y)}\mathrm{d}x \tag{2.31}$$

2.2.9　地　形　曲　率

高程、坡度和坡向反映了局部地形表面的基本特征,但在地表物质运动和曲面形态刻画方面,仅这几个参数还不够,需要引入曲率参数。地形表面曲率是局部地形曲面在各个截面方向上的形状、凹凸变化的反映,反映了局部地形结构和形态,也影响着土壤有机物含量的分布,在地表过程模拟、水文、土壤等领域有着重要的应用价值和意义。

1. 地形曲率的基本类型

地形表面曲率是一点位函数,反映着曲面在不同方向上的结构和形态特征。曲面上任一点的曲率值与方向有关,也存在着不同的几何定义和地学含义(Schmid et al.,2003)。长期以来,为了实际应用的需要,人们发展和提出了多种曲率(Evans,1972,1990;Zevenbergen et al.,1987;Shary,1991,1995;Wood,1996;Speight,1974;Papo et al.,1984)。对地形表面曲率的定义和归类,需要考虑相应的外部环境如局部地表结构特点、地表物质运动等。Shary 等(Shary,1995;Shary et al.,2002)将地形曲面曲率分为两大类 12 个小类,包括仅考虑曲面几何结构的第一类型曲率(与坐标系无关)和与参考系(如高度场)相关的第二类型曲率,表 2.2 对各种地形曲率进行了简要的归纳。

对于地面一点而言,最小曲率(minimum curvature)、最大曲率(maximum curvature)、平均曲率(average curvature)等是地形曲面的固有属性,他们与坐标系统无关,属第一类型曲率。第二类型的曲率与研究内容如地形表面物质运动、地下水和沉积物运动等有关,主要包括剖面曲率(profile curvature)、等高线曲率(contour curvature)、正切曲率(tangential curvature)等(表 2.2)。

表 2.2　曲率分类表

地形曲率	第一类型曲率 (与坐标系无关)	平均曲率 C_m(mean curvature)
		非球形曲率 C_u(unsphericity curvature)
		最大曲率 C_{max}(maximal curvature)
		最小曲率 C_{min}(minimal curvature)
		全高斯曲率 C_G(total Gaussian curvature)
		全曲率 C_{tol}(total curvature)*
	第二类型曲率 (与高度场相关)	曲率差 C_d(difference curvature)
		剖面曲率 C_p(profile curvature)
		等高线曲率 C_c(contour curvature)*
		剖面曲率差 C_{pe}(profile curvature excess)
		水平曲率差 C_{he}(horizontal curvature excess)
		全环曲率 C_r(total ring curvature)
		全累计曲率 C_a(total accumulation curvature)
		正切曲率 C_t(tangential curvature)
		纵向曲率 C_l(longitudinal curvature)*
		断面曲率 C_s(cross section curvature)*
		流线曲率 C_f(flow-path curvature)*

* 不属于 Shary 等(2002)的曲率分类体系,但在实际工程中有所应用,本书也一并列出,以供参考分析。

要说明的是,由于研究重点和内容的不同,在各种曲率的名称使用上也有所不同。例如 Evans(1972,1980,1998)在研究地貌形态时,为了避免"曲率"一词所带来的混淆,提出以"凸度"(convexity)来替代"曲率",先后用"垂直凸度"(vertical convexity)和"剖面凸度"(profile convexity)代替剖面曲率,用"水平凸度"(horizontal convexity)和"平面凸度"(plan convexity)用来表达等高线曲率;Mitasova 和 Hofierka (1993)将等高线曲率称作为平面曲率(plan curvature);Zevenbergen 和 Thorne (1987)把正切曲率(tangential curvature)称之为"平面形状曲率"(planform curvature),但在其后的 ArcGIS 软件中却称之为"平面曲率";在 Shary 等(2002)的分类体系中,正切曲率称为水平曲率(horizontal curvature),而平面曲率(plan curvature)却为等高线曲率等。本书为避免概念上的混淆,统一采用表 2.2 中所列的曲率名称和符号。

2. 地面点法矢量、法截面及最大曲率与最小曲率

如图 2.7,设地形曲面为 $S:z=f(x,y)$,对于 S 上任意点 $P(x,y)$,过 P 的法矢量为 n,则 P 点的法截面 N 定义为过 n 的任意平面,N 与地形曲面的交线为一曲线,称之为法截线。由微分几何知道,这样的法截线有无数个,但存在互相垂直的两个法截线(称为主方向,即图 2.7 中的 cc' 和 dd'),在 P 点分别具有最大曲率 C_{max} 和最小曲率 C_{min},对应的曲率半径分别为 R_{max} 和 R_{min},R_{max} 和 R_{min} 是下列方程关于曲率半径 R 的两个根:

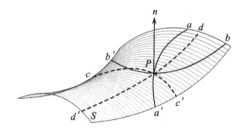

图 2.7　法矢量、法截面和法截线

$$(rt - s^2)R^2 + h[2pqs - (1+p^2)t - (1+q^2)r]R + h^4 = 0 \tag{2.32}$$

式中, $p = \dfrac{\partial f}{\partial x}$, $q = \dfrac{\partial f}{\partial y}$, $r = \dfrac{\partial^2 f}{\partial x^2}$, $s = \dfrac{\partial^2 f}{\partial x \partial y}$, $t = \dfrac{\partial^2 f}{\partial y^2}$。

最大曲率和最小曲率分别为:

$$\left. \begin{array}{l} C_{max} = \dfrac{1}{R_{max}} \\[2mm] C_{min} = \dfrac{1}{R_{min}} \end{array} \right\} \tag{2.33}$$

根据微分几何原理,全高斯曲率(total Gaussian curvature)定义为最大曲率 C_{max} 和最小曲率 C_{min} 的乘积,即:

$$C_G = C_{max}C_{min} = \frac{rt - s^2}{(1 + p^2 + q^2)^2} \tag{2.34}$$

而平均曲率 C_m 则定义为最大曲率 C_{max} 和最小曲率 C_{min} 的算术平均值,即:

$$C_m = \frac{1}{2}(C_{max} + C_{min}) = -\frac{(1+q^2)r - 2pqs + (1+p^2)t}{2(1 + p^2 + q^2)^{\frac{3}{2}}} \tag{2.35}$$

非球状曲率 C_u 刻画了局部曲面形态与球体的接近程度,定义为最大曲率和最小曲率之差的一半:

$$C_u = \frac{1}{2}(C_{max} - C_{min}) \tag{2.36}$$

在球面上,最大曲率半径和最小曲率半径相等,因而 $C_u=0$。由于 $C_{max} \geqslant C_{min}$,则 $C_u \geqslant 0$。参照式(2.34)和式(2.35),有:

$$C_u = \frac{1}{2}(C_{max} - C_{min}) = \sqrt{C_m^2 - C_G} \tag{2.37}$$

最大曲率、最小曲率、平均曲率、全高斯曲率和非球形曲率都是通过法截线获取的,反映的是曲面上截线的曲率,其值与法截面方向有关。全曲率 C_{tol}(total curvature)却直接刻画曲面的曲率(Wilson et al.,2000),其计算式为:

$$C_{tol} = r^2 + 2t + s^2 \tag{2.38}$$

C_{tol} 有正有负,当 $C_{tol}=0$ 时,该点要么为平坦地区,或者是地形鞍部。

上述几种曲率是反映了曲面的固有属性,并不随坐标系的改变而改变,其地学意义也是非常明显的。例如,最大曲率和最小曲率常用来识别山脊和山谷,而高斯曲率由于具有曲线长度的不变性(曲面不皱褶或伸展),而在地质和制图学领域广为应用,非球状曲率则定量的刻画了曲面和球体的接近程度。

3. 地表物质运动机理与等高线曲率、剖面曲率

最大曲率、最小曲率、平均曲率等从整体上表达了地形的结构形态,但为了研究地表物质的运动方式,还需要引入等高线曲率(contour curvature)以及剖面曲率(profile curvature 或 vertical curvature)。

参看图 2.7 和图 2.8,所谓剖面曲率就是通过地面点 P 的法矢量且与该点坡度平行的法截面与地形曲面相交的曲线在该点的曲率,剖面曲率描述地形坡度的变化,影响着地表物质运动的加速和减速、沉积和流动状态;等高线曲率是通过该点的等值面(水平面)与地表交线的曲率(或者说,就是通过该点的等高线的曲率),等高线曲率表达了地表物质运动的汇合和发散模式(图 2.9)。

在地形曲面 S 上,对于任意给定方向 a,其与 x 轴的夹角为 φ,则该方向的一阶方向导数和二阶方向导数为:

$$\frac{\partial f}{\partial a} = \frac{\partial f}{\partial x}\cos\varphi + \frac{\partial f}{\partial y}\sin\varphi = p\cos\varphi + q\sin\varphi \tag{2.39}$$

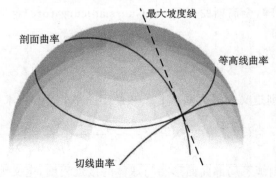

图 2.8　剖面曲率、等高线曲率和切线曲率定义

$$\frac{\partial^2 f}{\partial a^2} = \frac{\partial^2 f}{\partial x^2}\cos^2\varphi + 2\frac{\partial f}{\partial x \partial y}\cos\varphi\sin\varphi + \frac{\partial^2 f}{\partial y^2}\sin^2\varphi$$

$$= r\cos^2\varphi + 2s\cos\varphi\sin\varphi + t\sin^2\varphi \tag{2.40}$$

式(2.39)和式(2.40)中 $\cos\varphi$ 和 $\sin\varphi$ 可分别表示为：

$$\left.\begin{array}{c}\cos\varphi = \dfrac{\dfrac{\partial f}{\partial x}}{\sqrt{\left(\dfrac{\partial f}{\partial x}\right)^2 + \left(\dfrac{\partial f}{\partial x}\right)^2}} = \dfrac{p}{\sqrt{p^2 + q^2}}\\[4ex] \sin\varphi = \dfrac{\dfrac{\partial f}{\partial y}}{\sqrt{\left(\dfrac{\partial f}{\partial x}\right)^2 + \left(\dfrac{\partial f}{\partial x}\right)^2}} = \dfrac{q}{\sqrt{p^2 + q^2}}\end{array}\right\} \tag{2.41}$$

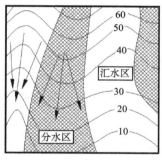
地表物质的聚合与发散

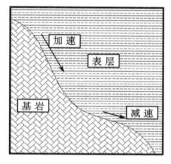
地表物质运动的加速和减速

图 2.9　地表物质运动模式［据 Shary 等(2002)改绘］

因此对于 P 点，在 θ 方向上的曲率为：

$$C = \frac{\dfrac{\partial^2 f}{\partial a^2}}{\left[1 + \left(\dfrac{\partial f}{\partial a}\right)^2\right]^{\frac{3}{2}}} \tag{2.42}$$

按照剖面曲率定义，即 $\varphi=\alpha$（α 为坡向），考虑式(2.39)、(2.40)和(2.41)，且下坡方向取负值［即式(2.41)中取负号］，有剖面曲率：

$$C_p = -\frac{p^2 r + 2pqs + q^2 t}{(p^2 + q^2)(1 + p^2 + q^2)^{\frac{3}{2}}} \tag{2.43}$$

等高线曲率定义为高程为常数的水平面与地形曲面的截线上的曲率，即此时等高线方程为 $z=f(x,y)=c$（c 为常数任意高程），在该曲线上，有：

$$\frac{\mathrm{d}y}{\mathrm{d}x} = -\frac{f_x}{f_y} = -\frac{p}{q} \tag{2.44}$$

$$\frac{\mathrm{d}^2 y}{\mathrm{d}x^2} = -\frac{f_{xx}f_y^2 - 2f_{xy}f_x f_y + f_{yy}f_x^2}{f_y^3} = -\frac{q^2 r - 2pqs + p^2 t}{q^3} \tag{2.45}$$

根据曲率计算公式(2.42)，有：

$$C_c = -\frac{f_{xx}f_y^2 - 2f_{xy}f_xf_y + f_{yy}f_x^2}{(f_x^2 + f_y^2)^{\frac{3}{2}}} = -\frac{q^2r - 2pqs + p^2t}{(p^2 + q^2)^{\frac{3}{2}}} \qquad (2.46)$$

剖面曲率和等高线曲率分别在垂直面上和水平面上刻画了地形的曲面形态,$C_p < 0$ 和 $C_c < 0$ 分别表示曲面在剖面或平面上为凹形坡,而 $C_p > 0$ 和 $C_c > 0$ 则分别表示曲面在剖面或平面上呈凸形坡。

4. 曲率的其他表示方式

结合高等数学和微分几何原理,还可以根据实际应用需要,设计和导出更多的曲率计算公式,这里比较常见的有正切曲率(tangential curvature)、纵向曲率(longitudinal curvature)、断面曲率(cross section curvature)和流线曲率(flow-path curvature)等。

对于地表物质的聚合和发散(汇水区域和分水区域),有的学者认为用正切曲率比等高线曲率更为合适(Mitasova et al.,1993;Krcho,1991)。参看图 2.8,正切曲率定义为与坡度方向垂直的平面和地形曲面相交而形成的曲线的曲率。由微分几何知道,过曲面上点的任意截平面的曲率计算公式为:

$$k = \frac{r\cos^2\beta + 2s\cos\beta\cos\delta + t\cos^2\delta}{\sqrt{1 + p^2 + q^2}} \times \frac{1}{\cos\theta} \qquad (2.47)$$

式中,θ 是过地面点的法向量与截平面的夹角;β,δ 是过该点的法截面的切线与 x、y 轴的夹角。对于切曲率,$\cos\theta$、$\cos\beta$ 和 $\cos\delta$ 的值分别为(Mitasova et al.,1993):

$$\cos\theta = 1; \cos\beta = \frac{q}{\sqrt{p^2 + q^2}}; \cos\delta = -\frac{p}{\sqrt{p^2 + q^2}} \qquad (2.48)$$

代入式(2.47)中有正切曲率的表达式:

$$C_t = -\frac{q^2r - 2pqs + p^2t}{(p^2 + q^2)\sqrt{1 + p^2 + q^2}} \qquad (2.49)$$

式(2.47)也可用来导出剖面曲率和等高线曲率的表达式。对于剖面曲率,其 θ、β、δ 分别为:

$$\cos\theta = 1$$
$$\cos\beta = \frac{p}{\sqrt{p^2 + q^2}\sqrt{1 + p^2 + q^2}} \qquad (2.50)$$
$$\cos\delta = \frac{q}{\sqrt{p^2 + q^2}\sqrt{1 + p^2 + q^2}}$$

对于等高线曲率,则 θ、β、δ 分别为:

$$\cos\theta = \sqrt{\frac{p^2 + q^2}{1 + p^2 + q^2}}; \cos\beta = \frac{q}{\sqrt{p^2 + q^2}}; \cos\delta = -\frac{p}{\sqrt{p^2 + q^2}} \qquad (2.51)$$

纵向曲率(longitudinal curvature)与断面曲率(cross section curvature)是 Wood (1996)提出的,主要用来进行地貌特征的识别和提取。纵向曲率定义为沿下坡方向的坡度变化率,而断面曲率是与下坡方向垂直的方向上的坡度变化率。Wood(1996)通过将二次曲面 $z = ax^2 + by^2 + cxy + dx + ey + f$ 表达为关于坡度矢量的函数,给出了两个曲率的计算公式:

$$C_1 = -\frac{p^2r + 2pqs + q^2t}{p^2 + q^2} \qquad (2.52)$$

$$C_s = -\frac{q^2r - 2pqs + p^2t}{p^2 + q^2} \qquad (2.53)$$

事实上,式(2.52)和式(2.53)是地形曲面 $z = f(x, y)$ 在坡度方向 $a = \alpha$ 上的二阶方向导数而不是严格意义上的曲率。将式(2.41)代入式(2.40),有:

$$\frac{\partial^2 f}{\partial a^2} = \frac{p^2r + 2pqs + q^2t}{p^2 + q^2} \qquad (2.54)$$

而断面曲率的方向与纵向曲率的方向垂直,即为 $a = \alpha + 90°$,代入式(2.40)和式(2.41),则有:

$$\frac{\partial^2 f}{\partial(\alpha + 90)^2} = \frac{q^2r - 2pqs + p^2t}{p^2 + q^2} \qquad (2.55)$$

如果以凹形为负,则上两式取负号,即式(2.54)和式(2.55)分别与式(2.52)和式(2.53)一致。

流线曲率(flow-path curvature)是地形表面水流路径在水平面上投影曲线的曲率(Shary, 1995; Shary et al., 2002),用来描述水流路径的摆动程度。Shary(1995)给出了流线曲率的计算表达式:

$$C_f = \frac{(p^2 - q^2)s - pq(r - t)}{(p^2 + q^2)^{\frac{3}{2}}} \qquad (2.56)$$

当水流方向顺时针旋转时,$C_f > 0$,反之 $C_f < 0$。

曲率差(difference curvature)定义为剖面曲率和正切曲率之差的一半,即:

$$C_d = \frac{1}{2}(C_p - C_t) = C_m - C_t = C_p - C_m \qquad (2.57)$$

曲率差反映了地表物质聚集的剧烈程度。

5. 各种曲率之间的关系

在表2.2定义的各种曲率中,独立的曲率只有三个,即平均曲率 C_m、曲率差 C_d 和非球形曲率 C_u,其他曲率(除 * 号曲率外)都可表达成这三个曲率的函数,如表2.3所示。

表2.3 曲率关系

曲率单位:m^{-1}	曲率单位:m^{-1}	曲率单位:m^{-2}
$C_{\max} = C_m + C_u$	$C_t = C_m - C_d$	$C_g = C_m^2 - C_u^2$
$C_{\min} = C_m - C_u$	$C_{pe} = C_u + C_d$	$C_a = C_m^2 - C_d^2$
$C_p = C_m + C_d$	$C_{he} = C_u - C_d$	$C_r = C_u^2 - C_d^2$

由式(2.35)和式(2.36),显然有 $C_{\max} = C_m + C_u$,及 $C_{\min} = C_m - C_u$。

由欧拉公式,平均曲率是两个相互垂直方向上的曲率的平均值,即 $C_m = \frac{1}{2}(C_{\max} + C_{\min}) = \frac{1}{2}(C_p + C_t)$,顾及 $C_d = \frac{1}{2}(C_p - C_t)$,则有 $C_p = C_m + C_d$,$C_t = C_m - C_d$。

剖面曲率差 C_{pe} 是指地面点的剖面曲率与该点的最小曲率之差,即 $C_{pe} = C_p - C_{min}$,考虑到 $C_{min} = C_m - C_u$,$C_p = C_m + C_d$,故有 $C_{pe} = C_u + C_d$。平面曲率差 C_{he} 定义为正切曲率与最小曲率之差,仿上述过程,有 $C_{he} = C_t - C_{min} = C_u - C_d$。剖面曲率差和平面曲率差分别表达了剖面曲率和正切曲率与最小曲率的偏差程度。由于所有的曲率均比最小曲率大,因此这两个曲率差均大于等于零。

由高斯曲率定义,以及最大曲率、最小曲率的表达式有:$C_G = C_m^2 - C_u^2$。

全环曲率是剖面曲率差和平面曲率差的乘积,即:$C_r = C_{pe} C_{he} = C_u^2 - C_d^2$,由于 $C_u = \sqrt{C_m^2 - C_G}$,$C_d = C_m - C_t$,从而有:

$$C_r = 2C_t C_m - C_t^2 - C_G = \frac{[(p^2 - q^2)s - pq(r - t)]^2}{(p^2 + q^2)^2 (1 + p^2 + q^2)^2} \tag{2.58}$$

全环状曲率也从另一个角度刻画了流水路径的摆动程度,它与流线曲率之间的关系为:

$$C_r = \frac{C_f^2 \beta^2}{(1 + \beta^2)^2} \tag{2.59}$$

式中 β 为坡度。

全累计曲率是剖面曲率和正切曲率的乘积,即:

$$C_a = C_p C_t \tag{2.60}$$

全累计曲率反映了地表物质运移的相对累积区域(Shary,1995)。全累计曲率大于零,说明沿坡面剖面方向和切线方向同为凸坡或凹坡,即各个方向同为散水或汇水;而当全累计曲率小于零,则该区域物质运移有方向性,即有明显的汇水线和分水线。Lanyon 和 Hall (1983)曾用相对累积区域研究土壤盖度的稳定性问题。

2.2.10 汇水面积与单位汇水面积

如图 2.10,流域面积(Total Catchment Area,TCA),是流经一段等高线上游的所有地形的投影面积(Moore et al.,1991b)。单位汇水面积(specific catchment area)是单位长度等高线上游的汇水面积,定义为某段等高线上游汇水面积与等高线长度的比率。当等高线长度趋向于零时,为某点上游的平均汇水长度(Hutchinson et al.,1991)。单位汇水面积可表示为:

$$A_s = \lim_{L \to 0} \frac{A}{L} \tag{2.61}$$

式中,A 表示流域面积;A_s 表示单位汇水面积;L 为等高线长度。

在实际地形表面上,汇水面积、单位汇水面积是依据流向和流线分布的。流向(flow direction)是水流坡度的最大方向,即坡向或其近似值(Wilson et al.,2000);流线(flow path)是沿流向的水流路径。流向和流线由地表自然属性控制,同一等高线上两点流线之间的面积形成该段等高线上游的汇水面积,而汇水面积和两点间的等高线长度则决定着单位汇水面积。依定义可知,汇水面积是产生在弧段上的量;当等高线长度趋向于零时,单位汇水面积可认为是某点上游的汇水面积,是一点位函数。

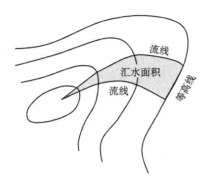

图 2.10　汇水面积与流线

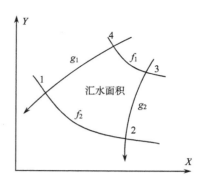

图 2.11　单位汇水面积计算

如图 2.11，f_1 是区域边界或比点 $1(x_1, y_1)$ 所在等高线 f_2 高的等高线，设 f_1、f_2 连续，则点 1 的流线方程 g_1 存在，g_1 与 f_1 的交点设为点 $4(x_4, y_4)$。为获取点 1 处的单位汇水面积，在 f_2 上任取一点不与点 1 重合的点 $2(x_2, y_2)$，同样可求得过 2 点的流线方程 g_2 及 g_2 与边界 f_1 的交点 $3(x_3, y_3)$。点 1、点 2 之间等高线长度为 L，则 L 的上游汇水面积 A 为由弧段 12、23、34、41 组成的曲边四边形的面积，即：

$$A = \int_{x_1}^{x_4} g_1 \, \mathrm{d}x + \int_{x_4}^{x_3} f_1 \, \mathrm{d}x - \int_{x_1}^{x_2} f_2 \, \mathrm{d}x - \int_{x_2}^{x_3} g_2 \, \mathrm{d}x \qquad (2.62)$$

等高线 f_2 上点 1、点 2 的弧长 L 为：

$$L = \int_{x_1}^{x_2} \sqrt{1 + [f'(x)]^2} \, \mathrm{d}x \qquad (2.63)$$

根据单位汇水面积定义式(2.61)知，当弧长 $L \to 0$ 时，亦即 $x_2 \to x_1$，则有：

$$A_s = \lim_{L \to 0} \frac{A}{L} = \lim_{x_2 \to x_1} \frac{\int_{x_1}^{x_4} g_1 \, \mathrm{d}x + \int_{x_4}^{x_3} f_1 \, \mathrm{d}x - \int_{x_1}^{x_2} f_2 \, \mathrm{d}x - \int_{x_2}^{x_3} g_2 \, \mathrm{d}x}{\int_{x_1}^{x_2} \sqrt{1 + [f'(x)]^2} \, \mathrm{d}x} \qquad (2.64)$$

当 2 点沿等高线 f_2 趋近 1 点时，$L \to 0$，$A \to 0$，由罗尔定理有：

$$A_s = \lim_{x_2 \to x_1} \frac{A}{L} = \lim_{x_2 \to x_1} \frac{\dfrac{\mathrm{d}}{\mathrm{d}x_2}(A)}{\dfrac{\mathrm{d}}{\mathrm{d}x_2}(L)} \qquad (2.65)$$

点 3 的位置与点 2 相关，x_3 是 x_2 的函数，分别就式(2.65)的分子分母对 x_2 求导，有：

$$\frac{\mathrm{d}}{\mathrm{d}x_2}(L) = \frac{\mathrm{d}}{\mathrm{d}x_2} \int_{x_1}^{x_2} \sqrt{1 + [f'(x)]^2} \, \mathrm{d}x \qquad (2.66)$$

$$\frac{\mathrm{d}}{\mathrm{d}x_2} \int_{x_1}^{x_4} g_1 \, \mathrm{d}x = 0 \qquad (2.67)$$

$$\frac{\mathrm{d}}{\mathrm{d}x_2} \int_{x_4}^{x_3} f_1 \, \mathrm{d}x = f_1(x_3) \frac{\mathrm{d}x_3}{\mathrm{d}x_2} \qquad (2.68)$$

$$\frac{\mathrm{d}}{\mathrm{d}x_2} \int_{x_1}^{x_2} f_2 \, \mathrm{d}x = f_2(x_2) \qquad (2.69)$$

$$\frac{\mathrm{d}}{\mathrm{d}x_2}\int_{x_1}^{x_2} g_2 \mathrm{d}x = \int_{x_1}^{x_2} g_2'(x_2)\mathrm{d}x + g_2(x_3)\frac{\mathrm{d}x_3}{\mathrm{d}x_2} - g_2(x_2) \tag{2.70}$$

考虑到 $f_1(x_3) = g_2(x_3)$ 和 $f_2(x_2) = g_2(x_3)$, 当 $x_2 \to x_1$ 时有 $x_3 \to x_4$, 综合式(2.66)~式(2.70), 有:

$$A_s = \lim_{x_2 \to x_1} \frac{-\displaystyle\int_{x_2}^{x_3} g_2'(x_2)\mathrm{d}x}{\sqrt{1 + [f'(x_2)]^2}} \tag{2.71}$$

式(2.71)即任意给定点 (x_1, y_1) 的单位汇水面积 A_s 的数学表达式。

2.2.11 区域地形参数

区域地形表面的地形参数主要有平均高程、平均坡度、平均坡向等, 其计算方法为该区域的相应地形参数与区域面积之比。主要用来反映区域地表的宏观变化趋势。设地形曲面为 $z = f(x, y)$, 任意地形曲面多边形边界范围为 P, 它由一组首尾相同的坐标对 (x_i, y_i) 组成, 其投影面积为 A, 则各个区域地形参数计算如下:

平均高程 ($\overline{H}$):

$$\overline{H} = \frac{1}{A}\iint_P f(x, y)\mathrm{d}x\mathrm{d}y \tag{2.72}$$

平均坡度 ($\bar{\beta}$):

$$\bar{\beta} = \frac{1}{A}\iint_P \arctan\sqrt{f_x^2 + f_y^2}\,\mathrm{d}x\mathrm{d}y \tag{2.73}$$

平均坡向 ($\bar{\alpha}$):

$$\bar{\alpha} = \frac{1}{A}\iint_P \left[180° - \arctan\left(\frac{f_y}{f_x}\right) + 90° \times \frac{f_x}{|f_x|}\right]\mathrm{d}x\mathrm{d}y \tag{2.74}$$

根据上述原理, 还可定义其他的平均地形参数。

2.3 基本地貌形态特征的数学定义

基本地貌形态主要是山顶、山脊点(线)、山谷点(线)、斜坡、洼地、鞍部等, 图 2.12 是

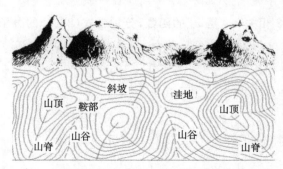

图 2.12 基本地貌形态示意图

各种典型地貌的示意图。典型地貌构成地形骨架,在地貌研究、地图制图、土壤等研究中有着广泛的应用。本节在等高线模型和地形的解析表达基础上,讨论基本地貌形态的数学定义(钟业勋等,2002)。另外由于局部地形单元可通过多项式函数模拟,而低阶多项式具有单一的曲率值(二次导数为常数),可用来进行地貌基本单元划分,本节也在数学定义的基础上,分析讨论地貌类型基本单元的判断条件。

要说明的是,本节所讨论的内容,主要是各种典型地貌的数字表达,所导出的公式可直接在各种结构的 DEM 上进行地貌特征点的识别。由于山脊线、山谷线结构复杂,并不适合用数学公式表达,但可通过一定的知识推理和模式识别方法,将特征点联系在一起,这需要一定的算法实现(详见第 5 章内容)。

2.3.1 斜　　坡

设地形曲面为 T,a 和 b 为 T 上任意两点,其高程分别为 H_a 和 H_b,对于 T 上任意点 x,若满足下列点集:

$$T = \{x \mid x \in T, H_a \leqslant x \leqslant H_b\} \qquad (2.75)$$

则 T 称为斜坡。设过 a 的水平面 B_a 与 T 的夹角为 β,$k = \tan\beta$ 为斜率,根据表 2.4 可知:

当 $\beta < 15°$ 时,T 为缓坡;

当 $15° \leqslant \beta < 25°$ 时,T 为中坡;

当 $25° \leqslant \beta \leqslant 45°$ 时,T 为陡坡;

当 $\beta > 45°$ 时,T 为地理意义上的垂直面。

表 2.4　坡面特征分析的自然地域导向表

坡度指标	地形表现部分
$<3°$	平坦平原、盆地中央部分、宽浅谷地底部、台面
$3°\sim5°$	山前地带、山前倾斜平原、冲积、洪积扇、浅丘、岗地、台地、谷地等
$5°\sim15°$	山麓地带、盆地周围、丘陵
$15°\sim25°$	一般在 200 到 1500m 的山地中
$25°\sim30°$	大于 1000m 山地坡面的上部(接近山顶部分)
$30°\sim45°$	大于 1500m 山体坡面的上部
$>45°$	地理意义的垂直面

必须注意的是,上述根据坡度划分的斜坡分类在实际应用中可能有不同的名称和坡度指标,取决于区域特点、应用目的和专业需要。例如,在对农业机械化的限制性土地质量评价中,斜坡分类和坡度指标的选取需要根据采用的农业机械类型而定(倪绍祥,1999)。

斜坡类型还可以根据斜坡坡度的变化更进一步划分成等齐坡、凹形坡、凸形坡、阶形坡等类型,如图 2.13 所示。设斜坡 T 由坡面 T_a 和 T_b 构成,T_a 和 T_b 的交线称为坡折线 L_{ab},T_a 和 T_b 的斜率分别设为 k_a 和 k_b,则根据下列条件划分各种斜坡类型。

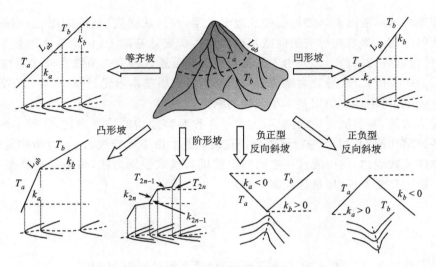

图 2.13　斜坡类型示意图

如果 $k_a = k_b$，则称 $T = T_a \cup T_b$ 为等齐斜坡，记为 ES。

如果 $k_a < k_b$，则称 $T = T_a \cup T_b$ 为凹形斜坡，记为 CVS。

如果 $k_a > k_b$，则称 $T = T_a \cup T_b$ 为凸形斜坡，记为 CNS。

如果斜坡 T 由 n 块坡面顺次连接而成，即 $T = T_1 \cup T_2 \cup \cdots \cup T_n$，若各斜坡的斜率满足关系 $k_{2n-1} > k_{2n}(n = 1, 2, \cdots, m)$ 时，T 为阶形斜坡，记作 ST。若令 $\Delta k = k_{2n-1} - k_{2n}$，则当 Δk 值越大，阶形坡越典型，特别是当 $k_{2n-1} \geqslant 1$ 且 $k_{2n} = 0$ 时，称为严格的阶形坡。

如果 $k_a > 0$ 且 $k_b < 0$，T_a 和 T_b 为正负型反向斜坡。

如果 $k_a < 0$ 且 $k_b > 0$，T_a 和 T_b 为负正型反向斜坡。

当地形曲面表示为：

$$z = f(x, y) = \sum_{i,j=0}^{n} a_{ij} x^i y^j$$

$$= a_{00} + a_{10}x + a_{01}y + a_{11}xy + a_{20}x^2 + a_{02}y^2 + \cdots \tag{2.76}$$

时，对于任意点 $P(x, y)$，如果其满足下列两条件之一时，则 $P \in T$：

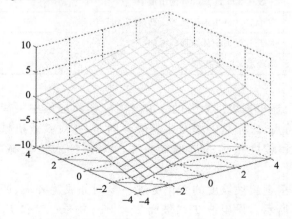

图 2.14　斜坡形态 $(a_{01} \neq 0, a_{10} \neq 0)$

条件一：坡度 $\beta=0$，最大曲率 $C_{\max}=0$，最小曲率 $C_{\min}=0$，此时斜坡为平面；

条件二：坡度 $\beta>0$，断面曲率 $C_s=0$；（斜坡）。

由于坡度值仅与一阶导数有关，而曲率与一阶、二阶导数相关，因此当坡度等于或不等于零而曲率等于零时，意味着地形曲面多项式函数的一次项系数不为零，而高次项系数为零，因此也可通过式(2.76)的系数来判断任意点 P 是否属于斜坡类型。当 $P \in T$ 时，多项式(2.76)中的系数满足：

$$a_{ij} \neq 0 \text{ 且 } |i+j| < 2,$$

如图 2.14 所示。

2.3.2　山　顶

设地形曲面为 T，a 和 b 为 T 上任意两点，其高程分别为 H_a 和 H_b，对于 T 上任意点 i，若满足下列条件：

$$H_a \leqslant H_i \leqslant H_b \text{ 且 } b \in \text{intCM}_i = B_i \bigcap T \tag{2.77}$$

式中，B_i 为过点 i 的平面，CM_i 为过 i 点的等高线；则 T 是以 b 为顶的山坡面。$\text{CM}_a = B_a \bigcap T$ 为山脚等高线，而满足点集 $\text{TM} = \{CM_i, i \in [a, b]\}$ 点构成山坡 TM。

当 $\text{TM} \in \text{ES}$ 或 $\text{TM} \in \text{CVS}$ 时，T 为尖顶山。

当 $\text{TM} \in \text{CNS}$ 时，T 为圆顶山。

当 $b \in S \in T$ 且对任意的 $b \in S$，存在 $H_b = c$(c 为常数)，则 T 是以 S 为平顶的平顶山（图 2.15）。

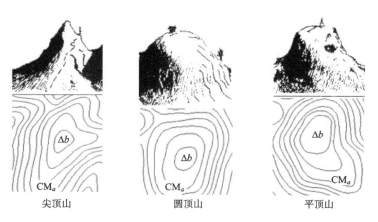

尖顶山　　　　　　　圆顶山　　　　　　　平顶山

图 2.15　山顶类型示意图

如果地形曲面 T 以形如式(2.76)的多项式来表达，当任意点 $P(x, y)$ 满足下列条件时，则判断 P 是山顶（图 2.16）。

坡度 $\beta=0$；最大曲率 $C_{\max}>0$；且最小曲率 $C_{\min}>0$ \hfill (2.78)

此时多项式的系数满足：

$$a_{02} < 0 \text{ 且 } a_{20} < 0 \tag{2.79}$$

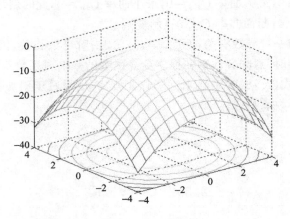

图 2.16 山顶曲面

2.3.3 山 脊

设 T_a 和 T_b 为正负型反向斜坡，$L_{ab} = T_a \cap T_b$ 为两斜坡的交线，若存在任意点 P，其高程设为 H_p，则对任意的 $i \in L_{ab}$，存在 $CM_i = B_i \cap T_a \cap T_b$，使得 $H_p - H_i \geqslant 0$，则称 $T = T_a \cup T_b$ 为山脊，L_{ab} 为山脊线或分水线，B_i 为过点 i 的平面，CM_i 为山脊等高线。山脊坡面形态决定着山坡面 T 的形态，如图 2.17。

如果地形曲面 T 以形如式(2.76)的多项式表达时，则当任意点 $P(x, y)$ 满足下列两式中的任一式时，则判断 P 是山脊上的点：

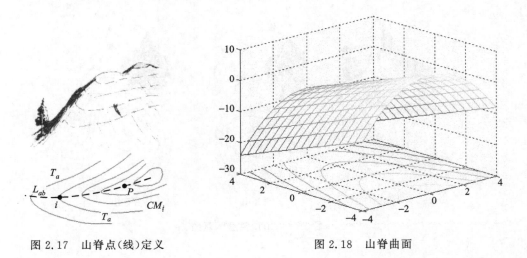

图 2.17 山脊点(线)定义　　　　　图 2.18 山脊曲面

坡度 $\beta = 0$；最大曲率 $C_{\max} > 0$；且最小曲率 $C_{\min} = 0$　　　　　　　(2.80)
或
坡度 $\beta > 0$；且断面曲率 $C_s > 0$　　　　　　　(2.81)
而满足上述条件的式 2.76 的系数满足如下条件(图 2.18)：

$$a_{20} < 0; a_{02} < 0 \text{ 且 } a_{11} \neq 0 \qquad (2.82)$$

2.3.4 山　　谷

设 T_a 和 T_b 为负正型反向斜坡,$L_{ab} = T_a \bigcap T_b$ 为两斜坡的交线,若存在任意点 P,其高程设为 H_P,则对任意的 $i \in L_{ab}$,存在 $CM_i = B_i \bigcap T_a \bigcap T_b$,使得 $H_P - H_i \leqslant 0$,则称 $T = T_a \bigcup T_b$ 为谷地,L_{ab} 为谷底线或汇水线,B_i 为过点 i 的平面,CM_i 为谷地等高线。谷脊坡面形态决定着谷地 T 的形态,如图 2.19。

对任意点 $P(x, y)$,可通过下式判断其是否为山谷线上的点:

$$\text{坡度 } \beta = 0; \text{最大曲率 } C_{\max} = 0; \text{且最小曲率 } C_{\min} < 0 \qquad (2.83)$$

或

$$\text{坡度 } \beta > 0; \text{且断面曲率 } C_s < 0 \qquad (2.84)$$

而满足上述条件的式 2.76 的系数满足如下条件(图 2.20):

$$a_{20} > 0; a_{02} > 0 \text{ 且 } a_{11} \neq 0 \qquad (2.85)$$

图 2.19　山谷点(线)定义

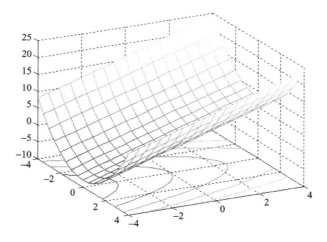

图 2.20　山谷曲面

2.3.5 洼　　地

对于任意点 $i \in T \wedge i \notin S$,也就是说,$H_s - H_i < 0$,且 $S \in \text{int} CM_i = B_i \bigcap T$,存在点集 $S \in T$,S 点的高程为 H_s,则称 T 以 S 为底的凹地。点集 $TC = \{CM_i | i \in T, i \notin S\}$ 称为凹地的边坡。边坡的形态由各种斜坡类型给出(图 2.21)。

若 S 为一点,则为漏斗形凹地。

若 $S \geqslant c$,c 为常数,且 $TC \in CVS$ 时,T 表现为底部宽大、边坡较陡的凹地。

若 TC 为垂直坡面(即坡度大于 $45°$),则凹地表现为周边陡峭的井。

当地形曲面 T 用多项式(2.76)表示时,洼地判断式为:

坡度 $\beta = 0$；最大曲率 $C_{\max} < 0$；且最小曲率 $C_{\min} < 0$ （2.86）

而多项式(2.76)中的系数满足(图 2.22)：

$$a_{20} \geqslant 0 \text{ 且 } a_{02} > 0 \qquad (2.87)$$

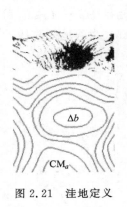

图 2.21　洼地定义

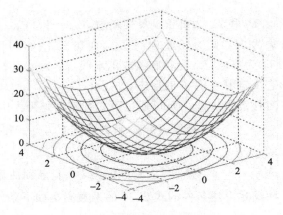

图 2.22　洼地曲面

2.3.6　鞍　　部

如图 2.23，设 L_a 和 $L_a{}'$ 为两条反向谷地线，L_b 为山脊线，若点 $P = L_a \bigcap L_a{}' \bigcap L_b$，则称 P 为鞍部特征点，P 点存在两类邻域，且满足：

对于任意点 $i \in T_a$，存在：

$$\mathrm{CM}_i = B_i \bigcap T_a \bigvee \mathrm{CM}'_i = B_i \bigcap T_a \bigwedge \mathrm{CM}_i \bigcap \mathrm{CM}_i{}'$$
$$= \phi \bigwedge H_i - H_P < 0 \qquad (2.88)$$

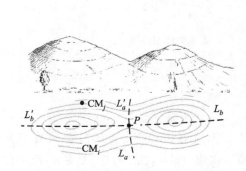

图 2.23　鞍部定义

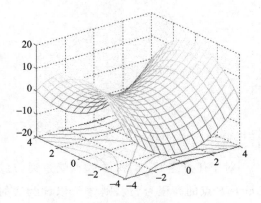

图 2.24　鞍部曲面

对于任意点 $j \in T_b$，存在：

$$\mathrm{CM}_j = B_j \bigcap T_b \bigvee \mathrm{CM}'_j = B_j \bigcap T_b \bigwedge \mathrm{CM}_j \bigcap \mathrm{CM}_j{}'$$
$$= \phi \bigwedge H_j - H_P < 0 \qquad (2.89)$$

这时，称 $T = T_a \bigcup T_b$ 为鞍部，其中 CM_i 与 $CM_i{'}$ 为负向共轭等高线，CM_j 与 $CM_j{'}$ 为正向共轭等高线。

对任意地形点 $P(x, y)$，P 为鞍部点时，满足如下条件：

$$\text{坡度 } \beta = 0; \text{最大曲率 } C_{\max} > 0; \text{且最小曲率 } C_{\min} < 0 \tag{2.90}$$

而式(2.76)中的系数满足(图 2.24)：

$$a_{20} \times a_{02} < 0 \tag{2.91}$$

2.4　本章小结

数字地形分析的核心内容是对地形的数字化表达，而正确的数字化表达的基础是对于表达对象的数学描述或数学模型。本章侧重介绍数字地形分析的数学理论，即对各种地表形态的数学模型进行了阐述，为本书以后各章的论述提供了理论基础。本章从解析几何的角度，首先对实际地形进行了抽象，通过地形的等高线模型，分析了地形的解析特性；然后在此基础上，根据实际应用需要，对各种地形参数的数学定义进行了详细的描述并给出各种地形参数的理论表达式。最后本章从集合论分析给出了各类地形结构特征的数学定义，并以解析曲面为基础，结合地形参数定义，讨论了各种典型地貌类型的判断条件。

本章所讨论的各种地形参数和地形结构特征的数学模型，与数字高程模型的数据结构(即数据模型)无关，可以在任何数据结构的数字高程模型上实现。

第3章 数字高程模型与地面形态表达

导读:本章在第2章介绍的理论基础上,讨论地形曲面的计算机表现,包括数字高程模型建立的数据来源特征和数据采集方法、DEM结构模型及特点、DEM的数据优化处理和误差分析检验方法。本章是数字地形分析得以进行和实现的基础。由于数字高程模型本身内容涉及比较多,本章并不准备过多的介绍DEM的算法设计和算法实现(此部分内容参见相关参考文献),而是从数字地形分析的要求出发,侧重讨论DEM的特点和数字地形分析对DEM的要求。

3.1 数字高程模型

数字高程模型(Digital Elevation Model,DEM)是地理信息系统(Geographic Information System,GIS)地理数据库中最为重要的空间信息资料和赖以进行地形分析的核心数据系统。

20世纪50年代,正当计算机技术蓬勃发展之时,人们预见到将摄影测量技术、制图技术和计算机技术结合起来,用于解决工程问题的潜在能力。Roberts(1957)第一次提出了将计算机应用到摄影测量中,以获取高速公路规划和设计数据。Miller和Laflamme(1958)最先将计算机与摄影测量结合在一起,较为成功地解决了道路工程的计算机辅助设计问题,并同时提出数字地面模型的概念(Digital Terrain Model,DTM)。

数字地面模型定义为描述地球表面形态多种信息空间分布的有序数值阵列,这种信息主要包括:

(1)地貌信息,如高程、坡度、坡向等。

(2)基本地物信息,如水系、交通网、居民点等。

(3)自然资源和环境信息,如土壤、植被、地质、气候、太阳辐射等。

(4)社会经济信息,如某地区的人口分布、工农业产值、国民收入等。

实际上地理空间本身是三维的,而人们习惯于在二维地理空间上描述并分析地面特性的空间分布。例如,常见的各种专题地图都是平面地图。DTM是对一种或多种地表特性空间分布的数字描述,是叠加在二维地理空间上的一维或多维地面特性的向量空间,是GIS空间数据库某类实体或所有这些实体的总和,因而DTM的本质和共性是二维地理空间定位和数字描述。理解这一点对数字地形分析的算法设计和应用是非常重要的。

当DTM描述的空间信息为地形起伏或高程时,这时的DTM称之为数字高程模型。DEM是一类特殊而又非常重要的空间数据,可以理解为新一代的地形图,是GIS空间数据库中的最重要的组成部分之一,是地表演化和大气过程模型化的基础数据,以及GIS地学分析与三维空间数据处理及地形分析的核心数据。

图3.1表示了DTM的系统组成,包括数字地面模型技术中的各个组成部分,其内容

主要分为两大领域：一是地面形态的数字化表达，包括数据获取（data capture）、处理优化（manipulation and optimisation）和数字地形建模（model generation）等，其成果形成 DEM 产品，通常为测绘科学的研究和应用对象。另一是数字地形分析，包括 DEM 解译（即地形形态分析）、可视化分析和地学分析和应用，其目的是在 DEM 上获取地形参数和地形特征，以得到对地表景观地形要素的数字化描述，因而也是众多应用领域如地貌、水文、生态、环境等研究应用的重点。由此可见，简单精确的地面形态的数字化表达，是数字地形分析的基础和必要条件。

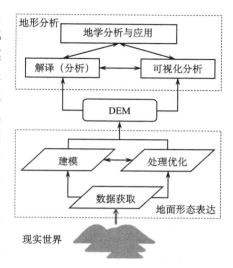

图 3.1　DTM 系统组成

本章着重讨论上述第一个研究应用领域，即地形形态的数字化表达，以及围绕 DEM 的数据获取、建模、优化和质量控制等问题。由于本书的目的是介绍有关数字地形分析的理论和技术，即上述第二个研究应用领域，在这里只讨论与数字地形分析直接相关的部分，关于 DEM 数据和模型的采集、生成、处理和检验的详细讨论，可参见李志林等（2003）的文献。

3.2　DEM 数据源特征与获取方法

DEM 建立的第一步是获取地形数据。DEM 的数据源和数据获取方式对 DEM 的质量至关重要。建立 DEM 所需要的数据主要是高程数据，在可能条件下还应包括各种地形结构线如山脊线、山谷线、断裂线等。另外，DEM 的应用目的、数据采集效率和成本、操作员技术熟练程度也影响着 DEM 数据采集的方法和策略。

目前 DEM 的数据主要来源于地形图、摄影测量与遥感影像数据、地面测量、和现有 DEM 数据等。

3.2.1　地　形　图

地形图是地貌形态的传统描述方法，主要通过等高线来表达地面高度和地形起伏。目前几乎世界上所有的国家和地区都拥有各种不同比例尺的地形图，它们是 DEM 的主要数据来源之一。但现有地形图有如下的特点，在具体应用时必须加以注意。

（1）地形图的现势性。传统地形图的更新周期一般比较长，往往不能及时反映地形地貌的变化情况。对于经济发达地区，土地开发利用使得地形地貌变化剧烈而迅速，在这些地区，现有地形图一般不宜作为 DEM 的数据源；但对于其他地形变化比较缓慢的地区，现有地形图无疑是 DEM 价廉物美的数据源。

（2）地形图的存储介质。地形图多为纸质存储介质，存放环境等因素的影响会使地形图产生不同程度的变形，在具体应用时要进行纠正。

（3）地形图的精度。地形图的精度与比例尺、等高距有关，比例尺越小，等高距越大，地形的综合程度越高,地形图的精度就越低,表达的地形起伏也就越近似。表3.1列出了不同比例尺地形图的综合程度和所采用的等高距。

表 3.1 不同比例尺地形图的地形综合特征和等高距

地形图	比例尺	综合特征	等高距/m
大比例尺地形图	>1:1万	综合程度很低,较真实反映地形地貌	<10
中比例尺地形图	1:2万~1:7.5万	一定程度综合,近似反映地形特征	5~40
小比例尺地形图	<1:10万	综合程度较高,仅反映地形的大致特征	<25

[据李志林等(2003)]

地形图可通过各种数字化设备进行数字化。常用的数字化方法有如下几种:

(1) 手工方法。采用方格膜片、网点板或带刻度的平移角尺叠置在地形图上,并使地形图的格网与网点板或膜片的格网线逐格匹配定位,自上而下,从左到右逐行量取高程。当格网交点落在相邻等高线之间时,用目视线性内插方法估计高程值。

(2) 手扶跟踪数字化仪采集。采集方式包括:沿主要等高线采集平面曲率极值点,并选采高程注记点和线性加密点作补充;逐条等高线的线方式连续采集样点,并采集所有高程注记点作补充,这种方式适用于等高线较稀疏的平坦地区;沿计曲线和坡折线采集曲率极值点,并补采峰-鞍线和水边线的支撑点,分别以等高线、峰-鞍链和边界的带高程属性的弧段格式存储。

(3) 扫描数字化仪采集。这种方式采集速度最快,尤其是对分版等高线图扫描自动跟踪矢量化,借助少量人工干预,就可自动地记录每条等高线并依据等高线之间的高程递增或递减关系自动地赋予高程值。但对离散高程注记点,仍需采用人工交互屏幕采集方式采集高程。

在各种地形图数字化方法中,手工方法可直接获取规则格网DEM,不需要进行内插处理,DEM精度取决于目视内插精度,同时几乎不需要购置仪器设备且操作简便,但效率低,工作强度大;手扶跟踪数字化所获取的向量形式的数据在计算机中比较容易处理,但速度慢,人工劳动强度大,所采集的数据精度也难以保证,特别是遇到线化稠密地区,几乎无法进行作业;扫描数字化效率较高,人工干预少,是目前大范围地形数据采集的主流方法,但要考虑扫描仪分辨率、连贯性、稳定性、彩色或灰度以及软硬件处理能力等因素的影响以及较高技术含量的成本。表3.2统计了在相同图幅不同比例尺和不同扫描仪分辨率条件下扫描文件的大小。

表 3.2 不同扫描仪分辨率和地图比例尺的扫描结果对比

比例尺	1:10 000	1:24 000	1:40 000	扫描文件大小/MB		
图幅边长/km	2.29	5.5	9.1			
扫描分辨率	像素/m			每边像素	彩色	灰度
150	1.7	4.1	6.8	1350	5	2
300	0.8	2.0	3.4	2700	21	7
600	0.4	1.0	1.7	5400	83	28
1200	0.2	0.5	0.8	1080	334	111

3.2.2 摄影测量与遥感影像数据

航空摄影测量一直是地形图测绘和更新最有效最主要的手段,其获取的影像是高精度大范围 DEM 生产最有价值的数据源。利用该数据源,可以快速获取或更新大面积的地形数据,从而满足应用中对数据现势性的要求。航天航空遥感也是快速获取大范围DEM 数据的另一种有效方法,但从具体的实验结果来看,从卫星遥感系统如 Landsat 系列卫星的 TM 和 ETM 影像以及 SPOT 卫星的 HRV 立体影像对所获取的高程数据,其相对精度和绝对精度都比较低,只适合于生成小比例尺的 DEM,对大比例尺的 DEM 生产并没有太大的价值。近年来出现的高分辨率遥感图像,如 1m 分辨率的 IKONOS 卫星图像和 0.61m 的快鸟卫星图像、合成孔径雷达干涉测量技术、机载激光扫描仪等新型传感器数据被认为是快速获取高精度高分辨率 DEM 最有希望的数据源。

任何影像数据都有其自身的成像规律、变形规律,应用时要注意影像分辨率和影像纠正等问题,同时还要注意利用现有 DEM 数据或地形图对植被覆盖地区的影像高程数据的校正。

影像数据获取是基于航空或航天遥感影像的立体像对,用摄影测量的方法建立空间地形立体模型,量取密集数字高程数据来建立 DEM。采集数据的摄影测量仪器包括模拟、解析和数字摄影测量与遥感仪器。依据摄影测量内业时对地形点选取方式的不同,可以有如下的高程数据采样方法(图 3.2)。

(1) 规则采样方案。按等间距断面或规则分布格网布置采样点。在这种采样方案中,由于采样点间距一定,故确定适当的采样间距非常重要。该方法适合于半自动化、自

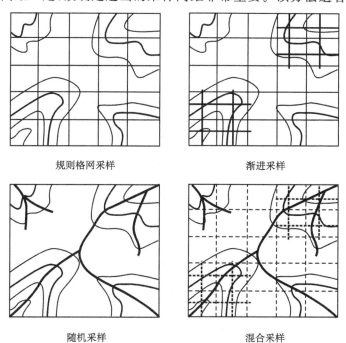

规则格网采样   渐进采样

随机采样   混合采样

图 3.2 影像数据采样方案

动化数据采集模式,并可通过计算机进行控制,适合于地形比较平坦的地区,不足之处是点位分布均匀,平坦地区采样点比较密集,而地形起伏较大地区采样点不足,不能反映地形的突变。

(2) 渐进采样方案。采样和分析同时进行,数据分析支配采样过程。渐进采样在产生高程矩阵时能按地表起伏变化的复杂性进行客观、自动地采样。实际上它是连续的不同密度的采样过程,首先按粗略格网采样,然后在变化较复杂的地区进行细格网(如采样密度增加一倍)采样。由计算机对前一次采样获得的数据点进行分析后,再决定是否需要继续作高一级密度的采样。渐进采样方案采样点分布随地形起伏而异,能较好地顾及地形特征,不足之处是精度控制阈值受人为因素影响较大。

(3) 随机采样方案。有选择性地进行高程数据采集,主要选择对象为地形特征点和特征线,如山顶、鞍部、断崖线、山脊线、山谷线等。随机采样和渐进采样可协同作业,形成混合采样方案(图 3.2)。即用随机采样选择样点,用来获取地形特征点和线,而渐进采样则用来获取其余地方的数据。随机采样方案的优点是通过和渐进采样相结合,能以最少的点最大限度地反映地形变化特征,缺点是人工干预较多,自动化程度不高。

(4) 等高线采样方案。在立体像对上,按等高线进行数据采集,输出数据为带有高程信息的坐标串,类似于手扶数字化。可通过随机采样获取地形特征点和特征线进行补充。

3.2.3 地面测量数据

地面测量是传统的测绘数据获取手段,用全球定位系统、全站仪、电子平板或经纬仪、测距仪等配合袖珍计算机,在已知点位的测站上,观测到目标点的方向、距离和高差三个要素,进而计算出目标点的三维坐标,并输入计算机作为建立 DEM 的原始数据。地面测量方式可获取较高精度的高程数据,常用于小范围内的大比例尺地形测图和地形建模,如公路铁路勘测设计、房屋建筑、场地平整、矿山、水利等对高程精度要求较高的工程项目。然而地面测量方式工作量大,周期长,费用较高,一般不适合大规模的数据采集。

另外,也可采用地面摄影测量在地面摄取立体像对,通过近景摄影测量方法获得小区域的 DEM。此时数据的采集方法与航空摄影测量基本相同。近景摄影测量的方法还可以运用到移动制图上,在移动的制图平台上(如汽车)得到沿驾驶路线的 DEM 数据。利用气压测高法、航空测高仪等可获得精度要求不太高的高程数据,适用于大范围高程精度要求不高的科学研究,但其数据一般不可以满足制作 DEM 的精度要求。

3.2.4 现有 DEM 数据

目前世界各国,特别是较发达的国家,均逐渐建立了覆盖本国国土的各种比例尺的 DEM。我国到目前为止,已经建成覆盖全国范围的 1∶100 万、1∶25 万、1∶5 万数字高程模型,以及七大江河重点防洪区的 1∶1 万 DEM。省级 1∶1 万数字高程模型的建库工作也已全面展开。有关我国各种比例尺 DEM 的详细信息可通过国家基础地理信息中心网站查阅。

不同尺度 DEM 的存在成为 DEM 应用的一个主要信息源。对于现有的各种尺度的

DEM 数据,在应用时要考虑自身的研究目的以及 DEM 分辨率、存储格式、误差和可信度等因素。

3.2.5 DEM 数据源与采集方法对比

对 DEM 数据采集方法可从性能、成本、时间、精度等方面进行评价。各种数据采集方法都有各自的优点和缺点,选择 DEM 采集方法要从应用目的、精度要求、设备条件、经费等方面考虑,选择合适的采集方法。图 3.3 是各种 DEM 数据采集方法在精度、采集速度和成本上的比较及其应用范围。

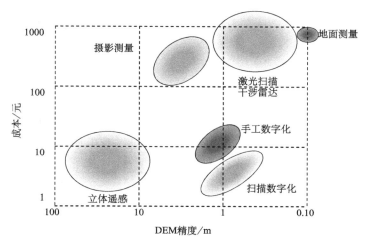

图 3.3　DEM 数据采集方法之比较
大小表示数据采集方法应用范围,灰度表示采集速度,颜色越深,速度越慢

3.3　DEM 的表示方法和结构模型

无论是从地形图、航空遥感影像上还是通过地面测量,所获取的数据仅仅是一系列离散的地形点,点与点之间相互独立,不具备任何联系,因而并不能满足地形表达和地形分析的需要。为了通过这些离散的地形点重建地形表面和进行地学应用分析,需要在这些离散点之间建立一定的联系,即用一定的结构将这些离散点组织起来,这便是 DEM 的表示方法和数据结构问题。不说明数据结构的数据毫无用处,不仅用户无法理解,计算机程序也不能正确处理。同样的一组原始数据,按不同的结构组织,可能得到截然不同的内容。DEM 数据组织是 DEM 系统和应用沟通的桥梁,只有充分理解 DEM 数据结构的特点,才能正确使用 DEM 和进行地形分析。

DEM 的数据组织包括 DEM 表达和结构模型两部分,DEM 表达主要研究如何通过采样点重建地表,而 DEM 结构模型则在表达基础上解决 DEM 数据的组织问题。目前 DEM 的表达主要有数学方法和图形两类(李志林等,2003),而 DEM 结构模型则主要有规则格网模型、不规则三角网模型和等高线模型三种(Hutchinson et al.,1999),其他的如断面模型、散点模型、混合模型(王家耀,2001)等则应用不多。

3.3.1 DEM 表达

地形表面可通过不同的方式进行表达,如表3.3所示。

表 3.3 DEM 的表达方法

数学方法	整体表达	傅里叶级数	
		高次多项式	
	局部表达	规则数学分块	
		不规则数学分块	
图形方法	点数据	规则	密度一致
			密度不一致
		不规则	三角网
			邻近网
		典型特征	山峰、洼坑、坡度变换点
			隘口、边界
	线数据	水平线	
		垂直线	
		典型线	山脊线
			山谷线
			海岸线
			坡度变换线
	图像法	航空影像、航天影像、遥感影像	

1. 数学方法

用数学方法进行地形曲面表达,可根据区域所有的高程数据点,用全局内插方法如傅里叶级数、高次多项式等方法拟合统一的地形高程曲面,即整体拟合方法。整体内插方法计算量大,且方程系数的物理意义也不清楚,同时容易产生震荡,一般较少应用。也可先将地形表面分成规则格网(如规则矩形格网)和不规则区域,然后在每个区域内进行局部拟合以局部有限个数据点模拟地形曲面。

2. 图形方法

图形方法是一种地形表面的模拟表达方法,包括点数据、线数据和图像表达方法。线数据如等高线一直是地形表达最有力的工具,图像表达则有航空影像、航天影像、遥感影像等,点数据通常是指分布在地形表面的各种地形特征点,如山顶、鞍部、坡脚点、坡度变换点等,他们是地形特征控制点,在 DEM 地形表面重建中有着重要的作用,因此在数据采集中需要很好的顾及。点数据在分布上可采取规则布点方案,也可采取不规则布点方案,数据点密度则随地形复杂程度而异。

3.3.2 DEM 结构模型

1. 规则格网模型

规则格网模型(grid,lattice,raster)是将地形曲面划分成一系列的规则格网单元,每个格网单元对应一个地形特征值(如地面高程)。格网单元的值通过分布在格网周围的地形采样点用内插方法(李志林等,2003;龚健雅,2001)得到或直接由规则格网的采样数据得到。规则格网有多种布置形式如矩形、正三角形、正六边形等,但以正方形格网单元最为简单,同时也比较适合于计算机处理和存储。例如,常采用矩阵形式存储格网数据。规则格网的另一特点是容易与航空、遥感等影像数据结合。事实上,规则格网模型已成为一种通用的 DEM 数据组织标准,许多国家的 DEM 数据,如美国 USGS DEM、我国 1∶5 万比例尺以下的 DEM 都是以规则格网高程矩阵形式提供的。

规则格网 DEM 结构模型一般可用数学表达式描述:
$$\text{DEM} = \{Z_{ij}\} \qquad (i = 1,2,\cdots,m; j = 1,2,\cdots,n)$$

其内容还包括描述格网单元的基本参数,如格网分辨率、格网原点(一般选在格网的左下角)坐标值、格网方向(格网列与北方向的夹角)、高程数据放大系数、区域最低高程、无效区域的赋值等(图 3.4)。表 3.4 是 GIS 软件 ArcGIS 的 ASCII 文本文件 DEM 数据组织格式,以此为例说明 DEM 数据模型所需的基本参数。

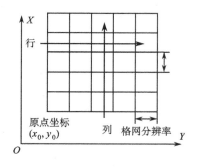

图 3.4 规则格网描述参数

表 3.4 ArcGIS DEM ASCII 文件格式

文件头	列数
	行数
	西南角纵坐标
	西南角横坐标
	格网分辨率
	无效区赋值
文件体	按行排列的高程数据

在规则格网 DEM 对地形的表达和数字地形分析中,每个格网所标示的数值的定义和理解可能有所不同,其结果可能对数字地形分析有重大影响。其中定义之一延用了GIS 中栅格数据结构的定义(grid),认为格网内部是同质的,格网单元内高程值处处相等,换句话说,格网单元的高程属性赋在单元的面上。在这一定义下,DEM 表达的是一不连续的面,如图 3.5(a)所示。另一定义是点栅格观点(lattice),在早期 DTM 专用软件如Surface II (Sampson,1978)中普遍应用,并在目前 DEM 模型中成为主流。在这一定义下,格网单元的数值是其中心点的高程或网格单元高程的平均值[图 3.5(b)],即格网单元的高程属性赋在单元的中心点上,地形曲面在各中心点之间连续变化,因而可以用内插方法估算任意点的高程值。

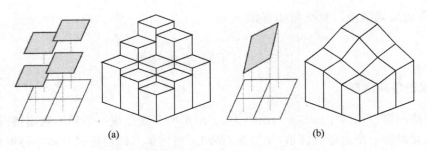

图 3.5　格网栅格和点栅格及其定义的 DEM

　　规则格网 DEM 的优点在于结构简单、适合于计算机处理和存储,以及易与影像数据结合;这主要得益于它的规则结构。然而,这一规则结构的缺点也是十分明显的,如固定的分辨率在应用中往往造成简单地形上的数据冗余,而对起伏程度变化大的区域则描述不够精细;不能准确反映地形地貌特征(如山峰、洼坑、山脊、山谷等),以及在某些计算中造成方向性偏差等。虽然可通过各种压缩方案对 DEM 数据进行压缩以减少数据冗余,或通过附加地形特征数据来提高对地形的表达精度,但其固有的规则结构如格网分辨率、格网方向、地形表达精度等仍然是数字地形分析必须考虑的问题。

2. 不规则三角网模型

　　不规则三角网模型(Triangulated Irregular Network, TIN)是直接用原始数据采样点建造的一种地形表达方法,其实质是用一系列互不交叉、互不重叠的三角形面片(facet)组成的网络来近似描述地形表面(图 3.6),其数学特征可以表述为三维空间的分段线性模型,在整个区域内连续但不可微。与规则格网的 DEM 相比,TIN 在模型中保持了原始采样点,可以很好的顾及各种地形特征点和特征线如山脊、山谷、地形断裂线等,同时又能随地形的变化而改变采样点的密度和分布,具有可变分辨率的特征,因而能够避免地形平坦地区的数据冗余。

　　TIN 对地形曲面的逼近程度取决于原始数据点的分布、密度和三角形的形状。由于地形的自相关性,地形采样点相互间愈接近,其关联程度就愈大。同时,理论与实践均证明:狭长的三角形插值精度比较规则的三角形插值精度和可信度要低。因此,在 TIN 中对三角形的几何形状有着严格的要求,归纳为以下三条原则:

　　(1) 尽量接近正三角形。

　　(2) 保证用最近的点形成三角形。

　　(3) 三角形网络唯一。

　　以上原则也是建立 TIN 模型的三角剖分的指导原则。在具体实现上,目前常用的判断准则有空外接圆准则、最大最小角准则、最短距离和准则、张角最大准则、面积比准则、对角线准则等(刘学军等,2001),其中最广泛采用的是空外接圆准则和最大最小角准则。

　　由于 TIN 是一不规则的网络结构,其数据存储方式比规则格网就要复杂一些,不仅要存储每个点的高程,还要存储其平面坐标、相邻三角形之间的拓扑关系等。因此,TIN 在概念上与地理信息系统中的矢量拓扑结构类似,但不需要描述一般多边形结构中的"岛屿"或"洞"的拓扑关系。事实上,在许多 GIS 教程中,TIN 是作为一类特殊的矢量结构加

图 3.6　不规则三角网 TIN 模型

上图：样区等高线数据；下图为生成的 TIN

以介绍的。TIN 可以采用多种方式来描述和组织，如链表结构、面结构、点结构、点面结构、边结构、边面结构等（刘学军等，2001），但以直接表示三角形及其邻接关系的面结构应用最为普遍。

TIN 模型建立的另外一个环节是三角剖分算法。TIN 的三角剖分就是按照三角剖分准则，将地形采样点用互不相交的直线段连接起来，并按一定的结构进行存储。到目前为止，已出现了不少成熟的三角化算法，如 Delaunay 三角化算法（DT）、辐射扫描算法、基于数理统计的退火模拟算法和基于数学形态学的三角化算法（刘学军等，2001），其中以 DT 三角化算法最为常用，其算法的代表有对角线交换算法、空外接圆算法、三角网生长算法以及分割合并算法等，在这里不一一详述，有兴趣的读者可参阅相应的文献。

3. 等高线模型

等高线（contour）模型是一系列等高线集合，即采用类似于线状要素的矢量数据来表达 DEM,但一般需要描述等高线间的拓扑关系。等高线通常是存储等高线的标识符、线上特征点的有序坐标对序列以及等高线的高程属性。等高线模型的数据一般直接来源于对地形图的数字化,它的特点是直观,易于理解地表特性的变化规律,但不利于完成空间三维特性的分析。等高线模型一般用作其他模型数据分析结果的输出,但在水文分析模型应用中,通常利用建立等高线间的拓扑关系,来分析水文学过程。这里最典型的例子是在数字地形分析水文模型中常用的等高线-流线网络模型(Hutchinson et al.,1999)。在这一模型中,等高线和垂直于等高线沿最大坡降方向的流线组成网络,从而将地表划分为由上下等高线和流线为边界的平面单元(element),从水文关系上定义单元之间的拓扑关系,将众多复杂的三维空间的现象和过程,简化为在一维空间(上游—下游)上的简单关系(图 3.7)。

图 3.7　等高线模型和等高线-流线网络
据 http://crest-hydro.s.chiba-u.jp/houkoku/Modelling 改绘

3.3.3　不同 DEM 之间的相互转换

DEM 的各个数据模型有着各自的特点,适用于不同的场合和应用目的。例如,目前大部分的 DEM 都是以规则格网的形式出现的,而规则格网 DEM 数据量大不便存储,也可能由于某些分析需要(如通视分析)而采用 TIN 模型,这就需要将规则格网的 DEM 转化为 TIN。反之,很多数字地形分析的算法和计算程序是针对规则格网 DEM 设计的,另外再应用中也往往需要 DEM 和其他栅格数据(如遥感影像)整合,因此,当使用存储为 TIN 模型的 DEM 数据时,由于应用的需求,也可能要将 TIN 转化为规则格网的 DEM 数据。又如在水文模型的分析中,采用等高线模型是比较恰当的。因此实现不同 DEM 结构之间的转换,取长补短,可充分发挥不同 DEM 模型的优势。图 3.8 简要说明规则格网 DEM、TIN 和等高线模型之间的转化方法,算法的具体实现请参考有关文献。

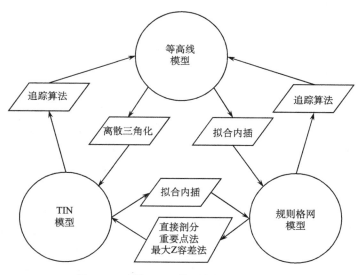

图 3.8　不同 DEM 模型之间的转换方法

3.4　DEM 数据粗差检查与滤波处理

　　无论采用何种数据采样方法,DEM 的原始地形数据中都不可避免的含有误差。DEM 是采样数据的最终表现形式和产品,从原始数据到 DEM,要经过一系列的数据处理,在这一过程中原始数据中的误差会被传播和放大。早在 1995 年,Eklundh 和 Martensson(1995)就指出"DEM 用户应把重点放在数据来源和输入质量控制上,而不是学习复杂的内插方法"。减少数据采集时的误差是保证 DEM 精度的根本。

　　按照误差性质,DEM 原始数据误差可分为偶然误差(随机噪声)、系统误差和粗差(错误)。系统误差一般与数据采集时的物理环境有关,如测量仪器缺乏必要的校正、图纸变形等,对观测结果的影响具有恒定性(符号、大小)或规律性,可通过纠正或施加改正数将其减弱到最低的程度。偶然误差是采集过程的随机因素引起的,对观测结果的影响没有任何规律,是对原始数据进行滤波处理的主要对象。粗差则是一种错误,由采集过程中的粗心、违反操作规程等引起,粗差的存在导致 DEM 地形重建的严重失真和扭曲,因此必须将其剔除。

3.4.1　原始数据粗差检测与剔除

　　传统的粗差探测处理是基于平差原理的,若不存在平差问题,则不能在平差过程对粗差进行定位。DEM 原始数据的粗差处理有其特殊性。首先它不存在平差问题,因而无法采用传统的粗差探测方法;其次是粗差大小的界定,DEM 不但强调高程数据的准确性,更为重要的是还要强调对地形表达的真实性,故 DEM 原始数据粗差探查要从单个独立数据、局部地形和整体区域三方面综合考虑。

DEM 粗差检查的算法设计还与原始数据的分布有关,规则格网分布的原始数据,其粗差检测算法未必适合于呈不规则格网分布的数据点,但反之则不真,不规则分布数据点的粗差探测算法却适合于规则分布的数据点。

1. 基于趋势面的粗差探测与处理

基于趋势面的粗差探测基础是地形所具有的自相关性,即地形表面变化符合一定的自然趋势,表现为连续空间的渐变模型,可用以光滑的曲面来描述。趋势面表达了地形的宏观变化趋势,当某一采样点的观测值和趋势面计算值相差较大时,该点可能含有粗差,因为它偏离了整体变化趋势。这是趋势面分析中的一个典型应用,即揭示区域中不同于总趋势的最大偏离部分。

应用趋势面分析进行粗差探测需要注意两点,一是趋势面函数的确定,另一是阈值问题,即当观测值和计算值相差多大时,该点可被怀疑为粗差点。理论上任何复杂的曲面都可用高阶多项式去逼近,但高阶多项式的解本身不稳定,同时多项式系数的物理意义也不清楚,可能会导致不符合实际地形起伏的趋势。关于阈值问题,通常按统计方法,假设误差频率呈正态分布,取三倍的中误差为极限值;但毕竟设定阈值的人为因素很大,且现实世界中的变化也可导致不正确的判断,造成粗差点的遗漏或错选。

趋势面分析技术的特点是能将问题简单化、局部化,能找出大部分的可疑数据点,但却具有相当大的不确定性,需要用其他的方法进行进一步的分析和确认。

2. 三维可视化粗差检测技术

对含有粗差的原始数据建立三维表面模型(多采用不规则三角网结构),并将其置于三维可视化环境下,通过人机交互的方式可有效的检测粗差点。这种方法需要高效可靠的构网技术、快速的交互响应效率以及对异常值敏感的可视化图形,如线框透视图、晕渲图等常用的可视化图形。在技术层面之外,操作员的经验和工作态度对结果也会有相当大的影响。

3. 基于坡度信息的规则格网分布数据粗差探测技术

坡度是地表的固有属性,在局部连续空间的渐变模型上,坡度变化也是连续的,因此可采用采样点与周围点的坡度变化是否一致来检测是否含有粗差,通常以局部 3×3 窗口对每一采样点进行判断。这种方法适合于规则分布的采样点的粗差探测,其算法的详细步骤可参见李志林等(2003)的文献。

4. 基于高程信息的不规则分布数据粗差探测方法

呈散乱分布的数据点粗差探测技术在原理上与规则格网比较类似,但由于散乱分布的数据点的分布特征,坡度信息获取比较困难,具体实现上有两点不同:

其一、窗口确定,在规则格网上采用 3×3 局部窗口是适宜的,但不规则分布点的邻域范围要进行指定,一般可采用窗口尺寸或窗口区域的采样点数量两种方式确定。

其二、一致性标准确定,规则格网上比较容易获取坡度信息,而不规则分布上获取坡度信息却比较困难;因此,由于高程和坡度同是刻画地形曲面连续性的指标,在散乱数据分布的区域上,高程信息取代坡度成为一致性标准。

在每个窗口中,用高程信息计算统计指标以及确定阈值,方法与规则格网类似,此处不再赘述。

5. 基于等高线采样数据的粗差探测方法

当采样数据来自等高线地形图时,可采用以下方式进行粗差探测:

(1) 将所有等高线上的点作为离散点,用上述任何一种方法进行粗差检测和剔除。

(2) 按等高线的拓扑关系进行粗差探测与剔除。

(3) 可视化检查。

三种方法中,第一种方法显然不适合手工数字化的地形采样数据,这是由于手工数字化过程是而人工配赋高程值,若高程配赋错了,则整条等高线高程都错,其粗差分布具有条带性,不具备单点或呈面状的集中分布。按等高线拓扑关系进行粗差检查虽说是比较合理,但在等高线地图上,由于各种注记、地物符号等的压盖,等高线的表达常不连续,从而使建立等高线的拓扑关系比较困难;因此对基于等高线采样数据的粗差探测,采用可视化检查是一种行之有效的方法。

6. 等高线回放检查

这是一种目视检查方法,首先用原始采样数据点建立 DEM,格网或 TIN 均可,然后在此 DEM 上提取等高线,其等高距应与原始地形图的等高距一致。将原始地形图和从 DEM 上提取的等高线套合,使数据中的错误一目了然。

3.4.2 原始数据的滤波处理

DEM 原始数据具有三大属性,即数据点密度、数据点分布和数据精度,因而 DEM 原始数据的质量也可从这三方面进行衡量。数据点分布是指点的分布形态,一般应在地形变化复杂地方分布较多的点,而地势变化平缓的地方则少一些;数据点密度是指为充分刻画地形形态所必须的最少的数据点;数据点精度则是数据点本身所具有的精确度,是数据获取过程中各种不同类型误差的综合反映。数据点分布和密度是在数据采集前就确定好的,它们主要影响 DEM 对地形形态的宏观结构的表述程度,以及内插方法的确定和内插精度,而数据点的精度则反映 DEM 对地形描述的微观精度和光滑程度,若数据点中含有太多的高频变化或随机噪声,由 DEM 生成的等高线则不够光滑。因此为提高 DEM 对地形表达的合理性和精度,有必要对原始数据进行滤波处理,特别是对航空、遥感影像等密集数据更应如此。

数据滤波的方法很多,如最邻近重采样、基于局部移动窗口的中值滤波、平均值滤波以及基于频率域的低通滤波等。李志林等(2003)曾设计了基于卷积分的低通滤波器,很好地对由全数字立体测图系统采集的密集航片数据进行了滤波处理。Sasowsky 等 (1992),Bolstad 和 Stowe (1994)应用最邻近重采样将空间分辨率为 10m 的 SPOT DEM 重采样成分辨率为 20～70m 的 DEM,虽然数据误差仍然存在,却提高了 DEM 对地形形态的表达精度。Giles 和 Franklin (1996),Hutchinson (1997),Lanari 等(1997)分别应用中值滤波、平均值滤波、卡尔曼滤波等技术对不同传感器所获取的 DEM 进行了滤波处理。大量的实验表明,通过滤波处理可提高 DEM 的地形描述精度。

对原始数据进行滤波处理应考虑其前提条件,即在什么样的情况下才进行滤波处理。李志林等(2003)的研究认为如果在数据采集和重建过程中损失的精度大于高程数值的 5/10000 时,将不能对数据进行滤波处理。也就是说,当确认随机误差构成了误差的主要部分,就必须使用滤波技术来提高数据质量。

3.5　DEM 模型优化

DEM 模型优化是为数字地形分析和应用的需要而对 DEM 数据进行预处理的技术和方法,包括洼地填平处理、TIN 的平三角形处理和数据点疏化处理等。

3.5.1　洼地填平处理

1) 洼地处理

洼地是被较高高程所包围的 DEM 局部地形单元,存在于各种结构的 DEM 上。在自然状态下,洼地多出现在地势平坦的冲积平原上,呈较大面积分布,在地势起伏较大的区域出现的频率并不高。在 DEM 数据中所表现的洼地,大多是由于数据获取和内插处理时的误差所造成,称之为"伪洼地"。洼地的存在会在数字地形分析中导致不正确的结果。例如,流域网络和地形结构线的间断和不正确连通,形成应用 DEM 进行水文和地貌特征分析的障碍。因此,在进行数字地形分析之前,通常要首先对 DEM 进行洼地填平处理。

洼地是影响地表流水过程的重要因素。自然条件下,水流向低处流动,遇到洼地,首先将其填满,然后再从该洼地的某一最低出口流出。由于洼地是局部的最低点,所以无法确定该点的水流方向。因此,洼地对确定水流的方向有重要的影响。在提取水系的过程之前首先需要按照某种规则对 DEM 数据进行无洼地化处理。处理的方法主要有以下几种。

(1) 平滑处理。O'Callaghan 等(1984)通过平滑处理来消除洼地,但这种方法只能处理较浅和小范围的洼地,更深和更大范围的洼地依然存在。并且该方法对原始数据进行了平滑处理,改变了原始数据。

(2) 填平处理。这种洼地处理方法的基本思想就是将洼地内部的高程增加至洼地出水口的高程。Jenson 和 Domingue (1988),Martz 和 Garbrecht (1992,1998),李志林等(2000),周贵云等(2000)都提出了填平洼地的算法。下面简要介绍几种洼地填平的算法:

李志林等(2000)将洼地定义为区域地形的积水区域,洼地底点的高程通常小于其相邻近点(至少 8 个邻域点)的高程。在实际的算法中,该算法对于洼地的确定实际上是根据水流方向矩阵计算的。该算法规定:水流方向矩阵中满足下列条件的格网点作为洼地底点。

a. 格网点的水流方向值为负值;
b. 八邻域格网点对的水流方向互相指向对方。

李志林等(2003)将洼地分为三种:单格网洼地、独立洼地和复合洼地,对三种洼地分别以下面的方法填平。

a. 单格网洼地的填平。单格网洼地是指数字地面高程模型中的某一点的8个邻域点的高程都大于该点的高程,并且该点的8个邻域点至少有一个点是该洼地的边缘点(即洼地区域集水流水的出口),对于这样的单格网洼地可直接赋以其邻域格网中的最小高程值或邻域格网高程的平均值。

b. 独立洼地区域的填平。独立洼地区域是指洼地区域中只有一个谷底点,并且该点的8个邻域点中没有一个是该洼地区域的边缘点。对独立洼地区域的填平可采用以下方法:首先以谷底点为起点,按流水的反方向采用区域增长算法,找出独立洼地区域的边界线,即水流流向该谷底点的区域边界线。在该独立洼地区域边缘上找出其高程值最小的点,即该独立洼地区域的集水流出点,将独立洼地区域内的高程值低于该点高程值的所有点的高程用该点的高程代替。

c. 复合洼地区域的填平。复合洼地是指洼地区域中有多个谷底点,且各个谷底点所构成的洼地区域相互邻接(图3.9)。复合洼地是地形洼地区域的主要表现形式。对于复合洼地的填平可采用下述方法:首先以复合洼地区域的各个谷底点为起点,按水流的反方向应用区域增长算法,找出各个谷底点所在的洼地的边缘和它们之间的相互联系以及各个谷底点所在洼地的集水出水口的位置。出水口的位置有两种,即在与非洼地区域关联的边上或在与洼地区域关联的边上。对于出水口

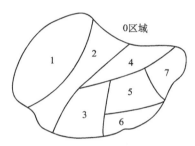

图3.9　复合洼地(李志林等,2003)

位于与非洼地区域关联的边上的洼地区域,找出出水口的高程最小的洼地,并将该区域内高程值低于该出水口的那些点的高程用该出水口的高程值代替。与该洼地区域相邻的洼地区域的集水出水口位于其所在洼地区域与该区域相邻的边缘,且其高程值低于该洼地区域集水出水口时,将这个洼地区域集水出水口点的高程值用该洼地区域集水出水口点的高程值代替。这样就将复合洼地区域中的一个谷底点所构成的洼地区域填平,将所剩复合洼地区域用同样的办法依次对各个谷底点所构成的洼地区域进行填平,最后将整个复合洼地填平。这种方法是一种迭代处理方法,在数据量很大、地形很复杂时,计算量很大。

Martz 和 Garbrecht (1992)提出了另一种方法来填充洼地。该方法的思路是首先标记属于洼地的集水区域单元格,然后从已标记的单元格中找出潜在的出流点。潜在的出流点是被标记的单元格,它至少拥有一个比它高程低的未标记的单元格。找到最低的潜在出流点后,比较它和洼地单元格的高程。如果出流点高程高,那么洼地是一个凹地,否则是一个平地。对于凹地,把洼地集水区域内所有低于出流点的单元格高程升高至出流点高程。这样,凹地就成为一个平地。周贵云等(2000)在这一算法的基础上进行了改进,使用种子算法,从找到的洼地底点出发,依次标示洼地的集水区域单元格。具体的过程如下。

a. 确定洼地单元格。洼地单元格指相邻8个单元格高程都不低于本单元格高程的单元格(图3.10)。以3×3窗口为模板扫描DEM,根据上述定义来确定洼地单元格。

b. 确定洼地单元格的集水区域。在扫描过程中,遇到洼地单元格,就作如下处理:扫

描以洼地单元格为中心的窗口(3×3),位于窗口内的单元格,如果沿着下坡和平地能够到达洼地单元格,则标记之,否则不标记。不断扩充窗口(5×5,…),重复上述过程直到窗口内没有单元格能够被标记,则被标记的单元格组成的区域即为该洼地集水区域。每一个洼地的集水区域以不同的标示加以区别。(如第一个洼地集水区域标记为1,第二个洼地集水区域标记为2,依此类推)。

1	1	3	4	5	5	7	5	4
1	2	4	4	4	4	6	5	3
4	4	3	4	3	3	6	7	5
3	3	1	3	2	2	4	6	7
1	2	2	2	1	2	3	4	5
3	3	2	1	1	2	3	6	6
2	3	3	1	1	2	5	7	8
1	2	3	3	3	4	8	6	6
1	1	2	3	4	5	7	8	

图 3.10　原始 DEM
阴影为洼地

1	1	3	4	5	5	7	5	4
1	2	4	4	4	4	6	5	3
4	4	3	4	3	3	6	7	5
3	3	1	3	2	2	4	6	7
1	2	2	2	1	2	3	4	5
3	3	1	1	1	2	3	6	6
2	3	3	1	1	2	5	7	8
1	2	3	3	3	4	6	6	
1	1	2	3	4	5	7	8	

图 3.11　洼地填充

　　c. 探测每一洼地集水区域的潜在出流点。潜在的出流点是被标记的单元格,它至少拥有一个比它高程低的未标记的相邻单元格。依次扫描每一洼地集水区域的边界栅格点,按潜在出流点的定义,搜索所有的潜在出流点,并记录其高程。比较所有潜在出流点的高程,找到最低的潜在出流点。然后根据下面两种情况进行处理:①如果该最低出流点不与任何其他洼地集水区域相邻,则找出该洼地集水区域内所有高程低于该最低出流点高程的格网,将其高程都用该最低出流点的高程代替,即将洼地填平。填平的同时删除该洼地集水区域的标示。②如果该最低出流点与其他洼地集水区域相邻,则首先按①中的方法将该洼地填平。然后将该洼地集水区域的标示改为相邻的洼地集水区域的标示。

　　重复上述扫描过程,直到所有的洼地被填平(图 3.11)。

　　Garbrecht 等(1997)将洼地分为凹陷型洼地与阻挡型洼地。凹陷型洼地是指一组栅格单元的高程低于其四周的高程,而阻挡型洼地是指垂直于水流路径方向有一条狭长带栅格单元的高程较高。对于凹陷型洼地,采用常规的填充洼地方法。而对于阻挡型洼地,则通过降低阻挡物存在处的高程,使水流能穿过阻挡物。对于这种方法,限于篇幅,不作详细介绍。

2）平地的处理

1	1	3	4	5	5	7	5	4
1	2	4	4	4	4	6	5	3
4	4	3	4	3	3	6	7	5
3	3	2.1	3	2.3	2.4	4	6	7
1	2	2.1	2.2	2.3	2.4	3	4	5
3	3	2.1	2.2	2.3	2.4	3	6	6
2	3	3	2.2	2.3	2.4	5	7	8
1	2	3	3	3	4	8	6	6
1	1	2	3	4	5	7	8	

图 3.12　处理后的平地单元格

　　DEM 数据中的平地,包括原始 DEM 中的平地和洼地填平产生的平地。平地区域的存在对水流方向的确定有着重要的影响,因此需要对平地区域进行处理。Martz 和 Garbrecht (1992)用了高程增量叠加算法设定平坦格网内的水流方向。该算法的基本思想是对平地范围内的单元格增加一微小增量,每个单元格的增量大小是不一样的,这样每个单元格就有一个明确的水流方向,以便能够产生合理的汇流水系。该算法的基本过程为：

（1）扫描经过洼地填充的 DEM 数据，搜寻 8 个邻域栅格高程都不低于该栅格高程的栅格点，标记为平地单元。

（2）给搜索到的每一个栅格点都增加一个微小的增量（如栅格高程采样精度的 1/10、1/1000 或 1/10000）。

（3）重复上述过程，直到再也搜索不到平地单元（图 3.12）。

3.5.2　由等高线数据生成的 TIN 上的平坦三角形处理

所谓平坦三角形是指构成三角形的三个顶点具有相同高程值的三角形，是用等高线数据生成不规则三角形网络（TIN）时经常碰到的情况，常出现在两个相邻等高线之间，如图 3.13(a)。造成平坦三角形的原因在于三角剖分准则，常用的三角剖分准则主要从三角形的几何形状方面考虑，而不考虑地形特征。平坦三角形的存在往往导致 DEM 地形模拟失真，并对数字地形分析产生影响，所以必须进行适当的处理和纠正[图 3.13(b)]。

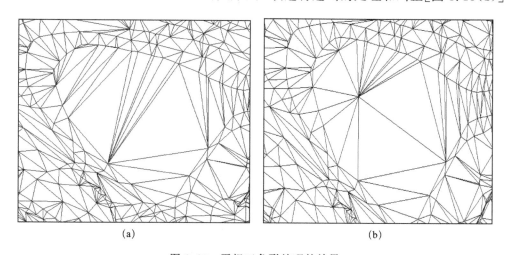

(a)　　　　　　　　　　　　　　　(b)

图 3.13　平坦三角形处理的效果

(a)未处理的 TIN；(b)处理平坦三角形后的 TIN

目前对 DEM 中平坦三角形进行处理，主要有下列两种方法（Ware，1998；李志林等，2003）

（1）将等高线当作特征线，构成约束不规则三角网（constraint TIN）。这种方法简单易行，同时也可避免三角形跨越地形结构线，但要求高效率的约束线段插入算法以及对原始等高线数据按特定数据进行组织。

（2）增加特征点。这种方法首先构造平坦区域，然后对平坦区域进行合理三角剖分。剖分方案有两种，其一是根据等高线的拓扑结构，手动或自动在平坦区域内增加特征点，实现平坦地区三角形的合理剖分，这种方法虽然简单，但需要合理的特征点提取算法，同时如果增加的点过多，则会影响 DEM 质量；另一种是通过交换边和增加特征点同时进行，以有效减少仅增加点对 DEM 精度的影响。

3.5.3 数据点疏化处理

　　数据点疏化处理主要针对生成 TIN 时数据点过密的问题。在一些特定的情况下,地形数据的采样点可能会过密。例如,由自动化扫描获取的数字等高线构造 TIN 时往往是被当作离散高程数据点处理的,等高线上过多的点造成大量的狭窄三角形[图 3.13(b)],在建模和其后的分析中均会导致不必要的运算,有时还会呈现过多的高频变化,影响平滑表面的形成。因此,在数字地面模型的优化过程中,往往需要对数据点进行疏化处理,即减掉冗余地形高程点,而只保留地形特征点来构造 TIN 或内插形成格网 DEM。

　　不言而喻,数据点疏化处理的关键是判断给定高程数据点是否冗余,换句话说,关键是如何选择地性特征点。从理论上来说,在这个意义上的地形特征点就是地面上的拐点,或不连续点,在此点上地面的坡度或坡向有明显的变化,如图 3.14 所示。数据点疏化实际上就是设定一个标准,当数据点上反映的地形变化超过这一标准时,则需保留该点;反之,当数据点上反映的地形变化小于这一标准时,则舍去该点。

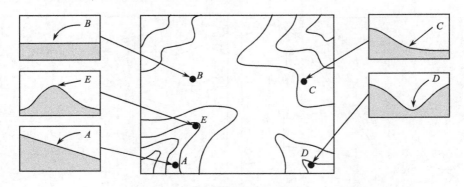

图 3.14　地形特征点的提取
点 A 和 B 明显不是特征点,可舍去;点 D 和 E 是明显特征点,需保留;点 C 是否保留取决于阈值的选取

　　判断地形特征点的方法主要有 VIP(Very Important Points)和最大 Z 容忍度(maximum z-tolerance)方法(Chang,2004)。VIP 方法主要考虑每一地形高程点与其由周围点预测得到的值的差,在这个差的基础上对每一高程点评估其在地表描述中的重要度(significance),这样在应用上就可以根据重要度的分布频率而设定阈值,重要度超过阈值的点就被认为是 VIP,在数据集中保留,其余的点则可以舍去。最大 Z 容忍度算法在规则格网 DEM 简化为 TIN 时使用,首先由规则格网 DEM 抽取高程点构造粗略的 TIN,然后对 TIN 上的每一个三角面计算其包含的所有规则格网点的高程与其对应的三角面高程的差,如果这些差均小于给定的 Z 容忍度,则不需进一步操作,反之,则取最大差值的点对该三角形进一步细分,直至所有规则网格高程点和与其对应的三角面高程的差均小于给定的 Z 容忍度。另外,利用坡面平均曲率,也可有效地判断地形特征点。

3.6 DEM 分辨率和原始数据尺度的匹配

尺度概念是 DEM 数据采集、生产、应用和数字地形分析中非常重要的概念,贯穿于 DEM 数据处理的每一个过程(图 3.1)。DEM 尺度含义比较广泛,包括原始数据比例尺、DEM 分辨率、地形参数尺度、高程精度(垂直分辨率)等,其中原始数据比例尺决定着 DEM 分辨率,而 DEM 分辨率随应用尺度的改变而改变。一般地,原始数据尺度、DEM 尺度和应用尺度应相互协调和匹配。

在格网 DEM 中,格网分辨率是一个非常重要的尺度参数,不但决定着 DEM 对地形的描述精度(Tang,2000),体现着 DEM 所包含的信息容量,同时也是确定地形参数和应用尺度的重要指标。在各种地学应用分析中,DEM 分辨率常作为 DEM 尺度看待,确定适当 DEM 分辨率是近几年水文模型、生态环境等研究领域非常活跃的主题(Zhang et al.,1994;Blöschl et al.,1995;Gallant et al.,1996)。

随着计算机技术、数据获取技术的发展,精尺度 DEM 地形结构分析原理和算法的逐步完善,基于 DEM 的各种地学应用已经从大陆尺度的流域地形分割(Hutchinson et al.,1991;Jenson,1991)转向中尺度的表面气候模拟、动植物群落分布(Nix,1986;Hutchinson,1995,1998;Running et al.,1996)和精尺度的水文、植被、土壤属性等方面的研究和地形参数提取(Moore,1991a,1991b;Quinn et al.,1991;Zhang et al.,1994;Gessler,1996;Mackey,1996)(图 1.2)。表 3.5 对各种地形应用尺度、DEM 分辨率和相应的原始数据比例尺、应用范畴进行了归纳。尽管部分尺度之间互相有重复,但在原始数据比例尺、应用模型范畴上,精尺度和粗尺度之间的区别是明显的,这可从表 3.5 所列的应用得到印证。在表 3.5 所列的应用中,除了表面温度和降雨直接与地形高程相关外,其他地学应用则主要取决于地形结构和地表粗糙程度(通过各种地形参数描述),这要求 DEM 更精确地刻画地形表面形态,描述流域结构,特别是在平坦、微小的地形区域,DEM 高程数据必须达到分米、甚至厘米级,以更好的反映微观地貌形态和地形结构。

表 3.5 DEM 分辨率与 DEM 原始数据尺度(Hutchinson et al.,2000)

尺度	DEM 分辨率	原始数据	应用范畴
精尺度 (fine topo-scale)	5～50m	航空影像,1：5000 至 1：5万比例尺地形图	分布式水文模型,土壤属性空间分析,遥感影像数据校正,太阳辐射、水分蒸发、植被覆盖等分布模式的地形效应分析
粗尺度 (coarse topo-scale)	50～200m	航空影像数据,1：5 万至 1：20 万比例尺地形图	分布式水文模型综合参数,为获取集成水文模型参数进行的子流域分析,生物多样性评估与分析
中尺度 (Mesoscale)	0.2～5km	1：10 万至 1：25 万比例尺地形图	与高程相关的表面温度和降雨分析,降雨地形效应分析,表面粗糙度对风场影响分析,大陆尺度流域分割
宏尺度 (Macroscale)	5～500km	1：25 万至 1：100 万比例尺地形图,国家等级平面控制点、水准点	通用循环模型的山脉屏障分析

值得说明的是,虽然实际地形在空间上可跨越各种尺度,但用来建立 DEM 的各种原始数据却是在一定空间尺度上获取的,这就限制了 DEM 空间分辨率的可选择范围。因此,DEM 分辨率对地形描述、地学应用模型等的影响、DEM 分辨率和 DEM 不确定性关系以及 DEM 分辨率和原始数据尺度之间关系的研究等问题成为急需解决的问题。

3.7 最佳 DEM 分辨率的确定

对于一组原始数据,最佳 DEM 分辨率的确定应考虑以下几个因素:

(1) 存储量。DEM 数据(特别是格网 DEM 数据)存储量对 DEM 分辨率非常敏感,分辨率提高一倍,意味着需要四倍的存储量,过高的分辨率也会导致大量的数据冗余。

(2) 原始数据信息容量。DEM 分辨率常被当作 DEM 的比例尺来看待,DEM 分辨率应最大限度地反映原始数据所包含的地形信息量,特别是当 DEM 数据和遥感影像数据进行融合时。

(3) 应用目的和要求。地形应用模型总是与一定的地域尺度相关,如土壤属性的空间分布,DEM 分辨率应顾及与尺度相关的应用要求。

总之,DEM 分辨率的确定应考虑原始数据的分布密度和精度、应用目的以及计算机处理能力,需要在各个因素之间做出平衡。

Hutchinson（1996）提出一种基于坡度中误差的 DEM 分辨率确定方法。其基本原理是:首先以较大分辨率建立 DEM 并计算该 DEM 的坡度中误差(有关坡度计算方法参见第 4 章),然后将格网分辨率逐步对半递减,每递减一次,计算一次 DEM 坡度中误差,最后以 DEM 分辨率为横轴,坡度中误差为纵轴,做出坡度中误差随 DEM 分辨率的变化趋势图。

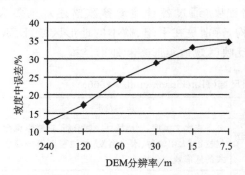

图 3.15　基于坡度中误差的最佳分辨率的确定

在该图上,如果从某个分辨率开始,坡度中误差趋于稳定,则该分辨率即为最佳分辨率。图 3.15 显示了这一过程,在该图中,分辨率从 240m 开始,连续对半递减至 7.5m,相应的坡度中误差则从 12.6% 变化到 34.4%。在这一过程中,对应于 30m、15m、7.5m 分辨率的坡度中误差分别为 27.6%、31.9%、34.4%,曲线从 15m 分辨率开始趋于稳定,因而可以判断此 DEM 的最佳分辨率为 15m。

Florinsky 等(2000)也从应用角度(土壤湿度分布),通过实验统计方法探讨分析了最佳分辨率的求解方法,读者可参考相应的文献资料了解详情。

3.8 DEM 质量评价

DEM 质量是数字地形分析的根本保证。一般的 DEM 精度依赖于原始数据质量(包括数据源精度、比例尺)、采样精度、分辨率和内插方法等。因此,DEM 的质量评价着重考虑数据源和数据处理技术,此外 DEM 的应用目的也要有所顾及。目前通常的 DEM 质量评价标准为 DEM 中误差,即通过 DEM 的高程值和高精度的参考值(如已知的实测高程)之间的统计比较而得到,如美国 USGS DEM、我国 1∶5 万、1∶25 万 DEM 等均采用这种标准。然而在数字地形分析中,DEM 对地形形态和结构的正确表达是非常重要的,虽然这种表达确实能在不同程度上由 DEM 分辨率、高程数据精度等反映,但单一的数值指标并不能完全描述 DEM 的质量(Hutchinson et al.,2000)。因此,DEM 的质量评价还应辅之以其他的分析方法,这类方法主要有流域结构分析、等高线分析、地形属性可视化、地形属性频率直方图分析等技术,其分析重点在于 DEM 对地形结构的描述与表达。

要注意的是影响 DEM 精度的因素多种多样,无论采用哪种方法都不能很好地解决所有的问题,要根据实际情况和应用目的,多种方法结合分析以达到对 DEM 质量的全面了解。

3.8.1 数值精度指标——DEM 中误差

DEM 的数值精度指标一般通过 DEM 点上的高程值和实际观测值之间的比较分析而得。这需要在研究区域布设一些检验点,并观测检验点的实际高程,然后在所建立的DEM 的相应位置上,将 DEM 模型表示的高程值与实际观测高程比较,得到各个检验点的误差。在有足够多的检验点的前提下,计算检验点数据集的中误差,并将其作为 DEM的中误差,也就是用子样方差来表示母体方差。这种方法简单易行,是使用比较多的一种方法,但必须注意,所有的检查点不能用于 DEM 的建立,而只可用于检验,因而加大了对高精度实测数据量上的要求。

DEM 中误差的计算:

假设检验点的高程为 $Z_k(k=1,2,\cdots,n)$,在建立的 DEM 上对应这些点的高程为 z_k,则 DEM 的中误差为:

$$\sigma = \frac{1}{n}\sum_{k=1}^{n}(Z_k - z_k)^2 \qquad (3.1)$$

我国 1∶1 万、1∶5 万 DEM 采用 28 个分布在图幅内和图幅边缘的检验点,按上述方法对 DEM 质量进行大体的精度评定。表 3.6 是我国 1∶1 万、1∶5 万 DEM 的精度控制标准,另外还有高程最大误差不能超过中误差的两倍、密林等隐蔽地区的高程中误差按表中数据的 1.5 倍计、DEM 内插点的高程中误差按表中数据的 1.2 倍计等补充规定。在应用中,一般情况采用二级精度,若原始资料精度较差,也可采用三级精度。

表 3.6 我国 1∶1 万 DEM 精度标准

地形类别	地形图基本等高距/m	地面坡度/(°)	格网间距/m	格网点高程中误差/m		
				一级	二级	三级
平地	1	<2	12.5	0.5	0.7	1.0
丘陵地	2.5	2~6	12.5	1.2	1.7	2.5
山地	5	6~25	12.5	2.5	3.3	5.0
高山地	10	>25	12.5	5	6.7	10.0

3.8.2　流域结构分析

在水文分析及相关的应用中,DEM 中存在局部洼地(sink 或 local depression)是数据处理的一大障碍,因为它影响水流方向并导致错误的流域网络结构。洼地的存在有两种情形,一种是真实的地形特征如采石场、岩洞等,是少数;另一种则是由于 DEM 数据误差和内插原因造成的,后者称为伪洼地(spurious sink),因此伪洼地的多少也就反映了 DEM 数据的质量。分析和探测 DEM 中的洼地可通过流域结构分析实现,即通过给定流域结构提取算法〔如 Jenson 和 Domingue 算法(1988)〕,在 DEM 上提取研究区域上的流域边界和流域结构网络,然后通过合理性分析或与地形图上的流域结构进行对比,从而发现伪洼地和数据误差,进而评价和分析 DEM 的质量。如图 3.16 显示了排水网络的间断,而这种间断在实际的山区地形甚少出现,以此可以判断可能的伪洼地位置。

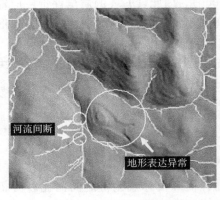

图 3.16　利用可视化分析判断伪洼地和属性误差

3.8.3　等高线分析

对 DEM 所提取等高线的分析,是诊断 DEM 数据误差和 DEM 对地形结构表达的有效工具,其基本方法是用目视解译发现 DEM 生成的等高线图上的不合理部分,或与原始地形图对比,从而找出数据中的误差。通过由 DEM 生成的等高线检查原始数据误差的具体方法已在本章第 4 节讨论,这里不再重复阐述。

3.8.4　地形属性可视化分析

地形属性的可视化分析包括地貌晕渲图、地形因子(坡度、坡向、剖面曲率、平面曲率等)可视化,它们能客观地反映 DEM 对地形的表达质量。通常,DEM 的属性误差是比较难以发现的,因为属性的误差在数据库结构检验和等高线检验中都容易被忽略。可视化分析通过地貌晕渲图可快速的探测 DEM 中高程数据的异常部分(图 3.16),包括 DEM 数据的系统误差、偶然误差、边界匹配误差等。各种地形属性如坡度、坡向、平面曲率和剖面曲率等则反映地形的基本结构形态,依此可通过不同属性的可视化可有效的揭示 DEM 对地形结构描述和表达以及 DEM 分辨率对 DEM 精度的影响。

3.8.5　地形属性频率直方图分析

地形属性频率分布直方图(高程、坡度、坡向等)可用来定性分析内插算法对 DEM 精度的影响。例如在各种局部内插算法中,内插点周围的地形采样点分布不均匀则会影响到坡向的分布(这对流域网络分析中的流向确定是比较重要),体现在坡向的频率分布图上,则会在45°的倍数附近出现频率分布峰值(Hutchinson et al.,2000)。另外,沿等高线采点过密和不相称内插算法的选取,也可以造成在等高距高程上的频率分布峰值。

3.9 本章小结

本章讨论了数字地面模型的基本特征、数据来源、结构模型、表达方式、优化、以及质量检验方法等。数字地面模型是数字地形分析的基础,其正确的表达方式和模型、合理的采样方法以及与地图比例尺相适应的采样精度,是正确的数字地形分析结果的基本保证。

原始地形数据决定 DEM 的分辨率、精度、质量和适用范围。无论应用何种数字地面模型构造算法,生成的 DEM 均受制于原始数据的质量和比例尺。尽管可以采用不同的内插算法生成分辨率的 DEM,可靠的 DEM 数据的分辨率在任何情况下都不可以超出采样理论允许的范围。有关讨论可以参阅李志林等(2003)的文献。

这里需要特别指出的是,数字地面模型的选取和数字地形分析的尺度密切相关,在很多情况下,较高的 DEM 分辨率未必会带来较好的数字地形分析结果。例如,在粗尺度数字地形分析问题上使用精尺度数据,不仅会带来大量的数据冗余,而且还可能由于过分细小的地形描述而影响到解译宏观的地形特征。因此,适当的 DEM 数据和数字地形分析问题的匹配,是任何数字地形分析研究的前提条件。

第4章 地形曲面参数计算

导读：地形曲面参数反映了地形曲面的固有特征，也是其他复合地形参数、工程应用和地学模型的基础。基本地形参数的计算包括坡度、坡向、曲率、坡长以及面积、体积计算等内容，其结果均为具有实际物理意义和量纲的量。地形曲面参数的算法通常要根据数据模型和应用需要而异。本书第2章重点讨论了基本地形曲面参数的数学定义及其理论推导，而本章则以第2章的理论模型为基础，讨论在各种结构数字地面模型上的基本地形曲面参数计算的实现方法，以及对各种算法的简要评述。

4.1 基于 DEM 的地形曲面参数计算原理

高程、坡度、坡向、曲率等是地表的固有属性，是描述地表形态的基本参数。这些参数是地形曲面的函数，与点的平面位置有关，因此在 DEM 上进行地形基本参数计算需要给定以下几个参数：

（1）目标点，即待计算点的位置，一般通过直角坐标或经纬度给出（与 DEM 坐标系有关）。

（2）地形曲面数学模型，建立在 DEM 上的地形曲面数学表达式。

（3）地形曲面参数数学模型，建立在地形曲面上的地形参数数学定义公式，参见第2章。

然而地形表面是一个极为复杂和不规则的曲面，无论是格网 DEM、不规则三角网 TIN、等高线等实质上都是在最优意义下对实际地形的逼近，是地形表面的模拟和模型化表达，因此 DEM 所表示的并非真正的地形数学模型。为了完整地描述地形曲面，并从这些抽样数据中提取地形曲面的特征参数，需要在 DEM 基础上建立地形的数学曲面模型，即曲面拟合。

在数字地形分析中，基于 DEM 的曲面拟合一般有全局拟合和局部拟合两种方案。全局拟合就是在整个 DEM 区域内，用一个统一的数学曲面函数来表示地形曲面，该数学曲面与抽样数据在最大程度上相近似。目前常用的全局拟合函数有高阶多项式、傅里叶级数、趋势面等。从理论上讲，任何复杂的曲面都可以用高次多项式以任意的精度去逼近（Phillips and Taylor，1972），但由于以高阶曲面逼近地形表面计算量大、对数据舍入误差比较敏感、不容易得到稳定解等缺点，因此在实际应用中较少使用高次多项式来表达地形曲面。

局部曲面拟合即利用 DEM 局部范围内的数据点建立地形曲面，然后对所有的地形参数在此局部窗口中求解，该局部窗口连续在 DEM 区域上移动，以求解所有 DEM 区域内点的地形参数，如图 4.1 所示。该局部范围一般称为局部移动窗口（local moving win-

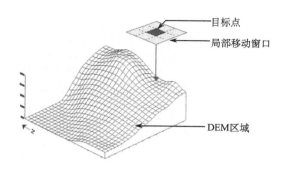

图 4.1　DEM 局部移动窗口

dow)。局部移动窗口根据其形状,可以分为以下类型(图 4.2):

(1)矩形窗口。以目标点为中心的矩形区域,矩形窗口大小可通过定义窗口的尺寸或定义窗口覆盖区域内 DEM 数据点的数量确定,这是数字地形分析经常采用的一种局部窗口形式,特别是对规则格网 DEM,常采用当前格网单元(目标点)周围八个单元(3×3窗口)、二十四个单元(5×5 窗口)等形式。

(2)圆形窗口。是以目标点为圆心的一个圆,圆半径可给定或由窗口覆盖区域内 DEM 数据点的数量确定。

(3)环形窗口。是以目标点为中心,按指定的内外半径构成环形分析窗口。

(4)扇形窗口。是以目标点为起点,按给定的起始与终止角度构成扇形分析窗口。

图 4.2 是规则格网 DEM 上进行邻域分析时采用的几种局部窗口形式。

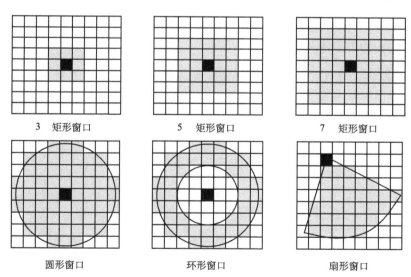

3　矩形窗口　　　　5　矩形窗口　　　　7　矩形窗口

圆形窗口　　　　　环形窗口　　　　　扇形窗口

图 4.2　格网 DEM 地形参数计算窗口类型

4.2　高　程　内　插

高程内插是利用已知高程点的高程,根据给定数学模型对未知点高程求解的过程。

高程内插的基础是基于地学统计中的二维内插方法,是地学分析中的重要研究手段,其算法一直是地学分析中的研究热点,在众多著作中均有表述。因此,这里的讨论只局限于在已有数字高程模型(包括格网、TIN 和等高线模型)上的高程内插,以保持数字地形分析方法论和知识体系的完整性。关于各种 DEM 建模中常用的离散点内插方法详细的讨论可以参考诸如 Goovaerts(1997),Burrough 和 McDonnell(1998),Davis(2002)等人的著作,这里不再赘述。

设给定点为 $P(x_P, y_P)$,欲求 P 的高程,可用数学语言表示为:

$$H_P = f(x_P, y_p) \tag{4.1}$$

这里的关键是 P 点(也称内插点)所在区域的地形表面函数 f 的确定。在 DEM 上进行 P 点高程的计算,一般包括以下三个步骤:

第一步:确定包含 P 点的局部地形曲面单元。

第二步:拟合该单元曲面模型 f。

第三步:利用式(4.1)计算内插点高程。

高程内插的算法随数字地面模型数据结构的不同而异,由此可将各种算法归纳为在格网 DEM、不规则三角网 TIN 和等高线模型上点的高程内插计算问题。

4.2.1 基于格网 DEM 的高程内插计算

格网 DEM 数据模型的已知高程点数据呈规则分布。因此,在内插过程中可以省去复杂且容易出错的高程点空间搜寻过程,由于目前全数字化摄影测量其产生的地面高程模型均采用格网结构,基于格网 DEM 的高程内插的应用也日益普遍。

1. 确定包含内插点的格网单元

设格网分辨率为 g,DEM 区域西南角坐标为 (x_0, y_0),则 P 点所在格网行列号 (i, j) 为:

$$\left. \begin{aligned} i &= \mathrm{int}\left(\frac{y_P - y_0}{g}\right) \\ j &= \mathrm{int}\left(\frac{x_P - x_0}{g}\right) \end{aligned} \right\} \tag{4.2}$$

以下为方便讨论,设 P 点所在格网 (i, j) 的四个顶点 1、2、3、4 的坐标分别为 (x_1, y_1, H_1)、(x_2, y_2, H_2)、(x_3, y_3, H_3) 和 (x_4, y_4, H_4)(图 4.3)。

2. 格网单元曲面拟合和插值

在规则格网单元模式下,地形曲面的拟合方法多采用线性拟合、双线性拟合、双三次多项式等算法。

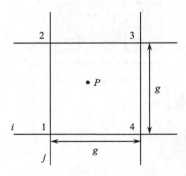

图 4.3 $P(x_P, y_P)$ 所在的格网单元

1）线性内插

线性内插将格网单元剖分成两个三角形,如图4.4,每个三角形由三个顶点确定唯一平面。其内插过程为:

第一步:内插点坐标归一化(normalisation):

$$\bar{x} = \frac{x_P - x_1}{g}, \quad \bar{y} = \frac{y_P - y_1}{g} \qquad (4.3)$$

第二步:确定 P 点所归属的三角形:

如果 $\bar{x} \geqslant \bar{y}$ 则 $\delta = 0$;反之 $\delta = 1$。

第三步:计算 P 点的高程:

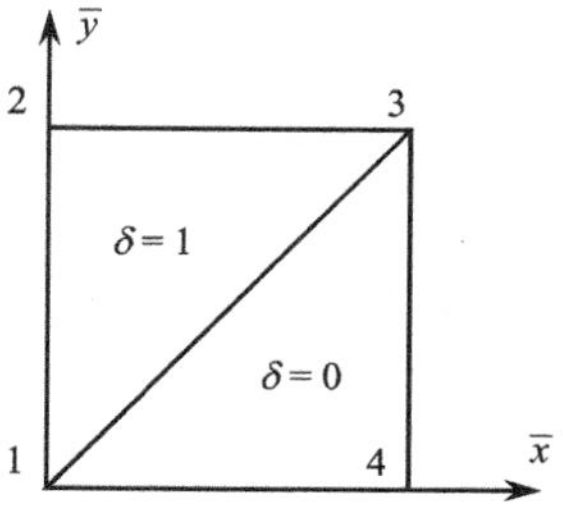

$$H_P = \delta \left[H_1 + (H_3 - H_2)\bar{x} + (H_2 - H_1)\bar{y} \right]$$
$$+ (1 - \delta)\left[H_1 + (H_4 - H_1)\bar{x} + (H_3 - H_4)\bar{y} \right] \qquad (4.4)$$

图 4.4　线性内插原理

2）双线性内插

双线性内插不像线性内插那样将格网单元划分成线性平面,而是通过格网单元的四个顶点直接拟合曲面,所采用的曲面方程为:

$$H = f(x, y) = \sum_{j=0}^{1} \sum_{i=0}^{1} a_{ij} x^i y^j$$
$$= a_{00} + a_{10}x + a_{01}y + a_{11}xy$$
$$= a_0 + a_1 x + a_2 y + a_3 xy \qquad (4.5)$$

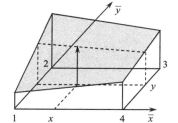

图 4.5　双线性高程内插原理

双线性内插过程为(图4.5):

第一步:内插点坐标归一化(式4.3)。

第二步:内插 P 点的高程:

$$H_P = H_1 + (H_4 - H_1)\bar{x} + (H_2 - H_1)\bar{y} + (H_1 - H_2 + H_3 - H_4)\overline{xy} \qquad (4.6)$$

3）双三次多项式内插

双三次多项式曲面内插模型为:

$$H = f(x, y) = \sum_{j=0}^{3} \sum_{i=0}^{3} a_{ij} x^i y^j$$
$$= a_{00} + a_{10}x + a_{20}x^2 + a_{30}x^3$$
$$+ a_{01}y + a_{11}xy + a_{21}x^2 y + a_{31}x^3 y$$
$$+ a_{02}y^2 + a_{12}xy^2 + a_{22}x^2 y^2 + a_{32}x^3 y^2 \qquad (4.7)$$
$$+ a_{03}y^3 + a_{13}xy^3 + a_{23}x^2 y^3 + a_{33}x^3 y^3$$

式中的坐标是各个格网点的直角坐标。

在式(4.7)中,共有 16 个系数,然而 P 点所在的格网仅能提供四个已知点数据,即:

$$H_i = f(x_i, y_i), \quad i = 1, 2, 3, 4 \qquad (4.8)$$

另外 12 个系数的求解则需要借助于当前格网单元与周围格网单元之间的关系,即满

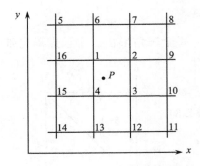

图 4.6　双三次多项式高程内插原理

足曲面光滑连续的条件,从数学分析知道,这要求:

(1)曲面在 x 方向的偏导数一致,即满足:

$$R_i = \frac{\partial f}{\partial x}\Big|_i,\quad i=1,2,3,4 \tag{4.9}$$

(2)曲面在 y 方向的偏导数一致,即满足:

$$S_i = \frac{\partial f}{\partial y}\Big|_i,\quad i=1,2,3,4 \tag{4.10}$$

(3)曲面对 x 和 y 的混合偏导数一致,即:

$$T_i = \frac{\partial f}{\partial x \partial y}\Big|_i,\quad i=1,2,3,4 \tag{4.11}$$

而在格网环境下,由数值分析原理知对上述偏导数的计算是比较容易的,参看图4.6,容易知道:

$$
\left.
\begin{aligned}
R_1 &= \frac{H_2 - H_{16}}{2}; & S_1 &= \frac{H_6 - H_4}{2}; & T_1 &= \frac{(H_7 + H_{15}) - (H_3 + H_5)}{2}\\[1mm]
R_2 &= \frac{H_9 - H_1}{2}; & S_2 &= \frac{H_7 - H_3}{2}; & T_2 &= \frac{(H_4 + H_8) - (H_6 + H_{10})}{2}\\[1mm]
R_3 &= \frac{H_{10} - H_4}{2}; & S_3 &= \frac{H_2 - H_{12}}{2}; & T_3 &= \frac{(H_9 + H_{13}) - (H_1 + H_{11})}{2}\\[1mm]
R_4 &= \frac{H_3 - H_{15}}{2}; & S_4 &= \frac{H_1 - H_{13}}{2}; & T_4 &= \frac{(H_2 + H_{14}) - (H_{12} + H_{16})}{2}
\end{aligned}
\right\} \tag{4.12}
$$

将当前格网单元与周围格网单元的高程值代入式(4.8)和式(4.12)中,并进而组成方程组联立求解,即可得到式(4.7)中的系数,将点 P 坐标 (x_P, y_P) 代入,就可求出其高程 H_P。

根据上述原理,应用双三次多项式曲面内插过程为:

第一步:内插点坐标归一化,参见式(4.3)。

第二步:按式(4.8)和式(4.12)计算函数值、各个方向的偏导数与混合偏导数。

第三步:联立求解系数。

第四步:按式(4.7)求解内插点的高程。

3. 基于格网 DEM 的高程内插方法评述

线性插值虽然计算简单,但插值表面连续而不光滑。双线性内插的物理特性在于当 y 为常数时,高程值 H 与 x 坐标成线性关系;当 x 为常数时,高程值 H 与 y 坐标成线性关系;然而插值表面仍是连续而不光滑的。双三次多项式曲面能提供光滑连续内插表面,但计算过程比较复杂,且对 DEM 区域边缘的格网插值不适合。

4.2.2　基于 TIN 的高程内插计算

不规则三角网 TIN 模型是用不交叉、不重叠的三角面来模拟地形表面,它所表达的地形曲面是连续而不光滑的,为了形成光滑曲面,常常要进行磨光处理(王家耀,2001)。

因此,在 TIN 上进行高程插值,一般也有两种方法,即基于连续表面的三角形插值和基于光滑连续曲面插值。另外,在 TIN 上进行插值的一个重要步骤是如何快速地找到点所在的三角形。本节首先讨论基于三角形面积坐标的点在三角形中查找方法,然后介绍连续表面的三角形插值和基于光滑连续曲面插值方法。

1. 确定包含内插点的三角形

定位一个点在哪个三角形中,一般做法是扫描整个或局部三角形网络,利用点在多边形中原理判断计算。当三角形数目较大时,这是一个很费时的过程。如果建立了三角形网络的拓扑关系,则可利用三角形面积坐标和拓扑关系来解决这一问题(刘学军,2000)。

1) 三角形面积坐标

如图 4.7,三角形 $\triangle V_1V_2V_3$ 的三顶点坐标为 $V_1(x_1, y_1)$、$V_2(x_2, y_2)$、$V_3(x_3, y_3)$。任给点为 $P(x, y)$,按有限元理论,P 在三角形 $\triangle V_1V_2V_3$ 内的面积坐标 L_1、L_2、L_3 定义为:

$$L_1 = \frac{A_1}{A}; \quad L_2 = \frac{A_2}{A}; \quad L_3 = \frac{A_3}{A} \qquad (4.13)$$

式中,A 表示 $\triangle V_1V_2V_3$ 面积;A_1、A_2、A_3 分别为 $\triangle V_2V_3P$、$\triangle V_3V_1P$、$\triangle V_1V_2P$ 的面积。面积坐标(L_1, L_2, L_3)与直角坐标的关系为:

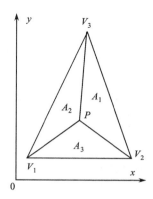

图 4.7　三角形面积坐标

$$\left. \begin{aligned} L_1 &= \frac{(x_3 - x_2)(y_3 - y_2) - (x - x_2)(y - y_2)}{A} \\ L_2 &= \frac{(x_1 - x_3)(y_1 - y_3) - (x - x_3)(y - y_3)}{A} \\ L_3 &= \frac{(x_2 - x_1)(y_2 - y_1) - (x - x_1)(y - y_1)}{A} \end{aligned} \right\} \qquad (4.14)$$

2) 点在三角形中的判断

参看图 4.7,并设三角形顶点逆时针排列,则当 P 在三角形中时,必有其所有的面积坐标大于零,即:

$$L_1 > 0; \quad L_2 > 0; \text{且 } L_3 > 0 \qquad (4.15)$$

而若 P 不在三角形中,则至少一个面积坐标小于零。如图 4.8 所示,P 在三角形之外,位于 V_2V_3 的外侧,则有:

$$L_1 < 0; \quad L_2 > 0; \text{且 } L_3 > 0 \qquad (4.16)$$

事实上,正是小于零的面积坐标指明了查找方向。在建立了三角形拓扑关系的三角网中,利用面积坐标的这一特性,可以很快查到包含点所在的三角形。参见图 4.9,查找过程可以简述如下。

设初始三角形号为 $\triangle_1$,计算 P 在 $\triangle_1$ 的面积坐标,其符号情况为:

$$L_1^1 < 0; L_2^1 > 0; \text{及 } L_3^1 > 0。$$

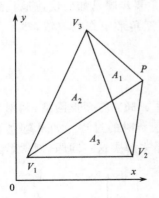

图 4.8　内插点在三角形外

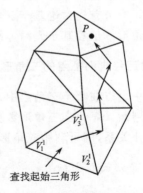

查找起始三角形

图 4.9　点在三角形中查找

这里，L 的上标为三角形序号。取小于零的面积坐标对应边（图中为 $V_2^1 V_3^1$ 边）的邻面三角形 $\triangle_2$，则有：

$$L_1^2 > 0; L_2^2 < 0; \text{及 } L_3^3 > 0。$$

依次类推，当计算到 $\triangle_5$，有：

$$L_1^5 > 0; L_2^5 > 0; \text{及 } L_3^5 > 0。$$

即 P 的三个面积坐标值都大于零，故 P 在 $\triangle_5$ 中。

实际应用中，仅需要关心面积坐标的正负情况，故当三角形顶点以逆时针方向排列时，式（4.14）的分母 A 恒大于零，因而式（4.14）可简化为：

$$\left.\begin{array}{l} L_1 = (x_3 - x_2)(y_3 - y_2) - (x - x_2)(y - y_2) \\ L_2 = (x_1 - x_3)(y_1 - y_3) - (x - x_3)(y - y_3) \\ L_3 = (x_2 - x_1)(y_2 - y_1) - (x - x_1)(y - y_1) \end{array}\right\} \quad (4.17)$$

另外，该算法还取决于初始三角形的位置，这可通过建立三角形索引来解决，详细算法请参见文献（刘学军等，2000）。

2. 基于三角面的插值方法

设 P 点所在三角形的三个顶点为 $P_1(x_1, y_1, H_1)$、$P_2(x_2, y_2, H_2)$ 和 $P_3(x_3, y_3, H_3)$，则可由这三个数据点组成一个平面：

$$H = f(x, y) = ax + by + c \quad (4.18)$$

式中 a、b、c 三个系数由三角形三个顶点坐标而唯一确定，即由：

$$\left.\begin{array}{l} H_1 = ax_1 + by_1 + c \\ H_2 = ax_2 + by_2 + c \\ H_3 = ax_3 + by_3 + c \end{array}\right\} \quad (4.19)$$

可得：

$$
\left.
\begin{aligned}
a &= \frac{(y_1-y_3)(H_1-H_2)-(y_1-y_2)(H_1-H_3)}{(x_1-x_2)(y_1-y_3)-(x_1-x_3)(y_1-y_2)} \\
b &= \frac{(x_1-x_3)(H_1-H_2)-(x_1-x_2)(H_1-H_3)}{(x_1-x_2)(y_1-y_3)-(x_1-x_3)(y_1-y_2)} \\
c &= H_1 - ax_1 - by_1
\end{aligned}
\right\}
\tag{4.20}
$$

将求得的系数 a、b、c 和 P 点的坐标代入式(4.18),即可求得其高程。

3. 基于磨光函数的光滑连续插值方法

基于三角面的插值方法是将三角形视为平面,以线性内插方式进行。由于不规则三角网 TIN 定义的地形曲面是连续而不光滑的,用线性内插的方法在接近两三角形公共边附近的内插点容易得到较差的插值。为提高高程内插值得质量,Preusser(1984)曾提出了 C 连续双五次多项式插值方法,但该方法比较复杂,不便应用。王家耀(2001)提出在两三角面附近一定区域内的磨光函数插值方法,以实现在 TIN 上的光滑连续插值。

1)磨光函数概念

如图 4.10,对于一分段函数 $f(x)$:

$$
f(x)=
\begin{cases}
f_1(x), & (x>0) \\
0, & (x=0) \\
f_2(x), & (x>0)
\end{cases}
\tag{4.21}
$$

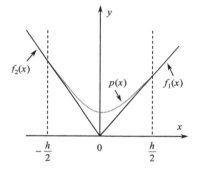

为了求得在整个区间上对该函数的光滑逼近,先对 $f(x)$ 做不定积分,设为 $F(x)$,即:

$$
F(x)=\int_{-\infty}^{x} f(x)\,\mathrm{d}x \tag{4.22}
$$

图 4.10　磨光函数定义

由于积分与导数是对立运算的,为求得对 $f(x)$ 的光滑逼近,可对 $F(x)$ 再求导,然而此时并未利用直接求导方法,而是通过差分运算代替求导计算,所用差分为在给定步长为 h 的范围内的中心差分运算,即:

$$
p(x)=\frac{1}{h}\left[F\left(x+\frac{h}{2}\right)-F\left(x-\frac{h}{2}\right)\right]=\frac{1}{h}\int_{x-\frac{h}{2}}^{x+\frac{h}{2}} f(x)\,\mathrm{d}x \tag{4.23}
$$

$p(x)$ 是在步长 h 范围内比原函数更为光滑的函数。这种先积分再求中心差分的过程称为对 $f(x)$ 的一次磨光,而 $p(x)$ 为一次磨光函数,h 为磨光宽度。

由上述过程,磨光函数的本质是在求积与导数的对立运算基础上,对原函数在局部范围内的光滑逼近,它能够消除原函数的不光滑顶点而又与原函数相切,不改变原函数的性质。

在式(4.21)中,如果设:

$$
f_1(x)=a_1 x, \qquad (x>0)
$$
$$
f_2(x)=a_2 x, \qquad (x<0)
$$

则通过式(4.23),求得磨光函数为:

$$p(x) = \begin{cases} a_1 x, & \left(x > \dfrac{h}{2}\right) \\[2mm] \dfrac{x^2}{2h}(a_1 - a_2) + \dfrac{x}{2}(a_1 + a_2) + \dfrac{h}{8}(a_1 - a_2), & \left(-\dfrac{h}{2} \leqslant x \leqslant \dfrac{h}{2}\right) \\[2mm] a_2 x, & \left(x < -\dfrac{h}{2}\right) \end{cases} \quad (4.24)$$

式(4.24)为在 TIN 上进行磨光插值的基本函数式,称为直线磨光函数。

2)三角形片面的磨光插值计算

如图 4.11,△ABC 和 △ABD 是两个以 AB 为公共边的空间三角形,DD' 和 CC' 分别

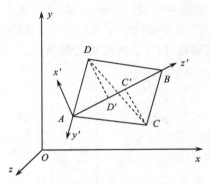

垂直于 AB,D' 和 C' 为垂足。设 A、B、C、D 的坐标分别为 (x_a, y_a, z_a)、(x_b, y_b, z_b)、(x_c, y_c, z_c)、(x_d, y_d, z_d)。在这两个三角形上进行点的内插包括空间变换、直线磨光和逆变换三个步骤。

第一步:空间变换

为了直接使用直线磨光函数,需要将处在任意位置的原函数变换成与图 4.10 一致的位置,这需要通过坐标变换来实现。在图 4.11 中,就是将原坐标系 $O\text{—}xyz$ 进行旋转,使两三角形的公共边 AB 平行于 Z 轴,并且坐标原点与 A 重合。

按下式首先将坐标原点平移到 A 点:

图 4.11　三角形磨光坐标平移与旋转

$$\left.\begin{array}{l} x' = x - x_a \\ y' = y - y_a \\ z' = z - z_a \end{array}\right\} \quad (4.25)$$

然后旋转,以 A 为原点,AB 为 z' 轴,x' 轴位于 △ABD 内,y' 轴垂直于 △ABD。

设原始坐标系为 $O\text{—}xyz$;平移旋转后的坐标系为 $A\text{—}x'y'z'$。则旋转后坐标系中各个坐标轴关于原坐标系的方向角如表 4.1。

表 4.1　坐标平移旋转后的方向角

	Ox	Oy	Oz
Ax'	α_1	β_1	γ_1
Ay'	α_2	β_2	γ_2
Az'	α_3	β_3	γ_3

设任意点 P 在 $O\text{—}xyz$ 和 $A\text{—}x'y'z'$ 中的坐标分别为 (x, y, z) 和 (x', y', z'),则它们的变换公式为:

(1)正变换:

$$x' = x\cos\alpha_1 + y\cos\beta_1 + z\cos\gamma_1 - x_a$$
$$y' = x\cos\alpha_2 + y\cos\beta_2 + z\cos\gamma_2 - y_a$$ (4.26)
$$z' = x\cos\alpha_3 + y\cos\beta_3 + z\cos\gamma_3 - z_a$$

（2）逆变换：

$$x = x'\cos\alpha_1 + y'\cos\beta_1 + z'\cos\gamma_1 + x_a$$
$$y = x'\cos\alpha_2 + y'\cos\beta_2 + z'\cos\gamma_2 + y_a$$ (4.27)
$$z = x'\cos\alpha_3 + y'\cos\beta_3 + z'\cos\gamma_3 + z_a$$

第二步：直线磨光

在图 4.11 中，$\triangle ABD$ 和 $\triangle ABC$ 在 $x'Ay'$ 面上的投影均为一条相交于原点 A 的直线，设 $\triangle ABD$ 和 $\triangle ABC$ 的投影线关于 x' 轴的斜率分别为 a_1 和 a_2，由上述过程可知 $a_1 = 0$，如图 4.12 所示。

为适应直线磨光函数式（4.24），图 4.12 必须和图 4.10 相对应。为此令 $x'Ay'$ 绕 z' 轴旋转一个角度 θ 得到坐标系 $x''Ay''$，并且 y'' 恰好位于两条投影线的所形成的角平分线上，如图 4.13 所示。

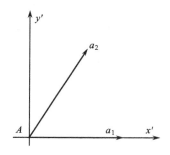

图 4.12　三角形投影及其斜率

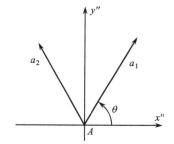

图 4.13　三角形投影线的旋转处理

设任意点 p 在 $x'Ay'$ 和 $x''Ay''$ 中的坐标分别为 (x',y',z') 和 (x'',y'',z'')，则它们的变换公式为：

（1）正变换：

$$x'' = y'\sin\theta + x'\cos\theta$$
$$y'' = y'\cos\theta - x'\sin\theta$$ (4.28)
$$z'' = z'$$

（2）逆变换：

$$x' = x''\cos\theta - y''\sin\theta$$
$$y' = x''\sin\theta + y''\cos\theta$$ (4.29)
$$z' = z''$$

则两条投影线的斜率为 $a_1 = -a_2$，直线磨光函数可简化为：

$$p(x) = \begin{cases} a_1 x & \left(x > \dfrac{h}{2}\right) \\[2mm] \dfrac{x^2}{h} \mid a_1 \mid + \dfrac{h}{4} \mid a_1 \mid & \left(-\dfrac{h}{2} \leqslant x \leqslant \dfrac{h}{2}\right) \\[2mm] a_2 x & \left(x < -\dfrac{h}{2}\right) \end{cases} \qquad (4.30)$$

选取合适的磨光宽度 h，即可实现在三角形片面上的磨光插值计算。

第三步：逆变换

根据式(4.26)、(4.28)和(4.30)对包含内插点的三角形进行磨光处理,然后根据式(4.29)和(4.27)进行逆变换回到原始坐标系中,即可得到光滑的插值计算。

3) 三角面的磨光插值计算步骤

根据上述过程,在 TIN 上进行插值计算的磨光过程可以总结为：

第一步：确定内插点所在的三角形；

第二步：找出内插点所在三角形的相邻三角形；

第三步：找出每个三角形的重心,并以重心为顶点,将每个三角形划分成三个子三角形,找出每个子三角形的对偶三角形(即共用一条边的两个三角形)；

第四步：确定内插点所在的子三角形,并按线性内插求出内插点的高程；

第五步：确定磨光宽度；

第六步：对内插点所在的子三角形及其对偶三角形进行磨光处理；

第七步：对磨光结果进行逆变换,完成基于 TIN 的点的内插计算。

上述步骤也适合 TIN 向格网 DEM 的转换。

4. 基于 TIN 的插值方法评述

基于三角面的插值方法计算简单,但连续而不光滑,特别是在实现由 TIN 向格网的转换时,容易呈现较大误差。而基于磨光函数的光滑连续表面插值虽然能得到连续光滑表面,但磨光宽度较难控制,同时计算也比较繁琐复杂。为得到较好的磨光效果,并且保留 TIN 所记录的基本地形特征,可针对不同的区域和地形特征设置不同的磨光宽度。例如,当两三角形夹角小于某一宽度时,可令磨光宽度等于预设宽度的两倍等。详细的讨论请参见有关文献[如王家耀(2001)等]。

4.2.3 基于等高线模型的高程内插计算

基于等高线 DEM 的高程内插类似于地形图目视内插方法,即在两相邻等高线之间在最陡方向上按比例进行内插,但计算机却无法识别最陡方法。为了近似地找出通过 P 的最陡方向,可通过 P 点做出相隔 45° 的直线,每条直线与相邻等高线可计算出两交点并求出交点之间的距离,由于相邻等高线之间的高差为等高距,则通过距离和等高距很容易找出过 P 点的最陡方向,进而在该方向上求得点的高程。图 4.14 说明了该过程。

在图 4.14 中,P 点落在等高线 C_2 和 C_3 之间,HH、VV、UU 和 GG 为过 P 点的四条

直线,且 HH 为东西方向,VV 为南北方向,UU 和 VV 为和 HH、VV 相隔 45° 的直线,它们与 C_2 和 C_3 的交点如图所示,则由于图中不难判断 GG 方向为最陡方向,P 点高程 H_P 可按下式求出:

$$H_P = \frac{H_1 - H_5}{L_{15}} \times L_{P5} + H_5 \quad (4.31)$$

式中,H_1 和 H_5 分别为图 4.14 中 GG 线上点 1 和点 5 的高程(即等高线 C_3 和 C_2 的高程),L_{15} 和 L_{P5} 分别为点 1 和点 5 之间的水平距离,及 P 和点 5 之间的水平距离。

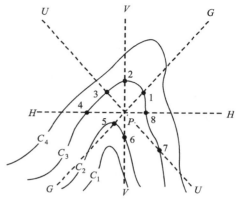

图 4.14　基于等高线 DEM 高程内插

4.3　坡度坡向计算

坡度与坡向是相互联系的两个参数,坡度反映斜坡的倾斜程度,坡向反映斜坡所面对的方向。作为地形特征分析和可视化的基本要素,坡度和坡向在流域单元、景观单元和形态测量等的研究中地位十分重要。坡度和坡向与其他参数一起使用,有助于诸如森林蕴藏量估算、水土保持、野生动植物保护、选址分析、土地利用及其他应用问题的解决。例如,在农业土地开发中,大于 25° 的坡度一般被认为是不适宜耕种的,而在热带经济作物耕种规划中,坡向则是评估寒冷冻害风险的重要因子。

坡度(β)单位可采用"坡度百分数(%)"或"度(°)","坡度百分数"也称"坡降",是以百分数表示的垂直距离和水平距离之比,而"度"则表示坡面于水平面之间的夹角,也称"坡角",等于垂直距离与水平距离的反正切值(图 4.15)。在实际应用中,采用何种单位往往与具体的应用目的和专业习惯有关。例如,在农业、水文等领域中,一般采用度作为单位;而在公路、铁路、水利工程中,则更喜欢采用坡度百分数作为坡度度量单位,因为其工程概念比较直接。

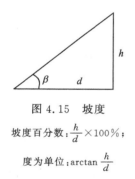

图 4.15　坡度

坡度百分数:$\dfrac{h}{d} \times 100\%$;

度为单位:$\arctan \dfrac{h}{d}$

坡向(α)也称坡面倾角(或方向角),单位为度,一般以正北方向为零度,按顺时针方向度量。

坡度坡向是点函数,它们是定义在点上的,只有理论意义而不具备地理意义,因此在实际应用中,常根据一定的标准将坡度坡向分类。例如,土地利用中的坡度分级(参见第 2 章表 2.4),或将坡向划分成阳坡、半阳坡、半阴坡、阴坡等(图 4.16,表 4.2),这样计算出来的坡度才具有一定的地理和实际意义。

由第 2 章知,当地形曲面 $H = f(x, y)$ 已知时,可通过下列公式计算给定点的坡度坡向(均以度为单位,下同):

$$\beta = \arctan \sqrt{f_x^2 + f_y^2} \quad (4.32)$$

$$\alpha = 180° - \arctan\frac{f_y}{f_x} + 90°\frac{f_x}{|f_x|} \qquad (4.33)$$

式中 f_x 是东西方向高程变化率, f_y 是南北方向高程变化率。

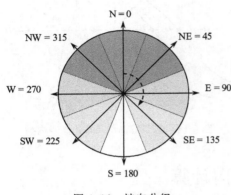

图 4.16　坡向分级

表 4.2　坡向及其地理意义

坡向	地理坡向	俗称
0±22.5°	北 N	阴坡
45±22.5°	东北 NE	半阴坡
315±22.5°	西北 NW	
90±22.5°	东 E	
270±22.5°	西 W	
135±22.5°	东南 SE	半阳坡
225±22.5°	西南 SW	
180±22.5°	南 S	阳坡
不存在	不存在	平地

注:表中俗称适用于北半球,南半球阴阳坡与北半球相反。

由上述表达式可知,求解地面某点的坡度和坡向,关键是求解 f_x 和 f_y。DEM 是以离散形式表示的地形曲面,而且在多数情况下曲面函数是未知的,因此在 DEM 上对 f_x 和 f_y 的求解,一般要进行曲面拟合或通过数值微分的方式进行。这里需要注意的是坡度坡向是地形表面的固有属性,其数学定义是严格的,并不随 DEM 结构的改变而改变。但由于数字高程模型仅仅是对地形曲面的一种近似,不同的模型结构可能导致不同的坡度坡向计算结果,并且计算方法也随之而异。鉴于这种考虑,我们将从不同数据结构的数字高程模型入手,包括格网 DEM、TIN 和等高线模型等三种数学模型,分别阐述与之对应的坡度坡向的计算方法。

4.3.1　基于格网 DEM 的坡度坡向计算

在格网 DEM 上对 f_x 和 f_y 求解,一般是在局部范围(3×3 移动窗口)内,通过给格网点一定编号(中心格网点一般为 5),利用数值微分方法或局部曲面拟合方法进行,如图 4.17所示。

考虑到地面高程的相关性,需要估算局部窗口中周围点对中心点的影响,即权的问题。常用的定权方法是反距离权法,即: $\omega=\dfrac{1}{D^m}$,式中 ω 表示周围点的加权系数, m 是任意常数,一般取 1 或 2。若设格网间距为 g ,在 3×3 移动窗口中各点的权如图 4.18 所示。表 4.3 总结了目前常用的格网 DEM 坡度坡向算法。

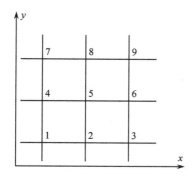

图 4.17　DEM 3×3 局部移动窗口

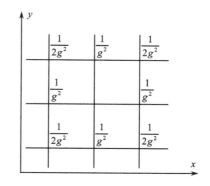

图 4.18　中心格网点权的分布($m = 2$)

表 4.3　基于格网 DEM 上 3×3 局部移动窗口的坡度、坡向算法

数值分析法	最大坡降算法(O'Callaghan et al.，1984)		
	简单差分算法(Jones，1998)		
	二阶差分(Fleming et al.，1979；Unwin，1981)		
	边框差分(Chu et al.，1995)		
	三阶差分	不带权(Sharpnack and Akin，1969)	
		带权(Horn，1981；Unwin，1981)	
局部曲面拟合法	线性回归平面(Sharpnack and Mark，1969)		
	二次曲面	限制型	带权(Wood，1996)
			不带权(Wood，1996)
		非限制型	带权(Horn，1981)
			不带权(Evans，1980)
	不完全四次曲面(Zevenbergen et al.，1987)		
空间矢量法(Ritter，1987)			
快速傅里叶变换(Papo et al.，1984)			

1. 数值分析方法

最大坡降算法(maximum drop slope)是最简单的一种坡度坡向计算方法(O'Callaghan et al.，1984)。如图 4.19(考虑到该法的特殊性，其格网编号与差分法不一样，参见图 4.19 和 4.20)，该法是利用中心格网点与周围八个格网点的高程差计算坡度坡向，其最大者为该点坡度，所在方向为该点坡向。设 g 为格网间距，z_i 为 3×3 移动窗口中第 i 个格网单元的高程($i = 1, 2, \cdots, 8$)，当单元 i 相对于中心单元处于对角线时，即 i 为偶数时，有 $k = \dfrac{1}{\sqrt{2}}$；反之有 $k = 1$，则最大坡降算法表示为：

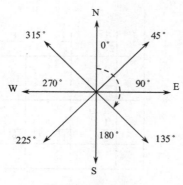

基本方向定义

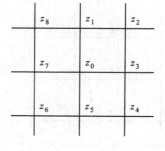

格网编号（z_0为中心单元）

图 4.19　最大坡降算法

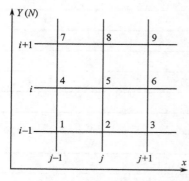

图 4.20　差分法坡度坡向计算原理

$$\left.\begin{aligned}\beta &= \arctan\left[\max\left(\frac{\mathrm{d}z_i}{\mathrm{d}g}\right)\right]\\\frac{\mathrm{d}z_i}{\mathrm{d}g} &= k\left(\frac{z_0 - z_i}{g}\right)\\\alpha &= (i-1)\times 45°\end{aligned}\right\} \quad (4.34)$$

式(4.34)中，i 最大坡度所处的方向数，基本方向定义如图 4.19 所示。最大坡降算法计算简单，执行效率较高，但高程误差对坡度坡向影响较大(Burrough et al.，1998)，为克服最大坡降算法的缺点，考虑到 DEM 的规则格网分布特点，围绕差分原理产生了多种坡度坡向算法。如图 4.20，设中心格网点为 (i,j)，相应坐标为 (x_i,y_j)，局部地形曲面设为 $z = f(x,y)$，g 为格网间距，则在 (i,j) 处的泰勒级数展开式为(取至一次项)：

$$f(x_i + kg, y_j + kg) = f(x_i, y_j) + kgf_x + kgf_y \quad (k = -1, 0, 1) \quad (4.35)$$

式中 k 为展开范围，按不同的 k 的取值和定权方式，将产生不同的坡度坡向数学模型。

(1) 简单差分方法(simple difference)。$k = -1$，计算偏导数的差分公式为：

$$\left.\begin{aligned}f_x &= \frac{f(x_i,y_j) - f(x_i - g, y_j)}{g} = \frac{z_{ij} - z_{i,j-1}}{g}\\f_y &= \frac{f(x_i,y_j) - f(x_i, y_j - g)}{g} = \frac{z_{ij} - z_{i-1,j}}{g}\end{aligned}\right\} \quad (4.36)$$

(2) 二阶差分(second-order finite difference)。$k = -1$，$k = 1$，在中心格网 (i,j) 的前后两点为展开范围，有：

$$\left.\begin{aligned}f_x &= \frac{f(x_i + g, y_j) - f(x_i - g, y_j)}{2g} = \frac{z_{i,j+1} - z_{i,j-1}}{2g}\\f_y &= \frac{f(x_i, y_j + g) - f(x_i, y_j - g)}{2g} = \frac{z_{i+1,j} - z_{i-1,j}}{2g}\end{aligned}\right\} \quad (4.37)$$

(3) 边框差分(frame finite difference)。$k = -1$，$k = 1$，但分别以 $(i,j-1)$、$(i,j+$

1)、$(i-1,j)$、$(i+1,j)$为展开中心,取其平均值为中心格网的偏导数,即:

$$f_x = \frac{z_{i-1,j+1} - z_{i-1,j-1} + z_{i+1,j+1} - z_{i+1,j-1}}{4g} \Bigg\}$$

$$f_y = \frac{z_{i+1,j-1} - z_{i-1,j-1} + z_{i+1,j+1} - z_{i-1,j+1}}{4g} \Bigg\} \tag{4.38}$$

(4)三阶不带权差分(third-order finite difference)。$k = -1$,$k = 0$,$k = 1$,即分别以$(i+1,j)$、(i,j)、$(i-1,j)$为中心求关于x的偏导数,最后取平均值为中心点处的f_x,求f_y的方法类似:

$$f_x = \frac{z_{i-1,j+1} + z_{i,j+1} + z_{i+1,j+1} - z_{i-1,j-1} - z_{i,j-1} - z_{i+1,j-1}}{6g} \Bigg\}$$

$$f_y = \frac{z_{i+1,j+1} + z_{i+1,j} + z_{i+1,j-1} - z_{i-1,j-1} - z_{i-1,j} - z_{i-1,j+1}}{6g} \Bigg\} \tag{4.39}$$

(5)在三阶不带权差分中,考虑不同距离上的点对中心格网偏导数计算的影响,则得带权差分公式。常用的有反距离平方权和反距离权两种。

a. 三阶反距离平方权差分(third-order finite difference weighted by reciprocal of squared distance),即$\omega = \frac{1}{D^2}$:

$$f_x = \frac{z_{i-1,j+1} + 2z_{i,j+1} + z_{i+1,j+1} - z_{i-1,j-1} - 2z_{i,j-1} - z_{i+1,j-1}}{8g} \Bigg\}$$

$$f_y = \frac{z_{i+1,j+1} + 2z_{i+1,j} + z_{i+1,j-1} - z_{i-1,j-1} - 2z_{i-1,j} - z_{i-1,j+1}}{8g} \Bigg\} \tag{4.40}$$

b. 三阶反距离权差分(third-order finite difference weighted by reciprocal of distance),即$\omega = \frac{1}{D}$:

$$f_x = \frac{(z_{i-1,j+1} - z_{i-1,j-1}) + \sqrt{2}(z_{i,j+1} - z_{i,j-1}) + (z_{i+1,j+1} - z_{i+1,j-1})}{(4 + 2\sqrt{2})g} \Bigg\}$$

$$f_y = \frac{(z_{i+1,j+1} - z_{i-1,j+1}) + \sqrt{2}(z_{i+1,j} - z_{i-1,j}) + (z_{i+1,j-1} + z_{i-1,j-1})}{(4 + 2\sqrt{2})g} \Bigg\} \tag{4.41}$$

2. 局部曲面拟合法

在3×3局部窗口中,用于拟合的曲面主要有以下三种:

线性平面:$z = ax + by + c$ （4.42）

二次曲面:$z = ax^2 + by^2 + cxy + dx + ey + f$ （4.43）

不完全四次曲面:

$$z = ax^2y^2 + bx^2y + cxy^2 + dx^2 + ey^2 + fxy + gx + hy + i \tag{4.44}$$

对于线性平面和二次曲面,方程个数(9个)多于未知数个数(线性平面3个,二次曲面6个),因而一般采用最小二乘法求解。Sharpnack 和 Akin (1969)已证明最小二乘线性回归平面和非限制二次曲面、三阶不带权差分有着相同的f_x和f_y表达式。

Zevenbergen 和 Thornev (1987)认为,非限制二次曲面[式(4.43)]不完全通过3×3

局部窗口的所有格网点,其表达的地形曲面不够精确,因而提出用不完全四次曲面[式(4.44)]拟合地形表面,式(4.44)有九个系数,方程有唯一解,曲面严格通过所有格网点。根据 Zevenbergen 和 Thorne 的推证,在 3×3 局部窗口中建立以中心格网为原点的局部坐标系中,不完全四次曲面和二阶差分有着相同的计算式。

不完全四次曲面虽然严格地通过所有的数据点且有唯一解,但由于无多余观测,因而无法平滑 DEM 的误差(Florinsky, 1998a),同时用高于二次的多项式拟合地形也缺乏足够的地形理由(Evans, 1979; Skidmore, 1989)。基于上述原因,Wood (1996)提出用限制二次曲面(constrained quadratic surface)拟合地形曲面,方程仍采用式(4.43),但曲面通过 3×3 局部窗口的中心点。限制二次曲面和非限制二次曲面所得的坡度坡向公式相同(刘学军, 2002)。

3. 空间矢量法

Ritter (1987)基于空间矢量运算原理导出了坡度坡向计算公式。在图 4.20 中,东西方向矢量为 $N_{WE} = (0, 2g, z_{i,j+1} - z_{i,j-1})$,南北方向矢量为 $N_{SN} = (0, 2g, z_{i+1,j} - z_{i-1,j})$,两矢量形成的平面与过中心点(5 点)的切平面平行,因此中心点的法向量为 $N = N_{WE} \times N_{SN}$。由向量的叉积运算有:

$$N = (a, b, c) = \begin{pmatrix} i & j & k \\ 2g & 0 & z_{i+1,j} - z_{i-1,j} \\ 0 & 2g & z_{i,j+1} - z_{i,j-1} \end{pmatrix}$$
$$= [2g(z_{i+1,j} - z_{i-1,j}), 2g(z_{i,j+1} - z_{i,j-1}), 4g^2] \tag{4.45}$$

根据坡度坡向定义,得到坡度坡向计算式为:

$$\beta = \arctan \frac{\sqrt{a^2 + b^2}}{c} = \arctan \sqrt{\left(\frac{z_{i+1,j} - z_{i-1,j}}{2g}\right)^2 + \left(\frac{z_{i,j+1} - z_{i,j-1}}{2g}\right)^2}$$
$$\alpha = \arctan\left(\frac{b}{a}\right) = \arctan\left(\frac{z_{i+1,j} - z_{i-1,j}}{z_{i,j+1} - z_{i,j-1}}\right) \tag{4.46}$$

式(4.46)与二阶差分、不完全四次曲面有着相同的形式。

4. 快速傅里叶变换

地形既可在空间域中以 DEM 的形式表示,也可在空间频率域中以功率谱形式表示。从空间域向频率域或频率域向空间域的变换,可通过离散的正反傅里叶变换进行。基于上述原理,Papo 和 Gelbman (1984)实现了在空间频率域上坡度、坡向等地形因子计算,有兴趣的读者可参考相应的文献,这里不再详述。

表 4.4 概括了本小节介绍的基于格网 DEM 的坡度坡向算法和导数计算公式(图 4.20),彩图 1 则示范了利用三阶不带权差分方法在某地区格网 DEM 上计算坡度坡向的实例。

5. 当 DEM 坐标系为经纬度时的坡度坡向计算

在上述坡度坡向计算模型中,格网 DEM 坐标系均是基于平面直角坐标系统的,然而小比例尺 DEM 则可能以经纬度来划分 DEM 格网。例如,我国 1∶100 万 DEM 采用了 28.125×18.750 秒(经差×纬差)的格网,而 1∶25 万 DEM 则分为 100m×100m 及 3×3 秒两种。很显然,基于经纬度坐标的格网已经不再是规则格网,若直接采用上述规则格网计算模型,势必会影响坡度坡向的计算精度,特别在高纬度地区。虽然说可以通过投影的方式将经纬度投影至高斯平面上来,但这样会存在以下几个问题:

(1) 原始数据必须经过内插形成规则格网,这样会损失原有数据精度。

(2) 为了其他的应用目的,计算结果还要反算回到经纬度坐标系中。

(3) 边界效应。

(4) 投影转换不但计算费时,而且会丢失原有数据信息。

表 4.4　格网 DEM 坡度坡向计算数学模型

简单差分	$f_x = \dfrac{z_5 - z_4}{g}$, $f_y = \dfrac{z_5 - z_2}{g}$
二阶差分、矢量算法、不完全四次曲面	$f_x = \dfrac{z_6 - z_4}{2g}$, $f_y = \dfrac{z_8 - z_2}{2g}$
边框差分	$f_x = \dfrac{z_3 - z_1 + z_9 - z_7}{4g}$, $f_y = \dfrac{z_7 - z_1 + z_9 - z_3}{4g}$
三阶不带权差分、线性回归平面、非限制二次曲面、限制二次曲面	$f_x = \dfrac{z_3 - z_1 + z_6 - z_4 + z_9 - z_7}{6g}$, $f_y = \dfrac{z_7 - z_1 + z_8 - z_2 + z_9 - z_3}{6g}$
三阶反距离平方权差分、带权限制二次曲面、带权非限制二次曲面	$f_x = \dfrac{z_3 - z_1 + 2(z_6 - z_4) + z_9 - z_7}{8g}$, $f_y = \dfrac{z_7 - z_1 + 2(z_8 - z_2) + z_9 - z_3}{8g}$
三阶反距离权差分	$f_x = \dfrac{z_3 - z_1 + \sqrt{2}(z_6 - z_4) + z_9 - z_7}{(4 + 2\sqrt{2})g}$, $f_y = \dfrac{z_7 - z_1 + \sqrt{2}(z_8 - z_2) + z_9 - z_3}{(4 + 2\sqrt{2})g}$

由于上述原因,在小比例尺 DEM 上进行坡度坡向计算最好直接采用原始数据坐标系,这样有必要对格网距离进行变换处理,主要计算公式如下:

设格网单元东西方向纬度弧长为 X(单位为 m):

$$X = R\Delta\delta\cos\varphi \qquad (4.47)$$

式中,φ 为纬度,以度为单位;$\Delta\delta$ 为格网单元东西边界经度差,以弧度为单位;R 是地球平均半径,其值为 6.371×10^6 m。

南北方向格网单元弧长 Y(单位为 m):

$$Y = R\Delta\varphi \qquad (4.48)$$

$\Delta\varphi$ 为格网单元南北边界纬度差,以弧度为单位。

格网单元任意两点 A、B 之间弧长:

$$L_{AB} = R \times \Phi \qquad (4.49)$$

式中,Φ 是 A、B 两点之间的角度差,由下式计算:

$$\cos\Phi = \sin\varphi_A \sin\varphi_B + \cos\varphi_A \cos\varphi_B \cos\Delta\delta \qquad (4.50)$$

式中,φ_A 和 φ_B 分别是点 A 和点 B 的纬度;而 $\Delta\delta$ 为两点之间的经度差,单位均为度。

4.3.2 基于 TIN 的坡度坡向计算

基于 TIN 模型的坡度坡向计算相对比较简单,因为给定的三角形本身定义唯一平面,而平面上的坡度和坡向是恒定的。就单一三角形而言,无论用下述何种方法,其坡度坡向计算的结果是唯一而精确的。

1. 拟合平面法

对任意三角形,可得到形如式(4.18)的平面方程。在三角形的三个顶点已知的条件下,可得到 f_x 和 f_y 的计算式:

$$f_x = a; \quad f_y = b \tag{4.51}$$

则任意三角形的坡度和坡向为:

$$\left.\begin{array}{l} \beta = \arctan\sqrt{a^2 + b^2} \\[2mm] \alpha = 180° - \arctan\dfrac{b}{a} + 90°\,\dfrac{a}{|a|} \end{array}\right\} \tag{4.52}$$

2. 矢量法

空间上任意两条直线可确定一个平面,故可通过矢量叉积运算计算给定单元(无论是三角形还是四边形)的坡度和坡向。如图 4.21,对任意平面 M,其倾斜方向(坡向)和倾斜量(坡度)可通过标准矢量 $n(n_x, n_y, n_z)$ 来确定,标准矢量 n 是垂直于该平面的有向直线。

倾斜量(坡度)计算式为:

$$\beta = \frac{\sqrt{n_x^2 + n_y^2}}{n_z} \tag{4.53}$$

倾斜方向(坡向)计算式为:

$$\alpha = \arctan\frac{n_x}{n_y} \tag{4.54}$$

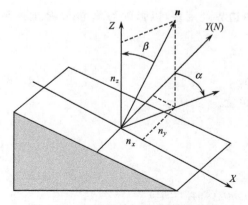

图 4.21　平面矢量与坡度、坡向关系

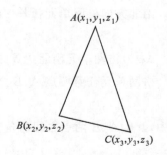

图 4.22　三角形平面

式(4.54)的结果需要转换成以北方向为标准方向的角度。

对不规则三角网中每个三角形计算坡度、坡向的算法可采用双向标准矢量,即该矢量垂直于三角面。设三角形由以下三个顶点组成:$A(x_1,y_1,z_1)$、$B(x_2,y_2,z_2)$ 和 $C(x_3,y_3,z_3)$(图4.22)。标准矢量是矢量 $AB(x_2-x_1,y_2-y_1,z_2-z_1)$ 和矢量 $AC(x_3-x_1,y_3-y_1,z_3-z_1)$ 的向量积,该标准矢量的三个分量是:

$$\left.\begin{array}{l} n_x:(y_2-y_1)(z_3-z_1)-(y_3-y_1)(z_2-z_1) \\ n_y:(z_2-z_1)(x_3-x_1)-(z_3-z_1)(x_2-x_1) \\ n_z:(x_2-x_1)(y_3-y_1)-(x_3-x_1)(y_2-y_1) \end{array}\right\} \tag{4.55}$$

三角形的坡度和坡向值可由式(4.53)和式(4.54)来计算(注意坡向最后要化归到北方向)。

4.3.3 基于等高线模型的坡度坡向计算

等高线是一系列离散点的集合,基于矢量等高线的坡向算法仍然是面向一个小格网单元的,这个格网单元可以是 DEM 的格网单元,也可以是任意定义的一个小窗口。每一个窗口就是一个坡向计算的基本单位,在给定窗口中,用等高线上每一个数据点来计算该窗口的坡向值,而不必再将窗口内的数据点先转换成窗口四个角点的数据。从理论上讲,如果在计算中考虑到落在这一窗口内的所有原始点数据的话,其计算精度要高于只利用少量经过综合或提取的点数据而进行的模拟。显然,这种基于矢量数据(即等高线模型数据)的坡度与坡向计算基础,是窗口内目标的检索与裁切,从而组成运算的数据集。

基于等高线模型的坡度与坡向计算的基本思路可以概括为:坡向可通过计算窗口内所有单根等高线方向线的法线,并按等高线长度加权平均而取其斜率而得到。

等高线方向线是根据等高线数据点拟合的等高线的最小二乘直线。这一算法的基本思想(图4.23)就是对窗口内的一组等高线,逐根用它的最小二乘直线来拟合,所拟合的直线就代表了该等高线的总体走向,我们将该直线称为这条等高线的方向线。计算出窗口内所有等高线方向线的法线,并取窗口内每根等高线的长度为权,根据等高线方向判断等高线的朝向用以确定法线方向,窗口内所有等高线法线方向的加权平均值定义为该窗口的坡向。

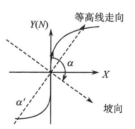

图 4.23　等高线方向定义与坡向计算

1. 坡向计算

1) 等高线方向线的计算

现设 $L=\{l_1,l_2,\cdots,l_m\}$ 为窗口内单根等高线的集合;
设 $l_i=\{(x_1,y_1)(x_2,y_2),\cdots,(x_n,y_n)\}$ 为窗口内某等高线的坐标集合,并有 $l_i\in L$。
设 l_i' 为 l_i 的方向线,其方程可设为:$Ax+By+C=0$。
根据分布轴线方法[参见郭仁忠(1997)],可依下述方程求得系数 A,B 和 C:

$$\frac{B}{A} = \frac{(S_{yy} - S_{xx}) \pm \sqrt{(S_{yy} - S_{xx})^2 + 4S_{xy}^2}}{2S_{xy}} \qquad (4.56)$$

$$C = -A\bar{x} - B\bar{y} \qquad (4.57)$$

式中，$S_{xx} = \sum_{i=1}^{n}(x_i - \bar{x})^2$；$S_{yy} = \sum_{i=1}^{n}(y_i - \bar{y})^2$；$S_{xy} = \sum_{i=1}^{n}(x_i - \bar{x})(y_i - \bar{y})$；$\bar{x} = \sum_{i=1}^{n}\frac{x_i}{n}$；$\bar{y} = \sum_{i=1}^{n}\frac{y_i}{n}$，正负号的取值取决于 S_{xx} 和 S_{yy} 的值。当 $S_{xx} < S_{yy}$ 时，取正号，否则取负号。

根据矢量合成法则及微分学的中值定理的思想，一条等高线由数个直线线段组成，其总体方位角可看做是各直线矢量的合成矢量的方位角，即首末点的方位角。根据这一思想，可以进一步简化等高线方向线的定义：该等高线在窗口内首末端点的连线。显然根据这一定义，等高线方向线的算法也可更为简单。

设等高线在窗口内的首、末端点分别为 (x_s, y_s) 和 (x_e, y_e)，且等高线方向线方程表示为：

$$Ax + By + C = 0 \qquad (4.58)$$

显然有：

$$A = y_e - y_s, \quad B = x_s - x_e, \quad C = x_e y_s - x_s y_e \qquad (4.59)$$

2）等高线模型上坡向计算

当等高线方向线确定之后，等高线方向线的斜率即为 $k = -\frac{B}{A}$，那么其法线方向 α_i（即坡向）与等高线方向线方向 α' 相差 $\pm 90°$。这里对正负号的确定必须依据等高线的方向来进行。为计算方便，可先将实验区的原始地貌数据文件中的等高线数据作有序化处理，即令所有等高线前进方向的左侧为上坡方向，右侧为下坡方向（或者相反）。据此，设 (x'_1, y'_1) 和 (x'_2, y'_2) 分别为在等高线上顺序所取的任意两点，并令沿等高线方向左方为上坡，右方为下坡；设 $dx = x'_2 - x'_1$，$dy = y'_2 - y'_1$，则单根等高线的坡向为：

$$\alpha_i = \begin{cases} \alpha' - 90° & (dx > 0 \ \& \ dy < 0 \ \| \ dx > 0 \ \& \ dy < 0) \\ \alpha' + 90° & (dx < 0 \ \& \ dy < 0 \ \| \ dx < 0 \ \& \ dy > 0) \end{cases} \qquad (4.60)$$

则窗口的最终坡向为：

$$\alpha = \frac{\sum_{i=1}^{n} l_i \alpha_i}{\sum_{i=1}^{n} l_i} \qquad (4.61)$$

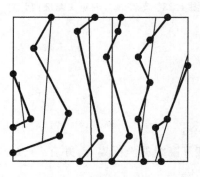

图 4.24　窗口坡向计算

式中，l_i 为窗口内单根等高线的长度，$\sum l_i$ 为窗口内等高线的总长度，窗口内的坡向计算是以单根等高线长度为权的。

注意，这里的坡向值均是以正东方向（X 方向）起算并按逆时针方向以 360° 计，分区时可依此转换成东、南、西、北各方向描述语。图 4.24 为一窗口坡向计算示例。经计算该窗口坡向为 354.04°，归为东坡向区。

2. 坡度计算

等高线模型上的坡度计算原理是 20 世纪 50 年代原苏联著名地图学家伏尔科夫提出的等高线计长方法(郭仁忠,1997),该方法定义地表坡度为:

$$\beta = \arctan\left(\frac{h\sum l}{P}\right) \qquad (4.62)$$

式中,P 为测区面积;$\sum l$ 为测区等高线的总长度;h 为等高距。很显然该方法求出的是区域的坡度平均值,并且前提是所量测区域的等高距相等。在等高线模型 DEM 上,可将区域进行格网划分,计算各个格网内的等高线总长度,再根据回归分析的方法计算出单位面积内等高线长度值与坡度值之间的回归模型,然后将等高线的长度值转换成坡度值。

4.4　坡度变化率和坡向变化率计算

坡度变化率、坡向变化率是对地形基本因子坡度和坡向变化情况进行度量的指标,坡度变化率是地形单元中坡度变化的描述或者说坡度的坡度,而坡向变化率则是坡向变化程度的量化表达即坡向的坡度,实际上,坡度变化率、坡向变化率与解析几何中的直线方程的斜率有着相同的几何意义。这两个因子在地貌形态结构研究中具有重要的意义。

在 DEM 上进行坡度变化率与坡向变化率的计算与坡度坡向计算的方法、DEM 结构以及计算单元有关,由于在 TIN 和等高线模型上的计算单元一般比较难以确定,本节着重阐述格网 DEM 上这两个地形变率因子的计算方法。根据坡度和坡向算法的不同,坡度和坡向变化率的计算又有基于最大坡降和基于曲面拟合(差分)等两类算法,而在后者中,又有二阶差分、三阶不带权差分、三阶带权差分等计算方法,此处重点讨论在局部3×3窗口中基于最大坡降和三阶不带权差分算法的坡度和坡向变化率的计算方法。其他计算方法可用类似的方法导出。

4.4.1　基于最大坡降算法的坡度和坡向变化率计算

如图 4.25,设在 3×3 局部窗口中的中心格网号的编号为 z_0,其坡度和坡向分别为为 β_0 和 α_0,中心格网周围 8 个格网点的坡度和坡向分别为 β_i 和 $\alpha_i(i=1,2,\cdots,7,8)$;则有:

$$\frac{\mathrm{d}\beta_i}{\mathrm{d}g} = \begin{cases} \dfrac{\beta_i - \beta_0}{g} & i=1,3,5,7 \\ \dfrac{\beta_i - \beta_0}{\sqrt{2}g} & i=2,4,6,8 \end{cases} \qquad (4.63)$$

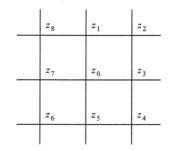

图 4.25　基于最大坡降算法的坡度和
坡向变率计算格网编号

$$\frac{\mathrm{d}\alpha_i}{\mathrm{d}g} = \begin{cases} \dfrac{\alpha_i - \alpha_0}{g} & i = 1,3,5,7 \\[3mm] \dfrac{\alpha_i - \alpha_0}{\sqrt{2}g} & i = 2,4,6,8 \end{cases} \tag{4.64}$$

式中，g 为格网分辨率，$\dfrac{\mathrm{d}\beta_i}{\mathrm{d}g}$ 和 $\dfrac{\mathrm{d}\alpha_i}{\mathrm{d}g}$ 分别为周围各相邻格网点相对于中心格点的坡度和坡向的变化率。由于最大坡降算法中坡度为八个方向中坡度下降最大的一个，因此相应的中心格网单元处的坡度和坡向变化率也取位于最陡方向上的值，即中心格网的坡度变化率 $\dfrac{\mathrm{d}\beta_0}{\mathrm{d}g}$ 和坡向变化率 $\dfrac{\mathrm{d}\alpha_0}{\mathrm{d}g}$ 分别为：

$$\frac{\mathrm{d}\beta_0}{\mathrm{d}g} = \max\left(\frac{\mathrm{d}\beta_i}{\mathrm{d}g}\right), \frac{\mathrm{d}\alpha_0}{\mathrm{d}g} = \max\left(\frac{\mathrm{d}\alpha_i}{\mathrm{d}g}\right) \tag{4.65}$$

4.4.2　基于差分算法的坡度和坡向变化率计算

坡度是在一定区域内高程变化的描述，换句话说，坡度描述了高程变化率。如果利用与坡度计算相同的方法，但将计算中所需各高程点上的高程值用该点上的坡度或坡向值代替，即可得到坡度和坡向的变化率。因此可由坡度计算公式求取坡度和坡向变化率。参看图 4.25，由三阶不带权差分坡度计算公式，有：

$$\frac{\mathrm{d}\beta_0}{\mathrm{d}g} = \tan^{-1}\sqrt{\left(\frac{\beta_2 - \beta_8 + \beta_3 - \beta_7 + \beta_4 - \beta_6}{6g}\right)^2 + \left(\frac{\beta_8 - \beta_6 + \beta_1 - \beta_5 + \beta_2 - \beta_4}{6g}\right)^2}$$

$$\frac{\mathrm{d}\alpha_0}{\mathrm{d}g} = \tan^{-1}\sqrt{\left(\frac{\alpha_2 - \alpha_8 + \alpha_3 - \alpha_7 + \alpha_4 - \alpha_6}{6g}\right)^2 + \left(\frac{\alpha_8 - \alpha_6 + \alpha_1 - \alpha_5 + \alpha_2 - \alpha_4}{6g}\right)^2}$$
$$\tag{4.66}$$

应用上述公式进行坡度变化率和坡向变化率的计算要注意以下两点：

(1) 坡度的取值范围为 $0 \sim 90°$，它表达的是区域范围内高程的变化，可理解为高程的变化率，相应的坡度变化率和坡向变化率也表达了区域内的坡度和坡向变化，其单位也为度，变化范围在 $0 \sim 90°$。

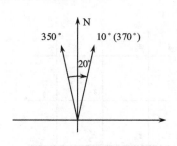

图 4.26　环形变量计算

(2) 由于坡向为一环形变量，对环形变量在进行内插和代数运算时，要注意变量所在的位置和方位。如图 4.26，坡向为 $350°$ 的坡面和坡向为 $10°$ 的坡面，两坡面的坡向差应为 $360° + 10° - 350° = 20°$，而不是 $350° - 10° = 340°$。

图 4.27 是某地区 DEM 的晕渲图，图 4.28 和图 4.29 是用式(4.66)提取的该地形表面的坡度变化率、坡向变化率。

图 4.27　某地区 DEM 的晕渲图

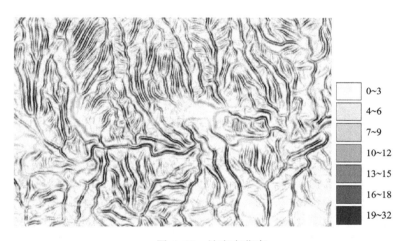

	0~3
	4~6
	7~9
	10~12
	13~15
	16~18
	19~32

图 4.28　坡度变化率

	0~8
	9~16
	17~24
	25~33
	34~43
	44~53
	54~82

图 4.29　坡向变化率

4.5 曲率计算

地形表面曲率是地形曲面在各个截面方向上的形状、凹凸变化的反映,他们是平面点位的函数。地形表面曲率反映了地形结构和形态,同时也影响着土壤有机物含量的分布,在地表过程模拟、水文、土壤等领域有着重要的应用价值和意义。地形曲面曲率的理论模型和数学表达式已在本书 2.2.9 节作了详细的讨论。曲率计算的实现与地形曲面的二阶导数有关,在 DEM 上的实现通常要通过曲面拟合或差分的方式实现,鉴于格网 DEM 的通用性以及在地形曲面表达上的连续性,本节主要阐述在格网 DEM 上曲率计算的原理和算法。

4.5.1 基于格网 DEM 曲率计算

从 2.2.9 节的讨论得知,对各种曲率的计算主要涉及地形曲面的一阶、二阶和混合导数的计算,这在 DEM 上的实现一般通过局部窗口中的差分运算或局部曲面拟合来实现。目前常用的曲面拟合函数是多项式,设拟合多项式为:

$$f(x,y) = \sum_{i=1}^{m}\sum_{j=1}^{n}a_{ij}x^i y^j \tag{4.67}$$

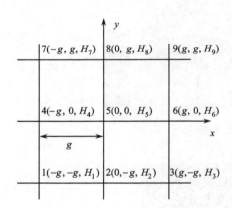

则通过局部窗口中的各个高程点$(x_i,y_i,H_i)(i=1,2,\cdots,n)$,以最小二乘法求解多项式中的系数,从而求取各个偏导数,然后按表 1.1 中的公式计算中心点或其他点处的各种曲率。

在格网 DEM 中,局部窗口常为 3×3,也就是说要用 9 个已知高程点来拟合多项式曲面,因而多项式的阶数也不可能太高,一般不超过 4 阶。另外,为计算上的方便,坐标原点常设在 3×3 局部窗口中的中心点上,中心点周围各点坐标与格网编号如图 4.30。下面讨论常用的多项式表达与偏导数计算方法。

图 4.30 3×3 局部窗口坐标分布与编号,图中 g 为格网分辨率

1. 二次曲面方法

二次曲面方法也可称 Evans 方法(Evans,1980),其一般表达式为:

$$f(x,y) = ax^2 + by^2 + cxy + dx + ey + f \tag{4.68}$$

该曲面有 6 个系数,而已知高程点的个数大于未知系数的个数,因此需要通过最小二乘法解算。各个系数求解如下:

$$a = \frac{H_1 + H_3 + H_4 + H_6 + H_7 + H_9 - 2(H_2 + H_5 + H_8)}{6g^2}$$

$$b = \frac{H_1 + H_2 + H_3 + H_7 + H_8 + H_9 - 2(H_4 + H_5 + H_6)}{6g^2}$$

$$c = \frac{H_9 + H_1 - H_7 - H_3}{4g^2}$$

$$d = \frac{H_3 + H_6 + H_9 - H_1 - H_4 - H_7}{6g}$$

$$e = \frac{H_7 + H_8 + H_9 - H_1 - H_2 - H_6}{6g}$$

$$f = \frac{2(H_2 + H_4 + H_6 + H_8) - (H_1 + H_3 + H_7 + H_9) + 5H_5}{9}$$

(4.69)

对式 4.68 求导数,有:

$$f_x = 2ax + cy + d$$
$$f_y = 2by + cx + e$$
$$f_{xx} = 2a$$
$$f_{yy} = 2b$$
$$f_{xy} = f_{yx} = c$$

(4.70)

将中心点 5 处的坐标带入式(4.70)中,则各个偏导数为:

$$f_x = \frac{H_3 + H_6 + H_9 - H_1 - H_4 - H_7}{6g}$$

$$f_y = \frac{H_7 + H_8 + H_9 - H_1 - H_2 - H_3}{6g}$$

$$f_{xx} = \frac{H_1 + H_3 + H_4 + H_6 + H_7 + H_9 - 2(H_2 + H_5 + H_8)}{3g^2}$$

$$f_{yy} = \frac{H_1 + H_2 + H_3 + H_7 + H_8 + H_9 - 2(H_4 + H_5 + H_6)}{3g^2}$$

$$f_{xy} = f_{yx} = \frac{H_9 + H_1 - H_7 - H_3}{4g^2}$$

(4.71)

2. 限制二次曲面方法

一般二次曲面为一光滑曲面,曲面并不需要经过所有的数据点。限制二次曲面或 Shary 方法(Shary,1995)的表达形式虽然与一般二次曲面相同,但要求曲面必须通过中心点 5 处,也就是说在限制二次曲面中,常数项 $f = H_5$。通过最小二乘法,限制二次曲面各个系数为:

$$a = \frac{H_1 + H_3 + H_7 + H_9 + 3(H_4 + H_6) - 2(H_2 + 3H_5 + H_8)}{10g^2}$$

$$b = \frac{H_1 + H_3 + H_7 + H_9 + 3(H_2 + H_8) - 2(H_4 + 3H_5 + H_6)}{10g^2}$$

$$c = \frac{H_9 + H_1 - H_7 - H_3}{4g^2}$$

$$d = \frac{H_3 + H_6 + H_9 - H_1 - H_4 - H_7}{6g}$$

$$e = \frac{H_7 + H_8 + H_9 - H_1 - H_2 - H_3}{6g}$$

$$f = H_5$$

$$(4.72)$$

相应地,在中心点处的各个偏导数为:

$$f_{xx} = \frac{H_1 + H_3 + H_7 + H_9 + 3(H_4 + H_6) - 2(H_2 + 3H_5 + H_8)}{5g^2}$$

$$f_{yy} = \frac{H_1 + H_3 + H_7 + H_9 + 3(H_2 + H_8) - 2(H_4 + 3H_5 + H_6)}{5g^2}$$

$$f_{xy} = f_{yx} = \frac{H_9 + H_1 - H_7 - H_1}{4g^2}$$

$$f_x = \frac{H_3 + H_6 + H_9 - H_1 - H_4 - H_7}{6g}$$

$$f_y = \frac{H_7 + H_8 + H_9 - H_1 - H_2 - H_3}{6g}$$

$$(4.73)$$

3. 不完全四次曲面方法

不完全四次曲面或 Zevenbergen 方法(Zevenbergen et al.,1987)的函数式为:

$$f(x,y) = ax^2y^2 + bx^2y + cxy^2 + dx^2 + ey^2 + fxy + gx + hy + i \qquad (4.74)$$

不完全四次曲面共有 9 个系数,而 3×3 局部窗口中共有 9 个已知高程点,此时未知系数可通过已知高程点完全确定,方程有唯一解。各个系数为:

$$a = \frac{\frac{1}{4}(H_1 + H_3 + H_7 + H_9) - \frac{1}{2}(H_2 + H_4 + H_6 + H_8) + H_5}{g^4}$$

$$b = \frac{\frac{1}{4}(H_7 + H_9 - H_1 - H_3) - \frac{1}{2}(H_8 - H_2)}{g^3}$$

$$c = \frac{\frac{1}{4}(H_3 + H_9 - H_1 - H_7) + \frac{1}{2}(H_4 - H_6)}{g^3}$$

$$d = \frac{\frac{1}{2}(H_2 + H_8) - H_5}{g^2}$$

$$e = \frac{\frac{1}{2}(H_4 + H_6) - H_5}{g^2}$$

$$f = \frac{-H_7 + H_9 + H_1 - H_3}{4g^2}$$

$$g = \frac{H_6 - H_4}{2g} \right\}$$ (4.75)

$$g = \frac{H_6 - H_4}{2g}$$

$$h = \frac{H_8 - H_2}{2g}$$

$$i = H_5$$

中心点处的各阶偏导数为:

$$f_x = \frac{H_6 - H_4}{2g}$$

$$f_y = \frac{H_8 - H_2}{2g}$$

$$f_{xx} = \frac{H_4 + H_6 - 2H_5}{2g^2} \right\}$$ (4.76)

$$f_{yy} = \frac{H_2 + H_8 - 2H_5}{2g^2}$$

$$f_{xy} = f_{yx} = \frac{H_9 + H_1 - H_7 - H_3}{4g^2}$$

4. 差分方法

由于规则格网的等间距分布特性,Moore 等(1993b)直接采用数值微分方法计算各个偏导数。由数值微分知,对等距分布的直线上三个节点 $x-g$, x 和 $x+g$(g 为间距),函数 $f(x)$ 在中间点 x 处的一阶导数、二阶导数可按下式进行估计:

$$f'(x) = \frac{f(x+g) - f(x-g)}{2g} \right\}$$ (4.77)

$$f''(x) = \frac{f(x+g) - 2f(x) + f(x-g)}{g^2}$$

式中,$f(x+g)$,$f(x)$ 和 $f(x-g)$ 分别为 $f(x)$ 在各个节点处的函数值。

参看图 4.30,可直接由式(4.77)得出在 3×3 局部窗口中中心点处的各阶导数:

$$f_x = \frac{H_6 - H_4}{2g}$$

$$f_y = \frac{H_8 - H_2}{2g}$$

$$f_{xx} = \frac{H_6 + H_4 - 2H_5}{g^2} \right\}$$ (4.78)

$$f_{yy} = \frac{H_2 + H_8 - 2H_5}{g^2}$$

$$f_{xy} = f_{yx} = \frac{H_9 + H_1 - H_7 - H_3}{4g^2}$$

彩图 2 是在一幅 DEM 上,通过 Evans 方法所计算的平面曲率和剖面曲率。

5. 各向同性滤波的二次曲面

Shary (2002)认为,为了提高中心点处的曲率计算精度和对地形的适应性,在应用二次曲面(Evans 方法)进行导数计算时,应首先通过下式对中心点数据进行滤波处理:

$$H'_5 = \frac{H_2 + H_4 + 41H_5 + H_6 + H_8}{45} \tag{4.79}$$

也就是说,用 H'_5 代替式 4.71 中的 H_5 进行导数计算和曲率估计。

关于式(4.79)的推导:

在式(4.79)中,用来对中心点进行滤波的滤波器是一线性平面:

$$H'_5 = a_1 H_1 + a_2 H_2 + a_3 H_3 + a_4 H_4 + a_5 H_5 + a_6 H_6 + a_7 H_7 + a_8 H_8 + a_9 H_9 \tag{1}$$

为对(1)的各个未知数进行求解,需要通过以下三个步骤。

平面合成

参看图 4.30,设通过中心点 5 处的平面方程为:

$$H = \alpha x + \beta y + H_5 \tag{2}$$

将 3×3 局部窗口中的 9 个坐标点代入式(2),则可得到各个点的估计值:

$$H'_1 = g(\alpha - \beta) + H_5, \qquad H'_2 = g\alpha + H_5, \qquad H'_3 = g(\alpha + \beta) + H_5$$

$$H'_4 = -g\beta + H_5, \qquad\qquad H'_5 = H_5, \qquad\qquad H'_6 = g\beta + H_5 \tag{3}$$

$$H'_7 = g(-\alpha - \beta) + H_5, \quad H'_8 = -g\alpha + H_5, \quad H'_9 = g(-\alpha + \beta) + H_5$$

上式代入式(2)中有任意平面:

$$H'_5 = g\alpha(a_1 + a_2 + a_3 - a_7 - a_8 - a_9)$$

$$+ g\beta(-a_1 + a_3 - a_4 + a_6 - a_7 + a_9) + H_5 \sum_{i=1}^{9} a_i \tag{4}$$

上式应同时等于中心点处的高程 H_5,因此有:

$$\left(1 - \sum_{i=1}^{9} a_i\right) H_5 = g\alpha(a_1 + a_2 + a_3 - a_7 - a_8 - a_9)$$

$$+ g\beta(-a_1 + a_3 - a_4 + a_6 - a_7 + a_9) \tag{5}$$

式(5)的成立,各项应满足以下条件:

$$\left. \begin{array}{l} \sum a_i = 1 \\ a_1 + a_2 + a_3 - a_7 - a_8 - a_9 = 0 \\ -a_1 + a_3 - a_4 + a_6 - a_7 + a_9 = 0 \end{array} \right\} \tag{6}$$

各向同性滤波

各向同性滤波是指在中心点周围的八个点,其权值仅与点到中心点处的距离有关,因此有:

$$a_1 = a_3 = a_7 = a_9, \quad a_2 = a_4 = a_6 = a_8 \tag{7}$$

式(7)代入式(6)中有:

$$a_5 = 1 - 4(a_1 + a_2) \tag{8}$$

同时式(1)变成：

$$H'_5 = a_1(H_1 + H_3 + H_7 + H_9) + a_2(H_2 + H_4 + H_6 + H_8) + a_5 H_5 \tag{9}$$

把式(8)代入式(9)中，则有：

$$H'_5 = a_1(H_1 + H_3 + H_7 + H_9) + a_2(H_2 + H_4 + H_6 + H_8) + [1 - 4(a_1 + a_2)]H_5 \tag{10}$$

线性反距离权求解系数

将式(10)改写为：

$$H'_5 = \frac{k}{9}(H_1 + H_3 + H_7 + H_9) + \frac{s}{9}(H_2 + H_4 + H_6 + H_8) + [1 - 4(k + s)]H_5 \tag{11}$$

式中 s 称为光滑参数，其值为[0, 1]，由线性反距离权条件有 k 的表达式：

$$\begin{aligned} k &= 1 - \sqrt{2}(1 - s) & s &\in [1 - \sqrt{2}, 1] \\ k &= 0 & s &\in [0, 1 - \sqrt{2}] \end{aligned} \tag{12}$$

参数 s 决定了式(1)对曲面的光滑程度，当 $H_5 = H'_5$ 时，$s = 0$；当 $s = 1$ 时，为算术平均值，即 $H'_5 = \frac{1}{9}\sum H_i$，当 $s < 1 - \sqrt{2} \cong 0.293$ 时，由于 $k = 0$，则式(1)简化为：

$$H'_5 = \frac{s}{9}(H_2 + H_4 + H_6 + H_8) + \left(1 - \frac{4}{9}s\right)H_5 \tag{13}$$

通过各种理论分析，Shary (2002)认为 $s = \frac{1}{5}$ 能够较好地估计出各种地形条件下的地形曲率，将 $s = \frac{1}{5}$ 代入式(13)，即得出式(4.79)：

$$H'_5 = \frac{H_2 + H_4 + 41H_5 + H_6 + H_8}{45}$$

4.5.2 格网 DEM 导数估计的统一公式

从本节和本章第 3 节的分析知道，不管是坡度坡向还是各种曲率的计算，其本质都是对中心格网点处的导数的估计，因此，无论是差分算法还是局部曲面拟合方法，都可统一到数值微分的框架下。下面以 x 方向的导数计算为例进行分析。

对于函数 $f(x)$，在间距为 g 的等距节点 $x - g$，x 和 $x + g$ 上的函数值分别为 $f(x+g)$，$f(x)$ 和 $f(x-g)$，则中间点处的导数值可由差分方法(Moore et al., 1993b)表示，即式(4.77)：

$$\left. \begin{aligned} f'(x) &= \frac{f(x+g) - f(x-g)}{2g} \\ f''(x) &= \frac{f(x+g) - 2f(x) + f(x-g)}{g^2} \end{aligned} \right\}$$

上两式可改写成下式：

$$f'(x) = \frac{[f(x+g) - f(x)] + [f(x) - f(x-g)]}{2g}$$

$$= \frac{1}{2}\left[\frac{f(x+g) - f(x)}{g} + \frac{f(x) - f(x-g)}{g}\right] \tag{4.80}$$

$$f''(x) = \frac{1}{g}\left[\frac{f(x+g) - f(x)}{g} - \frac{f(x) - f(x-g)}{g}\right] \tag{4.81}$$

令 $a = f(x+g), b = f(x), c = f(x-g)$，则式(4.80)和式(4.81)可表示成：

$$\left.\begin{array}{l}
f'(x) = \dfrac{1}{2}\left(\dfrac{a-b}{g} + \dfrac{b-c}{g}\right) \\[3mm]
f''(x) = \dfrac{1}{g}\left(\dfrac{a-b}{g} - \dfrac{b-c}{g}\right)
\end{array}\right\} \tag{4.82}$$

y 方向的导数同理可导出。式(4.82)为格网 DEM 上 3×3 局部窗口的导数计算的通用公式，无论是何种坡度坡向计算公式还是曲率计算方法，其不同之处在于对 a、b、c 估算方法的不同，包括加权值分配的不同以及相邻高程点在估算中取舍的不同(例如，只选取相邻且位于坐标轴上的点，或者选取周边所有的相邻点)。

对于差分方法，高程点取舍仅限于坐标轴线上的相邻点，并采用等权权值分配，即 $a = H_2, b = H_5, c = H_8$，代入式(4.82)即得式(4.78)中的 f_x 表达式。

对于二次曲面方法(Evans, 1980)，a、b、c 的取值是中心点 5 周围位于 x(或 y)方向的所有点高程值的算术平均值，即(图4.30)：

$$a = \frac{H_3 + H_6 + H_9}{3}, b = \frac{H_2 + H_5 + H_8}{3}, c = \frac{H_1 + H_4 + H_7}{3}。$$

代入式(4.82)则得式(4.71)中的 f_x 表达式。

对于限制二次曲面方法(Shary, 1995)，与二次曲面的计算方法类似，但给予位于坐标轴方向上的点更大的权重，此处权值为 3，即

$$a = \frac{H_3 + 3H_6 + H_9}{5}, b = \frac{H_2 + 3H_5 + H_8}{5}, c = \frac{H_1 + 3H_4 + H_7}{5}。$$

4.6 坡 长 计 算

坡长(slope length)是水土保持、土壤侵蚀等研究中的重要因子之一，当其他外在条件相同时，物质沉积量、水力侵蚀和冲刷的强度依据坡面的长度来决定，坡面越长，汇聚的流量越大，侵蚀力和冲刷力就越强。同时坡长也直接影响地面径流的速度，进而影响对地面土壤的侵蚀力。目前很多水土流失方程和土壤侵蚀方程等都将坡长作为其中的一个因子。

坡长定义为在坡面上，由给定点逆流而上到水流起点(又称源点)之间的轨迹(也称水流路径或流线)的最大水平投影长度。

如图 4.31 所示，设坡面上 A、B 两点水流路径在水平面上的投影为 A' 和 B'，其曲线方程为 $y = f(x)$，A 和 B 两点的坐标分别为 (x_A, y_A, H_A)、(x_B, y_B, H_B)，则由坡长定义，A、B 两点之间的坡长 L_{AB} 表示为：

$$L_{AB} = \int_{x_A}^{x_B} \sqrt{1 + [f'(x)]^2} \, \mathrm{d}x \qquad\qquad (4.83)$$

一般情况下,对式 4.83 进行直接求解不太可能,因为水流路径方程通常是不可知的,或即使可知,也是非常复杂的,因此坡长的求解需要采用近似方法。目前在 DEM 上进行坡长计算方法按原理大体可分为以下三种:

(1) 非累计流量的直接计算法(non-cumulative slope length,NCSL)(Hickey,2000);

(2) 基于累计流量的单位汇水面积(specific contribution area,SCA)计算法(Desmet and Govers,1996a);

(3) 基于水流强度指数(stream power index)的间接计算法(Moore et al.,1992b;Mitasova,et al.,1996)。

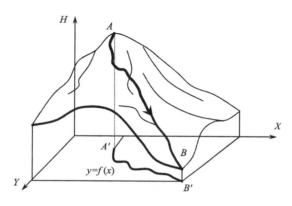

图 4.31   坡长示例

在基于流量指数的坡长计算中,并不是直接计算物理含义上的坡长,而是计算坡长坡度的合成因子(例如,通用土壤流失方程中的 LS 因子,见第 7 章),并认为 LS 因子是地表径流输沙能力的量度,从而将代表地表曲面形态的 LS 因子的计算解译为流量和坡度呈非线性函数关系的无量纲输沙能力指数的计算,由于此方法涉及较多的地表径流、水文、径流输沙等专业应用知识,在本书第 7 章中有详细介绍。本节重点介绍非累计流量的直接计算法和基于累计流量的单位汇水面积算法,算法实现的数据基础还是格网 DEM 数据结构。

这里要说明的是,坡长计算涉及第 5 章的部分内容,如有需要,可参阅第 5 章。

4.6.1   基于格网 DEM 坡长计算的基本步骤

不管是采用直接计算方法还是流量累计方法,在格网 DEM 上的坡长的计算都是模拟地表的水流路径,这就要求水流在 DEM 所模拟的地形表面上能畅通无阻的流动,也就是说在 DEM 上的任何一点,其水流都存在一个汇聚点或出口(outlet)。然而,在 DEM 建模过程中,由于地表本身所存在的自然洼地如池塘或凹坑等,以及内插过程中所产生的非自然洼地(伪洼地)都会影响水的流动路径,使水流路径到达不了出口。因此在确定水流路径之前,应首先对 DEM 中的洼地进行填平处理,形成无洼地 DEM,从而使水流路径畅通无阻(洼地填平算法见第 3 章介绍)。其次要形成地面某点的水流路径,还要确定该点的水流方向,水流方向即某一点的坡向,可采用本章第 3 节介绍的任何一种方法计算水流方向。在此基础上,方可计算坡长。图 4.32 是基于格网 DEM 的坡长计算流程。

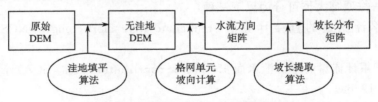

图 4.32　基于格网 DEM 坡长提取步骤

4.6.2　非流量累计坡长计算方法

图 4.33 是非流量累计坡长计算流程。该方法通过以下几个步骤实现 DEM 格网单元的坡长计算。

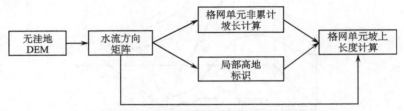

图 4.33　非流量累计 DEM 坡长提取步骤

第一步:计算格网单元的流向。该算法采用最大坡降算法,即水流方向只可能存在于 3×3 局部窗口中八个可能的方向之中(参看本章第 3 节),从而形成水流方向矩阵。

第二步:局部高地标识。局部高地是指存在 DEM 中的山顶、山脊线上的点等以及位于 DEM 边缘的点,这些点的特征是只有水流流出而没有水的流入。它们可通过水流方向矩阵识别,即给定格网单元周边各相邻点的水流方向均不指向该单元。局部高地标识的主要目的是提高坡长计算的精确性,因为在计算中,格网单元的位置一般是取格网单元的中心点,而事实上格网单元本身具有一定的面积。因此,如果因为一个格网单元没有水的流入而只有水的流出,就认为格网单元的坡长为零,则会低估该格网单元的坡长。

第三步:计算格网单元的非累计坡长。当每一个格网单元的流向和 DEM 中的高地标识完成后,即可计算该格网单元的非累计坡长,也就是该格网单元在流向方向的长度,规则如下:

(1) 当格网单元为所标识的局部高地点时,该格网的非累积坡长为格网分辨率的 1/2 乘以 1(流向为格网坐标轴方向,即格网的行、列方向)或 $\sqrt{2}$(格网单元的流向为对角线方向,即指向该格网单元的四个角之一);即:

$$L = \begin{cases} \dfrac{1}{2}g & \text{(坐标轴方向)} \\ \dfrac{\sqrt{2}}{2}g & \text{(对角线方向)} \end{cases}$$

（2）如果格网单元为非局部高地点,则该格网的非累计坡长等于格网分辨率(坐标轴方向),或等于格网分辨率的$\sqrt{2}$倍(对角线方向)。

$$L = \begin{cases} g & \text{（坐标轴方向）} \\ \sqrt{2}g & \text{（对角线方向）} \end{cases}$$

第四步:格网单元的累计坡长计算。按照格网单元的流向,将流入当前格网单元的上游格网单元的非累计坡长进行累加。如果当前格网单元的上游单元不止一个,则取当前格网单元上游单元中具有最大的累计坡长的单元作为当前格网单元的上游累计坡长。

图 4.34 表示了上述计算步骤,图 4.35 显示了某地区坡长计算结果。

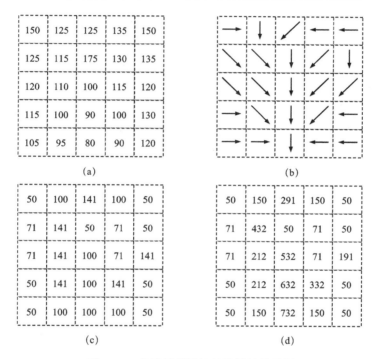

图 4.34 非流量累计坡长计算过程示例

（a）原始 DEM 矩阵；（b）水流方向矩阵；（c）非累计坡长计算矩阵；（d）格网单元累计坡长矩阵

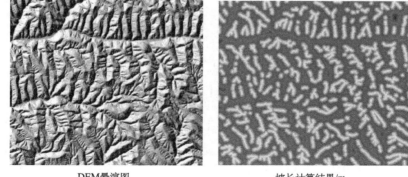

DEM晕渲图   坡长计算结果/m

图 4.35 DEM 坡长计算

4.6.3 流量累积坡长计算方法

流量累计坡长方法由通用土壤流失方程(Universal Soil Loss Equation，USLE)和改良通用土壤流失方程(Revised Universal Soil Loss Equation，RUSLE)研究而来，其基本思想是用单位汇水面积取代方程中的坡长因子。因为汇水面积在计算中是通过流量累积方式得到(见第 5 章)，故称之为基于流量累积的坡长计算方法。在格网 DEM 上，基于流量累积的坡长计算公式为：

$$L_{i,j} = \frac{(A_{i,j} + g^2)^{m+1} - A_{i,j}^{m+1}}{g^{m+2} x_{i,j}^m (22.13)^m} \tag{4.84}$$

或

$$L_{i,j} = (m+1) \left[\frac{2A_{i,j} + g^2}{2gx_{i,j}(22.13)} \right]^m \tag{4.85}$$

式中，$L_{i,j}$ 为当前格网单元 (i, j) 的坡长；g 是 DEM 格网间距；$A_{i,j}$ 表示当前格网单元的上游汇水面积；m 是通用土壤流失方程坡长坡度因子 LS 的指数；$x_{i,j}$ 是当前格网单元的等高线长度系数，设当前格网点坡向为 $\alpha_{i,j}$，有：

$$x_{i,j} = \cos\alpha_{i,j} + \sin\alpha_{i,j} \tag{4.86}$$

利用式(4.84)和(4.85)该公式进行坡长因子的计算，需要确定当前单元的上游汇水面积，这可利用第 5 章介绍的路径算法实现。此处仅给出其实现步骤：

第一步：形成无洼地 DEM。

第二步：计算格网单元的坡向，可采用本章第三节的任何一种方法实现。

第三步：计算格网单元的汇水面积，一般用多流向算法(见第 5 章)。

第四步：利用式(4.84)或(4.85)计算每一格网单元的坡长因子。

关于式(4.84)和(4.85)的说明：

在通用土壤流失方程中，坡度坡长因子的一般估计式为：

$$LS_i = \frac{\beta_i (\lambda_i^{m+1} - \lambda_{i-1}^{m+1})}{(\lambda_i - \lambda_{i-1})(22.13)^m} \tag{1}$$

上述公式是将研究区域进行分割，形成一个个坡段，并认为在该坡段内部，坡度和土壤性质都是均匀的。式中各个符号的含义为：

L：第 i 个坡段的坡长；

β_i：第 i 个坡段的坡度；

λ_i：第 i 个坡段的下游边界到上游边界的长度；

m：通用土壤流失方程中的坡度坡长因子指数。

大量的理论和实验研究表表明，在二维环境下的表面流以及所导致的土壤流失与单位汇水面积的关系比其与 λ_i 的关系要大得多，因此在公式 1 中应用单位汇水面积取代 λ_i。

在格网 DEM 中，可以用多流向路径算法计算每一格网的汇水面积(参见第 5 章)，对 (i,j) 格网而言，设其上游汇水面积为 A，则按单位汇水面的定义，该格网的单位汇水面积为：

$$A_s|_{i,j} = \frac{A_{i,j}}{D_{i,j}} \tag{2}$$

式中 $D_{i,j}$ 为格网单元的有效等高线长度,一般按下式进行估计:

$$D_{i,j} = g(\sin\alpha_{i,j} + \cos\alpha_{i,j}) = gx_{i,j} \tag{3}$$

式中 g 为格网分辨率,α 为格网单元的坡向。

对 (i,j) 格网而言,设 $A_{i,j-\text{in}} = A_{i,j}$ 为单元流入端的汇水面积,而在该格网单元的流出端,其相应的汇水面积应增加该格网单元本身的面积,即此时的汇水面积为:

$$A_{i,j-\text{out}} = A_{i,j-\text{in}} + g^2 \tag{4}$$

用单位汇水面积取代式(1)中的坡长因子,则式(1)在不考虑坡度 β 的条件下可改写为:

$$L_{i,j} = \frac{A_s|_{i,j-\text{out}}^{m+1} - A_s|_{i,j-\text{in}}^{m+1}}{(A_s|_{i,j-\text{out}} - A_s|_{i,j-\text{in}})(22.13)^m} = \frac{\left(\dfrac{A_{i,j-\text{in}} + g^2}{gx_{i,j}}\right)^{m+1} - \left(\dfrac{A_{i,j-\text{in}}}{gx_{i,j}}\right)^{m+1}}{\left(\dfrac{A_{i,j-\text{in}} + g^2}{gx_{i,j}} - \dfrac{A_{i,j-\text{in}}}{gx_{i,j}}\right)^{m+1}(22.13)^m} \tag{5}$$

对式(5)适当地化简即可得到式(4.84)。

对应于改良土壤流失方程,将单位汇水面积代入式(1)坡长因子的表达式,有:

$$L_{i,j} = (m+1)\left(\frac{\lambda}{22.13}\right)^m = (m+1)\left(\frac{A_s|_{i,j-\text{out}} + A_s|_{i,j-\text{in}}}{2(22.13)}\right)^m \tag{6}$$

简化后即有式(4.85)。

4.7 地形起伏度、粗糙度与切割深度

地形起伏度、地形表面粗糙度与地表切割深度等地形因子是描述和反映地形表面较大区域内地形的宏观特征(汤国安等,2002),在较小的区域内并不具备任何地理和应用意义。这些参数属于地形统计特征,对于在宏观尺度上的水土保持、土壤侵蚀特征、地表发育、地貌分类等研究中具有重要的理论意义。

4.7.1 基本定义

设 $p(x_p, y_p)$ 点周围的局部地形区域为 C,在该区域内的地形点为 (x_i, y_i, H_i),$(i=1, 2, \cdots, n)$,则对于 p 点所在区域内的数据点的运算函数可定义为:

$$F_p = f(\omega_i H_i) \qquad i \in C \tag{4.87}$$

式中,ω_i 为权函数;f 为所定义的数据操作;F_p 为数据操作所反映的地形特征,这里重点讨论地形起伏度、粗糙度、切割深度等宏观地形因子的计算。

若 $\omega_i = 1$,f 为区域内最大高程与最小高程之差,则 F_p 为 C 区域的地形起伏度。

若 $\omega_i = 1$，f 为区内平均高程与最小高程之差，则 F_p 为 C 区域的地形切割深度。

若 $\omega_i = 1$，f 为区域地形表面面积和投影面积之比或 p 点坡度余弦的导数，则 F_p 为 C 区域的地形粗糙度。

事实上，式(4.87)对区域内的任何地形数据操作都是适用的。例如，我们可定义区域地形平均高程、区域地形平均高程偏差、区域地形坡度、坡向等。同时该定义对任何 DEM 都是适用的，不管是格网 DEM、TIN 还是等高线模型，只要给定 p 点位置和合适的区域，所有的问题都归结为对 p 点邻域内数据的运算。

4.7.2　基于 DEM 的地形起伏度、粗糙度、切割深度计算原理

图 4.36 给出了基于格网 DEM 的地形起伏度、粗糙度和切割深度的计算方法，从定义和图中可看出，这些地形统计参数的计算是比较简单的。然而在 DEM 上进行这些参数的计算，局部窗口的大小和形状将对所提取得结果产生相当大的影响，目标点的地形统计特征随着分析窗口的改变而改变。如何选择合适的窗口大小，使得在宏观范围内求取的地形统计参数能够准确反映局部地面的地形特征，是计算地形起伏度、粗糙度和切割深度的关键和实际应用意义所在。

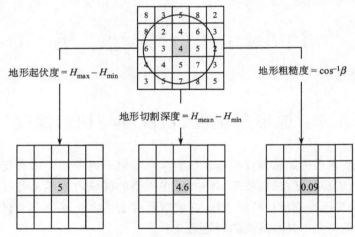

图 4.36　地形宏观因子计算

β 为目标栅格单元坡度；格网分辨率为 10m

按照地貌发育理论，任何一种地貌类型存在一个使最大高差达到相对稳定的最佳区域。传统的动态搜索圆、局部矩形窗口(参看本章第 4.1 节)等的分析窗口方法，一般适合于小比例尺、低分辨率和较大区域的 DEM(刘新华等，2001)，但由于其不考虑地形地貌特征，对较高分辨率的 DEM 则不太适合。对于较高分辨率的 DEM 而言，随着分析窗口的不断扩大，参与地形统计参数的样本也不断扩大，直到分析窗口扩大到整个 DEM 区域时全部高程点均参与计算。因此，需要对窗口的选择进行优化，以达到有效且能充分反映地形统计特征的目的。

依照地貌发育的稳定性理论,在一种地貌区内,流域单元作为自然地理单元组成整个区域地貌的基本单元。因此,可按照流域单元分割研究区域,并以该单元作为分析窗口来计算地形起伏度、粗糙度和切割深度,之后计算逐渐扩大的规则分析窗口的地形统计参数,根据流域单元参数计算结果的稳定性,即可确定合适的分析窗口。

根据以上思路,确定合适的分析窗口区域大小和进行地形起伏度、粗糙度、切割深度的技术路线如下(汤国安等,2002)(以格网 DEM 的矩形窗口中的起伏度计算为例):

(1)设初始分析窗口大小为 10×10,中止窗口大小为 500×500,窗口增幅幅度为 10 个栅格单元,计算出整个 DEM 区域内的地形起伏度,对每一大小的窗口解出的数值求算平均值,并作为该大小的窗口的地形起伏度计算值。

(2)划分流域自然地理单元,确定完整的 N 个流域单元,并分别提取流域单元内的最大最小高程差,将这 N 个提取值求算平均值,作为该地貌类型的地形起伏度的参考值。

(3)计算值序列与参考值进行比较,找到参考值在计算值序列中对应的分析窗口的大小,并将这一大小的分析窗口确定为进行地形起伏度的最佳分析窗口。

图 4.37 为上述过程的技术路线,上述算法适合任何窗口分析和 DEM 结构。

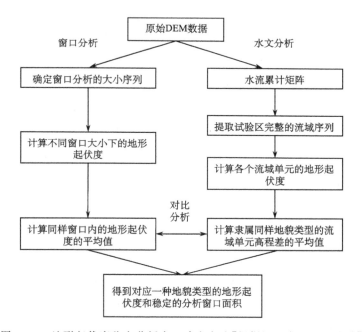

图 4.37　地形起伏度稳定分析窗口确定方法[根据汤国安(2002)重绘]

图 4.38 是在上述原理所计算的格网 DEM 上地形粗糙度、起伏度和切割深度示意图。

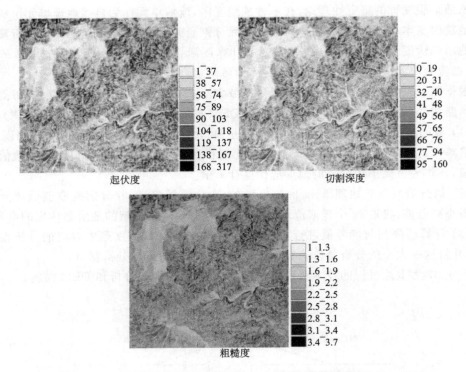

图 4.38　DEM 地形起伏度、切割深度、粗糙度

4.8　面 积 计 算

地形面积计算包括平面面积或投影面积、表面积计算,他们是地形形态和其他地形参数如土方、表面粗糙度等计算的基本参数。本节首先介绍面积计算基本原理,然后讨论在 DEM 上面积计算的方法。

4.8.1　基于格网 DEM 面积计算

规则格网将地形表面划分成格网单元大小一致的网格,基于格网 DEM 的面积计算基本上都涉及格网单元的累加,但根据不同面积计算的要求而有不同的累加算法和单个格网单元面积的计算。

1. 投影面积计算

在规则格网上,只要对落在计算区域内的栅格单元的面积求和即可得到区域的投影面积。根据计算方法的不同,有栅格单元累计法、基于积分原理的条柱法等(吴立新等,2003)。

1)栅格单元累积法

基于栅格单元的累积法是对落在计算区域内的栅格单元进行累加,然后乘以栅格单

元面积,算法为:

$$S = NS_G \tag{4.88}$$

式中,S 为计算区域的面积;N 为计算区域内栅格单元总数;S_G 为单个栅格单元的面积。当多边形中含有岛时,应从总面积中减去岛的面积。

由于栅格数据往往采用某种方式进行压缩存储,因此 N 的统计要视具体的压缩算法而定。例如,对于游程编码压缩方案,N 为各个游程长度的和,对于四叉树编码压缩方案,N 为各个叶结点大小的和,而基于 Morton 压缩编码,N 则为个压缩编码段长度之和。

2)基于积分原理的条柱法

基于积分原理的条柱法是以栅格行(或列)为参考方向(图 4.39),统计当列号(或行号)相同时,其最大行号与最小行号(或最大列号于最小列号)的差,将所有的差数累加,再乘以栅格单元面积,则得到多边形的面积。算法为:

$$S = S_G \sum_{i=1}^{n} \left[\max(\mathrm{row}_i) - \min(\mathrm{row}_i) + 1 \right] \tag{4.89}$$

式中,$\max(\mathrm{row}_i)$ 为对应某一列号 i 的最大行号;$\min(\mathrm{row}_i)$ 为对应某一列号 i 的最小行号;n 为条柱总数。

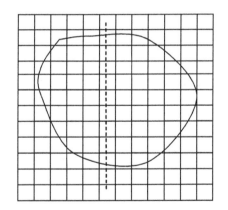

图 4.39　基于积分原理凸多边形面积计算
根据吴立新等(2003)重绘

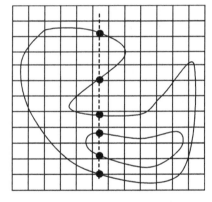

图 4.40　基于积分原理复杂多边形面积计算
根据吴立新等(2003)重绘

式(4.89)适合于计算区域为无岛凸多边形的计算。当多边形中含有岛或非凸时(图 4.40),对应某一列号,可能有多个边界点,这时应将边界点的行号从小到大顺序排列,并组成互不重复的两两组合,再求其差和,算法为:

$$S = S_G \sum_{i=1}^{n} \sum_{j=1}^{m} (\Delta \mathrm{row}_{i,j} + 1) \tag{4.90}$$

式中,m 为某一列上的边界点的组数;$\Delta \mathrm{row}_{i,j}$ 为对应第 i 列的第 j 组边界点的行号之差。

2. 表面积计算

在格网 DEM 上计算地形表面面积,需要在正方形格网单元上拟合一个数学曲面。

基于正方形格网单元的曲面拟合函数很多,即使最简单的双线性多项式,其拟合面也是一曲面,因此无法以简单的函数直接代入第 2 章中讨论的曲面面积公式[式(2.21)]中求解,因此一般采用数值积分的方式进行求解。一种比较常用的数值积分方法为抛物线求积法或辛卜生(Simpson)方法。Simpson 方法的基本思想是用二次抛物面逼近计算曲面,从而将抛物面的表面积计算转化为函数值的计算。

对于函数 $f(x)$,积分区间$[0,a]$划分成 n 个间隔,Simpson 表达式为:

$$\int_0^a f(x)\mathrm{d}x = \frac{a}{3n}[f_0 + f_n + 4(f_1 + f_3 + \cdots + f_{n-1}) + 2(f_2 + f_4 + \cdots + f_{n-2})]$$

(4.91)

这就是说,Simpson 方法将定积分的计算转换为积分区间上各个分割点处函数值的加权平均值计算。

对于格网间距为 g 的 DEM 格网单元,任意格网单元的坐标原点设在其西南角处,其上的曲面 $f(x,y)$ 的表面积可以根据式(2.21)写成:

$$S_s = \int_0^g \int_0^g \sqrt{1 + f_x^2 + f_y^2}\,\mathrm{d}x\mathrm{d}y = \int_0^g \int_0^g \varphi(x,y)\mathrm{d}x\mathrm{d}y = \int_0^g \mathrm{d}x \int_0^g \varphi(x,y)\mathrm{d}y \quad (4.92)$$

根据式(4.91),$\int_0^g \varphi(x,y)\mathrm{d}y$ 可写成:

$$\int_0^g \varphi(x,y)\mathrm{d}y = \frac{g}{3n}[\varphi_{0x} + \varphi_{nx} + 4(\varphi_{1x} + \varphi_{3x} + \cdots + \varphi_{n-1x}) + 2(\varphi_{2x} + \varphi_{4x} + \cdots + \varphi_{n-2x})]$$

(4.93)

将式(4.93)代入式(4.92)并进一步利用式(4.91),有:

$$\int_0^g \left[\int_0^g \varphi(x,y)\mathrm{d}y\right]\mathrm{d}x$$

$$= \frac{g}{3n}\int_0^g [\varphi_{0x} + \varphi_{nx} + 4(\varphi_{1x} + \varphi_{3x} + \cdots + \varphi_{n-1x}) + 2(\varphi_{2x} + \varphi_{4x} + \cdots + \varphi_{n-2x})]\mathrm{d}x$$

$$= \frac{g}{9n^2}\left\{\begin{array}{l}[\varphi_{00} + \varphi_{0n} + 4(\varphi_{01} + \varphi_{03} + \cdots + \varphi_{0,n-1}) + 2(\varphi_{02} + \varphi_{04} + \cdots + \varphi_{0,n-2})] \\ + [\varphi_{n0} + \varphi_{nn} + 4(\varphi_{n1} + \varphi_{n3} + \cdots + \varphi_{n,n-1}) + 2(\varphi_{n2} + \varphi_{n4} + \cdots + \varphi_{n,n-2})] \\ + 4[\varphi_{10} + \varphi_{1n} + 4(\varphi_{11} + \varphi_{13} + \cdots + \varphi_{1,n-1}) + 2(\varphi_{12} + \varphi_{14} + \cdots + \varphi_{1,n-2})] \\ + 2[\varphi_{20} + \varphi_{2n} + 4(\varphi_{21} + \varphi_{23} + \cdots + \varphi_{2,n-1}) + 2(\varphi_{22} + \varphi_{24} + \cdots + \varphi_{2,n-2})] \\ + \cdots\end{array}\right\}$$

(4.94)

式(4.94)中,n 为将格网边等分的数量。例如,若 $n = 2$,则式(4.94)可写为:

$$S_s = g^2 \left(\begin{array}{l}\dfrac{1}{36}\varphi_{00} + \dfrac{1}{9}\varphi_{01} + \dfrac{1}{36}\varphi_{02} \\[2mm] + \dfrac{1}{9}\varphi_{10} + \dfrac{4}{9}\varphi_{11} + \dfrac{1}{9}\varphi_{12} \\[2mm] + \dfrac{1}{36}\varphi_{20} + \dfrac{1}{9}\varphi_{21} + \dfrac{1}{36}\varphi_{22}\end{array}\right)$$

(4.95)

当 $n = 4$ 时,则有:

$$
S_s = g^2 \begin{pmatrix} \dfrac{1}{144}\varphi_{00} + \dfrac{1}{36}\varphi_{01} + \dfrac{1}{72}\varphi_{02} + \dfrac{1}{36}\varphi_{03} + \dfrac{1}{144}\varphi_{04} \\[2mm] + \dfrac{1}{36}\varphi_{10} + \dfrac{1}{9}\varphi_{11} + \dfrac{1}{18}\varphi_{12} + \dfrac{1}{9}\varphi_{13} + \dfrac{1}{36}\varphi_{14} \\[2mm] + \dfrac{1}{72}\varphi_{20} + \dfrac{1}{18}\varphi_{21} + \dfrac{1}{36}\varphi_{22} + \dfrac{1}{18}\varphi_{23} + \dfrac{1}{72}\varphi_{24} \\[2mm] + \dfrac{1}{36}\varphi_{30} + \dfrac{1}{9}\varphi_{31} + \dfrac{1}{18}\varphi_{32} + \dfrac{1}{9}\varphi_{33} + \dfrac{1}{36}\varphi_{34} \\[2mm] + \dfrac{1}{144}\varphi_{40} + \dfrac{1}{36}\varphi_{41} + \dfrac{1}{72}\varphi_{42} + \dfrac{1}{36}\varphi_{43} + \dfrac{1}{144}\varphi_{44} \end{pmatrix} \tag{4.96}
$$

以上系数的分布如图 4.41 所示,根据 Simpson 方法的要求,对格网单元进行划分时,划分数 n 必须为偶数。一般来说,n 越大,计算结果就越精确,但考虑到这种方法本身就是一种近似,而且 n 越大也会极大地增加计算量,因此通常情况下,$n = 2$ 或 $n = 4$ 是比较合适的。

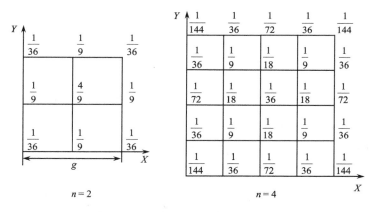

图 4.41　Simpson 方法中的格网划分

4.8.2　基于等高线 DEM 面积计算

等高线 DEM 按矢量结构组织数据,也就是说记录每一条等高线上的连续采样点的平面坐标,为了查询和判断的需要,还要建立等高线之间的拓扑关系。本节主要介绍等高线所围投影面积的计算方法,表面积的计算参看格网 DEM 或三角网 TIN 的表面积计算方法。

设等高线坐标串为 $P_1(x_1,y_1)$,$P_2(x_2,y_2)$,$P_n(x_n,y_n)$,$\cdots$,$P_1(x_1,y_1)$,若该等高线所围成的多边形为一凸多边形时,可直接采用第 2 章介绍的曲面投影面积关系式[式(2.19)]计算,但经常碰到的情况是由等高线围成的多边形并非凸多边形,下面首先介绍如何识别多边形中凹点,然后给出一个基于去凹点的非凸多边形面积计算方法。

1. 多边形中的凹点判断

在任意多边形中，相邻两边所夹的内角大于 180°时，该角所在顶点称为凹点(concave point)，当相邻两边所夹的内角小于 180°时，该角所在顶点称为凸点(convex point)。任意多边形可看成是由相邻顶点所形成的向量顺次连接而成，如图 4.42，设向量 $\overrightarrow{P_{i-1}P_i}$ 和 $\overrightarrow{P_iP_{i+1}}$ 相交于 P_i 点，由此，P_i 点的凹凸性，可通过 P_i 点两相邻矢量的叉积运算 $\overrightarrow{P_{i-1}P_i} \times \overrightarrow{P_iP_{i+1}}$ 来判断。设多边形顶点 P_1，P_2，$\cdots$，P_n，P_1 按逆时针方向排列，取：

$$\Delta = \begin{vmatrix} x_i - x_{i-1} & x_{i+1} - x_i \\ y_i - y_{i-1} & y_{i+1} - y_i \end{vmatrix} \tag{4.97}$$

若 $\Delta > 0$ 则 P_i 为凸点；若 $\Delta < 0$ 则 P_i 为凹点；$\Delta = 0$ 时三点共线。利用上述方法，对多边形中的任意顶点，根据该点及其相邻两点的坐标就可判断该顶点的凹凸性。

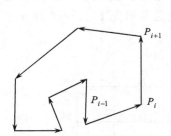

图 4.42　多边形凹凸点判断

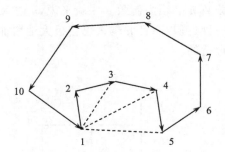

图 4.43　基于凹点判断的非凸多边形面积计算

2. 基于凹点判断的非凸多边形面积计算

基于凹点的非凸多边形面积计算的基本思想是，连续对多边形中的顶点进行凹凸性判断，若该点为凹点，则在多边形边界中去掉该点，并计算该点和相邻顶点组成的三角形的面积。由于每次去掉凹点后，由该凹点相邻两顶点构成一条新边从而得到一个新的多边形，该凹点与相邻两顶点所构成的三角形在原多边形外，而在新多边形内，这样每去掉一个凹点，多边形的面积就增加一部分，增加的部分恰好为该凹点与前后相邻两点组成的三角形的面积，因此，原多边形的面积减去凹点与相邻两点做成的三角形的面积，即为原多边形的面积。任意多边形去掉凹点后得到的新多边形可能还含有凹点。因此，上述过程需连续循环进行，直到多边形中没有凹点为止，可以证明，通过若干次去凹点后，任意多边形总能变成凸多边形，而原多边形的面积为：

$$S = S_{\text{convex}} - S_{\text{triangle}} \tag{4.98}$$

式中，S 为原多边形的面积；S_{convex} 为经过若干次去凹点过程后所得的凸多边形的面积；S_{triangle} 为所有过程中凹点与前后两顶点所组成的三角形的面积之和。

参见图 4.43，原始多边形的边界点顺序为 1—2—3—4—5—6—7—8—9—10—1。在第一轮凹点识别中，2 为凹点，计算 $\triangle$123 面积 $S_{\triangle 123}$，并将 2 点从原始边界点中去掉。第一轮后新多边形的边界点为 1—3—4—5—6—7—8—9—10—1，这时由于新多边形中还存在凹点,还要继续进行去除凹点过程。在第二轮过程中,3为凹点,计算△134的面积并从顶点序列中去掉该点。依次类推,直至第四次循环时,所有点均为凸点,因此不再进行去除凹点过程。这时剩余的多边形边界点为1—5—6—7—8—9—10—1;按式2.19计算最后凸多边形的面积 S_{convex},进而得到原多边形面积(S):

$$S = S_{\text{convex}} - S_{\text{triangle}} = S_{\text{convex}} - (S_{\triangle 123} + S_{\triangle 134} + S_{\triangle 145}) \tag{4.99}$$

4.8.3 基于 TIN 的面积计算

基于 TIN 的三角网面积计算比较简单,因为我们常将三角形单元当作平面处理,如图 4.44,由点 P_1、P_2 和 P_3 构成的三角形上的曲面片(平面)表面积为:

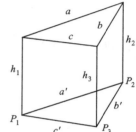

$$S_s = \sqrt{P(P-a)(P-b)(P-c)}$$
$$P = \frac{1}{2}(a+b+c) \tag{4.100}$$

式中,S_s 表示三角形的表面积;P 表示三角形周长的 1/2。整个地形曲面的表面积则是每个三角形表面积的和。必须注意 a、b、c 的长度必须根据数据点 P_1、P_2 和 P_3 上的数据值(即高程值)h_1、h_2、h_3 以及 $\triangle P_1 P_2 P_3$ 的边长 a'、b'、c' 计算,显然:

图 4.44　TIN 模型面积计算

$$a = \sqrt{a'^2 + (h_1 - h_2)^2}, \ b = \sqrt{b'^2 + (h_2 - h_3)^2}, \ c = \sqrt{c'^2 + (h_3 - h_1)^2} \tag{4.101}$$

其投影面积可按式(2.19)计算。

4.8.4 剖面面积计算

剖面又称断面,是公路、铁路、渠道等线状工程土方计算经常采用的一种方法。剖面面积计算原理简单,也非常适合于计算机实现。剖面面积计算首先要有剖面线资料,这可通过给定断面方向,在 DEM 上内插求得(参考相关章节内容)。常用的剖面面积计算方法有梯形公式、Simpson 法等。

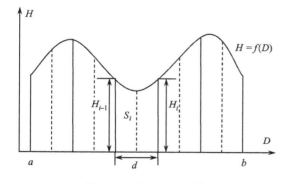

图 4.45　剖面面积计算

1. 梯形法

如图 4.45,梯形法计算面积通常将 $[a, b]$ 区域(断面线长度)分成间隔为 d 的小区间,每一小区间看成一个梯形,则第 i 个区间梯形面积为:

$$S_i = \frac{d}{2}(H_{i-1} + H_i) \tag{4.102}$$

式中,H_{i-1} 和 H_i 表示第 i 个区间前后分割条带的高度。整个剖面面积为:

$$S = \frac{d}{2} \sum_{i=1}^{n} (H_{i-1} + H_i) \tag{4.103}$$

2. Simpson 方法

在精度要求比较高的场合,可采用 Simpson 方法。如图 4.45 所示,用 $H_{\frac{1}{2}i}$ 表示第 i 个区间中间点的分割高度,则小区间面积为:

$$S_i = \frac{d}{6} (H_{i-1} + 4H_{\frac{1}{2}i} + H_i) \tag{4.104}$$

整个剖面面积则为:

$$S = \frac{d}{6} \sum_{i=1}^{n} (H_{i-1} + 4H_{\frac{1}{2}i} + H_i) \tag{4.105}$$

3. 样条函数方法

无论是梯形方法或 Simpson 方法,面积计算精度和区间间隔相关,显然间隔越小,计算精度就越高,同时计算简单易行,是工程应用中比较经常采用的方法。但存在如下的缺点:

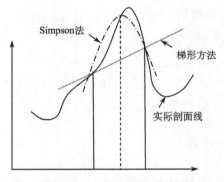

图 4.46　剖面面积计算分析

(1) 梯形方法将地形曲面取直,会平滑山头或山谷,而 Simpson 的本质是用抛物线逼近曲线,常会产生多余的山顶或山谷,如图 4.46 所示。

(2) 两种方法均采用等间隔分割,不能很好的顾及地形变化特征。

为克服上述问题,可采用三次样条曲线方法(Chen et al.,1991)。如图 4.47,设剖面线为 $y = f(x)$,将剖面线长度划分成 $[x_0, x_1]$, $[x_1, x_2]$, ···, $[x_{n-1}, x_n]$若干等间隔或不等间隔的子区间。在整个区间 $[x_0, x_n]$ 上的分段三次样条函数 $p(x)$ 满足如下条件:

a. 对每一子区间 $[x_i, x_{i+1}]$,存在三次多项式 p_i, $(i = 0, 2, ···, n-1)$;

b. 对于 $i = 0, 2, ···, n$, $p(x_i) = f(x_i)$;

c. 对于 $i = 0, 2, ···, n-2$, $p_{i+1}(x_{i+1}) = p_i(x_{i+1})$;

d. 对于 $i = 0, 2, ···, n-2$, $p'_{i+1}(x_{i+1}) = p'_i(x_{i+1})$;

e. 对于 $i = 0, 2, ···, n-2$, $p''_{i+1}(x_{i+1}) = p''_i(x_{i+1})$;

f. 边界条件: $p''(x_0) = p''(x_n) = 0$。

分段三次样条函数定义为:

$$p_i(x) = a_i + b_i(x - x_i) + c_i(x - x_i)^2 + d_i(x - x_i)^3 \tag{4.106}$$

对于式(4.106)中的系数,可以有以下方法求解:

对于 $i = 0, 2, ···, n-1$,由条件 b 和 c 有:

$$p_i(x_i) = a_i = f(x_i) \tag{4.107}$$

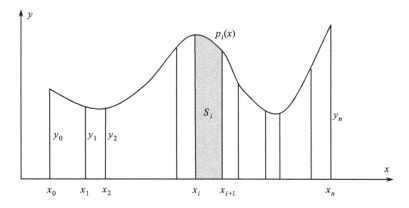

图 4.47　三次样条函数法剖面面积计算

$$a_{i+1} = p_{i+1}(x_{i+1}) = p_i(x_{i+1}) = a_i + b_i(x-x_i) + c_i(x-x_i)^2 + d_i(x-x_i)^3$$

$$(4.108)$$

令 $h_i = x_{i+1} - x_i$，$a_n = f(x_n)$，$(i = 0, 1, \cdots, n-1)$，则式(4.108)可改写为：

$$a_{i+1} = a_i + b_i h_i + c_i h_i^2 + d h_i^3 \qquad (4.109)$$

同样地，令 $p_n = p'(x_n)$，则对 $i = 0, 2, \cdots, n-1$，由条件 d 有：

$$p_{i+1} = p'(x) = b_i + 2c_i(x-x_i) + 3d_i(x-x_i)^2 = b_i + 2c_i h_i + 3d_i h_i^2 \quad (4.110)$$

又由于 $p''_i(x) = 2c_i + 6d_i(x-x_i)$，因而有：

$$p''_i(x_i) = 2c_i；\quad p''_{i+1}(x_{i+1}) = 2c_{i+1}；\quad p''_i(x_{i+1}) = 2c_i + 6d_i h_i \qquad (4.111)$$

由条件 e，对 $i = 0, 2, \cdots, n-1$ 有：

$$c_{i+1} = c_i + 3d_i h_i \qquad (4.112)$$

同理定义 $c_n = \dfrac{1}{2} p''(x_n)$，则由式(4.112)可得到：

$$d_i = \frac{c_{i+1} - c_i}{3h_i} \qquad (4.113)$$

将式(4.113)代入式(4.112)有：

$$b_i = \frac{1}{h_i}(a_{i+1} - a_i) - \frac{h_i}{3}(2c_i + c_{i+1}) \qquad (4.114)$$

重新安排下标有：

$$b_{i-1} = \frac{1}{h_{i-1}}(a_i - a_{i-1}) - \frac{h_{i-1}}{3}(2c_{i-1} + c_i) \qquad (4.115)$$

将式(4.113)代入式(4.111)中，并重新安排下标，得到：

$$b_i = b_{i-1} + h_{i-1}(c_{i-1} + c_i) \qquad (4.116)$$

将式(4.115)和式(4.116)代入式(4.116)，即得到一个关于系数 c 的线性方程：

$$h_{i-1}c_{i-1} + 2(h_{i-1} + h_i)c_i + h_i c_{i+1} = \frac{3}{h_i}(a_{i+1} - a_i) - \frac{3}{h_{i-1}}(a_i - a_{i-1}) \qquad (4.117)$$

在式(4.117)中,由于 a_i 和 h_i 的值均为已知,则 c_i 可求。要注意的是,由于条件 f 的存在,有 $c_0 = 0$。

同理,进一步利用式(4.114)和式(4.115)求解系数 d 和 b。至此三次样条函数的各个系数均已求得。则对任意区间$[x_i, x_{i+1}]$,剖面面积为:

$$S_i = \int_{x_i}^{x_{i+1}} p_i(x)\mathrm{d}x$$

$$= \int_{x_i}^{x_{i+1}} [a_i + b_i(x-x_i) + c_i(x-x_i)^2 + d_i(x-x_i)^3]\mathrm{d}x$$

$$= (a_i - b_ix_i + c_ix_i^2 - d_ix_i^3)(x_{i+1} - x_i) + \left(\frac{b_i}{2} - c_ix_i + \frac{3d_ix_i^2}{2}\right)(x_{i-1} - x_i)$$

$$+ \left(\frac{c_i}{2} - d_ix_i\right)(x_{i-1}^3 - x_i^3) + \frac{d_i}{4}(x_{i+1}^4 - x_i^4) \tag{4.118}$$

整个剖面面积为:

$$S = \int_{x_0}^{x_n} p(x)\mathrm{d}x = \int_{x_0}^{x_1} p_0(x)\mathrm{d}x + \int_{x_1}^{x_2} p_1(x)\mathrm{d}x + \cdots + \int_{x_{n-1}}^{x_n} p_{n-1}(x)\mathrm{d}x$$

$$= S_0 + S_1 + \cdots + S_{n-1} = \sum_{i=0}^{n-1} S_i \tag{4.119}$$

4.9　体　积　计　算

基于数字地面模型的体积计算实质上是计算地形表面(由数字地形数据定义)和给定参考面之差。在实际应用中,这种差值的计算往往被归类于土方计算,其应用领域主要包括工程土方计算和施工方案,水利工程规划(如水库库容计算,蓄洪能力计算)等。

4.9.1　土方计算原理

在本书第 2 章中,有关地形曲面 $H_t = f(x, y)$ 和设计表面(即参考面)$H_d = g(x, y)$ 在给定区域 D 内所包含的体积由式(2.23)定义。参照图 4.48,设计算区域 $D = [x, y | a \leqslant x \leqslant b, c(x) \leqslant y \leqslant d(x)]$,则式(2.23)可改写为:

$$V = \int_a^b \mathrm{d}x \int_{c(x)}^{d(x)} [f(x, y) - g(x, y)]\mathrm{d}y \tag{4.120}$$

对式(4.120)的计算有两种方法:

方法一:将 x 的变化范围 n 等分,等分间隔为 $g = \mathrm{int}\left(\dfrac{b-a}{n}\right)$,则在$[a, b]$上的分点 $x_i = a + ig (i = 1, 2, \cdots, n-1)$ 有:

$$S(x_i) = \int_{c(x_i)}^{d(x_i)} [f(x, y) - g(x, y)]\mathrm{d}y \tag{4.121}$$

由数学分析知 $S(x_i)$ 表示了在 $x = x_i$ 处的截面面积,同理有在 x_{i+1} 处的截面积 $S(x_{i+1})$。当分割间隔极小时(即 $g \to 0$),两相邻截面之间形成的平头棱柱体可认为是立

方体,其底面积为相邻截面的平均值,高为分割间隔,则相邻分割点之间的体积为:

$$V(x_i, x_{i+1}) = g \times \frac{S(x_{i+1}) + S(x_i)}{2} \tag{4.122}$$

方法一的实质是用一系列的截面截割地形表面,并求取截面面积,相邻截面之间的体积为截面积的平均值与等分间隔之积,总土方为所有相邻截面之间的土方之和。

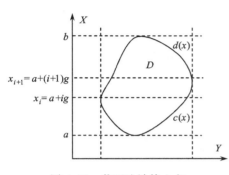

图 4.48　截面法计算土方

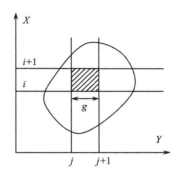

图 4.49　格网法计算土方

方法二,将计算区域 D 划分成等间距 g 的 $m \times n$ 个格网(图 4.49),当格网间距比较小时,可认为格网单元为一平面,其高程为四个顶点高程的平均值,则该格网的体积($V_{i,j}$)为:

$$V_{i,j} = g^2 [f(x_i, y_i) - g(x_i, y_i)] \tag{4.123}$$

整个区域的土方为所有网格土方之和。当格网对角线相连时,则格网单元成为三角形格网单元,相应的土方计算公式由棱柱体变成三棱柱体积计算公式。

方法一称为截面法,按照截面方向的不同,有垂直截面和水平截面两种,其中垂直截面也成为断面法,是道路、水利等土方工程中常采用的一种方法。水平截面称为等高线,是水库库容、堆积体等体(容)积计算常用的方法。方法二称为格网法,是建筑、场地平整等经常使用的土方计算方法。

4.9.2　格网 DEM 土方计算方法

基于格网 DEM 的土方计算比较简单,它将格网单元视为平面,采用式(4.123)计算每一个格网单元内的土方。需要注意的是原始地形曲面 DEM 和设计曲面 DEM 应采用相同的坐标系和格网间距。设(i, j)格网处的地面高程为 $H_t(i, j)$,设计表面高程为 $H_d(i, j)$,则二者的高差为:

$$\delta H_{i,j} = H_t(i,j) - H_d(i,j) \tag{4.124}$$

若 $\delta H_{i,j} > 0$,则该格网点为挖方,反之为填方;并按下列公式计算格网点的土方量(图 4.50,式中 g 为格网间距):

当(i, j)为角点,$V_{i,j} = \frac{1}{4} g^2 \delta H_{i,j}$;

当 (i, j) 为边点，$V_{i,j} = \dfrac{2}{4} g^2 \delta H_{i,j}$;

当 (i, j) 为拐点，$V_{i,j} = \dfrac{3}{4} g^2 \delta H_{i,j}$;

当 (i, j) 为中点，$V_{i,j} = \dfrac{4}{4} g^2 \delta H_{i,j}$ 。

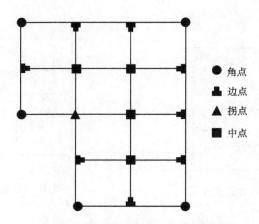

图 4.50 DEM 格网法土方计算原理

最后相同符号的格网点土方相加，求得总的填方和挖方。在工程应用中，为了使填挖平衡，设计高程经常采用整个区域地面的平均值，即：

$$H_{\mathrm{d}} = \frac{1}{4n} \left(\sum H_{\mathrm{T_{corner}}} + 2 \sum H_{\mathrm{T_{edge}}} + 3 \sum H_{\mathrm{T_{turn}}} + 4 \sum H_{\mathrm{T_{centre}}} \right) \tag{4.125}$$

这里，$H_{\mathrm{T_{corner}}}$，$H_{\mathrm{T_{edge}}}$，$H_{\mathrm{T_{turn}}}$ 和 $H_{\mathrm{T_{centre}}}$ 分别为角点、边点、拐点和中点的高程值；n 为格网单元总数。

对任意单个格网单元而言，其土方计算式为：

$$V_{i,j} = g^2 \times \frac{1}{4} (\delta H_1 + \delta H_2 + \delta H_3 + \delta H_4) \tag{4.126}$$

式中 δH_1，δH_2，δH_3，δH_4 分别为格网单元四个顶点的高差。

4.9.3　基于等高线 DEM 的体积计算

1. 基本原理

基于等高线 DEM 体积计算采用水平截面法，如图 4.51。设等高距为 h，相邻两条等高线为 C_i 和 C_j，当 h 足够小时，C_i 和 C_j 形成一个棱柱体，则 C_i 和 C_j 之间的体积为：

$$V_{C_i - C_j} = \frac{h}{2} (S_{C_i} + S_{C_j}) \tag{4.127}$$

式中，S 为给定等高线的圈定的面积。若 C_i 和 C_j 之间相隔 m 条等高线，则体积为：

$$V_{C_i - C_j} = \frac{h}{2} \left(S_{C_i} + 2 \sum_{k=1}^{m} S_{C_k} + S_{C_j} \right) \tag{4.128}$$

此处要注意离山顶（或洼地，即局部最低点）H_{max}最近的等高线 C 和山顶（或洼地）形成一个棱锥体，其体积为：

$$V_{C-H_{max}} = \frac{1}{2}(H_{max} - H_C)S_C \qquad (4.129)$$

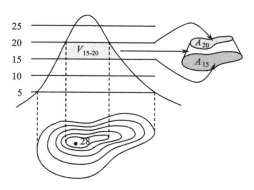

图 4.51　等高线 DEM 土方计算原理

例如，图 4.51 中，等高矩为 5m，则 5m 等高线和山顶（高程为 28m）之间的山体体积为：

$$V_{C_5-H_{28}} = \frac{5}{2}\left[S_{C_5} + 2(S_{C_{10}} + S_{C_{15}} + S_{C_{20}}) + S_{C_{25}}\right] + \frac{28-25}{2}S_{C_{25}}$$

基于等高线 DEM 的土方计算原理虽然简单，但计算机实现并不容易，一般需要描述等高线的拓扑关系，即等高线之间的包含关系，通常称为等高线树（图 4.52）。这种方法常适合于比较简单的地形如山包、堆积体等的体积计算，另外在水库库容计算用的也比较多。这里介绍一种利用等高线进行水域体积计算的方法（王延亮，1999），在这一方法中，等高线按等高线树进行组织，目的是为了在计算过程中判断等高线之间的包含关系。该算法经过适当修改，也可用于地形表面体积的计算。

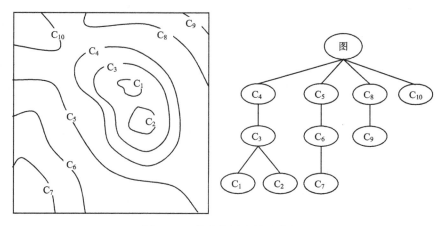

图 4.52　等高线图与等高线树

2. 基于等高线 DEM 水域容积计算算法

1）水下等高线及其地形特征分析

简单锥状。水下等高线最简单的情况是一环套一环逐渐收缩的锥状地形,这种地形各等高线间的条理非常清楚,关系也很单一,等高线均为闭合线。

水底的岛与坑。事实上许多水库和湖泊的水底,并非呈简单锥状地形。在水面下有突起的山地、岛、下凹坑、山谷等特殊地形。岛屿是高出水面的高地,山地是高出水底但低于水面的高地,凹坑是低于水底的低地。它们的等高线形状亦呈闭曲线,但数量、大小、位置均无规律。这就需要依据一定的数据模型和一定的数学算法,从等高线中将其分离出来。另外,岛的陆上部分等高线也夹杂在水下等高线之中,计算前必须将其剔除掉。

岸边的堤和坝。水库的一边都有大坝,湖泊的岸边也往往修筑了路堤。等高线到大坝和路堤的垂面均断开,等高线为开曲线。这类地形在计算前必须加以闭合处理。

2）算法

针对三种典型的水底地形,建立等高线数据的树状结构模型,根据此数据模型确定各等高线间关系,再由高程计算出体积。计算分为两部分进行,即下凹部分水体体积计算和上凸部分体积计算。为方便叙述,介绍以下特定名词:

一次环:没有参加计算的原始等高线;

二次环:参加过一次计算的等高线;

三次环:反映水面下凸起地形的等高线。

（1）下凹部分的体积计算。设等高距为 h,水面高程为 H_{max}。找出所有等高线中高程最小值作为当前等高线（CurrentContour）,其高程记为当前高程（CurrentHeight）。随着高程以等高距为单位的不断累加,当前等高线不断向上移动,直到移到大于水面高程 H_{max} 为止。对移动过程中的每一条当前等高线进行以下判断:

a. 当前等高线的高程是所有剩下的一次环中高程最小的。

b. 判断其中有无一次环,因为其高程最小,若有一次环在其中,则这些一次环肯定反映的是水底凸起部分的地形,对这些等高线进行处理,记为三次环。

c. 判断当前等高线中有无二次环,有二次环则用总面积减去这些二次环的面积和,并以其面积差计算出体积,累加到 V（体积累加器过程的最后,即为总体积）中,若无二次环则直接以其面积为底算出体积进行累加。

通过下凹部分的计算,把凸起部分地形对应等高线所包含的体积剔除掉,计算出余下部分（即下凹部分）的体积。

（2）上突部分体积的计算。上突部分体积的计算过程为:先在所有的三次环中找高程最小的等高线,把其高程记为 MountMin,记三次环中高程最大的等高线为 Current-Contour,其高程为 CurrentHeight,每次以等高距为单位进行减小,直到小于 MountMin 为止。对每一条 CurrentContour 须进行如下判断:

a. 当前等高线的高程为所有三次环中高程最大的且小于的水面高程;

b. 判断其中有无二次环（三次环参加一次计算后也计为二次环）,若有二次环则应用

CurrentContour 的面积减去二次环面积和,算出体积累加到 V_2,若无二次环则直接算出体积进累加到 V_2;

通过第二部分的计算得到 V_2,把下凹部分体积 V 减去 V_2,得出即为水域的总体积。

3)算例

图 4.53 是一个含有正负地形的水下地形实例,通过该图对上述算法作进一步的说明。已知水面高程 $H_{max} = 25m$,等高距 $h = 5m$,其他数据已标注在图中,图中带圈数字为等高线标识。

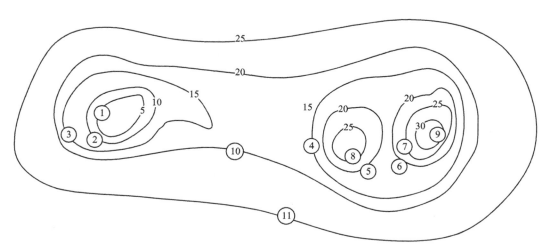

图 4.53　水域容积计算示例

图中各个等高线的面积为:$S_1 = 4$,$S_2 = 8$,$S_3 = 15$,$S_4 = 20$,$S_5 = 7$,$S_6 = 10$,$S_7 = 6$,$S_8 = 8$,$S_9 = 50$,$S_{10} = 50$,$S_{11} = 100$。

(1)下凹部分的计算。

a. CurrentHeight $= 5$ 的等高线即①号环内部无任何等高线,则:

$$V = S_1(H_{max} - \text{CurrentHeight}) = 4 \times 20 = 80 \text{ (m}^3)$$

b. 等高线累加等高距,向上平移至 CurrentHeight $= 10$ 的②号等高线,判断得知该等高线内有一条二次环,则:

$$V = 80 + (S_2 - S_1)\left[H_{max} - \left(\text{CurrentHeight} - \frac{h}{2}\right)\right] = 80 + 4 \times 17.5 = 150 \text{ (m}^3)$$

c. 移到高程为 CurrentHeight $=$ CurrentHeight $+ h = 15$ 的③号环,判断其中有一条二次环,则:

$$V = 150 + (S_3 - S_2)\left[H_{max} - \left(\text{CurrentHeight} - \frac{h}{2}\right)\right] = 150 + 7 \times 12.5 = 237.5 \text{ (m}^3)$$

高程为 15 的还有④号环,在其内部可找出高程为 CurrentHeight $+ h = 20$ 的⑤⑥两条等高线,则:

$$V = 237.5 + (S_4 - S_5 - S_6)\left[H_{max} - \left(\text{CurrentHeight} - \frac{h}{2}\right)\right]$$

$$= 237.5 + 3 \times 7.5 = 260 \ (\mathrm{m}^3)$$

同时把⑤⑥⑦⑧⑨标记为三次环,求得 MountMin $= 20$。

d. 移至高程为 CurrentHeight $=$ CurrentHeight $+ h = 20$ 的⑩号等高线,找出其中的两个二次环③④,则:

$$V = 260 + (S_{10} - S_3 - S_4)\left[H_{\max} - \left(\mathrm{CurrentHeight} - \frac{h}{2} \right)\right]$$
$$= 260 + 15 \times 7.5 = 372.5 \ (\mathrm{m}^3)$$

e. 移至高程为 CurrentHeight $=$ CurrentHeight $+ h = 25$ 的⑪号等高线,找出其中的所包含的等高线,则:

$$V = 372.5 + (S_{11} - S_{10})\left[H_{\max} - \left(\mathrm{CurrentHeight} - \frac{h}{2} \right)\right]$$
$$= 372.5 + 50 \times 2.5 = 497.5 \ (\mathrm{m}^3)$$

再移至 CurrentHeight $=$ CurrentHeight $+ h = 30$,有 CurrentHeight $= 30 >$ $H_{\max} = 25$,故判断下凹部分计算完成。

(2) 上突部分体积的计算。

a. 找出高程小于 $H_{\max}$ 的所有三次环,并求出高程最大值作为 CurrentHeight,即⑦号环的高程 25 为 CurrentHeight。因⑨号环已突出水面则舍弃不要,⑦⑧号环的高程等于 $H_{\max}$,则其对应的体积为零,所以 V 值不变。

b. 向下平移至 CurrentHeight $=$ CurrentHeight $- h = 20$ 的等高线⑤⑥,鉴于⑤号等高线中有⑧号环,则:

$$V = 497.5 + (S_5 - S_8)\left[H_{\max} - \left(\mathrm{CurrentHeight} + \frac{h}{2} \right)\right]$$
$$= 497.5 + 3 \times 2.5 = 505 \ (\mathrm{m}^3)$$

鉴于⑥号等高线中有⑦号环,则:

$$V = 505 + (S_6 - S_7)\left[H_{\max} - \left(\mathrm{CurrentHeight} + \frac{h}{2} \right)\right] = 505 + 4 \times 2.5 = 515 \ (\mathrm{m}^3)$$

再向下平移,则有 CurrentHeight $= 15 <$ MountMin $= 20$,计算结束。下凹和上凸部分体积计算累加求和的结果 $V = 515 \ \mathrm{m}^3$,即所求水域的容积。

4.9.4 基于 TIN 的体积计算

基于 TIN 的土方计算,需要两个 TIN 模型,即地形表面 TIN 模型和设计表面 TIN 模型,两个 TIN 模型叠加,在两个表面上对应的三角形单元所夹体积即为所求。本节首先讨论设计表面 TIN 模型的建立,然后分析两 TIN 模型形成的三棱柱的形状与体积计算方法,由于设计表面常具有边界性,本节同时也探讨边界三角形的处理方法。

1. 设计表面 TIN 模型建立

在各种土方工程中,设计表面可以图形的方式给出,也可以数学函数的形式给出,如场地平整平面,整个区域可有不同的表达式,例如道路设计表面中的左右边坡、路面等。

如图 4.54,当设计表面以数学表达式给出时,地形表面 TIN 模型和设计表面 TIN 模型具有相同的三角形结构(平面位置),不同之处在于同一平面位置上具有不同的高程值。设计表面 TIN 模型的设计高程可将地形表面 TIN 模型的三角形顶点坐标代入设计表面函数得到。设地形表面 TIN 模型三角形顶点 P 坐标为 (x_P, y_P),设计表面为 $H_D = g(x, y)$,则 P 点的设计高程为 $H_d(P) = g(x_P, y_P)$。根据设计表面函数求出每个地形表面三角形顶点所对应的设计高程,则可建成设计表面 TIN 模型。

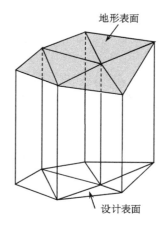

地形表面

设计表面

图 4.54 地形表面与设计表面

当设计表面以图件形式或散点形式给出时,可先对设计表面建立 TIN。但由于地形表面散点和设计表面散点并不重合,即两个 TIN 模型具有不同的三角形结构,这时需对两个 TIN 模型进行加密处理,也就是说要将设计表面中的点加入到地形表面中,并按内插方法求出设计表面散点的地面高程,反之,也要将地形表面上的点加入到设计表面,并求出地形点的设计高程。同时,不同 TIN 上三角形边相交处的位置和高程也要求出,由此建成具有相同结构的 TIN 模型,图 4.55 所示。

2. 三棱柱的基本形状与体积计算

在地形表面 TIN 模型和设计表面 TIN 叠加后,形成具有相同平面结构的三角形网络,但由于在地形表面和设计表面上的高程值不同,因而叠加后在三维空间上会形成不同结构的棱柱体,如图 4.56 所示。设地形表面 TIN 中的三角形为 A_t、B_t、C_t,相应的设计表面 TIN 中的三角形为 A_d、B_d、C_d,两三角形在平面上具有相同的位置,根据对应顶点上高程值的不同,A_t、B_t、C_t 和 A_d、B_d、C_d 三角形的空间关系分成以下五种:

(1) 仅有挖方量,如图 4.56(a)所示,这时地面点 A_t、B_t、C_t 的高程值分别大于所对应的设计表面点 A_d、B_d、C_d 的高程值,土方计算部分是一个三棱柱,体积为土方计算中的挖方量;

(2) 仅有填方量[图 4.56(b)],设计表面的高程值都大于地形表面的高程值,土方计算部分也是一个三棱柱,其体积为土方计算过程中的填方量;

(3) 地形表面三角形和设计表面三角形公用一边,[图 4.56(c)],此时形成一个三棱锥,填方或挖方取决非重合点的高程差;

(4) 地形表面三角形和设计表面三角形一个顶点重合,[图 4.56(d)],这时形成一个四棱锥,填方或挖方取决于非重合边的高程差;

(5) 既有填方又有挖方,[图 4.56(e)],两三角形相交于一条直线 EE',土方计算分为三棱锥 $EE'C_tC_d$ 和楔形体 $EE'B_dA_dA_tB_t$ 两部分,填、挖方取决于对应点之间的高程差。

在确定了三角形的空间位置关系后,各个空间体的体积采用对应的几何体体积计算公式进行计算。

(1) 棱柱体体积计算公式:

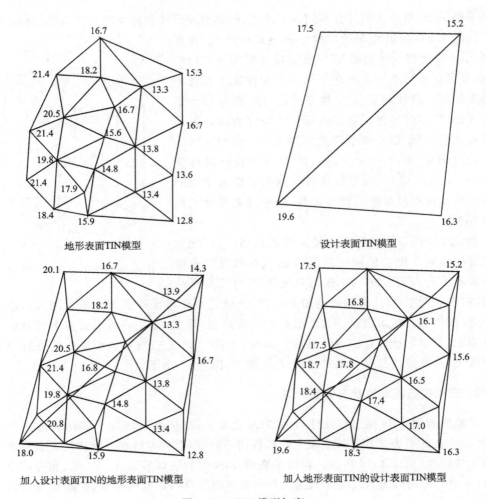

图 4.55　TIN 模型加密

$$V = Sh \tag{4.130}$$

式中,S 为棱柱体表面在水平面的投影面积;h 为棱柱体的高。在 TIN 中,一般形成的是三棱柱,[图 4.56(a)和图 4.56(b)]则 S 为三角形 $A_tB_tC_t$ 在水平面上的投影面积,而 h 可取对应顶点高差的平均值,即:

$$h = \frac{1}{3}\left[(H_{A_t} - H_{A_d}) + (H_{B_t} - H_{B_d}) + (H_{C_t} - H_{C_d})\right] \tag{4.131}$$

(2) 三棱锥体体积计算:三棱锥体是一空间四面体(图 4.57),其体积计算公式为如下:

$$V = \frac{1}{6}\begin{vmatrix} x_1 - x_2 & y_1 - y_2 & H_1 - H_2 \\ x_1 - x_3 & y_1 - y_3 & H_1 - H_3 \\ x_1 - x_4 & y_1 - y_4 & H_1 - H_4 \end{vmatrix} \tag{4.132}$$

注意图 4.57 中四面体的底面中 2、3、4 点按逆时针方向排列。式(4.132)适用于图

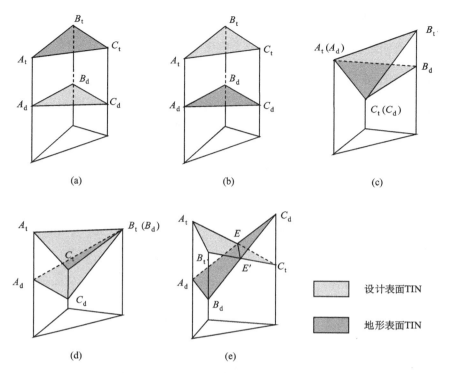

图 4.56　地形表面和设计表面 TIN 相互切割形成的不同形状的三棱柱

4.56(c)和图 4.56(e)中的三棱锥体积计算。对于四棱锥图 4.56(d),其底部为一四边形,可将任意对角线相连(A_tC_d 或 A_dC_t),从而形成两个四面体,再用式 4.132 分别计算两个四面体的体积,其和即为整个四棱锥的体积。

　　(3)楔形体体积计算:楔形体是一个特殊的柱体形状,如图 4.58,已知 A、B、C、D、E、F 各点的三维坐标,可用以下算法计算楔形的体积:

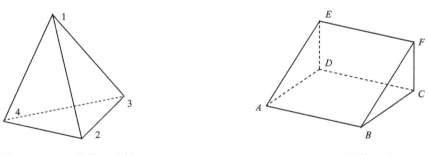

图 4.57　四面体体积计算　　　　　　图 4.58　楔形体体积计算

　　a. 计算底面 $ABCD$ 的投影面积 S;

　　b. 计算楔形的高,利用 E、C、F、D 的高程计算高差 δh_{EC} 和 δh_{FD},楔形的高(h)为两高差 δh_{EC} 和 δh_{FD} 的平均值;

c. 楔形体积为 $V = \frac{1}{2}Sh$。

楔形体体积计算适合于图 4.56(e)中的楔形体部分。

3. 边界三角形处理

一般地,设计表面 $g(x, y)$ 具有边界性,边界线势必与地形表面 TIN 模型中的部分三角形相交,这类三角形称为边界三角形,我们感兴趣的是落在边界线范围内的部分,需要解决的问题是边界线和地形三角形交点处的高程计算。

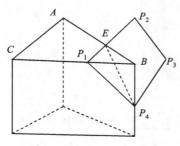

图 4.59　边界三角形处理

如图 4.59,设计表面边界线为 P_1,P_2,$\cdots$,P_n,P 点由其所在平面位置确定。边界三角形 $\triangle ABC$ 的边 AB 与设计表面的边界线 P_1P_2 的交点为 E,已知边界线 P_1P_2 和三角形边 AB 所在的直线平面方程分别为:

$$a_1x + b_1y + c_1 = 0 \qquad (4.133)$$

$$a_2x + b_2y + c_2 = 0 \qquad (4.134)$$

利用式(4.133)和式(4.134)可求出交点 E 的坐标 (x_E, y_E)。设 E 点的高程为 H_E,则 H_E 可通过线性内插方法求得:

$$H_E = H_A + L_{AE} \frac{H_B - H_A}{L_{AB}} \qquad (4.135)$$

这里 L 表示距离。同理,对其余各边界三角形均可按此方法处理。

4.10　本 章 小 结

本章以各种地形曲面参数的数学模型定义为基础,详细讨论了基于不同 DEM 数据结构(包括栅格、TIN 和等高线模型)的地形曲面参数的计算实现方法,包括高程内插、坡度坡向、坡度坡向变化率、曲率、坡长、地形起伏度、粗糙度和切割深度、面积、体积等内容。

本章所介绍的各种地形曲面参数的算法的理论基础已在本书第 2 章进行了详尽的讨论,因而本章的任务在于对各种理论参数的算法实现。由于数字地形模型本身是对地形曲面的一种近似,数字地形分析算法的本质也是对各种具有明确数学定义的地形曲面参数的近似,而且在不同的 DEM 数据结构中这种近似的方式和精度都有所不同,因此在算法实现中存在有各种途径和方法,这些途径和方法也自然会有各自的优势和缺点。虽然本章介绍的方法具有应用上的普遍性,但实际应用时,还应结合具体的 DEM 数据结构、实际地形情况和应用目的,来选定合适的算法和模型。

第5章　地形形态特征分析

导读:地形表面千姿百态,形态各异,表面上虽然没有规律,但实质上是由一系列的面、线、点构成的,这些地形面、地形线、地形点称为地形要素或形态要素,他们是地形的骨架线,决定着地形地貌的几何形态和基本走势。地形结构特征的分析,不仅是研究地貌类型自动划分、地形空间分布规律的需要,也是地形表达、制图综合、水文分析等的需要。

地形形态特征分析的主要任务是在地面高程数据中提取地形特征信息,而这些地形特征往往受地面高程数据的数据结构的影响不能在高程模型中直接表达,其中以格网 DEM 数据结构的影响最为明显。鉴于此,本章重点阐述基于格网 DEM 的地形特征分析方法和原理,基于 TIN 和等高线模型的地形特征提取只作简要介绍。

5.1　地形形态特征分析的意义与内容

地形形态特征是地表形态和特征的定性表达,可以在 DEM 上直接提取,特点是定义明确,但边界条件有一定的模糊性,难以用数学表达式表达。根据地表形态的空间特性和相互关系,提取地表的形态特征,从而确定地形特征点、地貌特征单元、水文要素、地形结构线、可视性等地形要素。

5.1.1　地形形态基本特征

地形表面高低起伏,凹凸不平,凸如高原、山地、丘陵等,凹如洼地、河谷、冲沟等,平如平原、台地等,虽形态各异,千姿百态,但都可分解成一系列的面、线和点,这些地形面、地形线、地形点决定了地貌形态的几何特征和基本走势。

地形面。位于两相邻地形线之间坡面,有水平面、各种坡度的斜面、曲面等类型,如平原面、山坡面、山顶面、阶地(表)面、阶地陡坎和陡壁等。根据斜坡纵剖面性质(沿倾斜方向),又可分出不同的坡面类型,如上部和下部坡度一致的直形斜面、下部坡度大而上部坡度小的凸形坡面、下部坡度小而上部坡度大的凹形曲面、由凹形和凸形曲面复合而成的波形曲面、平坦坡面与斜坡组合而成的阶梯坡面等类型。

地形线。两个地形面交线,通常由地形点构成。可以是直线或弯曲起伏的曲线,主要有分水线(分水岭、山脊线)、山谷线(汇水线、沟谷线)、坡麓线、坡折线(斜坡急剧转折的倾斜变换线)等。

地形点。两条或几条地形线相交而形成的某些特征点,或孤立的微地形体构成的地形点,这种地形点实际上是一个小区域。例如,山脊线相交的山峰点、鞍点,位于二条谷底线汇合处的低地底部或位于河口的谷口点,位于封闭低地之底部的洼点等。另外还有地形线的坡度变化点、方向变换点等。

5.1.2 地 貌 形 态

地形地貌从结构上可分为点、线、面等基本要素,但基本地形要素的复合则可形成各种各样的地貌类型。地貌形态一般从地形外部特征和规模上进行分类。

1. 按外部特征分类

按其形态外部特征,可以分为正(向)地貌和负(向)地貌两大类,每一类又可分为封闭的和非封闭的地貌形态,还可进一步分为简单地貌形态和复杂地貌形态。

正地貌,是高出某一近似水平面的凸起形态,如山、山岭、山岗、土丘等。

负地貌,为低于某一水平面的凹下形态,如盆地、洼地、河谷等,平原为负地貌。

封闭地貌形态,四周以斜坡为界,如丘陵、洼地等。

非封闭(开放)地貌形态,一侧或两面没有斜坡,如谷地、冲沟等。

简单(单个)地貌形态,通常地貌体较小,面积不大,形体简单,如冲沟、阶地、沙丘、洪积扇、独立的小丘或垄等。

复合(复杂)地貌形态,地貌体规模大,由多种简单形态组合而成,形体复杂,如大河谷、山岭等。简单地貌形态常能演变成为复合形态,如冲沟可演变为河谷,若干洪积扇可联合形成山前洪积平原。

2. 地貌规模

地貌的规模大小极其悬殊,通常按其相对大小进行分级,称为地貌相对等级。

星体地貌,面积从几十万到一千多万平方公里,可分为大陆、现代地槽带、大洋底和中央海岭(大洋中脊、大洋中部海底山脉)等。

巨地貌,面积约几万到几百万平方公里,如阿尔卑斯山系、昆仑山系、西藏高原等。

大地貌,面积从几百到几万平方公里,如山系中的某一山脉和大盆地。

中地貌,通常面积约有几平方公里或几十平方公里,为大地貌内的次一级地貌,如山地中的分水岭、山间盆地,较小的河流谷地,单独的山岭等。

小地貌,中地貌表面上更为复杂的地势起伏,如山脊、侵蚀细沟、溶蚀漏斗、谷坡、小河谷等便是小地貌形态。

微地貌,是使大、中、小地貌的表面复杂化的极小的地形起伏,如小的侵蚀犁沟、小丘、沙丘表面的沙波等。

地貌相对等级不是一个严格的分类方案,各等级间没有明显的界限。但是,地貌在规模上的差异仍具有一定的成因上的信息,星体地貌、巨地貌和大地貌是内力过程作用的结果,而中、小、微地貌的形成主要决定于外力作用过程,基于 DEM 可以实现微观和宏观上的地形地貌结构判断和分类。

5.1.3　地貌特征分析意义

地形特征点和线是地形的骨架,在地貌类型自动划分、地学分析、制图综合、DEM 生成与数据压缩等中有着广泛的应用,主要体现在以下几个方面:

(1) 高精度制图、DEM 生产、DEM 数据压缩的保障。传统的地形测量中,地形图等高线勾绘的依据就是各种地形结构线,这就要求数据采集过程中要最大限度的获取地形特征线(如山脊线、山谷线)和地形特征点(如山顶、鞍部、坡度变换点和方向变换点等);在 DEM 生产中更是如此,大量的理论和实践经验表明,考虑特征线的 DEM 比不考虑特征线的 DEM 的精度要高出约 20%;同时从 DEM 数据中自动提取结构线上的点,也可用在格网 DEM 的数据压缩方面。目前地形特征线获取以及自动探测地形特征线仍然是 GIS 界一个比较活跃的研究方向。

(2) 地貌制图综合的根本。在传统的地貌形态制图综合中,地形结构特征起着极为重要的作用,它天然地反映着地形结构内在的联系。在制图综合中,地形结构特征是经过处理的派生数据而不是原始数据,但又是非常重要的关系数据,可以这样说,虽不是原始数据,但胜过原始数据(王桥等,1998)。之所以重要,是因为他们可以作为地貌形态的代表或称作地貌形态的替身,例如,一条谷底线可代表描述该谷地的一组等高线弯曲,或者说结构特征是地貌形态的抽象与概括表示。评价一组弯曲曲线比较困难,而评价其等价物——地形结构线确是比较方便、容易的。

(3) 地貌类型自动划分的依据。地貌是各种几何形状的总和,是各种形态的综合体,有确定的地貌结构。要研究各种地貌形态的结构特征,除要定性的描述地表形态的外部特征外,还要定量的测量地表形态的数量特征,如高度、坡度、坡向、走向(山脉、河谷的)、地面切割程度等。根据这些特征,可以划分地貌的形态类型。例如,划分出山地和平地两大类型。山地又分高山、中山、低山、丘陵等亚类;平地也可划分出平原、台地、高原等一些亚类。

(4) 地学分析的基础。地貌是自然地理环境中的重要组成要素,它在很大程度上制约着其他自然地理要素的分布和发展变化。例如,土壤侵蚀、水文分析等都要进行流域地貌的自动分割和沟谷网络结构提取。

(5) 地貌分布格局研究的前提。各种地貌在空间上的分布是有一定规律的,如东西走向的昆仑山、秦岭山系,北东到北北东向的大兴安岭、太行山,南北向的贺兰山、横断山脉等,都是有规律可循的,而各种地貌的分布规律的研究都可归结到地形结构特征的空间分布格局的研究上来。

5.1.4　地形形态特征提取的主要内容

虽然地表形态各式各样,但地形点、地形线、地形面等地形结构的基本特征却构成地形的骨架,因此一般的地形特征提取主要是指地形特征点、线、面的提取,并进而通过基本要素的组合进行地表形态分析。

目前在 DEM 上进行的地形特征分析,主要包括如下三部分内容(表 5.1)。

(1) 地形形态特征提取。地形特征包括山峰点、谷底点、鞍部点、垭口点等;地形特征线包括山脊线、山谷线；地形特征面则主要指坡面的几何形态，如坡面凹凸性、坡面形状、坡面位置等，一般与两个相互垂直方向的曲率(剖面曲率，平面曲率)有关。

（2）水系特征提取。水系提取主要是指流域地貌的自动分割、流域边界确定、流域水流网络提取、流域地形统计参数计算等内容。

（3）地形可视性特征分析。地形可视性特征分析主要是地形的可见范围分析，包括点可视、线可视和面可视三类基本问题(De Floriani, et al., 1994)。点可视是计算给定点上的地形可见点，线可视是指给定视线上的可见路径问题，而面可视则是一点的可见范围。

表 5.1　DEM 特征提取主要内容

DEM 特征提取	地形特征	点	山顶点，脊线点，交线点(鞍部点，山脚点)，平地点，谷线点，洼地点
		线	山脊线，山谷线
		面	坡面形态
	水系特征	点	沟谷节点，沟谷源点，洼点，分水源点，流水出口点
		线	分水线，汇水线，流域边界
		面	内部汇流区，外部汇流区，子流域，流域统计参数
	可视性特征	点	点可视
		线	点点通视
		面	可视域

水系特征和地形特征在本质上是一致的，因为山脊线具有分水性，而山谷线具有汇水性，但在应用中的侧重点有所不同，地形特征分析侧重地形地貌的结构形态、分布格局等，而水系特征分析则重点在于流域结构等方面。

地形可视性特征与地形结构特征紧密相关。较高的山峰一般具有较大的可见范围，而山谷等处则只能看到整个山谷和两侧的山体，同时可视域也反映了地表的粗糙程度，可视域支离破碎的地方，地形就越粗糙，反之愈光滑。

5.2　地形形态特征分析的基本原理和方法

地形形态特征提取通常根据对高程点的空间分布关系的分析或对地表物质运动机理的简化建模，通过某种模拟算法而实现，地形形态特征提取的结果通常以分类的形式表达，并可利用常用的统计学方法进行分类检验。

5.2.1　地形形态特征分析原理

从原理上讲，地形形态特征提取有两类基本方法，一是基于地形形态的几何分析法(也称解析法)，一是基于地表物质运动的水流模拟方法(也称模拟法)，如图 5.1 所示。

1. 解析法

设在坐标系 0-xyH 中，地形曲面 $H = f(x, y)$ 为一光滑连续曲面，对于任意地形点

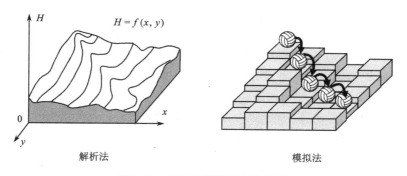

解析法   模拟法

图 5.1   DEM 地形特征提取原理

$P(x_P,y_P,H_P)$,当 P 点为地形曲面上的山脊点或山谷点时,该点必为 $f(x,y)$ 的一个局部极值点(山脊点为极大值而山谷点为极小值),该点有如下的三个性质:

性质一:如果用过 P 的水平面切割地形曲面,这时有空间曲线 $f(x,y)=H_P$,在水平面的投影曲线(等高线)为 C_H,由于投影并不改变曲线的性质,则点 P 必定位于 C_H 局部曲率变化最大的地方。

性质二:如果用过 P 并且平行于 y_H 的面切割地表,空间曲线为 $f(x_P,y)=H$,并且在该点满足 $f_y(x_P,y_P)=0$,同时 P 点为该曲线上的一个局部极值点。

性质三:如果用过 P 并且平行于 x_H 的面切割地表,空间曲线为 $f(x,y_P)=H$,并且在该点满足 $f_x(x_P,y_P)=0$,同时 P 点为该曲线上的一个局部极值点。

因此,地形特征点的识别可转化为地形曲面局部极值点的识别。当 $f(x,y)$ 用 DEM 来表示时,就是找出所有 DEM 上的地形极值点。如果切割面间距足够小,则相邻极值点之间相互连接则可形成地形特征线。

2. 模拟法

基于地形表面物质流动的水流模拟方法的基本思想是:在自然表面上,水流沿最陡方向向下流动,并不断地向下游汇聚。基于此可计算每一点(格网单元)的汇水量,位于山脊上点水流不累积(分水线),而位于山谷线的点水流累积比较大(汇水线),依照这一原则可分析地形特征点和追踪地形结构线。

5.2.2   地形形态特征提取的技术内涵

从上述的分析不难发现,地形形态特征的分析和提取包括两个主要步骤,即地形特征点识别和地形特征点匹配。

1. 地形特征点识别

地形特征点识别即检测 DEM 或高程数据代表的地形曲面上的可能极值点,在实际应用上需要克服 DEM 误差的影响。目前有多种方法可进行地形特征点识别,主要有:

(1)断面极值法,即在 DEM 的水平方向或垂直方向所形成的断面上,通过曲线拟合检测局部地形极值点。

（2）邻域比较法，对局部窗口中的各个高程点进行比较，中心单元最高者为可能的山脊点，反之为可能的山谷点，此方法的变异主要在于窗口范围和比较方法的选取。

（3）曲率比较法，对分布在等高线上的地形点两两计算曲率差，如果曲率差超过给定的阈值，则为可能的极值点。此法还有其他各种变异方法，如 Split 法（黄培之，2001）、Douglas-Peucker 法（Peucker and Douglas，1975）等。

（4）流水模拟法，计算每一格网单元的汇流累积量（flow accumulation），汇流累积量为零的为可能的山脊点，超过给定阈值的为可能的山谷点（常用在水系提取中）。

2. 地形特征点匹配

地形特征点的匹配就是将所检测的地形特征点进行连接，形成地形结构线网络或流域网络。这是目前进行地形特征提取的一个难点，因为大多数算法都是围绕着点展开的。算法主要设计思想是基于知识推理原则，也就是说，在对地形几何形态和地表物质运动（如流水）认知的基础上，建立一系列的知识法则和推理原则，并在该原则的指导下将各个地形点连接成地形结构线。

由于地形表面本身的复杂性，DEM 结构的不一致性，数据源的多样性，地理现象所具有的尺度特征以及对地形认知上的差异，建立完善的知识推理法则比较困难。目前这方面的算法虽然比较多，但并不能解决所有的问题。

5.2.3 特征提取基本方法

经过 30 余年的发展和完善，基于 DEM 的地形特征提取出现了很多的算法。这些算法从范围角度讲，有局部算法和整体算法之分，前者基于地表的局部特性对每个单独的元素（可以是规则格网的格网点，或者 TIN 的三角形的边、结点或面，也可以是等高线上的一个拐点或某一段等高线）进行分类，称为局部方法，后者从整个 DEM 数据范围获取地形整体信息，试图通过一个一致的地表特征结构从而获取地形特征，称之为整体算法；从 DEM 结构来讲，有适合于规则格网 DEM 的，也有适合于不规则三角网 TIN 的，还有专门用来从等高线 DEM 的提取地形特征的算法；从数据维数角度看，有三维算法和二维算法之分，前者用来处理 DEM 数据，后者适合于数字化等高线数据；而从算法原理上，则主要集中在几何方法和模拟方法两类上。

这里要说明的是，地表特征的分析提取方法与对地表特性的认识是紧密相关的。不同的认识可能导致分析提取方法的不同，而不同数据结构的 DEM 的地表特征提取分析方法也不相同，如基于正方形格网 DEM 的地形分析与基于 TIN 的地形分析，以及基于数字化等高线的地形分析在算法设计与处理流程上都不尽相同。具体应用时要注意算法的适用范围、算法效率、所用 DEM 结构以及应用目的。

5.3 地形形态特征点分类

地形特征点包括山顶（凸点）、鞍部、山脊点、山谷点、洼地点（凹点）和坡面点（平地点）六类，这些特征点在各种结构的 DEM 上较容易通过一定的算法给予识别和分类。

在格网 DEM 上,地形特征点的识别一般是在局部 3×3 窗口内,通过所计算的地形因子来判断该格网点的地形属性。根据第 2 章的有关分析,这些地形因子为坡度、剖面曲率、纵向曲率等,地形参数的计算可采用第 4 章中介绍的任何一种方法。这些地形参数符号的变化完整地反映了地形点的类型。例如,对于非平面坡面,山谷点具有负的断面曲率,山脊点的断面曲率大于零,坡面点上的该曲率值为零。洼地点具有负的纵向曲率和负的断面曲率,山顶点的纵向曲率和断面曲率均大于零,而鞍部点的纵向曲率和断面曲率符号相反。这里介绍比较常用的几种解析方式的地形特征点分类方法。

5.3.1 基于高差符号变化的地形点分类

Lee (1992)提出一种基于高差符号变化的地形特征点分类算法,该算法的基本思想源于 Peucker 和 Douglas (1975)对地形点的分类定义。在 DEM 上的 3×3 局部窗口中,令:

n 为中心格网邻接格网数。例如,3×3 窗口中 $n=8$;

Dh 为中心点高程与周围格网的高程差;

Dh^+ 为所有正的高差之和;

Dh^- 为所有负的高差之和;

NC 高差变化次数;

LC 为高差符号变化之间的格网数量。

在上述定义下,中心格网点的类型可通过下述的准则来判断:

山顶:$Dh^+=0$, $Dh^- > TP$, $NC=0$;

洼地:$Dh^+ > TP$, $Dh^-=0$, $NC=0$;

山脊:$Dh^- - Dh^+ > TR$, $LC \neq n/2$, $NC=2$;

山谷:$Dh^+ - Dh^- > TR$, $LC \neq n/2$, $NC=2$。

TP 和 TR 为两个高差变化阈值,可根据实际需要进行定义。不属于上述高差变化范围的点为非地形特征点,这种方法对鞍部点没做定义。

5.3.2 基于曲率变化的地形点分类方法

Toriwaki 和 Fukumura (1978)使用连接性值(Connectivity Number, CN)和曲率微分(Coefficient of Curvature, CC)两个局部参数来对格点进行分类。

在 3×3 局部窗口中,如果考虑当前格网的周围四个方向相邻格点,即四向连接,CN 定义为:

$$\mathrm{CN}[4]_{i,j} = \sum_k (y_k - y_k y_{k+1} y_{k+2}) \quad k=(1,2,3,4) \tag{5.1}$$

若考虑当前格网周围八个方向(即八向连接),则:

$$\mathrm{CN}[8]_{i,j} = \sum_k (\tilde{y}_k - \tilde{y}_k \tilde{y}_{k+1} \tilde{y}_{k+2}) \quad k=(1,2,3,4,5,6,7,8) \tag{5.2}$$

在式(5.1)和式(5.2)中,设 H_k 是中心点八向邻接格点中高程值由大到小的第 k 个值,则 CN 表示了高程值比中心像元高程值大的邻接像元的数目。如果设 H_0 为中心格网单元的高程,设其周围八个点设的编号(从北方向开始顺时针或逆时针)分别为 H_1、H_2、H_3、H_4、H_5、H_6、H_7、H_8、H_1,则如果 $H_i \geqslant H_0$,则 $y_i = 1$;如果 $H_i < H_0$,则 $y_i = 0$;$\tilde{y}_i = 1 - y_i$,在四连接中,$k = 1,3,5,7$;在八连接中,$k = 1,2,3,4,5,6,7,8$。

曲率微分(CC),定义如下:

$$\left.\begin{aligned}
CC[4]_{i,j} &= 1 - \frac{1}{2}\sum_k y_k + \frac{1}{4}\sum_k y_k y_{k+1} y_{k+2} \\
CC[8]_{i,j} &= 1 - \frac{1}{2}\sum_k y_k + \frac{3}{8}\sum_k y_k y_{k+1} + \frac{1}{4}\sum_k y_k \tilde{y}_{k+1} y_{k+2}
\end{aligned}\right\} \quad (5.3)$$

式(5.3)中,第一式为四连接时的曲率微分,第二式为八连接时的曲率微分,通过 CC 可以计算出中心单元(i,j)处的曲率值。

利用 CN 和 CC 的特性,可判断格网单元的地形类别:

山顶:CN=0, CC=1;

洼地:CN=0, CC=0;

山脊点:CN=1, CC>T_1;

山谷点:CN=1, CC<T_2;

斜坡点:不满足 CN=1,CC>T_1 和 CN=1, CC<T_2;

鞍部:CN≥2 且 CN<4 或 8;

其中,T_1 和 T_2 是曲率的阈值。局部区域计算得到的 T_1 和 T_2 可预选为所有格点的 T_1 和 T_2,但在平坦地区必须进行设置以适应不同方向的扩展,以适应标识洪泛平原和高平原等地区的 DEM。

5.3.3 基于地形参数的地形点分类

如第 2 章所述,不同地貌类型地区具有不同的地形参数变化符号,根据地形参数的符号变化也可判断地形点的类型,表 5.2 是对第 2 章中的有关内容的总结。

表 5.2　地形点分类(Wood,1996)

类型	坡度	断面曲率	纵向曲率	最大凸度	最小凸度
山顶	0			>0	>0
	>0	>0	>0		
山脊点	0			>0	0
	>0	>0	0		
	>0	0	>0		
鞍部	0			>0	<0
	>0	>0	<0		
	>0	<0	>0		
坡面	0			0	0
	>0	0	0		
山谷点	0			0	<0
	>0	<0	0		
	>0	0	<0		
洼地点	0			<0	<0
	>0	<0	<0		

应用表 5.2 进行地形点分类时,需要注意以下几个问题:

1) 零坡度值的处理

如果地面的坡度为零,则该点的坡向、断面曲率和纵向曲率没有定义,这时需要一种不依赖坡向的凹凸度衡量方法。当地形曲面采用形如 $z = ax^2 + by^2 + cxy + dx + ey + f$ 的二次曲面时,Young 等(1987)给出了通过最大凸度和最小凸度来判断的方法。由于此时的坡度为零,即 $d^2 = e^2 = 0$,最大凸度(maxC)和最小凸度(minC)计算式为:

$$\left. \begin{array}{l} maxC = -a - b + \sqrt{(a-b)^2 + c^2} \\ minC = -a - b - \sqrt{(a-b)^2 + c^2} \end{array} \right\} \qquad (5.4)$$

对于不同部位的地形点,最大凸度和最小凸度符号变化如表 5.2 右半部所示。

2) 纵向曲率影响分析

当山脊、山谷两侧坡面高差比较悬殊时,纵向曲率符号变化可能导致地形点特征的错误分类(Wood,1996)。如图 5.2 所示。克服这类问题的方法之一是扩大邻域范围(Peucker et al.,1975;Jensen,1985;Bennet,1989;Skidmore,1990)。Wood(1996)认为可以把具有局部坡度的位置看做是山脊或山谷的一部分(脊线或谷线的两侧坡面),而洼地、山顶或鞍部仅出现在局部坡度为零的地方,据此表 5.2 可简化为表 5.3 的形式。

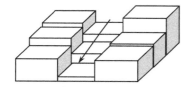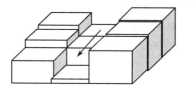

图 5.2　地形点错误分类(根据 Wood,1996 改绘)

山谷判断为鞍部或洼地

表 5.3　地形特征点分类的简化方法

地形特征	坡度	断面曲率	最大凸度	最小凸度
山顶点	0		>0	>0
山脊点	0		>0	0
	>0	>0		
鞍部点	0		>0	<0
坡面点	0		0	0
	>0	0		
山谷点	0		0	<0
	>0	<0		
洼地	0		<0	<0

3) 坡度和曲率的阈值

任何 DEM 不可避免地含有误差,在 DEM 上不可能含有绝对平坦的地区(坡度为零,除了湖泊、池塘等水域区域外);山顶、鞍部和洼地一般具有整体性质,而采用局部邻域分析窗口时,仅仅刻画的是当前窗口内格网点的地形属性。因此常会出现地形特征点误判问题(Wood,1996),如图 5.3 所示。解决这个问题的办法是设置坡度阈值和断面曲率阈值。这两个阈值的设置并无一定的规律可循,一般要根据实际地形变化来确定。

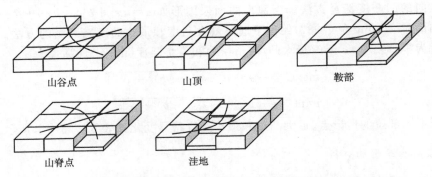

山谷点   山顶   鞍部

山脊点   洼地

图 5.3　阈值不正确而产生的地形特征点误判(根据 Wood,1996 改绘)

上述方法可通过下面的算法来实现,彩图 3 是该算法的地形特征点分类结果。

算法:地形特征点自动分类

变量:Slope:格网点坡度;二次曲面拟合法算法

　　　CrossC: 格网点断面曲率;二次曲面拟合法算法

　　　MaxC, MinC:格网点最大、最小凹凸度

　　　GridSize:DEM 分辨率

　　　TSlope, TConvex:坡度与断面曲率容差

参数计算:(拟合曲面函数:$z = ax^2 + by^2 + cxy + dx + ey + f$)

$$Slope = \tan^{-1} \sqrt{d^2 + e^2}$$

$$CrossC = GridSize \times \frac{bd^2 + ae^2 - cde}{d^2 + e^2}$$

$$maxC = GridSize \times \left(-a - b + \sqrt{(a-b)^2 + c^2} \right)$$

$$minC = GridSize \times \left(-a - b - \sqrt{(a-b)^2 + c^2} \right)$$

地形特征判别:

if(Slope>TSlope) // 非平面区域

　　if(CrossC>TConvex) return RIDGE; // 山脊点

　　if(CrossC<-TConvex) return CHANNEL; // 山谷点

　　else return PLANNAR; // 平面

if(MaxC>TConvex) // 平面区域

　　if(MinC>TConvex) return PEAK; // 山顶

　　if(MinC<-TConvex) return PASS; // 鞍部

　　else return RIDGE; // 山脊点

if(MinC<-TConvex) // 非平面区域

```
if(MaxC<TConvex) return PIT; // 洼地
else return CHANNEL // 山谷点
```

5.3.4　基于坡度和曲率的地形部位分类

前述几种方法将 DEM 格网单元划分成山顶、鞍部、洼地、山脊、山谷等类型,但对位于山坡上的格网单元的部位并未进行详细划分。从土壤、水文研究等知道,位于不同山坡位置的点具有不同的沉积和物质携带能力,因此对地形进行部位分类是土壤、水文等研究中非常关心的一个内容。地形不同部位具有不同的地形几何参数,因此可根据地形参数的变化情况来进行地形部位类型划分。

Skidmore（1990）给出了一个基于距离的地形坡位分类方案,他根据地形点到最近山脊和山谷距离的比率,将斜坡分成山谷区、低中坡区（lower mid-slope）、中坡区（mid-slope）、上中坡区（upper mid-slope）和山脊区几类。其具体原理如下。

设给定地形格网单元为 $A(i,j)$,该点到最近的山谷线的距离为 D_V,到最近的山脊线的距离为 D_R,定义:

$$P_{i,j} = \frac{D_V}{D_V + D_R} \tag{5.5}$$

则:

当 $P_{i,j} < k_1$ 时,$A(i,j)$ 位于山谷区;

当 $k_1 \leqslant P_{i,j} < k_2$ 时,$A(i,j)$ 位于低中坡区;

当 $k_2 \leqslant P_{i,j} < k_3$ 时,$A(i,j)$ 位于中坡区;

当 $k_3 \leqslant P_{i,j} < k_4$ 时,$A(i,j)$ 位于上中坡区;

当 $P_{i,j} \geqslant k_4$ 时,$A(i,j)$ 位于山脊区。

上述表达中,$k_i(i=1,2,3,4)$ 是不同地形部位划分的阈值,可通过一定的实验样区预先进行确定。该方式虽然简单明了,但 D_V 和 D_R 的计算却不是一件容易的事。Schmidt 等（2004）和 Dragut（2004）给出了基于坡度和曲率划分地形单元的标准,如表 5.4 所示。彩图 4 是根据表 5.4 对某一地区地形的分类结果。

表 5.4　地形部位分类标准（据 Dragut,2004）

地形类型单元		地貌特征				
序号	名　称	特征描述	曲率		坡度	高程
			剖面	平面		
1	山顶	突起的表面				高出邻域单元
2	山肩	凸型单元	>0	≤0		
3	陡坡				>45°	
4	缓坡（平坡）				<2°	
5	边坡	直线坡	±0	±0		
6	山嘴坡	凸型坡	>0	>0		
7	源头坡	凹型坡	<0	<0		
8	背坡	凹型单元	<0	≥0		
9	趾坡	平坦的底部			<2°	冲积地形

5.4 地形形态特征线提取的解析方法

地形形态特征线提取的解析方法是根据地形曲面的特征,利用几何分析的方法来确定地形特征点,并提取地形特征线,如山脊线、山谷线等,地表形态的几何特征是这种分析方法的主要依据。

5.4.1 算法回顾

解析法主要是依据地表形态的解析性来分析提取地形曲面的结构特征,一般包括三个步骤,即潜在特征点的选择、特征点的追踪连接和特征线整理三个环节。

与前述地形特征点分类不大相同,在地形结构线提取过程中,地形特征点一般仅分为两类,即山脊线点和山谷线点,这两类点是地形结构线追踪的对象。到目前为止,已经提出很多种算法用以识别山脊点和山谷点,但从算法的原理上可分为极值法和局部窗口法两类。极值法包括曲率极值法、断面极值法等,是从山脊线和山谷线的几何形态角度选择出潜在的地形特征点,而局部窗口法则是在一局部范围内通过高程比较分析获取地形特征点。不同方法适合于不同结构 DEM,例如前者适合于等高线数据、格网 DEM,而后者一般适合于格网 DEM。

特征点的追踪连接是地形结构特征提取的难点之一,无论是对于解析法或模拟法。其目的在于将地形特征点连接起来,形成完整地形骨架线。由于地形结构线的复杂性,并无一定之规可循,目前常用的方法是基于知识的推理方法、特征函数匹配法以及将几何方法和流水模拟法结合起来的混合方法。

由于 DEM 数据噪音的影响,自动追踪出来的山脊线或山谷线会含有许多较短的短枝或孤立的地形特征点,他们不是真正的地形特征线,需要对其进行整理,以形成完整的结构线网络。这一步相对比较简单,可通过追踪出的地形结构线的长度、点数的控制来实现,也可在地形特征点的识别过程中通过检验剔除。

要说明的是,由于地形本身的复杂性,以及 DEM 数据中的噪音,从 DEM 中自动提取地形特征线的解析法还处于研究阶段,算法还存在一定的局限性,地形结构线的基本特征如连通性、层次性等尚未在算法中得到完全的体现。

5.4.2 地形特征线候选点确定方法

如前所述,在地形结构线特征提取由确定地形特征点入手,即选取地形结构线候选点,以确定地形特征线的基本位置和形状。候选点确定方法主要包括极值法和局部窗口法,也可采用前述中的方法。

1. 极值法

极值法通过搜寻地形曲面上的极值点来确定结构线的特征点。例如,山谷线是由一系列的谷线点,即连续的极小值点构成的,而山脊线则由山脊点,即连续的极大值点构成。

1) 断面极值法

断面极值法常用在格网 DEM 上的特征点识别。按纵、横两个方向内插曲面的纵、横剖面线,逐剖面线计算极大值点和极小值点,即可得到潜在地形特征点。图 5.4 是某一地区的等高线地形图,图 5.5 是通过断面极值法找到的特征点分布。从图 5.5 可看出,这种方法所确定的极值点与等高线的结构基本吻合。

图 5.4　原始等高线(据 Yoeli,1984)

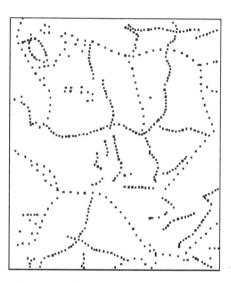

图 5.5　极值点分布(据 Yoeli,1984)

2) 曲率极值法

山脊线和山谷线上的点在等高线上的特征为其局部曲率最大点,亦为等高线弯曲变化的特征点。曲线特征点的提取是计算机图形、图像处理和模式识别中的一个重要研究课题,已研究出的用于曲线特征点提取的算法有多种。较常用的方法是 Split 方法(黄培之,2001),其基本思想是:对于闭合曲线,先用曲线的最左边和最右边的两个点作为起始点;对于非闭合曲线,选择其两个端点作为起始点。起始点确定后,顺序计算曲线上位于两个起始点之间的每一个点距两个起始点连线的垂距,并找出其最大垂距点。若该最大垂距值大于给定的阈值,则该点为特征点。再用该点分别与原两个起始点构成两对新的起始点,用相同的方法找出曲线的特征点。图 5.6 表示 Split 算法的原理,图 5.7 是提取的地形特征点。

2. 局部窗口法

设当前格网单元为 (i, j),以该单元为中心,建立一个 $(2m+1) \times (2m+1)$ $(m=1, 2, \cdots, 5)$ 的局部窗口。在该窗口内,依据中心单元的高程和其周围单元高程之间的关系,可判断出中心单元是否为地形特征点。

陈永良等(2001)提出了一个比较简单的局部窗口检测方案。其基本原理是:在 DEM

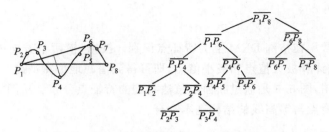

图 5.6　Split 算法原理（据黄培之，2001）

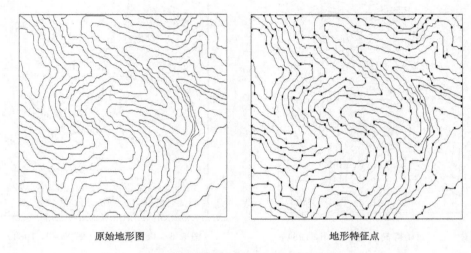

原始地形图　　　　　　　　　　　　　地形特征点

图 5.7　Split 所提取的地形特征点（据黄培之，2001）

中，一个山脊（谷）点是沿某一方向高程数据变化的局部极大（极小）值点，而一条山脊（谷）线则可以看成是由一系列离散的山脊（谷）点构成的"链"，如果沿山脊（谷）线的法线方向，穿过某一山脊（谷）点做一条短剖面，那么山脊（谷）点的高程值必高（低）于其两侧相邻数据点的高程值。他们给出的局部窗口检测方案如下：

如果在局部窗口中，当前格网单元的高程值满足如下条件之一者，则可能为山脊点，其中 $1 \leqslant k \leqslant m$：

$$\left.\begin{array}{l} H(i,j-k) < H(i,j-k+1) \\ H(i,j+k) < H(i,j+k-1) \end{array}\right\} \tag{5.6}$$

$$\left.\begin{array}{l} H(i-k,j) < H(i-k+1,j) \\ H(i+k,j) < H(i+k-1,j) \end{array}\right\} \tag{5.7}$$

$$\left.\begin{array}{l} H(i-k,j-k) < H(i-k+1,j-k+1) \\ H(i+k,j+k) < H(i+k-1,j+k-1) \end{array}\right\} \tag{5.8}$$

$$\left.\begin{array}{l} H(i-k,j+k) < H(i-k+1,j+k-1) \\ H(i+k,j-k) < H(i+k-1,j-k+1) \end{array}\right\} \tag{5.9}$$

如果在局部窗口中，当前格网单元的高程值满足如下条件之一者，则可能为山谷点，

其中 $1 \leqslant k \leqslant m$：

$$\left.\begin{array}{l} H(i,j-k) > H(i,j-k+1) \\ H(i,j+k) > H(i,j+k-1) \end{array}\right\} \qquad (5.10)$$

$$\left.\begin{array}{l} H(i-k,j) > H(i-k+1,j) \\ H(i+k,j) > H(i+k-1,j) \end{array}\right\} \qquad (5.11)$$

$$\left.\begin{array}{l} H(i-k,j-k) > H(i-k+1,j-k+1) \\ H(i+k,j+k) > H(i+k-1,j+k-1) \end{array}\right\} \qquad (5.12)$$

$$\left.\begin{array}{l} H(i-k,j+k) > H(i-k+1,j+k-1) \\ H(i+k,j-k) > H(i+k-1,j-k+1) \end{array}\right\} \qquad (5.13)$$

如果当前格网单元为鞍部点,即该点是沿某一方向的高程变化的局部极大值点,又是沿与该方向近似垂直的方向上的高程变化局部极小值点。故在以该点为中心的局部窗口中,该点高程值既满足式(5.6)～(5.9)中的一个又满足式(5.10)～(5.13)中的一个。

如果采用局部 3×3 窗口,即式(5.6)～(5.13)中的 $k=1$,且采用四连接方向(坐标轴方向),则式(5.6)～(5.9)可简化为式(5.14),而式(5.10)～(5.13)可简化为式(5.15)(刘泽慧等,2003)：

$$\left.\begin{array}{l} [H(i,j)-H(i,j-1)] \times [H(i,j)-H(i,j+1)] > 0 \text{ 且 } H(i,j)-H(i,j+1) > 0 \\ [H(i,j)-H(i-1,j)] \times [H(i,j)-H(i+1,j)] > 0 \text{ 且 } H(i,j)-H(i+1,j) > 0 \end{array}\right\}$$
$$(5.14)$$

$$\left.\begin{array}{l} [H(i,j)-H(i,j-1)] \times [H(i,j)-H(i,j+1)] > 0 \text{ 且 } H(i,j)-H(i,j+1) < 0 \\ [H(i,j)-H(i-1,j)] \times [H(i,j)-H(i+1,j)] > 0 \text{ 且 } H(i,j)-H(i+1,j) < 0 \end{array}\right\}$$
$$(5.15)$$

图 5.8 是对图 5.7 中的原始等高线地形图建立 DEM 后,通过式(5.14)和式(5.15)计算的地形特征点。

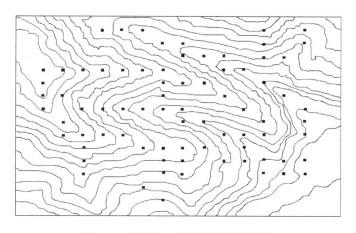

图 5.8　局部窗口法提取特征点结果

在 $(2m+1) \times (2m+1)$ 局部窗口中,一个栅格单元中所检测到的特征点常不止一

P_4	P_3	P_2
P_5	P_0	P_1
P_6	P_7	P_8

图 5.9 Hilditch 细
化函数模板

个,形成地形特征点"宽带",这不大符合实际地形规律,需要按照一定的规则对其进行细化,以形成只有一个格网单元宽度的特征点。细化算法有多种,这里介绍一个改进后的 Hilditch 算法(孙家广,1998),该算法既可以剔除孤立的山脊(谷)点,又可以将山脊(谷)点的宽带部位细线化,其原理如下:

设山脊点、山谷点的格网单元的值为 1,非山脊点、山谷点的格网单元值为 0,定义如图 5.9 所示的 3×3 窗口和以下函数($k=1$,$2,\cdots,8$):

$$A(k) = \begin{cases} 1, & p_k \text{ 为山脊点或山谷点} \\ 0, & p_k \text{ 为非山脊点或山谷点} \end{cases} \tag{5.16}$$

$$A(0) = \begin{cases} 1, & p_0 \text{ 为山脊点,山谷点} \\ 0, & p_0 \text{ 为非山脊点,山谷点} \\ -1, & p_0 \text{ 为待剔除的山脊点,山谷点} \end{cases} \tag{5.17}$$

$$B(k) = 1 - |A(k)| \tag{5.18}$$

$$C(k) = \begin{cases} 1, & A(k) = 1 \\ 0, & A(k) \neq 1 \end{cases} \tag{5.19}$$

$$D(k) = \begin{cases} 1, & |A(k)| = 1 \\ 0, & |A(k)| \neq 1 \end{cases} \tag{5.20}$$

$$\begin{cases} E(k) = 1 - |D(k)| \\ E(9) = E(1) \end{cases} \tag{5.21}$$

$$F = \sum_{i=n}[E(i) - E(i)E(i+1)E(i+2)], \quad n = \{1,3,5,7\} \tag{5.22}$$

$$G(k) = F', \quad k = 0,1,\cdots,8; \quad F' \text{ 是 } A(k) = 0 \text{ 时的 } F \tag{5.23}$$

利用式(5.16)~(5.23),细化过程如下:

(1)将模板沿扫描线方向移动,遍历所有的 DEM 格网。当下列 5 个条件都满足时,中心格网单元 P_0 赋予 -1,否则不做任何改变;

条件一:$A(0) = 1$(P_0 为山脊点、山谷点);

条件二:$\sum_{i=n} B(2i-1) \geqslant 1$,$n = \{1,2,3,4\}$($P_0$ 位于山脊或山谷点宽带的边缘);

条件三:$\sum_{i=n} |A(2i-1)| \geqslant 2$,$n = \{1,2,3,4\}$(不消除端点);

条件四:$F = 1$(保留连接性);

条件五:$A(i) \neq -1$,或 $G(i) = 1$,$i \in \{1,2,\cdots,8\}$,(线宽为 2 的部分只消除一侧)。

(2)在第一步处理结束后,将已赋 -1 的格网单元值全部置为 0,再次执行第一步,如此反复直到第一步处理的结果不再有 -1 的格网出现,则处理结束。

(3)删除孤立的格网点。将模板沿扫描线移动,满足下列条件的格网单元值赋予 0,该步遍历所有的格网点。

条件一:$A(0) = 1$(P_0 为山脊点、山谷点);

条件二：$\sum_{i=1}^{8} C(i) = 0$（P_0 为孤立的山脊点、山谷点）。

5.4.3　特征线跟踪

在地形特征线潜在特征点确定之后，特征线提取的关键是合理准确地连接相关的潜在特征点，从而构成地形特征线。这一过程叫做特征线跟踪，目前主要方法有基于知识推理的方法和特征函数匹配法，以及解析法和模拟法的混合方法。

1. 基于知识推理的方法

基于知识的推理连接方法是 Yoeli（1984）提出的，整个过程分为山脊线跟踪和山谷线跟踪两步。在确定追踪方案时，他制定了一系列的连接规则，期望完整地形成局部地形的结构网络。在 Yoeli 的方法中，地形特征点的确定是按断面极值法，极大值点（山脊点）位置存储在 X_{max}、Y_{max}、H_{max} 数组中，极小值点（山谷点）存储在 X_{min}、Y_{min}、H_{min} 数组中。

1）山谷线跟踪

Yoeli 认为：

（1）山谷线由极小值点构成；

（2）从最高点（上游）起，山谷线的点值（高程）应是越来越小；

（3）除了闭合的盆地外（比较少见），一般地说山谷线终止于另一谷线（河流）、湖泊或海洋、DEM 的边缘。

山谷线的跟踪是逐条进行的。首先从 X_{min}、Y_{min}、H_{min} 中找出具有最大高程值的尚未跟踪的极小值点，从此点开始，寻找其后继点，直到该条山谷线终止，再跟踪另一条谷线。当 X_{min}、Y_{min}、H_{min} 中所有点都被跟踪后，则山谷线跟踪完毕。

当一条山谷线开始跟踪后，上一次被确认的谷线点作为当前点，以该点为中心定义一或两倍于 DEM 格网边长的搜索窗口（图 5.10），位于该窗口内的某极小值点则被选为下一个谷线点，其必须满足以下三个条件：

（1）该点是高程低于当前点的所有极小值点中距当前点最近的点；

（2）连接该点与当前点不与任何已跟踪的谷线交叉；

（3）连接该点与当前点不通过任何极大值点。

一旦某极小值点被确认新的谷线点，必须进一步检查其是否已被跟踪，如已被跟踪，则说明两条山谷线相汇合，跟踪停止，转向跟踪新的谷线；否则检查该点山谷线是否位于 DEM 边缘，如果是，跟踪亦停止，转向跟踪新的谷线；如果不是以上情况，则必须继续跟踪。

在搜索窗口中，可能所有极小值点都不满足上述三个条件。这可能是因为山谷线与一湖泊或海洋相汇合，或者山谷线到达一闭合盆地，或者到达一平缓地带而自动消失。无论何种情况，跟踪停止，启动一根新的跟踪线。

图 5.10 中的阴影部分是搜索窗口，其中心 K 为当前谷线，高度为 73.5m，符合上述三个条件的点是 D，因此 D 被确认为当前谷线点，但 D 在跟踪山谷线 $ABCDEF$ 时已被

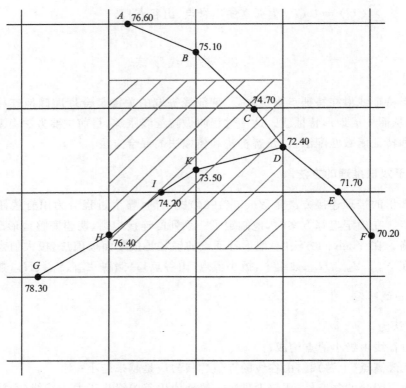

图 5.10　谷线跟踪（据 Yoeli，1984）

跟踪，这说明在 D 点两条山谷线相汇合，则跟踪停止，转向另一条新的山谷线跟踪。图 5.11 是山谷线跟踪的结果，图 5.12 是山谷线与等高线的叠加，容易看到山谷线的跟踪是比较准确的（少于 4 个极小值点的山谷线被删除）。

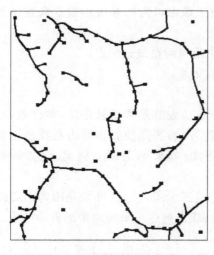

图 5.11　跟踪出的山谷线
（据 Yoeli，1984）

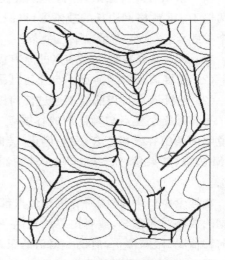

图 5.12　山谷线与等高线叠加
（据 Yoeli，1984）

2）山脊线跟踪

在 Yoeli 的跟踪方案中,山脊线跟踪与山谷线跟踪不相同。这是因为山脊线的高度是可以起伏的,因此不能限定仅寻找比当前点高(或低)的极大值点。搜索窗口中,所有的极大值点都应在考察范围内,鉴于此,山脊线的跟踪分为两步:首先跟踪出山脊线线段,然后将这些线段联合生成山脊线(亦即分水岭体系)。

（1）山脊线线段跟踪。山脊线线段跟踪由最低点开始,从 X_{max}, Y_{max}, H_{max} 中找出数值最小(高程最低)的尚未被跟踪的点作为山脊线段的起点(亦是当前点),该点(设为 A)必位于 DEM 格网的某一边上(图 5.13),考察另外三边,寻找尚未被跟踪的极大值点,如发现这样的一个点[图 5.13(a)],则检查该点与当前点的连线是否与已生成的山谷线相交,如不相交,则确认该点,继续跟踪;否则当前及脊线线段跟踪完成,启动新的脊线线段跟踪。如图 5.13(b)和图 5.13(c)所示,有可能有 2 个或 3 个这样的点,这说明当前脊线线段到达脊线体系的分支(结点)处,当前脊线线段跟踪终止,不将当前点与任何一点相连,转向跟踪另一条新的脊线线段。如此循环直至所有的极大值点被跟踪完毕。

（2）脊线体系生成。在连接脊线线段生成山脊线体系的过程中,需要考虑脊线的重要性程度。Yoeli 作了这样的假设:平均高程越高,脊线越重要。连接过程类似于跟踪过程,逐线段进行。首先选择具有最低值端点的线段,其低值端点作为一条脊线的起点,另一端点作为当前连接点,考察所有其余的未被连结的线段,如果有任何线段具有与当前连结可能的连结的端点(图 5.14),则根据情况作进一步判断:

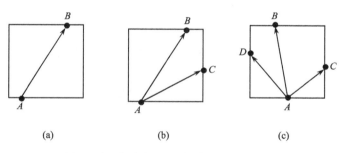

(a)   (b)   (c)

图 5.13　脊线线段跟踪(据 Yoeli, 1984)

a. 如有一条这样的线段,如果连接这两条线段不与山谷线或其他已生成的脊线相交,则连接两线段,将新确认线段的另一端作为新的当前连接点,继续搜索;

b. 如有多于一条这样的线段,如果没有可与其连接的线段,则本线段搜索完备,在启动另一条新脊线前,先检查一下有无已搜索完备的脊线通过当前连接点所在格网,如有则将该脊线中与当前连接点相连,形成脊线分支点。

图 5.14 说明上述脊线体系生成过程。图中共有 4 条脊线线段 A、B、C、D,其中线段 A 的起点 A_s 高程最低,故 A 被首先选中为一条脊线的起始线段,A 的另一端点作为当前连接点,在 A_e 所位于的格网上发现 3 条尚未连接的线段 B、C、D,其中 C 的平均高程最高,故选中 C 与 A 连接,进而将 C 的另一端 C_e 当作当前连接点继续搜索,但没有发现任何可连接的线段,则当前脊线生成完毕,转向启动新脊线。

在剩余的未连接脊线段中,最低端点为 B_s,则 B 作为第 2 条脊线的起始线段,B_e 当作当前的连接点,考察 B_e 仅发现 D 为可连接线,但 B、D 连结后与 A、C 的连线交叉,故 B、D 不能相连。此时进一步检查是否有通过 B_e 所在格网的已连接的脊线,如图 5.14 所示,A、C 连线是这样的脊线,其中脊线点 C_s 与 B_e 最近,故 B_e 和 C_s 相连接,形成一个分支点,接下去显然搜索线段 D。图 5.15 是将脊线与等高线叠加的结果。

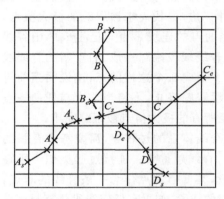

图 5.14　脊线连接(据 Yoeli,1984)

图 5.15　山脊线与等高线叠加(据 Yoeli,1984)

2. 特征函数匹配法

所谓特征函数匹配法,就是对所检测出来的地形特征点建立一系列用来描述其特征的特征指标,这些特征指标可以是两点之间的距离,或两条线段之间的夹角,或特征点的方向,然后通过这些特征指标构造一表达式(称之为相似函数),该表达式反映地形特征点之间的相似程度。

特征函数法认为,位于同一条结构线上(山脊线、山谷线)的特征点,它们具有最大的相似性,因此从给定点开始,在所确定的候选点集中,按照所构造的相似函数计算出各点的特征值,具有最大特征值的点就是该点的邻接点,如此处理完全部点,从而形成完整的地形结构线网络。

特征函数法比较适合于等高线数据的特征提取。在基于等高线数据的特征提取中,特征点的特征指标可选取如下(图 5.16):

(1)特征点之间的距离(D),用来表达两个地形特征点之间距离。一般地,位于同一条结构线上的相邻两个地形点,其间的距离应该是最短的,例如在图 5.16 中,位于山脊线上的 A、E、J 点。

(2)特征点的方向(A),定义为与过该点的等高线切线垂直的下坡方向,为计算简单起见,可通过位于同一条等高线上的该点的前后两点所形成的夹角的角平分线来计算。如图 5.16 中,设当前点为 B,同一等高线上的前后两点为 A 和 C,则 $\angle ABC$ 的平分线上的下坡方向可作为 B 点的方向,理论上位于同一结构线上的点,其方向之间的差值应该是最小的。

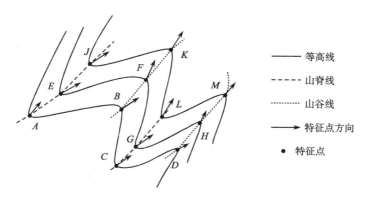

—— 等高线

- - - 山脊线

········· 山谷线

——→ 特征点方向

● 特征点

图 5.16　特征函数匹配法

（3）结构线特征点夹角（B），定义为同一结构线上相邻三点之间的夹角。例如，图 5.16 中，A、E、J 三点位于山脊线上，则 E 点处的 B 值定义为 $\angle AEJ$。这一特征值取决于地形结构线的走势，是一个辅助指标，需要设置一定的阈值进行判断。

除上述特征外，也可根据需要定义其他的特征指标。

在上述三个特征指标中，重要程度不尽相同，其中特征点之间的距离 D、特征点的方向 A 重要程度最大，而结构线特征点夹角 B 为辅助指标，因此可以构造如下的相似函数：

$$\left.\begin{array}{l} F_1 = f(D,A) = W_1 D_i^2 + W_2 A_i^2 \\ F_2 = B \end{array}\right\} \tag{5.24}$$

式中，W_i 为不同指标重要程度的权值。权值的确定可通过典型样区的实验进行确定。由上述算法知，满足 F_1 最小的点且 F_2 在所给阈值范围之外的点应是当前点的连接点。

在图 5.16 中，设当前处理点为 F，其候选点集为 $M=\{A，E，J，B，K，C，G，L，D，H，M\}$，通过计算可以得到 F 点的距离点集 $D=\{D_{FA}，D_{FE}，D_{FJ}，D_{FB}，D_{FK}，D_{FC}，D_{FG}，D_{FL}，D_{FD}，D_{FH}，D_{FM}\}$，特征点方向点集 $A=\{A_A，A_E，A_J，A_B，A_F，A_K，A_C，A_G，A_L，A_D，A_H，A_M\}$，以及结构线特征点夹角集 $B=\{\angle BFK\}$，如果取 $W_1 = W_2 = 1$，B 的阈值为 120°，则在相似原则下，F 的连接点为 K。

特征函数匹配法相对比较简单，但特征指标的选取和权值的确定比较困难。图 5.17 是根据特征匹配原理所提取的地形特征线（王耀革等，2002）。

图 5.17　特征函数匹配法结果（据王耀革等，2002 改绘）

3. 解析法和模拟法的混合方法

地形曲面变化复杂,仅从一个角度考虑其特征进而设计出特征提取算法,有时难免有失偏颇。例如,基于区域地形曲面的解析法并未顾及每条地形特征线自身的变化规律,在全区域采用相同的阈值,因而造成地形结构线的漏判和误判。另一方面,基于地形曲面的模拟法(详见下节)是通过模拟和分析地表物质的运动状况而判断地形结构线,由于地形噪音的存在,这种模拟在地形破碎地区会十分困难且容易出错。因此,在运用模拟法之前需对地形数据进行噪音剔除,即对小的洼地和小丘进行填平和夷平处理。这种处理不仅费时,而且也相当主观。另外,在利用规则格网的数据资料进行流水模拟时,格网分辨率对计算过程的影响很大,当格网较密时,不仅地形噪音增加而且计算量也成倍增加;而当格网较稀疏时,所提取的山脊线和山谷线的精度则较差。此外,由于流水的连续性及流水自高而下的自然特性,使得处于地形高处的山谷线上的点因其汇水量较小而常被遗漏,而处于地形低处的点因其汇水量较大而被误判为山谷线上的点。

鉴于解析法和模拟法各自的特点和不足,有学者提出将解析法和模拟法结合起来的地形结构线提取的混合方法(黄培之,1995,2001),以充分利用地形数据的原始资料信息。混合方法的基本原理是:首先建立区域概略 DEM,然后用几何分析的方法从数字化等高线数据中提取可能是山脊线和山谷线上点的候选点;再用流水模拟的方法提取区域内地形概略的分水线和汇水线;并以其为引导,在其周围邻近区域对地形进行几何分析,以精确确定该区域的地形特征线。图 5.18 显示这种方法的流程。

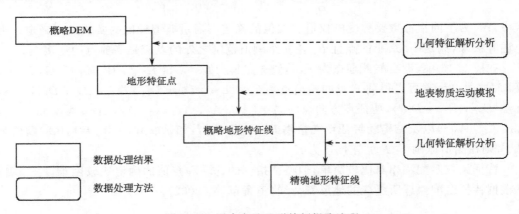

图 5.18　混合方法地形特征提取流程

1) 算法步骤

(1) 概略 DEM 建立。概略 DEM 主要是用来进行概略特征线的提取,基于数字化等高线的概略 DEM 建立可采用第 3 章的方法进行。

(2) 地形特征点确定。可用本章前述任意方法在数字等高线数据上确定地形特征点。

(3) 概略地形特征线提取。概略地形特征线的提取利用地形特征点进行地形特征线的识别、归类,以提取山脊线和山谷线。概略特征线提取可采用模拟法,其基本原理是:

在概略 DEM 上,先计算区域内每个点的水流方向。获得区域地形水流方向后,依据流水自高向低的自然规律,按高程由大到小的顺序依次计算每点的汇水量。区域内汇水量最大的那些点即为汇水线的终结点。分别从每一个汇水线的终结点出发,找出该条汇水线上与该点邻近的上游点,这个点的汇水量远小于汇水线的终结点的汇水量,但远大于汇水线的终结点的其他邻近点的汇水量。其后,将最新所确定的汇水线上的点视为新的汇水线的终结点,用相同的方法确定该条汇水线的下一个上游点。依照上述方法直至所判定点的所有邻近点的汇水量差异较小为止,这样便可获得矢量化的汇水线数据。对已获得的各条汇水线,找出其汇水区域的边界线,这些汇水区域的边界线就是分水线。汇水区域的边界线的确定可通过计算流向该汇水线的所有的点构成的区域的边界线获得,然后再用跟踪算法便可获得矢量化的分水线数据。图 5.19 是图 5.7 所示的区域的概略特征线。

（4）精确地形特征线位置确定。获得区域内地形概略的分水线和汇水线后,分别求出与每一条分水线和汇水线相交的各条等高线的交点,然后在每个交点所在的等高线上找出与该交点邻近的特征点作为特征线上的点。具体做法是以该交点为圆心,并以 DEM 格网间距的 1/2 为半径画圆,在圆内找出其距圆心最近的该条等高线上的特征点作为特征线上的点。在上述处理过程中,需参照相邻等高线上邻近的特征点以保持同一地形特征线的弯曲一致。当所选的特征点使得地形特征线的走向出现突变时,应检查位于该圆内的其他特征点,并从中找出能使得该条特征线的走向较为合理的一个特征点作为特征线上的点。若在交点附近无特征点,并且相邻等高线皆出现此现象,说明地形特征线已终止。这是由于流水模拟方法的局限性所致,它通常出现在汇水线的低处与分水线的两端。对于由流水模拟方法的局限性所造成的高位山谷线的丢失部分,可采用补充处理方法:在已获得的每条山谷线的最高点,按其走向向外延伸,使其与上一条等高线相交,然后用相同的方法确定山谷线的上游点。图 5.20 是在图 5.19 基础上所获的精确地形特征线。

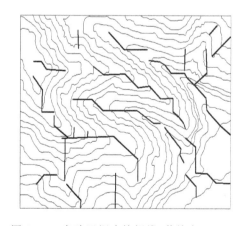

图 5.19 实验区概略特征线(黄培之,2001)

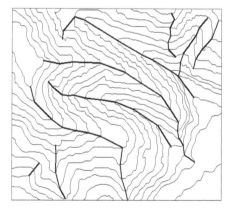

图 5.20 实验区精确特征线(黄培之,2001)

2）算法分析

黄培之(1995,2001)曾对混合算法的正确性和有效性进行了详细的分析,这里简要概述他的分析实验结果。

实验区的地形图如图 5.7 所示。该区域的等高线数字化后得到的等高线数据由 1803 个点组成,其中包含 75 个地形特征点(43 个脊线点,32 个山谷线上的点)。用 Split 算法(阈值取 1.5)所提取的曲线特征点的个数为 259(图 5.7),其所包含的有效信息(地形特征点)为 29%,而无效信息占 71%,这说明通过局部 Split 法所提取的特征点中虽然含有各种地形特征信息,但同时也含有大量的噪音。问题的关键是如何在 259 个特征点中选出 75 个地形特征点。

从图 5.19 中可看出,概略分水线和汇水线含有山脊线和山谷线的信息,同时也存在某些局部与等高线不相匹配的地方。利用所得到的概略分水线和汇水线辅助进行山脊线和山谷线跟踪,即对由几何分析所得到的山脊线和山谷线的候选点进行识别和分类,可得到正确的山脊线和山谷线,其结果如图 5.20。这里可看出混合方法所提取的山脊线和山谷线与实际地形符合较好。

从图 5.19 和图 5.20 中还可以看到,由模拟分析方法所得到的分水线和汇水线含有山脊线和山谷线的信息,但它与山脊线和山谷线又有着不同之处:①分水线皆为闭合区域(汇水区域)的边界线,山谷线的两端与等高线不相符合,这是由于分水线和汇水线与山脊线和山谷线的概念不同所引起的;②分水线和汇水线与等高线的弯曲形状符合得不好,这是由于在进行流水数字模拟分析时所采用的 DEM 格网较稀疏所致。若采用较密的 DEM 格网进行流水数字模拟分析,由于地形噪音的增加使得这种模拟分析更加困难,难以取得较好的结果。

另外,本实验也说明边界效应对地形特征提取的影响。从图 5.19 所示的实验结果可以看到,所提取的山脊线和山谷线与实际地形基本上相符合,但是在边界区域会出现一些误判。这是由流水数字模拟分析算法中边界效应所引起的,它可以根据山脊线和山谷线的走向进行识别并剔除,即在边界区域中,当山脊线或山谷线的走向出现突变(转角大于 90°)时,山脊线或山谷线应该终止。

尽管混合方法既能够保证所提取的山脊线和山谷线的几何精度,又能够较好地解决原几何分析方法中所存在的山脊线和山谷线的识别、跟踪问题。但算法所涉及的特征点的阈值确定、概略 DEM 的格网大小、边界效应的有效消除仍然是一个值得认真研究的问题。

5.5 地形形态特征线提取的模拟方法

地形形态特征线提取的模拟方法是根据地表物质运动的特性,特别是水流运动的特点,利用水流模拟的方法来提取地形特征线,地表水流的运动特征是这种分析方法的主要依据。

5.5.1 概 述

在水文分析中,汇水面积(catchment area)描述了地表水流流经给定等高线长度上游所经过的区域,也称上游汇水面积(upslope catchment area),或流量累积值(flow accumulation)。汇水面积具有这样的特性:位于山脊线上的等高线由于山脊线的分水作用而使其汇水面积比较小,山谷线则由于具有汇水作用而具有较大的上游汇水面积,山坡上的汇水面积值介于二者之间。基于这样的考虑,如果能够计算出 DEM 格网单元的上游汇水面积,则在给定阈值条件下,就可以提取给定区域的地形结构线。

地形结构线提取的模拟法正是利用了汇水面积的这一特性。用来在 DEM 上进行汇水面积计算的算法称之为路径算法(routing algorithm)(Desmet and Govers,1996a),它描述地表各种物质如水、沉积物、营养成分等在地形单元之间(从高到低)的传输和流动路径。通过路径算法可确定给定的地形单元的流出量的分布,从而计算出该单元的上游汇水面积,进而提取地形特征结构线。路径算法的建立需要对地表物理特征和地表物质运动机理有准确的认识。

路径算法的实现与 DEM 结构有关,现今 DEM 采用规则格网、不规则三角网或等高线结构来组织数据。格网结构的 DEM 拓扑结构简单、容易实现、计算方便、易与遥感数据结合等优点而应用较为广泛。迄今为止,在格网 DEM 上已提出了各种路径算法,如 O'Callaghan 和 Mark(1984)的 D8 算法,Costa-Cabral 和 Burges(1994)的 DEMON 算法,Tarboton(1997)的 Dinf 算法,Freeman(1991)、Quinn 等(1991)的多流向算法;Fairfield 和 Leymarie(1991)的随机方向算法;Meisels 等(1995)的多级骨架化算法;Pilesjö 等(1998)的曲面形态算法。比较成功的软件如基于多流向算法的 TOPMODEL 软件(Quinn et al.,1995;Ambroise et al.,1996;Brasington et al.,1998),集 D8、DEMON、Freeman 多流向算法、随机八方向算法于一体的 TAPES-G 等(Gallant et al.,1996;Wilson et al.,1996)。Moore 等(1988,1991)提出基于等高线模型的路径算法,Jones 等(1990),Garg 和 Sen(1994),Nelson 等(1994)等也分别提出了基于 TIN 的路径算法,但由于计算复杂、运行时间较长或数据结构不便于共享等而应用不广。

实际上,在等高线模型和 TIN 上的流径等计算相对要明确和容易些,因为这些模型和地形参数定义是相吻合的。例如,在等高线模型上,流线与等高线垂直;在 TIN 上,流径方向则取决于三角形的地形位置。然而在 DEM 上的情形就比较复杂,这一方面是由于 DEM 格网结构的限制,路径算法设计要么完全忽略格网结构,要么就是对 DEM 结构做出解释(Rieger,1998)。另一方面则是地表本身的非解析性和地表物质运动的复杂性,使得路径算法设计不同程度的存在各种假设(Holmgren,1994;Wolock et al.,1995)。不同的路径算法的地形分析结果不同,有时甚至差异很大(Moore,1996;Tarboton,1997;Pilesjö and Zhou,1996)。

路径算法的结果可以是数值指标如汇水面积、单位汇水面积、径流长度等,也可按图形方式表示的流域网络、地貌结构线等。

5.5.2 路径算法原理与分类

在格网 DEM 上利用路径算法进行汇水面积计算主要解决两个问题:
(1)确定当前栅格单元的流向。
(2)决定当前栅格单元向较低单元的流量分配比例。

围绕上述两个问题有两种观点:一种观点认为单元之间水的流动应全部流入最大坡度下降方向的单元(图 5.21),称之为单流向路径算法(Single Flow Direction algorithm,

SFD)(Mark，1984；O'Callaghan et al.，1984；Fairfield et al.，1991)；另一种观点称为多流向算法(Multiple Flow Direction algorithm，MFD)，它认为上游单元物质应流入比其低的所有或部分下游单元(图 5.22)，流入下游单元的流量按某种比例分配(Quinn et al.，1991；Tribe，1992；Costal-Cable et al.，1994；Freeman，1991；Holmgren，1994；Tarboton，1997；Pilesjö et al.，1998)。按照上述观点，基于格网 DEM 的路径算法可归类如图 5.23。

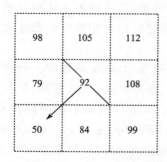

图 5.21 单流向算法

图中粗实线为流向宽度，箭头为中心格网流向，虚线为 DEM 格网

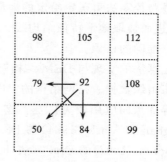

图 5.22 多流向算法

图中粗实线为流向宽度，箭头为中心格网流向，虚线为 DEM 格网

图 5.23 路径算法分类

5.5.3 单流向算法

单流向算法认为每一格网单元本身产生的流量(本地水量)及其上游流量(上游来水)都会流向其下游唯一的相邻像元。根据单流向的确定和计算方法，单流向算法包括最大坡降算法 D8，随机八(四)方向法 Rho8(Rho4)和流向驱动算法。

1. 算法原理

最大坡降算法 D8(deterministic eight-node)由 O'Callaghan 和 Mark 在 1984 年提出，可描述为：在 3×3 局部窗口中，设中心格网为 c，其流向(即水流的流出方向)在其相邻八个格网点 $i(i=1, 2, \cdots, 8)$ 中选择，i 满足条件：

$$\max\{k \times (z_c - z_i)\}; \quad i = 1, 2, \cdots, 8 \tag{5.25}$$

当 i 位于东西或南北方向时，$k=1$；当 i 为对角线方向时，$k=\dfrac{1}{\sqrt{2}}$。并且 i 接受 c 的全部流量。也就是说，D8 算法的流向是间隔 45°的八个可能的格网方向之一，中心格网单元的流量全部进入位于最陡（下降）方向上的下游格网单元中（图 5.21）。该算法由于计算简单、效率较高及对凹地、平坦区域有较强的处理能力而应用较为广泛（Tarboton，1997），并已集成到诸如 ArcGIS 等著名 GIS 软件中（Moore，1996）。D8 算法的高效率实现方法是递归算法（Freeman，1991）。

D8 算法的致命弱点是其流向的确定性，即格网点的流向只存在于八个格网方向之间，这与实际地形不符（Moore，1996）。随机四方向法（Rho4）、随机八方向法（Rho8）（Fairfield et al.，1991）的引入主要是解决 D8 的这一弱点。Rho4、Rho8 是 D8 的统计版本，Rho4 考虑当前格网的东西南北四个方向，而 Rho8 则除此外，还考虑了对角线方向。二者的共同点在于流量比例的分配：下游格网接收全部上游单元流量；不同点在于流向的确定，D8 无一例外的选择位于最陡坡降方向上格网点作为中心格网的流向，而 Rho4、Rho8 则通过随机参数的引入在所有较低单元中选择一点为中心格网流向。也就是说，如果某一格网点选择的概率为 p，则另一格网点概率则为 $1-p$。为说明这一问题，考虑图 5.24 所示的平面，该平面坡向为 243°，按 D8 算法，则所有格网点坡向为 225°（图中虚线箭头），与理论坡向相差 18°；Rho8 算法则按概率为 p 的机会选择西南方向（225°），$1-p$ 的机会选择正西为流向。如果以西南方向为流向的格网数与以西为流向的格网数比例适当 $\dfrac{p}{1-p}$，则从整体上有可能获取与实际流向一致的坡向（Fairfield et al.，1991；Costal-Cable et al.，1994）。Rho8、Rho4 可用和 D8 类似的算法实现。

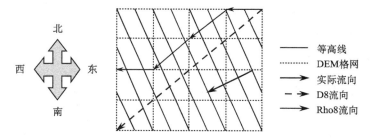

图 5.24　D8 与 Rho8 算法之比较（平面坡向为 243°）

2. 算法实现

这里给出 D8 和 Rho8 算法的递归实现代码。代码中 TCA 表示上游汇水面积，(i, j) 为当前格网单元，(x, y) 表示当前格网单元周围的八个格网单元，H 为高程。图 5.25 为在某一区域 DEM 上用 D8 和 Rho8 算法实现的汇水面积示意图。

1）计算汇水面积的 D8 算法

```
Void TCA_D8()
```

```
For each points (i,j) in DEM  // 初始化汇水面积 TCA 数组
    TCA [i,j] = 0.0;
For each points (i,j) in DEM {  // 计算每一格网点(i, j)的 TCA
    if (TCA[i,j] = = 0) {
        TCA[i,j] = 1.0;  // 单位格网面积
        For each neighbour points (x,y) of (i,j)
        P = Fract_Flow(x,y,i,j);  // 计算流量分配比例
        If (P>0) TCA[i,j] + = P×Cal_TCA(i,j);
    }
}


Double Fract_Flow(x,y,i,j) // D8 算法
For each neighbour points [x,y] of [i,j] {
    If (H[x,y]>H[i,j])
        If (MaxSlope(x,y) → (i,j)) // 如果(x, y)格网水流入(i, j)
            Fract_Flow (x,y,i,j) = 1.0;
        Return Fract_Flow (x,y,i,j);
}
```

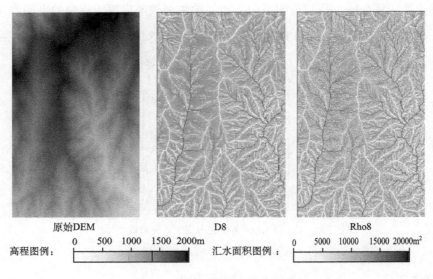

原始DEM   D8   Rho8

高程图例： 0 500 1000 1500 2000m   汇水面积图例： 0 5000 10000 15000 20000m²

图 5.25 单流向算法汇水面积计算

2) 计算汇水面积的 Rho8 算法

```
Void TCA_Rho8()
For each points (i,j) in DEM  // 初始化汇水面积 TCA 数组
    TCA [i,j] = 0.0;
```

```
For each points (i,j) in DEM { // 计算每一格网点(i, j)的 TCA
    if (TCA[i,j] = = 0) {
        TCA[i,j] = 1.0; // 单位格网面积
        For each neighbour points (x,y) of (i,j)
        P = Fract_Flow(x,y,i,j); // 计算流量分配比例
        If (P>0) TCA[i,j] + = P × Cal_TCA(i,j);
    }
}


Double Fract_Flow(x,y,i,j) // Rho8 算法
For each neighbour points [x,y] of [i,j] {
    dz = (Z[x,y]-Z[i,j]) × Ran; // Ran 是在(0, 1)之间的随机数
    if ( dz>0) {
        If (MaxSlope(x,y) → (i,j)) // 如果(x, y)格网水流入(i, j)
            Fract_Flow (x,y,i,j) = 1.0;
    }
    Return Fract_Flow (x,y,i,j);
}
```

5.5.4　多流向算法

顾名思义,多流向算法考虑水流的发散性和流向的连续性。因此,由给定格网单元流出的流量不单单是流向下游的唯一相邻单元,而是根据其坡度、坡向或曲面形态分配到数个下游相邻单元。

1. 算法原理

多流向算法认为水流分布具有分散性质,在格网 DEM 上的 3×3 窗口中,中心点的流量并不是全部流入某一下游格网,而是流入比其低的所有或部分下游格网单元(图5.22)。不同算法主要体现在流量分配比例 F 不同上。Quinn 等 (1991)和 Freeman (1991)分别提出了多流向算法的流量分配计算公式,他们的算法不需计算流向。

Quinn 等 (1991)按坡度和流向宽度关系分配中心格网流入下游各格网单元的流量,其流量比例计算公式为:

$$F_i = \frac{L_i \tan\beta_i}{\sum\limits_{i=1}^{n} L_i \tan\beta_i}, \ (\tan\beta > 0, \ n \leqslant 8) \tag{5.26}$$

式中,β_i 是中心格网单元到下游格网单元 i 的坡度;L_i 是流向宽度(当 i 位于对角线方向时,$L_i = \frac{\sqrt{2}}{4}g$,$g$ 为格网间距;当 i 位于格网行或列方向时,$L_i = \frac{1}{2}g$);$\sum$ 表示对所有中心格网单元的下游相邻格网单元求和。

Freeman（1991）的流量比例分配公式为：

$$F_i = \frac{(\tan\beta_i)^p}{\sum_{i=1}^{n}(\tan\beta_i)^p}, \quad (\tan\beta > 0, \ n \leqslant 8) \tag{5.27}$$

通过在圆锥曲面的实验，Freeman 认为坡度指数 $p=1.1$ 比较合适。在实际计算中 Freeman 应用式（5.27）专门处理分水区域流量分配而用其他算法（如 D8 算法）计算汇水区域流量比例。

就式（5.26）和式（5.27）而言，前者以流向宽度为权进行流量比例分配似乎欠妥，因为在 DEM 的格网内部其径流分布是均匀的，所有方向的流量分配应机会均等（Holmgren，1994），式（5.26）给予对角线方向较小的权，将导致对角线方向流量减少；后者却需要确定合理的坡度权指数。Homgren（1994）通过不同 p 的重叠比率分析后认为 p 的取值应为 $4\sim6$，而 Pilesjö 和 Zhou（1997）在球面上对式（5.27）的研究表明，$p=1.0$ 更能适应大多数地形，该式中确定适当的指数值需要在样区进行实验研究。

Tarboton（1997）认为，在计算汇水面积时，应尽量避免流域面积的发散现象，结合 DEMON（Costa-Cabral et al.，1994）和 Lea（1992）的坡向驱动算法特点，他提出了无穷方向算法 Dinf（或表示为 D∞）。其基本思想为：在 3×3 窗口中，中心点与其周围八个格网点形成八个平面三角形，分别确定每一三角形的坡度并以最大三角形坡度作为该格网点的坡度，该三角形坡向即为格网流向，包含最大坡度的三角形所确定的两个下游格网作为流量分配单元，并按其与最大坡向的接近程度分配流量（汇水面积）。由于坡向分布为 $0°\sim360°$，因此称为 Dinf（或 D∞）算法。

如图 5.26 所示，设中心格网单元的编号为 0，与中心格网 0 相邻的格网单元按逆时针方向编号为 1，2，…，8。中心单元与周围格网单元所形成的八个三角形的编号分别为 $\triangle 1, \triangle 2, \cdots, \triangle 8$。参看图 5.27，对于任一三角形面，其下坡坡度可用以矢量 (s_1, s_2) 表示，s_1 和 s_2 的计算式为：

$$\left. \begin{array}{l} s_1 = \dfrac{H_0 - H_1}{d_1} \\[2mm] s_2 = \dfrac{H_0 - H_2}{d_2} \end{array} \right\} \tag{5.28}$$

式中，$H_i (i=0, 1, 2)$ 表示格网点的高程（以下同），d_1 和 d_2 表示相邻格网之间的距离（图 5.27）。则三角形面的坡度大小 s 和方向 r 为：

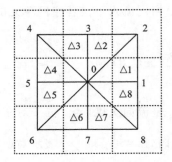

图 5.26　Dinf 三角形编号

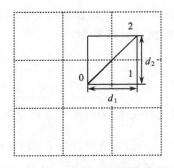

图 5.27　三角形坡度计算参数

$$\left.\begin{array}{l} s = \sqrt{s_1^2 + s_2^2} \\ r = \arctan\left(\dfrac{s_2}{s_1}\right) \end{array}\right\} \tag{5.29}$$

这里要注意的是,三角形面的方向 r 值应该为 $0 \sim \arctan\left(\dfrac{d_2}{d_1}\right)$,如果 r 不在此范围,则应根据三角形的两个直角边确定三角形面的坡度和方向,即:

如果 $r < 0$,则:

$$r = 0;\ s = s_1 \tag{5.30}$$

如果 $r > \arctan\left(\dfrac{d_2}{d_1}\right)$,则:

$$\left.\begin{array}{l} s = \dfrac{H_0 - H_2}{\sqrt{d_1^2 + d_2^2}} \\ r = \arctan\left(\dfrac{d_2}{d_1}\right) \end{array}\right\} \tag{5.31}$$

依次计算出当前格网周围八个三角形的坡度和方向,并选出坡度最大的三角形面,取其方向 r 为当前格网单元的水流方向,即当前格网单元的水流方向 FD 为:

$$\left.\begin{array}{l} s_0 = s_{\max} = \max\{s_1, s_2, \cdots, s_8\} \\ FD = r_{\max} \end{array}\right\} \tag{5.32}$$

在 Dinf 算法中,当前单元的向下游单元的流量分配是按照下游单元与水流方向的接近程度确定的,也就是说,通过当前格网单元的水流方向只能确定两个下游单元,当前单元的流量分配给这两个下游单元的流量是按照这两个下游单元与当前格网单元水流方向的接近程度来确定。参看图 5.28,流量分配方案解释如下:

设当前格网单元 (i, j) 的最大坡度位于△2 中,它所涉及的两个下游单元为 $(i+1, j)$ 和 $(i+1, j+1)$(图 5.28 中的斜线格网)。如果当前格网单元 (i, j) 的汇水面积是 A,则它分给下游两个格网的流量分别为:

$$\left.\begin{array}{l} A_{i+1,j} = A_{i,j} \times F_{i+1,j} = A_{i,j} \times \dfrac{\alpha_2}{\alpha} \\ A_{i+1,j+1} = A_{i,j} \times F_{i+1,j+1} = A_{i,j} \times \dfrac{\alpha_1}{\alpha} \end{array}\right\} \tag{5.33}$$

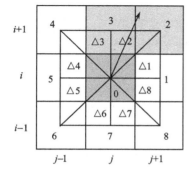 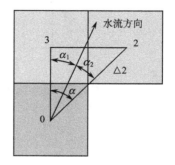

图 5.28　Dinf 流量分配方案

这里要说明的是，Dinf 方法在计算上游汇水面积的同时，也给出了一种在格网 DEM 上的坡度坡向计算方法，计算公式参见式(5.29)～(5.31)。

在分析了单流向算法和多流向算法的特点和不足后，Costa-Cabral 和 Burges（1994）认为把二维水流路径看成是一维运动是单流向算法和多流向算算法的本质问题所在。基于此，他们提出了和基于等高线模型计算汇水面积类似的格网 DEM 路径算法，称为 DEMON(Digital Elevation Model Networks)。DEMON 算法是基于格网面元实现的(图 5.29)。该算法根据坡向来决定水流方向，流路(flow path)是二维的，可以产生多个单元格宽的沟谷。流路宽度在平地保持不变，在水流汇集地区减小，在水流扩散地区增大，因此可以模拟汇流与分流。在 DEMON 算法中，每一格网单元作为水流源头，由格网顶点按格网中心坡向形成该格网的二维流路，称为流管(flow tube)，水沿流管流动，直到 DEM 边界或洼地为止。每个水流源头都会对其流经格网产生一影响值(影响矩阵)，当所有格网处理完后，每一格网的影响矩阵累积值与格网面积之积即为该格网的汇水面积。DEMON 实质上是按流向与格网边界所形成的面积分配流量。

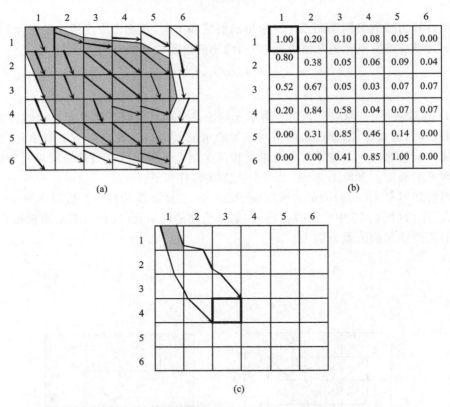

图 5.29　DEMON 算法原理(引自 Costa-Cabral and Burges，1994)
(a) 二维坡向(箭头)驱动流向运动；(b) 格网(1，1)的影响矩阵；
(c) 格网(4，3)流量分配比例 0.58 的物理意义

图 5.29(a)显示了来自单元格(1，1)(使用$(i，j)$表示 DEM 的第 i 行第 j 列单元)的坡向决定的二维水流运动，阴影区域是该单元格的总扩散面积。图 5.29(b)是单元格(1，

1)的影响矩阵,矩阵中的数字代表从单元格(1,1)流入该单元格的面积比例。图5.29(c)显示了从单元格(1,1)流入单元格(4,3)的物理位置以及比例(阴影区域),说明单元格(4,3)流入了由单元格(1,1)的58%面积所产生的流量。

  DEMON算法较为准确地解决了流向问题,但算法设计非常复杂,并且要考虑特殊情况比较多(Tarboton,1997),因此尽管该算法能够给出较为精确地汇水面积计算结果(Zhou et al.,2002),但由于健壮性差而不如D8等算法应用广泛。DEMON算法目前已经集成到地形分析软件TAPES-G(Terrain Analysis Programs for the Environmental Sciences-Grid version)之中(Wilson and Gallant,2000),但由于该软件始终保持科研软件的特点,需要较高的专业水平才能使用。鉴于本书的目的和篇幅所限,这里不过多介绍这种算法,有兴趣的读者可参阅Wilson和Gallant(2000)。图5.30是Freeman的多流向算法(FMFD)、Dinf算法和DEMON算法的汇水面积计算结果,原始DEM参见图5.25。

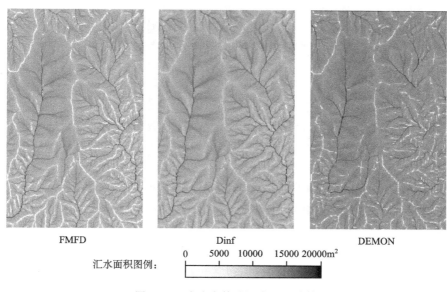

图5.30 多流向算法汇水面积计算

  Pilesjö等(1998)总结了单流向和多流向算法的利弊,并分析了多流向算法的特点,认为在多流向算法中合理的流量分配是提高计算结果质量的关键,提出了将分水点和汇水点分别处理的基于曲面形态的形态算法。形态算法的基本思想是:首先取3×3窗口的九个格网单元的高程值建立必须通过中心格网单元的局部趋势面,并以该趋势面确定该面是分水面还是汇水面。如果是分水面,则按Freeman多流向算法分配下游流量。如果是汇水面,则按与Dinf相似的矢量分量计算方法将流量按坡向矢量在下游两个相邻单元的分量的比例分配。利用这种方法,Pilesjö等的实验得到了较好的计算结果。但由于此方法计算复杂,并需要考虑很多不同的具体情况来决定采用的算法,因此仍处于研究阶段。

2. 算法实现

这里给出 Freeman 多流向算法和 Dinf 算法实现的伪代码程序,算法实现结果见图 5.30。

1) Freeman 多流向算法

```
Void TCA_FMFD()
For each points (i,j) in DEM // 初始化汇水面积 TCA 数组
    TCA [i,j] = 0.0
For each points (i,j) in DEM { // 计算每一格网点(i,j)的 TCA
    if (TCA[i,j] = = 0) {
      TCA[i,j] = 1.0 // 单位格网面积
      For each neighbour points (x,y) of (i,j)
      P = Fract_Flow(x,y,i,j); // 计算流量分配比例
      If (P>0) TCA[i,j]+ = P×Cal_TCA(i,j);
    }
}


Double Fract_Flow(x,y,i,j) // Freeman 多流向算法,坡度指数值取 1.1
Sum = 0.0;
P = 1.1;
For all neighbour points (xx,yy) lower than (x,y)
    Sum + = pow(DownSlope((x,y) → (xx,yy)), p)
Fract_Flow(x,y,i,j) = pow(DownSlope((x,y) →(i,j)), p) / Sum;
Return Fract_Flow(x,y,i,j);
```

2) Dinf 算法

```
Void TCA_Dinf()
For each points (i,j) in DEM // 初始化汇水面积 TCA 数组
    TCA [i,j] = 0.0
For each points (i,j) in DEM { // 计算每一格网点(i, j)的 TCA
    if (TCA[i,j] = = 0) {
      TCA[i,j] = 1.0 // 单位格网面积
      For each neighbour points (x,y) of (i,j)
        P = Fract_Flow(x,y,i,j); // 计算流量分配比例
      If (P>0) TCA[i,j]+ = P×Cal_TCA(i,j);
    }
}
```

```
Double Fract_Flow(x,y,i,j) // Dinf 算法计算流量比例
For each neighbour points S(x,y) of (i,j) {
    If (Z[x,y]>Z[i,j]) {
        Define the triangular facets aspect TFA of (x,y);
        If TFA location in kth triangular facets // k = 1,2,…,8
            If (TFA → (i,j))
                Fract_Flow(x,y,i,j) = Drains from (x,y) to (i,j)
    }
    Return Fract_Flow (x,y,i,j);
}
```

5.6 流域分析

地形特征线如山脊线和沟谷线等构成了地形曲面的骨架,基于这一地形骨架,可以利用地形曲面的线状特征去推断其面状特征,流域分析就是这一原理的典型应用。

5.6.1 流域概念

流域的基本概念包括流域的定义、流域结构模式的描述、流域沟谷级别的确定和流域描述参数的计算。

1. 流域定义

降水汇集在地面低洼处,在重力作用下经常或周期性地沿流水本身所造成的槽形谷地流动,形成所谓的河流(stream)。河流沿途接纳很多支流,水量不断增加。干流和支流共同组成水系(stream networks)。每一个河流或每一个水系都从一部分陆地面积上获得补给,这部分陆地面积就是河流或水系的流域(watershed),也就是河流或水系在地面的集水区(图 5.31)。把两个相邻集水区之间的最高点连接成的不规则曲线,就是两条河流或水系的分水线。因此,流域也可以说是河流分水线以内的地表范围。

流域有不同的空间尺度,它可以是覆盖整个河流网络的区域,如常说的长江流域、黄河流域等,也可以是河流分支(支流)的集水区域,这时称之为子流域(sub-watershed)。流域由相互连接在一起的子流域构成。将一个流域划分成子流域的过程称之为流域分割(watershed partition)。

任何一个流域都有一个流出点,该点一般称之为流域的出口点(outlet),它一般是流域边界的最低点,也可由手工指定。

流域是重要的水文单元,常应用在城市和区域规划、农业、森林管理等应用领域中。流域可以从等高线地形图上获取,也可以从 DEM 上自动生成。在等高线地形图上确定流域,通常由两步完成:

第一步:确定流域出口点,一般根据需要进行确定,如水库坝址、桥涵位置等。

第二步:从流域出口点沿与等高线垂直的山脊线方向顺次划线,形成汇水区域。

图 5.31　黄土高原上的小流域

A 流域出口，*B* 子流域出口，白色线为主要沟壑线

在 DEM 上进行流域分析实际上是对手工方式的模拟。近年来是随着 GIS 技术以及数字水文学的发展，流域地形、分水线、河网、子流域的表达及集水面积的计算完全能用数字化技术实现，从而改变传统的手工方式。

2. 流域结构模式

基于 DEM 流域分析实现，需要对流域地形结构进行定义。常用的方法是采取 Shreve（1967）定义的流域结构模式。Shreve 模式以单根的树状图来描述流域结构，如图 5.32 和图 5.33 所示，流域结构主要包括结点集、界线集和面域集，其定义如表 5.5 所示。

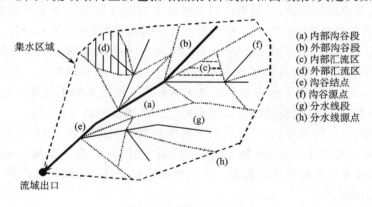

(a) 内部沟谷段
(b) 外部沟谷段
(c) 内部汇流区
(d) 外部汇流区
(e) 沟谷结点
(f) 沟谷源点
(g) 分水线段
(h) 分水线源点

集水区域

流域出口

图 5.32　流域结构模式

沟谷结点又称内部结点，沟谷源点又称外部结点，它们共同组成一个沟谷结点集。所有的沟谷段组成沟谷段集，形成一个沟谷网络；所有的分水线段组成分水线段集，形成一个分水线网络；沟谷段集和分水线段集共同组成界线集。

沟谷段是最小的沟谷单位。沟谷段可以分为内部沟谷段和外部沟谷段。内部沟谷段（interior stream link）连接两个沟谷结点，外部沟谷段（exterior link）连接一个沟谷结点

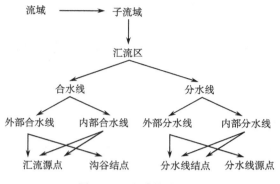

图 5.33　流域结构层次

和一个沟谷源点。

　　同样地,分水线段是最小的分水线单位。分水线段可以分为内部分水线段和外部分水线段。内部分水线段连接两个分水线结点,外部分水线段,连接一个分水线结点和一个分水线源点。

表 5.5　流域结构元素

类型	名称	注释
结点集	沟谷源点 （channel source node）	沟谷的上游起点
	分水线源点 （divide source node）	分水线与流域边界的交点
	沟谷结点 （channel junction）	两条或两条以上沟谷线的交会点
	分水线结点 （divide junction）	两条或两条以上分水线的交会点
	集水出口点 （outlet point）	水流离开集水流域的点
线段集	沟谷段（channel link）	一条具有两侧汇流区的线段
	分水线段 （divide link）	一条具有两侧分流区的线段
	流域边界 （watershed boundary）	分水线段的集合
	水流网络 （stream network）	水流到达出口所流经的网络,它可视作一树状结构,在此结构中树的根部即集水出口,树的分枝是由不同级别的沟谷段所组成的水流渠道
	排水系统 （drainage system）	集水流域和水流网络统称为排水系统
面域集	内部汇流区 （interior basin area）	汇流区边界不包括流域部分边界的汇流区
	外部汇流区 （exterior basin area）	汇流区边界包括流域部分边界的汇流区
	集水流域 （watershed）	水流及其他物质流向出口的过程中所经过的地区,又称集水盆地、流域盆地等,即流向集水出口的水所流经的整个区域

　　沟谷网络中的每一段沟谷都有一个汇水区域（子汇水区）,这些区域由流域分水线集来控制。外部沟谷段有一个外部汇水区,而内部沟谷段有两个内部汇水区,分布在内部沟谷段的两侧。整个流域被分割成一个个子流域,每个子流域好像是树状图上的一片"叶子"。

　　沟谷网络和分水线网络在沟谷结点相交,每个沟谷结点连接的沟谷段和分水线段数相等。沟谷网络的沟谷结点同时也是分水线网络的分水线结点。

Shreve 的树状图流域结构模型是简单明确的,虽然沟谷网络的结点模型和线模型与在栅格 DEM 中用于表示沟谷结点和沟谷线的栅格点和栅格链之间存在着拓扑不一致性。但它给出了沟谷网络、分水线网络和子汇流区的定义,明确表达了它们之间的相关关系,成为多年来设计流域地形特征提取技术的基础。

3. 流域沟谷级别

流域中的河流有干流和支流之分,一般要对其进行分级,河流自动分级和编码是流域网络、流域地形自动分割的基础。流行的河流分级方案有 Horton 于 1945 年提出的河流分级方案和 Strahler 于 1953 年提出的分级方案。

Horton 认为在一个流域内,最小的不分支的支流属于第一级水道,接纳第一级但不接纳更高级的支流属于第二级水道,接纳第一级和第二级支流的水道属于第三级水道,如此一直将整个流域中的水道划分完毕为止。Horton 分级的缺陷是凡是不分支的最基础的是属于第一级水道。结果一些属于较高级别的主流的延续部分,可以一直伸展到水道的最上端。Strahler(1953)对 Horton 的定义做了修正。他规定:河流包括所有间歇性及永久性的位于明显谷地中的水流线在内,最小的指尖状支流,称为第一级水道,两个第一级水道汇合后组成第二级水道,汇合了两个第二级水道的称之为第三级水道。这样一直下去,把整个流域内的水道划分完为止。通过全流域的水量及泥沙量的河槽,称之为最高级水道。

Strahler 分级方案的实现原则如下(图 5.34):

(1) 所有的外部沟谷段(没有其他沟谷段加入的沟谷段)为第一级。

(2) 两个同级别(设其级别为 k 的)

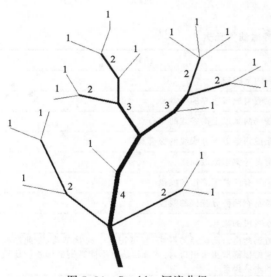

图 5.34　Strahler 河流分级

沟谷段会合,形成的新的沟谷的级别为 $k+1$。

(3) 如果级别为 k 的沟谷段加入级别较高的沟谷段,级别不变。

4. 流域描述参数

流域描述参数有整体参数和局部参数两类。整体参数用来表述整个流域的形状、高程、面积等;而局部参数则用来表述组成河网的各个水道(沟谷)的特征。

1)流域整体参数

a.流域面积(catchment area):流域面积是流域重要的特征之一,河流水量的大小直接和流域面积的大小有关。除干燥地区外,一般是流域面积越大,河流水量就越大。

b. 流域长度 L_c（watershed length）：流域长度定义为主河道从流域出口到分水线的距离，由于流域长度经常用在水文模型的计算中，故而又称为水文长度（hydrologic length）。流域长度的计算常是沿着流水路径计算的，是水流时间计算的主要参数之一。

c. 流域坡度 β_c（watershed slope）：流域坡度反映的是沿着流水路径上的高程变化情况，定义为：

$$\beta_c = \frac{\Delta H}{L_c} \tag{5.34}$$

式中，ΔH 为主河道两端的高程差，L_c 是主河道的长度（流域长度）。

d. 流域形状（watershed shape）：流域的形状对河流的水量的变化也有明显的影响，圆形或卵形流域，降水最容易向干流集中，从而引起巨大的洪峰；狭长形流域，洪水宜泄比较均匀，因而洪峰不集中。流域形状参数并不直接应用各种水文模型计算中，而是从概念角度指导和分析流域水文过程。域流域形状可以通过表5.6的参数进行表达。

表 5.6 流域形状描述参数

名称	表达式	注释
中心距离 L_{ca}		从流域出口沿主河道到主河道中点的距离，单位为 km
发育系数（shape factor）	$L_1 = (L_c L_{ca})^{0.3}$	L_c 是流域长度，单位为 km
圆度率（circularity ratio）	$F_c = \dfrac{P}{2\sqrt{\pi A}}$	P 是流域周长，A 是流域面积
圆度比（circularity ration）	$R_c = \dfrac{A}{A_0}$	A 是流域面积，A_0 是与流域周长相等的圆的面积
延长率（elongation ration）	$R_e = \dfrac{D}{L_m}$	D 是与流域具有同样面积的直径，L_m 是平行于主水道的流域的最大长度

e. 流域平均高程（watershed mean elevation）：流域的高度主要影响降水形式和流域内的气温，而降水形式和气温又影响到流域的水量变化，也就是说，根据某一高度上的降雨、降雪量和溶雪时间，可以估计河流的水情变化。

f. 流域方向（main channel direction）：流域方向或干流流向，对降水、蒸发和冰雪消融时间有一定的影响，如流域向南，降雪可能很快消融，形成径流或渗入土壤；流域向北，则冬季的降雪往往来年的春季才开始融化。

2）局部参数

a. 沟谷长度（channel length），流域内指定沟谷的长度，一般用最大沟谷长度表示。

b. 沟谷坡度（channel slope），沟谷的纵向坡度，可通过沟谷两端高程差与沟谷长度的比值来计算。

c. 河网密度（drainage density），流域中干支流总长度和流域面积之比，称为河网密度，单位是 km/km^2，河网密度是地表径流大小的标志之一。

d. 沟谷级别关系（stream order），在自然条件一致的流域内，各级流域面积与级别之间，存在着半对数的直线回归关系，也就是它们呈几何级数的关系，级数的第一项为第一级流域的平均面积，其数学为 $\overline{A}_\mu = A_1 R_a^{\mu-1}$，其中：$\mu$ 是要确定面积的流域的级别；$\overline{A}_\mu$ 是第 μ 级流域的平均面积；A_1 是第一级流域的平均面积；R_a 是相邻两极流域的面积比，即 $R_a =$

$A_{\mu}/A_{\mu+1}$。

<h3 style="text-align:center">5.6.2 流域分析内容与流程</h3>

在明确了流域的概念的基础上,可以确定流域分析的内容、分析方法和分析流程,从应用的角度实现流域分析的各种概念。

1. 流域分析内容

从 Shreve 的流域结构模式定义可知,完整的流域网络结构包括点集、线段集和面域集三类,也就是说通过流域内部特征点的分析识别,形成完整的水流网络,进而形成子流域和流域,因此基于 DEM 的流域分析主要内容就是特征点提取、水流网络提取、流域划分。具体地说,DEM 流域分析的内容包括:①水流网络提取;②沟谷段识别(stream link);③子流域自动划分;④流域地形参数统计,包括流域面积、流域周长、流域中心点、流域平均高程、流域平均坡度、沟谷长度等参数。

2. 流域分析方法

流域分析可以采用面分析(图 5.35)和点分析(图 5.36)两种方法。

 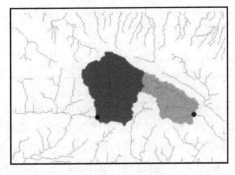

图 5.35　面分析　　　　　　　　　　　　图 5.36　点分析

面分析(area-based analysis)将整个区域分割成一系列的子流域,也就是每一个沟谷段一个子流域。

点分析(point-based analysis)可提取给定点的上游汇水区域,这些点可以是流域出口点、大坝位置、水文观测站等。

3. 流域分析流程

在格网 DEM 实现流域地形分析,需要顺序执行如下的步骤:

第一步,DEM 洼地填充。如第 3 章所述,由于数据噪音、内插方法的影响,DEM 数据中常包含一些"洼地","洼地"将导致流域水流不畅,不能形成完整的流域网络,因此在利用模拟法进行流域地形分析时,要首先对 DEM 数据中的洼地进行处理,洼地填充方法见第 3 章。洼地填充是流域分析的基础。

第二步,水流方向确定(flow direction)。水流方向是指水流离开格网时的流向。流向确定目前有单流向和多流向两种,但在流域分析中,常是在 3×3 局部窗口中通过 D8 算法确定水流方向(图 5.37)。在流域分析中,水流方向矩阵是一个基本量,这个中间结果要保存起来,后续的几个环节都要用到水流方向矩阵。

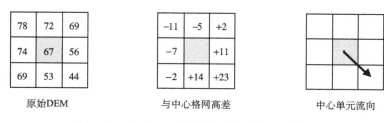

图 5.37 3×3 窗口中心单元流向确定(D8 算法)

第三步,水流累积矩阵生成(flow accumulation)。水流累积矩阵是指流向该格网的所有的上游格网单元的水流累计量(将格网单元看做是等权的,以格网单元的数量或面积计),它是基于水流方向确定的,是流域划分的基础。流水累计矩阵可采用 5.6 节的任何一种方式建立,但目前流域分析中较常用的是 D8 算法(图 5.38)。流水累计矩阵的值可以是面积,也可以是单元数,取决于具体的软件,如 ArcView 中采用的是格网单元数。两者之间的关系是面积=格网单元数目×单位格网面积。

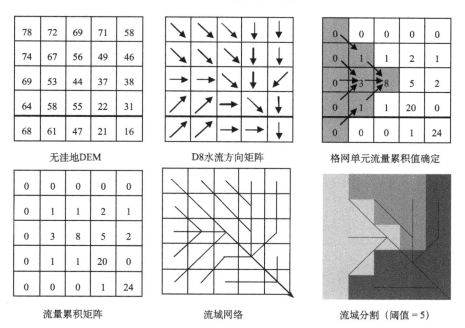

图 5.38 流量累计矩阵计算(D8 方法)

无洼地 DEM、水流方向矩阵、流水累计矩阵是 DEM 流域分析的三个基础矩阵。图 5.38 为一个局部 DEM、水流方向矩阵和流水累计矩阵示意图。

第四步,流域网络提取(stream networks)。流域网络是在水流累计矩阵基础上形成的,它是通过所设定的阈值(一般认为沟谷具有较大的汇流量,而分水线不具备汇流能力),即沿水流方向将高于此阈值的格网连接起来,从而形成流域网络,如图 5.38 所示。

第五步,流域分割(watershed partition)和流域地形参数统计计算。在所形成的流域网络上,可进一步划分出各个沟谷段的汇流区域,所有的子汇流区形成整体汇水区域(图5.38)。对每个汇流区域,可以计算其各种统计参数,如平均坡度、平均高程、沟谷长度等。

4. 流域分析算法设计

图 5.39 给出了基于格网 DEM 的流域分析算法设计的基本流程,从中可以看出,水流方向矩阵、流水累积矩阵在整个处理过程中多次用到,是流域分析的基础数据(有时也含无洼地 DEM 数据)。

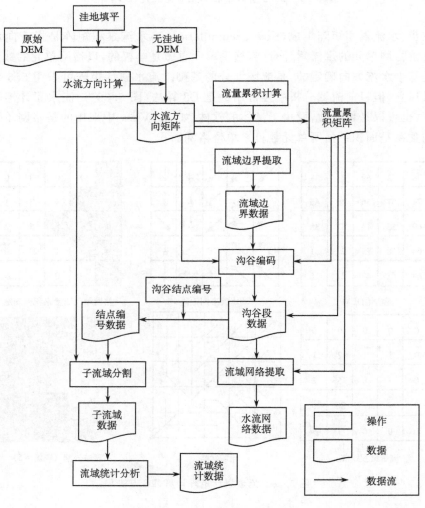

图 5.39　流域分析数据流程

流水方向矩阵和流量累积矩阵(汇水面积)可用上节的任何一种路径算法生成,要说明的是,考虑到算法的健壮性和适用性,现今采用 D8 算法为多。本节后面重点讨论流域网络生成和流域分割技术,流域内的统计参数可依照本书第 6 章的相关内容实现。

5.6.3　水流网络计算

水流网络提取包含三个基本步骤:流域边界生成,沟谷点识别和沟谷段编码。

1. 流域边界生成

流域边界生成的基础数据是水流方向矩阵。从给定的流域出口点(如果没有给定,流域出口点确定为 DEM 的最低点)出发,扫描整个水流方向矩阵,如果格网点的水流流向出口点,则再标注之,经过第一次循环,可找出流向出口的所有格网;从已标注的格网点出发,再次扫描水流方向矩阵,标注出流向已标注的 DEM 格网,如此循环直到没有流入标注的格网为止。经过上述处理,DEM 数据被分为两部分,一部分是位于流域外的格网,一部分是位于流域内的格网。图 5.40 表示了上述过程。

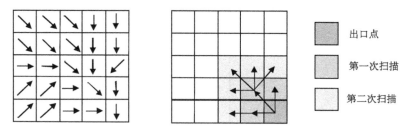

图 5.40　流域边界计算

左图为水流方向矩阵,右图为前两次扫描结果

2. 沟谷点识别

沟谷点的识别就是在所标识的流域范围内,确定位于沟谷线(汇水线)的格网点。根据流水模拟法的原理,位于沟谷线上的点比其他地方点具有更大的汇水量,因此沟谷点的确定需要一个流量阈值。流量阈值是区分沟谷点和非沟谷点的界限。在流量累积矩阵上,大于流量阈值的格网点被标识为可能的沟谷点,而小于阈值的点则是非地形特征点,流量累积值为零的点是分水线上的点。

在沟谷点识别过程中,涉及下述三个基本环节。

1)阈值大小的确定

如前所述,阈值是特征点和非特征点的临界值,它是流域分析中非常重要的一环。其值大小影响着沟谷点的数量和位置、水流网络形状和密度、子流域的大小和范围等。图 5.41 是在一个实际 DEM 上按照不同的阈值所提取的流域结构网络。然而阈值大小确定并不是一件容易的事,他与流域范围内的坡度特征、土壤特性、表面覆盖物、气候等条件相关,合理阈值的确定要结合研究的需要,通过样区的各种参数的反复试验予以确定。

2)沟谷点确定

沟谷点的确定比较简单,就是根据所给的阈值,在流量累积矩阵上,扫描落在流域范

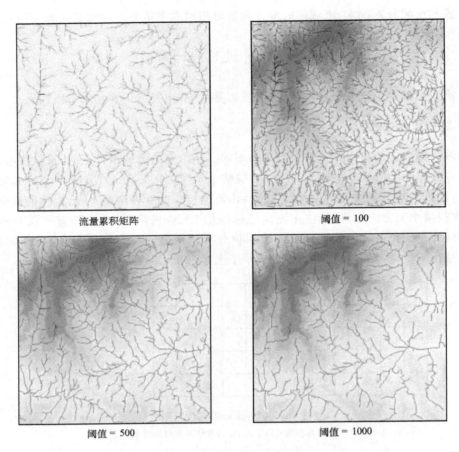

图 5.41　阈值对流域分析的影响

DEM 格网间距 25m,阈值单位格网数,底图是 DEM

围内的格网点,如果该点的流量累积值大于阈值,则该点标识为潜在的沟谷点。图 5.42 左图为一幅 DEM 上所计算的流量累积矩阵,右图是根据给定阈值所标识的沟谷点。

3）沟谷源点确定

沟谷源点即外部汇流源点,为实现沟谷段编码,首先要确定沟谷点源点。对被标识为沟谷点的格网进行扫描,并结合该格网的水流方向,即可判断出该沟谷点是否为沟谷源点。沟谷源点的特征是:该格网点为沟谷点并且没有其他标识为沟谷点的水流向该格网,图 5.43 是图 5.42 的沟谷源点。

3. 沟谷段级别

沟谷段编码即给各个沟谷段分配一个的级别码,他们是流域分割、水流网络、沟谷长度计算等计算的基础。沟谷段的编码方案有 Strahler 方法、Horton 方法等,这里采用 Strahler 方法,其他方法可类推。

沟谷段编码首先从沟谷源点开始,按沟谷源点的水流方向,逐个向下游追索,每前进

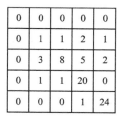
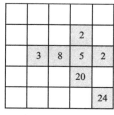

流量累积矩阵　　　　　　　沟谷点（阈值=2）

图 5.42　沟谷点识别

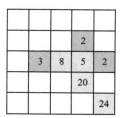

带阴影的格网为沟谷源点

图 5.43　沟谷源点确定

一步检查当前格网是否还有其他沟谷向该格网流入,如果没有,该格网编码为 1,继续按照水流方向前进,直到某一格网还有其他格网的水流入停止,该段沟谷段即为 1 级沟谷(外部沟谷段),停止的格网(多个沟谷交会处)赋予 2。图 5.44 表示了上述过程。检查完所有的汇流源点,外部汇流段的编码即告完成。

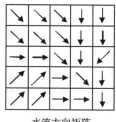
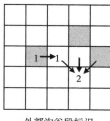
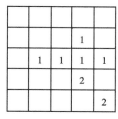

水流方向矩阵　　　　　外部沟谷段标识　　　　　沟谷段标识

图 5.44　沟谷段 Strahler 编码

　　一旦外部沟谷段(1 级沟谷段)完成,可顺次计算高一级的沟谷段(内部沟谷段)。内部沟谷段的追踪从当前具有与处理级别相同的格网单元开始,这时由于沟谷分支较多,具有当前处理级别的格网单元可能是当前沟谷段的起点,也可能是中间点。因此内部沟谷段的追踪首先要确定具有当前处理级别的格网单元是否为内部沟谷源点,是则继续追踪,否则不予处理。确定的当前格网单元是否为内部沟谷段的起始点的原则是:检查当前格网单元周围的格网点,如果流入当前格网单元的格网均已编码并且编码比当前格网单元的编码小,则该格网单元为内部沟谷段的起始点,否则不是。

　　当找到对应级别沟谷的起始点后,就可从该点开始按照与外部沟谷相同的处理方式进行编码。

　　这里用一个例子解释上述步骤。图 5.45 左图是通过流水累积矩阵和水流方向矩阵所标识出来的一个局部 DEM 的外部沟谷段,图中用 1 表示。设当前处理的沟谷级别为 2,可以在沟谷段中找出为 2 的格网单元为(5,5)和(7,5)两个。如果从(5,5)单元处开始跟踪,则要判断(5,5)单元是否为该 2 级沟谷段的起始点。考察(5,5)单元的邻域点,其中只有两个流入该单元的河流并且级别均比 2 低,故(5,5)为该 2 及河谷的起始点,从(5,5)开始,依照水流方向,可完整地对该 2 级河段进行编码。而(7,5)单元的级别值虽然也为 2,但流入该单元的两个相邻单元中,只有一个级别比当前级别低,而另外一个没有级别,因此可断定该单元是某一 2 级河流的中间点,不处理之。图 5.45 右图是按照上述原理计算的完整的沟谷编码。

对沟谷段在编码的同时,一般还可同时记录如下的资料:沟谷级别,起点行列号,终点行列号,长度(对角线长度以$\sqrt{2}$倍的格网间距计),流向高级别河谷的方向等资料,这些资料可通过进一步的处理来得到流域描述参数。

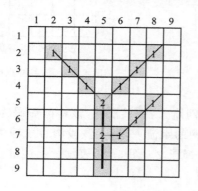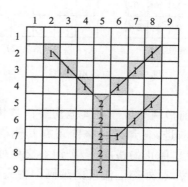

图 5.45　内部沟谷段编码

细线:外部沟谷段,粗线:内部沟谷段

5.6.4　流域地形分割算法设计

流域地形分割就是确定各个沟谷段的流域范围,它是在前述沟谷段描述基础上,辅之以水流方向数据,通过水流网络节点编号和格网单元分配两个步骤实现的。

1. 水流网络结点编码

流域节点包括沟谷源点和汇合点两类。沟谷源点是外部沟谷段的起始点,没有上游流入沟谷;汇合点是几个沟谷的交汇点,是内部沟谷点,汇合点接受多个沟谷的流量。

水流网络结点编码即给水流网络中的每一个结点一个唯一的识别符,网络结点编码一般采用自然数顺序。Garbrecht(1988)曾给出一种结点编码方案,其原理是从流域出口点出发,按照逆流方向左侧优先的顺序逆流追踪,在沟谷源点改变追踪方向,即顺流而下直到遇到没有进行编码的汇合点为止,从该汇合点重复上述步骤,直到回到出口点则结束结点编码。在追踪过程中,第一次遇到的结点顺次给出编码,上述过程如图 5.46 所示。

Martz 和 Garbrecht(1992)将该编码方案引入到格网 DEM 的流域网络分析中。为叙述方便,设在沟谷段分级编码中,每个沟谷段的数据结构为:

沟谷级别	沟谷上游结点位置(行列号)	沟谷下游结点(行列号)

在上述数据结构支持下,水流网络节点编码可通过下述步骤实现(图 5.47):

(1)流域出口编号为 1。

(2)从流域出口出发,按左侧优先顺序逆流而上进行沟谷追踪。即取出流域出口所在沟谷段的上游结点作为当前点。

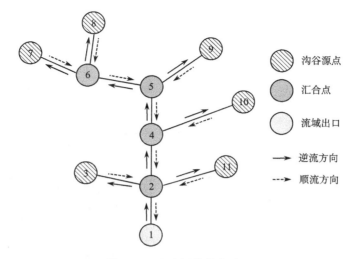

图 5.46　水流网络结点编码

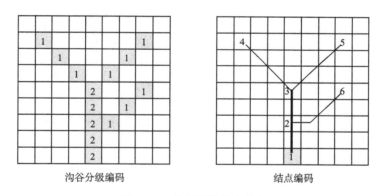

沟谷分级编码　　　　　结点编码

图 5.47　水流网络结点编码

（3）当前点若没有编号，则在已编号的基础上加 1 并作为当前点编号。若已编号则保持原编号不变。检查当前点是汇流源点还是汇流点，方法是对所有的沟谷段进行扫描，检查是否有流入当前点的沟谷段，如果有则当前点是内部汇流点，反之是外部汇流源点。如果是内部汇流点，执行（4）；如果是外部汇流点执行（5）。

（4）内部汇流点处理。找出汇入当前点的沟谷段，并根据各个沟谷段下游结点的邻接点（位于该沟谷段下游结点前的一个格网单元）判断位于最左侧的沟谷段，取该沟谷段的上游结点作为当前点，返回（3）。

（5）外部汇流源点处理。追踪方向在外部汇流源点处改变方向，顺流而下，这时只要取出该外部沟谷段的下游结点作为当前点即可。对新的当前点要进行考察以决定是继续顺流追踪还是逆流追踪。检查流入当前点的沟谷段的状态，如果还有没有处理的且位于左侧的沟谷段存在，则转到（3）；如果没有，则取出当前点的下游结点为当前点，转到（5）。

（6）当前点是否为流域出口点，是则结束，反之返回（3）。

2. 格网单元分配

格网单元分配以沟谷段为依据,把流向该沟谷段的所有上游格网标识出来,从而实现子流域的划分。

格网单元分配首先要赋予沟谷段一个唯一的编码,这个编码可以在沟谷分级实现(按照预先确定的编码方案确定沟谷唯一的标识),同时由于流域网络结点的编号唯一。因此,也可通过沟谷段上游结点的编号实现对沟谷段的唯一定义。为实现基于沟谷段的格网单元的分配计算,做如下的约定(图 5.48)。

水流方向矩阵   流域划分

图 5.48 子流域划分

(1) 以下游方向为前进方向,位于前进方向右侧的为沟谷段右侧流域,位于前进方向左侧的为沟谷段的左侧流域。

(2) 流域格网单元编码由沟谷段编号和数字 0、1、2、3 组成。其中 0 表示外部沟谷段的汇流区域(仅用在外部沟谷段),1 表示右侧汇流区域,2 表示左侧汇流区域,3 表示位于沟谷段上的区域。例如当前沟谷段编号为 8 且为内部沟谷段,则 81 为其右侧汇流区域,82 为左侧区域,83 为沟谷段上的格网单元。

在流水方向矩阵和沟谷编码定义基础上,子流域的确定可按如下的步骤实现:

(1) 外部汇流区确定。从外部汇流源点开始,逐个扫描水流方向矩阵,如果有格网单元流入当前单元,则该单元标识为外部汇流区,并且该单元放入堆栈中;从堆栈中弹出一个单元为当前单元,重复上述过程,直到堆栈空为止,该外部汇流源点的汇流区域标识完毕。

对所有的外部汇流源点作上述处理,即可完成整个流域的外部汇流的划分。

(2) 内部汇流区确定。内部沟谷段的汇流区分为三部分,即位于沟谷段上的格网单元标识、位于沟谷段右侧的格网单元标识和位于沟谷段左侧的格网单元标实。其中位于沟谷段上的格网单元标识比较简单,即从该沟谷段上游结点开始,按照水流方向和编码规则,给相应的格网单元赋值。

设立两个堆栈,分别为左侧单元堆栈和右侧单元堆栈。对位于当前沟谷段上的格网单元(编号为 3 的格网单元)逐个做如下处理:扫描流水方向矩阵,如果某一非沟谷段单元的水从左侧流入的当前格网,则该格网压入左侧堆栈并格网单元赋予相应的编号;若为右侧单元,则该格网压入右侧堆栈并格网单元赋予相应的编号。当所有位于沟谷段上的单元循环完后,位于沟谷段两侧的格网单元被分为左侧和右侧两个部分,分别存在右侧堆栈和左侧堆栈中。

从左侧堆栈中弹出一个格网单元,根据水流方向确定其上游流入单元,该上游单元被标识并放入堆栈,如此不断循环,直到堆栈为空,则当前沟谷段的左侧汇流区域即可确定。同法处理右侧堆栈确定右侧汇流区域。

图 5.49 是在某一实际 DEM 上的流域划分结果。

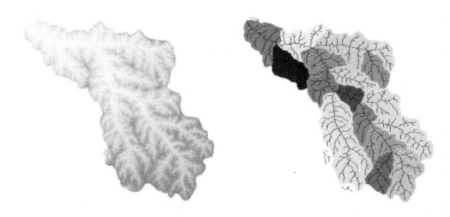

图 5.49   DEM 流域地形自动分割
左:DEM;右:流域分割

5.7   地形形态可视性特征分析

地形形态可视性特征与其几何特征和水文特征有很大的区别,后者是地形曲面本身具有的形态特征,其描述函数在理论上可以有唯一解。因此,数字地形分析的任务是在最大程度上解析和模拟这些地形曲面特征,以求得与实际情况最为接近的函数解。而前者则是依赖于给定的限定条件的有条件特征,当条件改变,相应的地形可视性特征也会改变。因此,在众多著作中,地形的可视性分析往往作为单独的题目提出。在本书的分类体系中,地形形态特征定义为地表形态和特征的定性表达,而可视性和可视域分析的结果明显地属于这种定性表达。因此,作者认为可视性特征是地形形态特征的重要组成部分,与其他形态特征的区别仅仅在于它是有条件特征,而其他特征是无条件的。

5.7.1   地形可视性分析基本概念

为更好地理解地形可视性分析原理和技术,首先介绍地形可视性分析的基本概念、基本特征和可视性分析的相关因素。

1. 地形可视性概念

地形可视性也称为地形通视性(visibility),是指从一个或多个位置所能看到的地形范围或与其他地形点之间的可见程度。

地形可视性分析(visibility analysis)是地形分析的重要组成部分,也是空间分析中不可或缺的内容。很多与地形有关的问题都涉及到地形通视性的计算问题。例如,火警观察站、雷达位置、广播电视或电话发射塔的位置、路径规划、航海导航、军事上的阵地布设、道路和建筑物的景观设计、日照分析等。通视性分析已经成为建筑规划、景观分析与评估、空间认知与决策、考古、军事等领域研究的重要课题之一。

通视性分析(inter-visibility)和可视域分析(viewshed analysis)是地形可视性分析的两个最基本的内容,如图 5.50 所示。其中前者主要研究两点之间的是否可见,一般回答"是否能看到(Can I see that from here)"问题,有时也称可见性分析或可视性分析;后者则研究在一点上所能看到的范围(或不能看见的范围),回答"你能看到什么(What can I see from this location)"的问题。

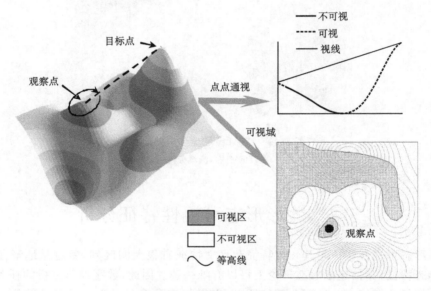

图 5.50　点点通视与可视域

2. 地形可视性基本特征

地形可视性具有如下三个基本特征:

(1)简单复杂性。地形可视性计算是简单性与复杂性一对矛盾体的集中体现。从概念上讲,地形可视性简单易懂,就是两点之间的通视问题,而且在纸质地图上通过手工的方式也比较容易实现;然而当地形以 DEM 表示时,地形可视计算就变得非常复杂,并且计算效率低下;形成原理简单计算复杂矛盾体的特征。

(2)不可逆性。地形可视性不可逆性是指从一点能够看到另一点,但从另一点却不一定能够看到该点。如图 5.51 所示,从点 A 可以看到点 B 的全部,但从点 B 却只能观察到 A 的部分,并不能看到 A 的全部。地形可视性的不可逆性在建筑物景观设计,以及军事上的观察哨、隐蔽位置等设置有着重要的应用。

(3)可视不变性。可视不变性是指在不同的地形上产生的可视域是一样的,有时也称为地形的可视等通性。如图 5.52 所示，A 点在地形表面上的可视范围为 S_1，B 点在另一地形表面上的可视范围是 S_2，由于地形表面 T_1 和 T_2 相似，因此 A、B 两点在两个表面上的可视域也一样。可视的不变性与地形性状相关（Nagy，1994），可用作地形数据无损压缩的一个标准。

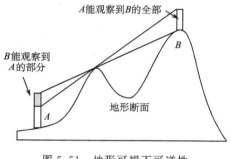 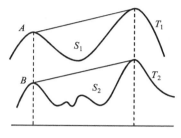

图 5.51　地形可视不可逆性　　　　　图 5.52　地形可视不变性

3. 地形可视性分析的相关因素

地形可视性分析涉及诸多因素，主要包括地形高程基础数据、地形表面覆盖物、观察点位置、观察目标、观察视线等因素。

1）地形高程基础数据

DEM 数据是地形可视性分析的基础数据，DEM 分辨率、DEM 插值方式、DEM 误差、DEM 结构等都影响着可视性分析的结果。DEM 分辨率决定着 DEM 对地形的表达的程度，同一位置在相同区域的不同分辨率 DEM 上所获取的可视性区域并不相同，微小的 DEM 数据误差可能导致本来通视的地方变为不可视，而不同 DEM 结构上的可视域分析方式也可能不同。

2）地球曲率与大气折光

在较小区域内，地球表面可以看成是平面的，这时地球区域所造成的高程误差可以忽略不计，从而也不影响可视性分析结果；然而当分析区域较大时，就不能忽视地球曲率所引起的高程误差。由测量学知，地球曲率所引起的高程误差为：

$$\delta h = R - \sqrt{R^2 - D^2} = \frac{D^2}{2R} \tag{5.35}$$

式中，δh 是地球曲率所引起的高程误差；R 是地球平均半径（$R = 6371$km）；D 是观察点到目标点的距离。由该公式可看到：当 $D = 1$km 时，$\delta h = 0.78$m，当 $D = 50$km 时，$\delta h = 196$m。因此在较大区域进行视域分析，需要考虑地球曲率所引起的高程改正。

视线在空气中的传播，受到大气层分布、雾、烟、光照等因素影响而产生折射和反射。由于大气折射原因，视线并不是直线，而是一弯曲的曲线，常把目标看的比实际高度要高，因此大范围的可视域分析，还需考虑视线的折光现象。大气折光所引起的高程变化可通过下式进行校正：

$$f = -k \frac{D^2}{2R} \qquad (5.36)$$

式中，f 是大气折光所引起的高程变化；k 是大气折光系数，与空气密度、烟、雾、雨、太阳光、能见度等环境因素有关，要通过试验进行确定，一般情况下 $k=0.13$；其余符号同前。

3）地形表面覆盖情况

地形表面覆盖对可视域的分析影响比较大，特别是地球表面所分布的人文设施高度（如建筑物、电视塔）以及植被分布、植被类型等。例如，在军事分析中要针对不同树木的分布（独立树、行树、片状分布树林等）对可视分析情况进行研究。

5.7.2　地形可视性计算原理

地形可视性计算包括对各种相关环境参数的计算和模拟，以及选择适当的可视性分析算法。

1. 可视性分析环境参数

地形可视性分析环境参数包括观察点、观察视线、目标点、观察半径、观察角度等，其他参数还有视线高度角、地球曲率、地表平均覆盖厚度等。环境参数的不同，所得的可视区域也不同。

1）观察点

可视性分析中，观察点（viewpoint）的选择有全部选择、任意选择、规则抽样以及地形特征点选择几种。全部选择就是选取整个 DEM 区域中的所有点作为观察点，其特点是能覆盖整个区域，但计算速度难以承受；任意选择可选择区域中的任意点（DEM 地形点或非 DEM 点）作为观察点，缺点是不能进行全局分析，难以满足特殊分析需要如最大可视区域；规则抽样则按照给定的抽样方式选取观察点，这样的优点是既能覆盖整个区域也能减少随机抽样的影响，但抽样策略带有一定的主观因素。

观察者的高度一般可为零，即观察者紧贴地面，但可视分析中通常要考虑观测者的高度，如人的视线高度、设施高度等，观测者高度的不同会引起不同的可视效果，如图 5.53 所示。

2）观察视线

观察视线（line of sight）一般认为是直线，但距离较长时要考虑大气折光的影响，同时有些专业可能还要考虑视线的衰变效应。

3）目标点

目标点（target point）一般关心的是其高度，地形可视分析中，尽管目标点的高度可为零，但一般不这样考虑。例如，军事、景观中常考虑树木、建筑物的高度。目标高度设置的不同，也会造成可视分析结果的改变（图 5.54）。

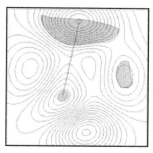 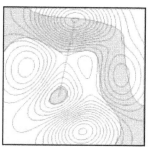 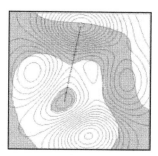

观察高度 = 0 m　　　　　　观察高度 = 5 m　　　　　　观察高度 = 10 m

图 5.53　观察者高度对可视分析影响(其他参数不变)

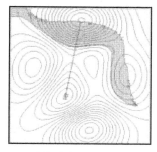 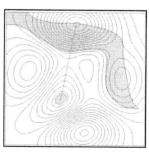 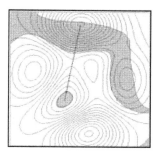

目标高度 = 0 m　　　　　　目标高度 = 5 m　　　　　　目标高度 = 10 m

图 5.54　目标高度对可视分析影响(其他参数不变)

4) 观察半径

观察半径(viewing radius)决定着观察点周围的分析区域,进而影响着可视区域的大小。观测半径一般由最近观测距离和最大观测距离确定,其值为二者之差,参看图 5.55。

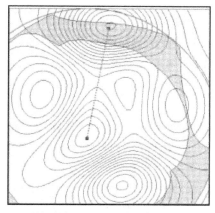 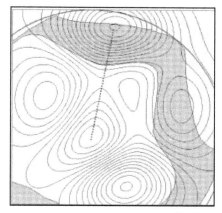

最短距离 = 100,最大距离 = 650　　　　　最短距离 = 500,最大距离 = 650

图 5.55　观察半径(观察角度＝360°)

5) 观察角度

观察角度(viewing azimuth)是指水平视角范围,其范围为 0°～360°。观察半径和观察角度共同决定着可视分析的区域大小(图 5.56)。

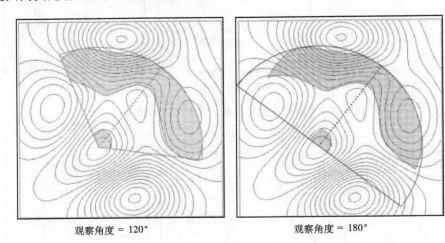

观察角度 = 120°　　　　　　　　观察角度 = 180°

图 5.56　观察角度(观察半径 500m)

2. 地形可视性计算原理

由地形可视性概念可知,尽管其分为点点通视和可视域两类,但本质上都是判断地形上任意一点与视点是否通视的问题。点点通视是在视线方向上,与视点可视的点的集合,即线的集合;而视点的可视域则是在给定的可视角和可视半径范围内,与视点通视的地形点的集合。因此,地形可视的计算原理可归结为视线上的高程和相应地面上的高程之间的比较。

如图 5.57,设 O 为观测点,h 为观点高度,A、B、C 分别为三个潜在的目标点,其目标高分别为 h_A、h_B、h_C,他们的实际高程为相应地面点高程与观测(目标)高度之和。现在欲判断 O 与 A、B、C 三点的可视情况。最简单的方法就是从 O 出发,做到 A、B、C 三点的射线,然后判断位于射线上地面点的高程和相应射线上点的高程之间的关系,即如果在视点和目标点之间,有任意一点的地面高程高于射线,则两点不可视。很明显,图中地面点 T_1 的高程在 OB 视线之上,故 O、B 不可视,而地面上没有任何一点的高程大于 OA 和 OC 连线上的高程,因而 O 与 A、C 是可视的。

上述算法涉及这样几个步骤:①确定视线;②获取视点与目标点之间的地形点;③确定视线和 DEM 的交点;④内插计算交点高程;⑤计算交点的视线高程;⑥二者比较以确定可视与否。这一过程计算量比较大,算法复杂度为 $O(n^2)$。

实际上通过斜率之间的比较可有效地改善计算量,通过斜率比较的方法称之为关键斜率法(Defloria,1994)。它是不断计算视线上的斜率,记录并不断更新最大斜率,用当前点的斜率和最大斜率的比较来确定其可视性。参看图 5.57,关键斜率的基本原理是:

(1) 计算视线与 DEM 格网的交点,设交点为 S_i。

（2）从 O 点开始，依次计算 O 与 S_i 连线的斜率 k_i。

（3）判断关键斜率。顺次取三个点 $i-1,i,i+1$，比较其斜率的变化，如果 $k_i > k_{i-1}$ 且 $k_i > k_{i+1}$，则 k_i 为关键斜率，循环所有的点，则可找出视线上所有的关键斜率，如图 5.57 中的 k_1 和 k_2。实际上，关键斜率就是山脊线上的点。

（4）比较目标点和关键斜率之间的关系，如果视点和目标点之间的斜率大于关键斜率，则可视，反之不可视。

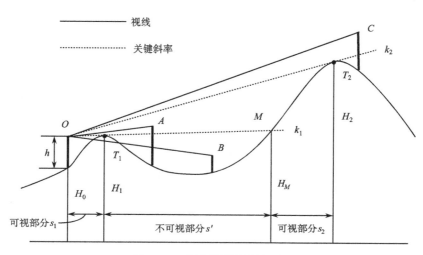

图 5.57　地形可视性计算原理

关键斜率法在获取地形关键点上的斜率后，所有的比较都是在关键斜率之间进行，同时位于两个关键斜率之间的所有地形曲面都是可视的，因而计算量大大降低，时间复杂度为 $O(n)$。

上述分析中，仅仅是判断了两点之间是否可视的问题，然而常还要区分视线方向上的可见部分和不可见部分。可见部分和不可见部分的计算也比较简单，参看图 5.57，视点 O 和目标点 C 虽然可视，但由于地形点 T_1 和 T_2 存在，视线上的可视分为可见部分 s_1 和 s_2、不可见部分 s'，通过求交运算，可以确定地形特征点 T_1 和 T_2、视线（关键斜率）与地形交点 M 的坐标，则通过两点之间的距离运算就可求出可见部分长度和不可见部分长度。当然也可采用比例运算（李志林等，2003）。

5.7.3　地形可视性计算实现

地形可视性计算涉及点点通视和可视域计算两个基本问题，算法设计与 DEM 结构有关。这里重点介绍格网 DEM 和 TIN 上的可视性计算算法。

1. 通视性分析

通视性分析主要解决视点与目标之间的通视问题，并将沿视线方向的地形划分为可视域不可视两部分。与可视域计算相比，通视性计算相对要简单得多。前述介绍的基本原理均可用于两种结构 DEM 上通视性分析的实现。

1）基于 TIN 的通视性计算

如图 5.58，设视点为 A，目标点为 B。如果仅仅要判断 AB 两点是否可视，则首先找出 AB 视线所经过的所有三角形，然后依次判断视线与三角形是否相交，如果这样的三角形存在，则 AB 不可视。然而一般情况下，不但要判断 AB 是否可视，还要区分可视域不可视部分，这时可先将视线投影在平面上，计算出投影后视线与三角形边的交点，内插出交点的高程，然后利用关键斜率法就可判断出 AB 视线之间的可见部分和不可见部分。

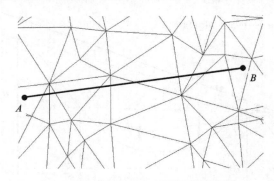

图 5.58　基于 TIN 的通视性计算

2）基于格网 DEM 的通视性计算

由于目前格网 DEM 的应用比较广泛，围绕格网 DEM 所设计的通视性算法也比较多，主要有 Janus、Dynatacs，Modsaf，Bresenham 等算法。所有的算法大致相同，不同之处在于高程内插计算方面和可视判断原则方面（应申，2005）。

（1）Janus 算法。如图 5.59，设视点为 $V(x_V，y_V)$，目标点为 $T(x_T，y_T)$，Janus 算法的实现步骤如下：

第一步：计算视点和目标点之间 X、Y 坐标平移量 $\Delta x=x_T-x_V$，$\Delta y=y_T-y_V$，并选择其中的最大者为视线划分依据，设其为 $\max\Delta=\max\{\Delta x，\Delta y\}$；

第二步：计算视线划分步长：$step=\mathrm{int}\left(\dfrac{\max\Delta}{m}\right)$，式中 m 为 DEM 格网单元分辨率；

第三步：计算视线斜率，将视线用 step 进行划分；

第四步：沿视线对划分点扫描，并作如下工作：

a. 内插划分点的地形高程值（双线性内插，参见第 4 章）；

b. 将内插高程与视线高程相比较，判断其可见性；如果地形点高程大于视线点高程，则两点不通视返回；反之进行下一点判断。

Janus 算法采用四点法进行地形点的高程内插，也就是所利用视线划分点坐标和 DEM 分辨率计算包含划分点的格网，取出该格网的四个顶点坐标，从而内插出划分点的高程。

Janus 算法不能保证所有的视线上的高程点都考虑到，但通过实际视线上的高程与地形对应点的高程对比来获得可视性，该算法测试点少，计算效率较高。

（2）Dyntacs 算法

Dyntacs(dynamic tactical simulation)通视性算法类似于 Janus 算法，也是基于格网 DEM 的，强调精度而不追求计算速度。但是并不将视线等分，而是确定视线在 XY 平面上的投影同格网单元边的每一个交点，然后通过两个已知高程的格网结点进行线性插值确定交点的高程。Dyntacs 从视点到目标点逐点分析这些交点，比较视线的斜率和视点到交点的斜率，如果从视点到交点的斜率大于视线斜率，则两点不可视；如果一直到目标点，则两点通视。图 5.60 是这个算法的示意图。

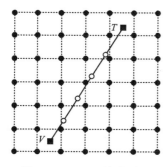

图 5.59　Janus 算法原理

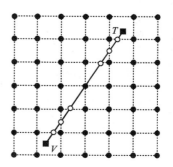

图 5.60　Dyntacs 算法原理

（3）ModSAF 算法

ModSAF 对地形高程格网进行了一点改变，使地形分片表面更加平滑，并且消除了 Janus 通视性算法中所要求的四点双线性插值。ModSAF 通视性算法假设在每一个高程格网单元方格中有一条对角线，对角线的方向为西北到东南（也可是西南到东北），这条对角线和由它分开的两个三角形用来近似实际的地形表面。ModSAF 通视性算法以一种与 Dyntacs 通视性算法相似的方式工作，只不过这种算法还要考虑视线与对角线的交点。另外，视点和目标点处的高程从它们的坐标和它们所在三角面上三个已知点来确定（图 5.61）。

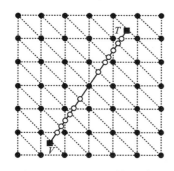

图 5.61　ModSAF 算法原理

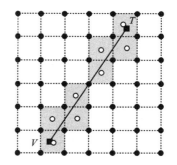

图 5.62　Bresenham 算法原理

（4）Bresenham 算法

Bresenham 算法是基于 Bresenham 的直线绘制原理的（图 5.62）。该算法是整数运算，速度较快，但由于四舍五入，数据精度有所损失。高程点的计算是归结到和网点的，一般高程点所在的格网的中心点或左下角点为高程点。因此，这种方法将格网单元看做是同质的。这就避免了 Janus、Dyntacs 和 ModSAF 通视性算法中那样的插值运算。这种算法将格网单元的高程同视线在单元上的高度最小值进行比较。

目前几乎所有的国内外生产的 GIS 软件，如 ArcGIS、GRASS、GeoStar、MapGIS、SuperMap 等都具有通视分析的功能，图 5.63 是利用 ArcGIS 实现的 DEM 上的两点之间的通视计算情况。

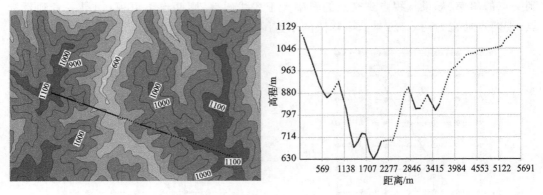

图 5.63　通视计算

实线：不可视部分，点线：可视部分

2. 可视域分析

如前所述，可视域是指从一个观测点上所能观察的范围，按照观察点的多少可分为单点可视域和多点可视域两种。可视域的计算从本质上讲，是两点之间的通视计算在面域上的实现，也就是说，给定视点的可视域，就是通过视点的无数视线上的可见部分的集合（图 5.64）。然而，考虑到可视域计算的效率，可视域计算并不是通过这种方式实现，而是针对特定 DEM 结构设计相应的算法。

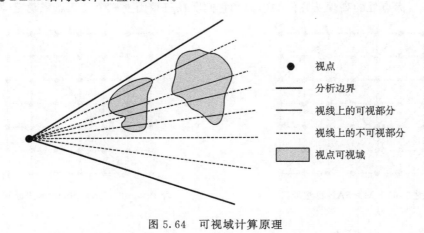

	视点
	分析边界
	视线上的可视部分
	视线上的不可视部分
	视点可视域

图 5.64　可视域计算原理

1）基于格网 DEM 的可视域计算

规则格网 DEM 的可视域一般是以离散的形式表示，也就是说通过可视域计算，格网被分成可视的格网单元和不可视的单元,称之为可视矩阵,如图 5.65 所示。

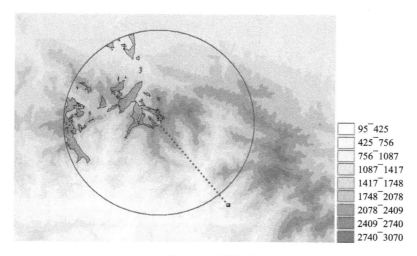

95¯425
425¯756
756¯1087
1087¯1417
1417¯1748
1748¯2078
2078¯2409
2409¯2740
2740¯3070

图 5.65　可视域
圆圈为视域范围

　　由于目前规则格网 DEM 的大量应用,现有的可视域计算方法几乎都是针对规则格网 DEM 提出的(朱庆等,2004)。Shapira (1990)提出跟踪从视点 V 到任何其他点 P 的视线,并沿着 V 与 P 之间的视线移动的方法,在到达 P 之前遇到地形边与视线之间的交或到达 P 时,就终止移动。该方法由于单元格不同点的视线重叠,存在冗余计算。Mills 等 (1992)使用 Shapira 算法的并行版本,对源区域的每个视点的视线进行了并行处理。高程数据通过一根视线到相邻另一根视线进行交流,目的是减少不同处理器之间的全局交流。Teng 等 (1993)利用相邻视点之间的内在一致性,对源区域进行了扫描遍历,减少了全局交流,该方法仅仅考虑了从源区域到目标区域的点之间的视线。如果 w 是视线的最大长度(以单元格表示),L 是源区域和目标区域之间的距离,使用普通处理器的时间复杂度为 $O(L^2 w)$,而使用并行算法的时间复杂度为 $O(L\log w)$。Kreveld (1996)等提出了一种平面扫描算法,通过消除大多数扫描线相互重叠的冗余计算提高计算效率。Franklin 和 Ray 提出利用辅助格网的算法,但他们都是基于视线的。必须内插计算与相交的 DEM 网格单元,计算量比较大。最近提出了通过视点和目标点间的空间关系所形成的参考面来判断观测点与所有目标点是否可视的算法(简称"参考面法"),比任何基于视线的方法都快 (Wang et al. ,2000;吴艳兰,2001)。本节简述这一方法。

　　(1)基本参数。基于参考面的可视域计算涉及几个基本参数,参看图 5.66,它们分别定义如下:

　　① 视点 $V(i, j)$,为 DEM 中任意指定的栅格单元,其所在行列号为 (i, j)。

　　② 目标点 $T(m, n)$,是除视点外的所有 DEM 格网单元,当前处理的格网单元行列号为 (m, n)。

　　③ 参考点 R,是在目标点附近的且与目标点同行号(或同列号)的栅格单元,一般为两个,图 5.66 中用 R_1 和 R_2 表示;R_1 和 R_2 是比目标点更接近于视点的两个同行或同列的 DEM 格网点。

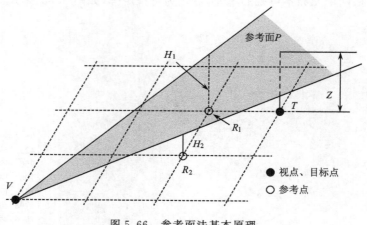

图 5.66　参考面法基本原理

④ 参考面 P，目标点的参考面 P 由视点 V 和两个参考点 R_1 和 R_2 定义，它是一空间平面，如图 5.66 所示。

⑤ 辅助格网矩阵 RM，辅助格网矩阵具有与原始 DEM 相同的格网数，即与 DEM 同大小；

⑥ 可视矩阵 VM，记录当前视点 V 的可视区域，与 DEM 同大小。

（2）算法原理。该算法基于这样的一个原则：视点 $V(i,j)$ 与目标点 $T(m,n)$ 可见的前提是，它必须位于参考面 P 内或在参考面 P 之上。如果目标点 $T(m,n)$ 可见，则相应的辅助格网点 $RM(m,n)$ 的值等于 $T(m,n)$ 的高程值，并令可视矩阵点 $VM(m,n)$ 值为真；否则 $RM(m,n)$ 值等于正好使得从 V 至 T 可见的最小高程值 Z，Z 可在 P 上利用目标点的平面位置内插而得，并将可视矩阵点 $VM(m,n)$ 的值置为假。

通过从视点向外计算，由辅助格网点和视点形成的参考面本质地定义了一个局部可视边界，这可用于判断下一个 DEM 格网点与视点的可视性。这样反复计算，直到遇到 DEM 的边界结束。最后通过对可视矩阵 V 的统计和显示就可得到可视域的面积及分布。

（3）实现方法。设选定视点为 $V(i,j)$，为计算简单起见，可将坐标原点移到 V，再利用 V 与邻近格网点的连线将 DEM 区域分割为八条方向线和八个扇区，如图 5.67 所示。当前视点 V 的可视域计算，可通过如下的步骤实现。

第一步：初始化辅助格网 RM 和可视矩阵 VM

主要是实现辅助格网矩阵和可视矩阵的初始值设置。如图 5.67 所示，将 V 及其八个邻近格网点的辅助格网点值置为对应 DEM 格网点的高程值，相应可视矩阵点值置为真，其他辅助格网点值为零，相应可视矩阵点值为假，即假设这八个邻近格网点与 V 均可见，即：

$$RM(k,l) = H(k,l); k = i-1,i,i+1; l = j-1,j,j+1 \qquad (5.37)$$

$$\left.\begin{array}{l} VM(k,l) = 1; \quad k = i-1,i,i+1; l = j-1,j,j+1 \\ VM(k,l) = 0; \quad 其他 \end{array}\right\} \qquad (5.38)$$

由于 V 与邻近格网点之间无其他格网点遮挡，在 DEM 精度范围内假设成立。

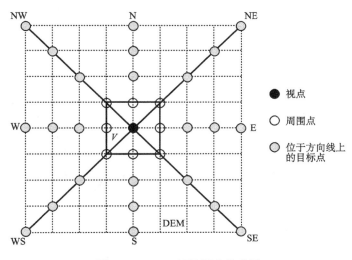

图 5.67　DEM 区域划分示意图

第二步:处理八条方向线上的格网点

这一步主要是判断东、西、南、北、东北、东南、西北、西南八条特殊线上的格网点,即判断位于这些方向上的 DEM 点与所给视点的通视性(图 5.67)。由于位于八条方向线上的目标点 $T(m,n)$ 的几何特征简单,形成判断其遮挡关系的参考面的两个相邻辅助格网点 R_1、R_2 重合为一点 R,即参考面退化为参考线。所以这些点的遮挡关系可由视点 $V(i,j)$ 和在目标点 $T(m,n)$ 之前的点 R 形成的参考线来判断。另外,判断扇区内目标的遮挡关系时,需要利用方向线上的点的结果。因此,首先从视点 V 开始向外依次处理八条方向线上的点,过程如下:

① 计算视点 $V(i,j)$ 与目标点 $T(m,n)$ 临界可视高程值 Z。V 与目标点 T 之间的通视性取决于目标点的高程在参考线上方还是下方,这可通过目标点的高程值 $H(m,n)$ 和目标点在参考线上的高程值 Z 之间比较来实现。因此问题的关键是首先获取目标点在参考线上的高程值 Z,这可通过简单的线性内插来实现。

参看图 5.68,设参考点的 R 行列号为 (k,l),视点 V 所在行列号为 (i,j),目标点 T 的位置为 (m,n),则目标 T 的临界可视高程值 Z 计算式为:

$$\left.\begin{array}{ll} Z = RM(i,j) + \dfrac{m-i}{k-i}\left[RM(k,l) - RM(i,j)\right] & k-i \neq 0 \\[3mm] Z = RM(i,j) + \dfrac{n-j}{l-j}\left[RM(k,l) - RM(i,j)\right] & k-i = 0 \end{array}\right\} \tag{5.39}$$

在此须正确指定参考点 R 点的位置,参看图 5.68,一般有如下原则:

当目标点 $T(m,n)$ 在西方向(W),R 位于 $(m,n+1)$;

当目标点 $T(m,n)$ 在西北方向(NW),R 位于 $(m-1,n+1)$;

当目标点 $T(m,n)$ 在北方向(NW),R 位于 $(m-1,n)$;

当目标点 $T(m,n)$ 在东北方向(NW),R 位于 $(m-1,n-1)$;

当目标点 $T(m,n)$ 在东方向(NW),R 位于 $(m,n-1)$;

当目标点 $T(m, n)$ 在东南方向(NW),R 位于$(m+1, n-1)$;

当目标点 $T(m, n)$ 在南方向(NW),R 位于$(m+1, n)$;

当目标点 $T(m, n)$ 在西南方向(NW),R 位于$(m+1, n+1)$。

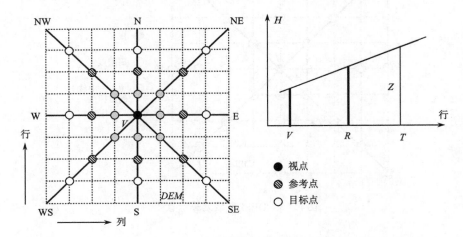

图 5.68　八方向点通视性判断

② 判断并赋值。若目标点高程 $H(m, n)>Z$,则视点 $V(i,j)$ 与目标点 $T(m, n)$ 可见,这时令:$RM(m, n)=H(m,n)$,$VM(m,n)=$真;否则视点 $V(i,j)$ 与目标点 $T(m, n)$ 不可见,令:$RM(m, n)=Z$,$VM(m, n)=$假。

③ 目标点 $T(m, n)$ 向外扩充,重复上述第一步和第二步,如遇 DEM 边界则进入下一方向的循环,直到八个方向上的点均计算完毕,则进入第三步的处理。

第三步:处理八个扇区内的点

经过上面处理后,需处理的剩余点分别位于八个扇区内。这些点的遮挡关系可由视点 V 和在 T 之前的两个或同行号或同列号的辅助格网点 R_1 和 R_2 形成的参考面 P 来判断,所以可分扇区从视点 V 开始向外依次处理这些点。

① 算视点 $V(i, j)$ 与目标点 $T(m, n)$ 临界可视高程值 Z。如前所述,视点 V 与目标点 T 之间的通视性取决于目标点的临界高程值。当格网点位于对角线方向或坐标轴方向视,两个参考点合二为一,采用线性内插即可计算;而当格网点在扇区内时,这时要通过视点和参考点 R_1、R_2 所形成的平面来确定。

参看图 5.69,视点 V 所在行列号为(i, j),目标点 T 的位置为(m, n),两个参考点的分别为 $R_1(k_1, l_1)$、$R_2(k_2, l_2)$,R_1、R_2、V 的三维坐标分别为 (x_1, y_1, H_1)、(x_2, y_2, H_2)、(x_3, y_3, H_3),则 V、R_1、R_2 所形成的空间平面方程为:

$$\begin{vmatrix} x & y & Z & 1 \\ x_1 & y_1 & H_1 & 1 \\ x_2 & y_2 & H_2 & 1 \\ x_3 & y_3 & H_3 & 1 \end{vmatrix} = 0 \tag{5.40}$$

由式(5.40)有:

$$Z = H_1 - \frac{(x-x_1)(y_{21}h_{31} - y_{31}h_{21}) + (y-y_1)(h_{21}x_{31} - h_{31}x_{21})}{x_{21}y_{31} - x_{31}y_{21}} \qquad (5.41)$$

式中：

$$\left. \begin{array}{lll} x_{21} = x_2 - x_1 & y_{21} = y_2 - y_1 & z_{21} = z_2 - z_1 \\ x_{31} = x_3 - x_1 & y_{31} = y_3 - y_1 & z_{31} = z_3 - z_1 \end{array} \right\} \qquad (5.42)$$

将式(5.42)中的值代入式(5.41)，可得到从 V 到 T 的临界可视高程值 Z。

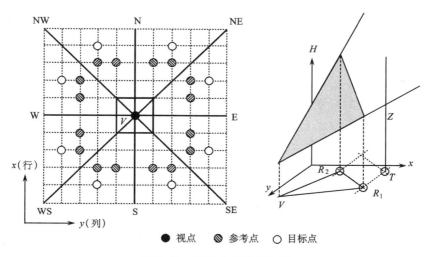

图 5.69　扇区内格网点处理

式(5.40)～(5.42)中的各个点的平面坐标，可通过 DEM 西南角坐标值和格网分辨率来确定，由于这里主要是计算可见问题，并不需要计算绝对坐标，故可假定西南角坐标值为 0，因此有：

$$\left. \begin{array}{llll} x_1 = l_1 g & y_1 = k_1 g & H_1 = RM(k_1, l_1) \\ x_2 = l_2 g & y_2 = k_2 g & H_2 = RM(k_1, l_1) \\ x_3 = jg & y_3 = ig & H_3 = RM(i, j) \\ x = ng & y = mg & H = RM(m, n) \end{array} \right\} \qquad (5.43)$$

式中，g 为 DEM 格网分辨率。

与格网方向一样，此处的关键也在于正确指定形成参考平面 P 的两个辅助格网点 R_1、R_2 的位置。参看图 5.69，R_1、R_2 的确定由如下的规律：

当目标点 $T(m, n)$ 在 W-NW 扇区时，R_1 为 $(m, n+1)$，R_2 为 $(m-1, n+1)$；

当目标点 $T(m, n)$ 在 NW-N 扇区时，R_1 为 $(m-1, n)$，R_2 为 $(m-1, n+1)$；

当目标点 $T(m, n)$ 在 N-NE 扇区时，R_1 为 $(m-1, n)$，R_2 为 $(m-1, n-1)$；

当目标点 $T(m, n)$ 在 NE-E 扇区时，R_1 为 $(m, n-1)$，R_2 为 $(m-1, n-1)$；

当目标点 $T(m, n)$ 在 E-SE 扇区时，R_1 为 $(m, n-1)$，R_2 为 $(m+1, n-1)$；

当目标点 $T(m, n)$ 在 SE-S 扇区时，R_1 为 $(m+1, n)$，R_2 为 $(m+1, n-1)$；

当目标点 $T(m, n)$ 在 S-WS 扇区时，R_1 为 $(m+1, n)$，R_2 为 $(m+1, n+1)$；

当目标点 $T(m, n)$ 在 WS-W 扇区时，R_1 为 $(m, n+1)$，R_2 为 $(m+1, n+1)$。

② 判断并赋值。若目标点高程 $H(m,n)>Z$，则视点 $V(i,j)$ 与目标点 $T(m,n)$ 可见，这时令：$RM(m,n)=H(m,n)$，$VM(m,n)=$ 真；否则视点 $V(i,j)$ 与目标点 $T(m,n)$ 不可见，并令 $RM(m,n)=Z$，$VM(m,n)=$ 假。

③ 目标点 $T(m,n)$ 向外扩充，重复上述第一步和第二步，如遇 DEM 边界则进入下一扇区处理，直到所有的扇区处理完，则当前视点的可视域计算完成。

据吴艳兰(2001)的分析，用参考面算法计算同一 DEM、同一点、不同高度视点的可视域所花 CPU 时间为一常数。它与该点在 DEM 中的位置和可视域面积大小无关，而最简单沿视线算法所花 CPU 时间随视点在 DEM 中的位置和视点高度而变化。一般来说，计算位于 DEM 中心的视点可视域所花 CPU 的时间要比其他点的时间少。对于同一视点，当高度增加、可视域面积增大时，计算可视域花费的 CPU 时间增加较快。另外，DEM 格网数增加对参考面算法效率的影响不大，而使最简单沿视线法运算效率降低很快。

与传统基于视线的可视域算法相比，该算法由于不用进行与视线相交格网的 DEM 内插计算，所以简单、高效。它还有运行时间与视点的位置和可视域面积大小无关的特性，并且该算法结果与基于视线算法的结果一致。

2) 基于 TIN 的可视域计算

基于 TIN 的可视域计算方法与基于格网 DEM 的计算方法差异较大。基于 TIN 的可视域计算常与计算机图形学的隐藏面消隐算法联系在一起的，隐藏面消隐算法稍加改进就可以应用于 TIN 的可视域计算。目前基于 TIN 的可视域的计算的方法有前后顺序法、分而治之法、扫描线法、光线投射算法等(应申，2005)。

Boissonnat 和 Dobrindt (1992)提出了一个在线算法，该算法可以计算 TIN 的可视域，核心是一个特殊的数据结构，这个数据结构提供了对输入数据的所有可能排列进行平均时所期望的时间和空间复杂度，并且该算法已经扩展为完全动态的方法，并允许以期望的时间复杂度 $O(n\log n)$ (Bruzzone et al.，1995；Dobrindt et al.，1993)进行三角形的插入和删除。动态算法引起了特别关注，因为当高程变化时需要更新可视域，其作用是显而易见的。

目前随着智能体技术、元胞自动机等的广为应用，这些技术也被引进 TIN 的可视域分析之中(Jiang et al.，2000)。

这里介绍基于 TIN 的可视域计算的前后顺序法(De Floriani et al.，1994)。前后顺序法使用的前提是三角形只能被它前面的三角形隐藏，通过对从视点开始的由前向后的顺序面的处理进行的。给定一个视点 V，如果从 V 发出的视线在交于 TIN 的单元 C_2 之前与单元 C_1 相交，称单元 C_1 在单元 C_2 之前。TIN 的前后顺序是其中与"前面"关系一致的单元的总顺序，如果存在前后顺序，那么称 TIN 是可排序的。由于 TIN 的不规则的结构，不能保证它的可排序性，但是基于 Delaunay 的 TIN 总是可以排序的(De Floriani et al.，1991)；不可排序的 TIN 总是可以通过拆分它的某些三角形使其变成可排序的(Cole et al.，1989)，De Floriani 等(1994)使用数据分区策略对该算法进行了并行化处理，关于这方面的内容参见 De Floriani、Puppo 等人的研究。

设视点为 V，V 在平面上的垂直投影为 V_P，TIN 中的每一个三角形定义为 t_i。利用前后顺序法进行 V 的可视域计算分为两个阶段：

（1）排序阶段。根据视点，对所有三角形按照距离 V_P 的远近进行前后排序。

（2）可视性计算。按照前后顺序对每个三角形进行处理，计算出它们的可视域。

前后排序首先要建立一个围绕 V_P 的星形多边形 W，该星形多边形是由三角形联结得到的，并且 V_P 要位于这些三角形内部或一条边上。选择星形多边形 W 的一条边 E，检查与该边相邻的三角形 t（图 5.70）：

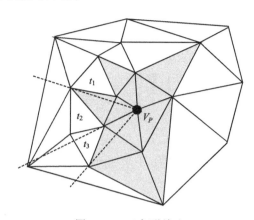

图 5.70　三角形检查
阴影部分为星形多边形 W，t_1 和 t_2 可以添加到 W 中，t_3 则不能

如果三角形 t 的两条边邻接星形多边形 W，则该三角形可以添加到星形多边形 W 中。

如果三角形 t 只有一条边邻接星形多边形 W，当且仅当三角形 t 的另一顶点位于由 V_P 和 E 确定的辐射范围之内，该三角形也可以添加到星形多边形 W 中。

在排序过程中，保持多边形 W 的边界 C 不变，C 的一条边 E 被遍历之后，要将其从 C 中删除，为了验证被剔除的对应三角形是否添加到星形多边形 W 中，利用同样的方式，对被剔除的三角形再遍历一次，直到三角形 t 的另一条边包括在 C 中，也就是三角形 t 有可能添加到星形多边形 W 中。这样，TIN 中的三角形至少被遍历两次，然后对 TIN 中的三角形进行排序。上述过程可以通过如下的代码实现：

RADIAL_SORT 算法：

输入：TIN 和视点 V

输出：按到 V 的前后顺序排好的三角形序列 L

Begin：

　　// 初始化相关数组

　　Case V_P 点的位置：

　　　　V_P 是三角形的顶点

　　　　　　L = 与 V_P 相关的三角形（任意顺序）；

　　　　　　C = 不含 V_P 的三角形的边；

　　　　V_P 位于三角形的一条边 E 上

　　　　　　L = 与 E 相关的三角形；

　　　　　　C = 除 E 之外的两个三角形的其余四条边；

```
    V_P 在三角形 t 中
        L = 三角形 t；
        C = t 的三条边
End case
// 对所有 TIN 中的三角形进行循环
While(当三角形在 L 中)do
        E = C 中的一条边；
        t = 与 E 相关但不在 L 中的三角形；
        按照前述法则对 t 进行检测；
        if（t 可被加入）then
            将 t 加入到 L 中；
            删除 C 中 t 的一条边；
            插入 t 中还未考虑的边；
        Else 从 C 中删除 E；
        End if
End while
End
```

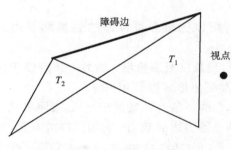

图 5.71　障碍边概念

T_1 面上，T_2 面下

为进行可视性计算，先介绍几个定义。TIN 中任意三角形可由一个线性函数进行表达即 $z = a_i x + b_i y + c_i$，z 把空间分成了两个半空间：上部空间（$z > a_i x + b_i y + c_i$）和下部空间（$z < a_i x + b_i y + c_i$）。如果视点 V 位于下部空间，则称三角形是关于 V 面向下的（face down）；视点 V 位于上部空间，则称三角形关于 V 是面向上（face up）的。对于 TIN 中的任意一条三角形边 E，设与其相关的两个三角形为 T_1、T_2，如果 T_1 比 T_2 更接近视点 V_P，且 T_1 面上的，T_2 是面下的，这时称 E 是为障碍边，图 5.71 对障碍边的概念进行了解释。

可视性算法建立了障碍边（blocking edge）的激活顺序（active sequence），称作活性障碍边的分割顺序（active blocking edge segment sequence，ABESS）。ABESS 包含已遍历三角形的障碍边的所有部分（图 5.72）。在计算的开始，ABESS 是作为间隔空表初始化的。然后对前面排好序的三角形进行处理。处理三角形 t 分为两步：

（1）计算 t 的可视域。如果 t 关于 V 是面向下的，那么整个 t 均不可见。否则，需要考虑 ABESS 中与视线相交的部分（称作 t 的 ABESS 相关分割），并且视线与三角形 t 相交。如图 5.73，t 的相关分割是 a 和 b。然后计算 t 中被每分割隐藏的部分，并把它们插入到 t 的不可见部分。

（2）更新 ABESS。t 中没有遍历的边 b 是一条障碍边，更新 ABESS 采用增量更新的方法。

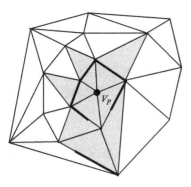

图 5.72　ABESS 的结构

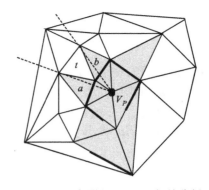

图 5.73　三角形的 ABESS 相关分割

整个可视域计算算法的伪代码如下：

TIN_VISIBILITY 算法：

输入：TIN 模型，视点 V_P

输出：V_P 的可视域 VA

```
Begin
    //关于 V 的三角形的先后顺序
    L = RADIAL_SORT()
      //可视性计算
      循环 TIN 中每个三角形,给 VA 赋初值 0;
    创建 ABESS 表;
    While   L 不空 do
        从 L 取出第一个三角形 t;
        如果 t 是面向下的
          VA = t;// t 总是不可见的
        否则
          For (属于 ABESS 且与 t 相关的边 E)
            M = 计算被 b 遮挡的部分;
            将 M 放入 VA 中;
          EndFor
        Endif
        For (t 中没有处理的边 E)do
          If (E 是障碍边)then
              插入 E 更新 ABESS;
        End for
    End while
End
```

5.8 本章小结

特征地形要素是指对地形在地表的空间分布特征具有控制作用的点、线或面状要素。特征地形要素构成地表地形与起伏变化的基本框架。与地形基本参数的计算主要采用邻域分析不同的是，特征地形要素的提取更多地应用较为复杂的技术方法，成为数字地形分析中的很具特色的内容。

本章首先从地貌学的角度，在宏观和微观两个方面对地形特征要素类型进行了划分，并探讨了地形特征要素的分析计算的地学意义。同时结合 DEM 特点，将数字地形分析中地形特征提取划分为结构（点）线、水系以及可视性特征三类，对地形特征提取的基本理论进行了归纳和总结。之后，本章从三个方面详细论述了地形结构特征提取的方法，主要包括：

（1）从地形学角度，将地形特征分为地形特征点、地形特征线。文中首先论述了地形特征识别的主要方法，并对其做出了简要的评述。随即从解析角度和模拟角度，分别讨论了地形结构线提取的算法原理。

（2）水文模型建立和分析是地形分析的主要应用领域之一，考虑到这一点，本章首先系统总结了水文分析中所用到的地形分析技术，包括流域结构网络、河流分级、子流域划分、流域统计参数等，然后侧重讨论了基于 DEM 的流域参数计算方法和算法设计。

（3）地形可视性问题目前已经引起广泛的重视，目前地形可视性的应用已不再局限在传统意义上的同视性分析和可视域分析，其外延已扩展至考古、景观、规划等领域。考虑到这一点，本章对地形可视性特征从概念、性质、影响因素到算法设计进行了较为详细的分析和讨论，也涉及到部分算法。考虑篇幅限制，有关可视域的应用在第 8 章作了简要的介绍。

值得说明是，地形分析与算法设计、DEM 结构有关，不同算法可能导致不同的计算结果，有时甚至相差较大（Zhou et al.，2002；刘学军，2002）。本章的主要内容局限在算法设计中，对算法的分析与讨论并未进行过多的论述，实际工作中，要结合所采用的 DEM 结构、应用目的、效率等因素进行算法选择。

第6章 地形统计特征分析

导读:地形统计分析是指应用统计方法对描述地形特征的各种可量化的因子或参数进行相关、回归、趋势面、聚类等统计分析,找出各因子或参数的变化规律和内在联系,并选择合适的因子或参数建立地学模型,从更深层次探讨地形演化及其空间变异规律。

DEM 作为一种空间数据,它具有抽样性、概括性、多态性、不确定性、空间性等特征。正是 DEM 的这些特征决定了基于 DEM 的地形分析的条件和任务,也决定了选择哪些手段和方法来展开分析。而统计方法就是其中最有效的手段之一,因为统计就是对大量离散数据的收集、取样、整理、总结和分析,并最终得出有价值和合理的结论。结合以往的研究不难发现,统计方法实际上贯穿了 DEM 从建立、分析到应用的整个过程,而统计方法也是 DEM 研究中不可或缺的一种手段。

6.1 基本地形参数的特征统计

在地形表达中,高程、坡度、坡向、曲率等是地表的固有属性,是描述地表形态的基本参数。这些参数是地形曲面的函数,与点的平面位置有关,它们各自的数值特性存在差异,有些是标量意义的线性数据,如高程;有些是有矢量意义的方向性数据,如坡向。由于标量与矢量数据在计算上有着不同,为了统计分析方便,本节以高程和坡向分别作为地形标量数据和地形矢量数据的典型代表,描述它们的统计分析。

6.1.1 高程数据的统计分析

各种地形参数的计算一般都是在一个较小的局部窗口(如 3×3 局部窗口)中进行的,它们受局部地形变化的影响。例如,在计算中较多地关注相邻 DEM 单元高程的变化,而对相邻单元以外的地形形态则较少考虑。然而在应用中,有时需要在更大的邻域范围考察地形的变化情况。例如,在地下水流分析中,地下水流趋势与地表水流趋势并不相同,其中地下水流更多地依赖于周边较大范围内高程的分布情况。又如地形结构线(分水岭、集水线等)的提取,由于地形形态本身的不确定性和数据误差的影响,有时难以在局部范围内确定结构线的走向。因此,需要在较大的邻域(如坡面范围)内考察高程的变化。

这种基于较大邻域的地形分析的核心问题是邻域的确定,目前比较常用的方法是以山坡长度,或根据流域划分来确定邻域窗口,相关内容在本书第 5 章已做介绍。这里重点讨论在邻域窗口确定的前提下,栅格 DEM 上的邻域窗口内的高程数据分布和统计特征。

在本小节的分析中,当前栅格单元为 P_0,高程为 H_0,其邻域范围是以 P 为中心 5×5

的矩形窗口,落在该邻域内的格网单元数为 N,栅格单元的高程值为 $H_i(i = 1, 2, \cdots, N)$。对其他形式的窗口,分析方法类似。

1. 平均高程

平均高程(mean elevation)$\overline{H}$ 定义为:

$$\overline{H} = \frac{1}{N}\sum_{i=1}^{N} H_i \tag{6.1}$$

平均高程反映了当前格网单元邻域内高程的变化趋势,是 DEM 数据平滑的一个重要参数,也是其他地形参数计算、高程数据统计特征等的基本数据。

2. 平均高程差

平均高程差(difference from mean elevation)是当前栅格单元高程与邻域平均高程的差,即:

$$\Delta\overline{H} = H_0 - \overline{H} \tag{6.2}$$

当前栅格单元高程与邻域平均高程的差是中心单元相对地形位置的度量指标,其范围值取决于邻域高程的分布情况。此值常用在一些对局部高程变异比较敏感的地学过程分析之中。例如,Roberts 等(1997)通过平均高程差研究了地下水流的分布规律,Cary(1998)则在森林火灾危险区域分析中,利用平均高程差评估中心单元遭受雷击的可能性。

3. 高程标准差

高程标准差(standard deviation of elevation)刻画了邻域范围内高程的变化情况,是邻域尺度范围内局部地形变异的度量指标,可通过下式计算得到:

$$\sigma = \sqrt{\frac{\sum_{i=1}^{N}(H_i - \overline{H})^2}{N - 1}} \tag{6.3}$$

当邻域尺度与山坡坡长接近或一致时,高程标准差反映了局部地形的高程变异,而当邻域尺度与山坡坡长不一致时,高程标准差能给出地貌景观单元的粗糙程度。

4. 高程变幅

高程变幅(elevation range)是局部窗口内最大高程与最小高程之差,与高程标准差一样,在一定程度上反映了局部地形的变异。高程变幅也称为地形起伏度,是地形描述的宏观指标,常用来研究在宏观尺度上的水土流失、土壤侵蚀特征等。

5. 高程偏差

高程偏差(deviation from mean elevation)定义为中心单元高程与窗口平均高程值之差(即平均高程差)和高程标准差的比值,即:

$$D\overline{H} = \frac{\Delta\overline{H}}{\sigma} = \frac{H_0 - \overline{H}}{\sigma} \tag{6.4}$$

高程偏差描述 P_0 在邻域地势起伏中的相对位置,并根据局部粗糙度(以 σ 代表)进行归一化,其值通常为 $-1\sim1$,但也可能超过这一区间。当高程偏差值落在 $[-1,1]$ 以外时,表明 DEM 数值存在异常,因为 H_0 明显地超出了(高于或低于)邻域高程的典型范围。

6. 高程百分位

高程百分位(percentile)是在邻域内小于中心单元高程值(H_0)的栅格单元所占邻域单元总数的百分比,计算式为:

$$\text{pctl} = \frac{100}{N} \underset{i \in C}{\text{count}}(H_i < H_0) \tag{6.5}$$

高程百分位的取值范围是 $0\sim100$。若 pctl$=0$,则 P_0 为整个邻域内的最低高程;若 pctl$=100$,则 P_0 为整个邻域内的最高点;若 pctl$=50$,则 H_0 为整个邻域高程的中位数(median),即邻域中一半单元的高程低于 H_0。高程百分位表示 P_0 在邻域中的相对位置(如局部高地或洼地),并可作为研究植被空间分布模式的环境指示变量。

7. 相对高程百分比

相对高程百分比(percentage of elevation range)是以在高程范围内的相对位置而表达的变量,其计算式为:

$$\text{pctg} = 100 \frac{H_0 - H_{\min}}{H_{\max} - H_{\min}} \tag{6.6}$$

式中,$H_{\max}$、$H_{\min}$ 为邻域内的最大、最小高程值。高程百分位和相对高程百分比都是描述 P_0 在邻域高程的相对位置的变量,它们的区别在于,式(6.6)实际上是高程变幅的百分数,与邻域内高程的极值有关,但不反映高程的分布状况,因此与地形结构相关程度不大。同时由于引入最大、最小高程,相对高程百分比受异常高程数据的影响较大。

式(6.1)~式(6.6)也适合于其他非方向性数据如坡度、曲率等的统计分析,但不适合方向性数据,如坡向的分析。彩图 5 是对某一地区的 DEM 运用 5×5 的分析窗口进行该区域平均高程、平均高程差、高程标准差、高程偏差和相对高程百分比的统计结果。

6.1.2 坡向数据的统计

在描述地形地貌的参数中,坡向是典型的具有矢量意义的方向性数据,虽然在单点上它可以像高程的地学属性数据一样地进行量测和表达,但在一定的区域内应用统计的方法来反映地形地貌总体特征时,由于方向性数据的特殊性,传统的统计方法已不能正确反映其统计特征,所以必须应用独特的统计方法才能确切反映它的方向性(Davis,2002)。本小节重在探讨如何合理表达坡向的平均值、标准差这类统计特征,顾及坡向的特性和讨论的方便性,所涉及的方向性数据均属于二维平面,且以正北方向为标准方向顺时针环形表达。

1. 方向性数据的特征

线性数据的基本特征是路径唯一,如图 6.1(a)所示,从 1 到 10,其路径为 2、3、$\cdots$、10,

反过来而从 10 到 1,其路径也为 9、8、⋯、2、1。而方向性数据则不然,如图 6.1(b)所示,从 30°到 330°有两个路径,各个路径值并不相同。例如,如果顺时针方向选择路径,则路径值依次为 30°→90°→180°→270°→330°,而若路径为逆时针方向,路径值为 30°→0°(360°)→330°。因此方向性数据路径不唯一的特性使得线性数据的统计方法不能适用。

例如,对图 6.1(b)中的方向求平均值,按线性数据的统计方法为 $\frac{30°+330°}{2}=180°$,即为地学意义上的南方向,而正确的应该是北方向,也就是 0°。又如对于图 6.2 中的风向观测数据,从图中可观察出其总体是向东北方向的,而采用线性内插则在东南角上,风向发生逆转,形成以环状分布,明显与实际情况不符。

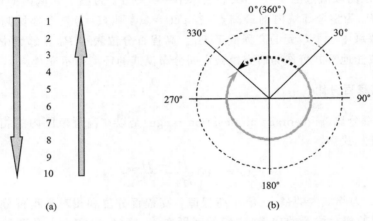

图 6.1　方向性数据与线性数据

(a) 线性数据;(b) 方向数据

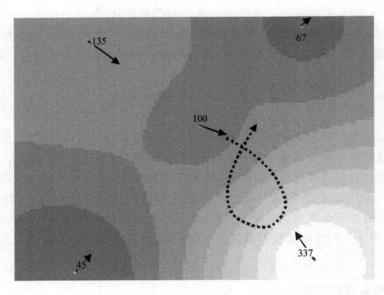

图 6.2　风向数据内插示意图

因此,对于坡向、风向等具有方向性的数据统计分析以及内插处理,需要利用矢量代数的统计运算,而不应该采用线性数据的处理方式。

2. 方向性数据的统计计算

设有 n 个坡向数据 α_i(此处设其大小为 1,即单位向量),欲求其平均值和方差,其本质就是矢量合成。如果用 X、Y 表示单位向量末点的坐标值,则:

$$\left.\begin{array}{l} X_i = \cos\alpha_i \\ Y_i = \sin\alpha_i \end{array}\right\} \tag{6.7}$$

式(6.7)的实质是把单位向量分解成两个基本方向 X 和 Y 的分量以便于多个向量的合成运算,故再定义 X_r 和 Y_r 为合成向量末点的坐标值,由式(6.7)有:

$$\left.\begin{array}{l} X_r = \displaystyle\sum_{i=1}^{n} \cos\alpha_i \\ Y_r = \displaystyle\sum_{i=1}^{n} \sin\alpha_i \end{array}\right\} \tag{6.8}$$

依据合成向量的末点坐标值 X_r 和 Y_r 可推得平均方向(即坡向平均值)$\bar{\alpha}$,即:

$$\bar{\alpha} = \tan^{-1}\left(\frac{Y_r}{X_r}\right) = \tan^{-1}\left(\frac{\displaystyle\sum_{i=1}^{n}\sin\alpha_i}{\displaystyle\sum_{i=1}^{n}\cos\alpha_i}\right) \tag{6.9}$$

式(6.9)所示是统计域内所有坡向(单位向量)的角度平均值,是对一组较大规模线性数据平均值的直接模拟,可有效表达与实际概念相符的平均坡向。

在向量的合成运算中,上面的讨论只仅仅考虑了它的方向性,依据数学知识可知,多个单位向量合成后一般不再是单位向量,它的合成长度(即模)R 必然有一定的变化,如图 6.3 所示,其表达式为:

$$R = \sqrt{X_r^2 + Y_r^2} = \sqrt{\left(\sum_{i=1}^{n}\cos\alpha_i\right)^2 + \left(\sum_{i=1}^{n}\sin\alpha_i\right)^2} \tag{6.10}$$

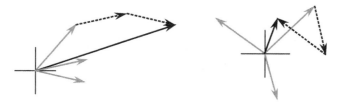

图 6.3　单位向量的合成长度(模)

从图 6.3 中可以看出,合成长度 R 的大小不仅取决于单位向量的离散程度,而且取决于向量的个数。如何比较不同向量个数的合成长度 R,可通过对式(6.10)的标准化实现。参看式(6.11):

$$\overline{R} = \frac{R}{n} = \frac{1}{n}\sqrt{\left(\sum_{i=1}^{n}\cos\alpha_i\right)^2 + \left(\sum_{i=1}^{n}\sin\alpha_i\right)^2} \qquad (6.11)$$

$\overline{R}$ 的取值范围为 $0\sim1$，它可以度量一组坡向分布的离散状况，$\overline{R}$ 趋近于 0，表明坡向分布离散程度很大；$\overline{R}$ 趋近于 1，则表明坡向分布很集中，如图 6.4 所示。

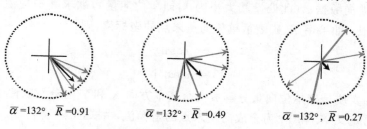

$\overline{\alpha}=132°$，$\overline{R}=0.91$　　　$\overline{\alpha}=132°$，$\overline{R}=0.49$　　　$\overline{\alpha}=132°$，$\overline{R}=0.27$

图 6.4　不同离散程度的向量分布与 $\overline{R}$ 的大小关系图

依据向量的合成原理对坡向做统计分析，其结果不仅给出了统计区域内所有坡向的平均值，而且可以给出坡向分布的离散程度，即坡向标准差，通常用于地貌形态分析。

6.2　高程分布特征模型

在地形分析中，充分了解高程的分布状况和分布规律对于研究地形地貌，高程分层设色，进行工程设计和应用是十分重要的。地球上的地形起伏形式多样，如何能量化表达高程的分布特征就需要建立地面高程的分布特征模型。一般来说地面高程的分布近似于正态分布、皮尔逊 III 分布、递减指数函数分布、幂函数分布和高次多项式分布等类型。本节重点介绍常见的正态分布特征模型和皮尔逊 III 分布特征模型。

6.2.1　正态分布模型

根据正态分布函数的定义与特性，可建立地面高程分布特征模型：

$$p = \frac{\Delta H}{\sigma\sqrt{2\pi}}e^{-\frac{(H_i-\overline{H})^2}{2\sigma^2}} \qquad (6.12)$$

式中，p 为地面高程分布频率；$\overline{H}$ 是平均高程；H_i 是高程分组统计的组中值；σ 是高程分布的标准差；ΔH 是高程分组统计的组距。

在式(6.12)中，令：

$$t = \frac{H_i - \overline{H}}{\sigma} \qquad (6.13)$$

则式(6.12)可表达为：

$$Z_t = \frac{1}{\sqrt{2\pi}}e^{-\frac{t^2}{2}} \qquad (6.14)$$

式(6.14)为正态分布的标准化形式，计算时以 t 为引数，可通过标准正态分布的概率表查得。

综合式(6.12)～式(6.14),有高程分布模型:

$$p = \frac{\Delta H}{\sigma} Z_t \tag{6.15}$$

表 6.1 为某地区地面高程的分组统计数据,大致可以看出其服从正态分布,下面就以此高程数据来建立它的正态分布特征模型。

表 6.1　某地区地面高程量测数据分组统计表

分组/m	500～600	601～700	701～800	801～900	901～1000	1001～1100	1101～1200	1201～1300
组中值	550	650	750	850	950	1050	1150	1250
频数	3	2	8	16	20	35	48	36
频率	0.012	0.008	0.031	0.063	0.078	0.137	0.188	0.141

分组/m	1301～1400	1401～1500	1501～1600	1601～1700	1701～1800	1801～1900	1901～2000	Σ
组中值	1350	1450	1550	1650	1750	1850	1950	
频数	32	30	12	7	4	1	2	256
频率	0.125	0.117	0.047	0.027	0.016	0.004	0.008	1

根据表 6.1 数据,有:

$$\left. \begin{array}{l} \overline{H} = 1204 \\ \sigma = 250 \\ \Delta H = 100 \end{array} \right\} \quad (\text{单位为 m}) \tag{6.16}$$

将式(6.16)中数据代入式(6.15)中,则该地区地面高程分布特征的数学模型为:

$$p = \frac{100}{250} Z_t = 0.4 Z_t \tag{6.17}$$

根据式(6.13)计算 t 值,再用 t 值查标准正态分布的概率表可得到 Z_t 值,代入式(6.15)就得到该地区地面高程度分布的理论频率值。表 6.2 是计算值和理论值的比较。

从表 6.2 中可以看出式(6.15)的模型基本能反映该地区地面高程的分布规律。为了检验模型用正态分布匹配是否正确,还可用分布特征参数来判断,一般情况考虑偏态系数 C_v 和峰态系数 C_e,它们的计算公式如下。

1) 偏态系数

偏态系数(skewness)计算式为:

$$C_v = \frac{\mu_3}{\sigma^3} \tag{6.18}$$

式中,σ 为标准差,μ_3 为三阶中心矩,用下式计算:

$$\mu_3 = \frac{\sum\limits_{i=1}^{n} (H_i - \overline{H})^3}{n} \tag{6.19}$$

C_v 描述数据分布的不对称性,当 $C_v > 0$ 时,众数在平均值的左边,称为正偏;当 $C_v < 0$ 时,众数在平均值的右边,称为负偏;当 $C_v = 0$ 时,图形对称。

表 6.2　正态分布模型计算频率值与实际分布频率值比较

编号	t	Z_t	模型计算频率	统计频率	误差
1	−2.57	0.0147	0.0059	0.012	−0.0061
2	−2.22	0.0339	0.0136	0.008	0.0056
3	−1.82	0.0761	0.0304	0.031	−0.0006
4	−1.42	0.1456	0.0582	0.063	−0.0048
5	−1.02	0.2371	0.0948	0.078	0.0168
6	−0.62	0.3292	0.1317	0.137	−0.0053
7	−0.22	0.3894	0.1558	0.188	−0.0222
8	0.18	0.3925	0.1570	0.141	0.0160
9	0.58	0.3372	0.1349	0.125	0.0099
10	0.98	0.2468	0.0987	0.117	−0.0183
11	1.38	0.1539	0.0616	0.047	0.0146
12	1.78	0.0818	0.0327	0.027	0.0057
13	2.18	0.0371	0.0148	0.016	−0.0012
14	2.58	0.0143	0.0057	0.004	0.0017
15	2.98	0.0047	0.0019	0.008	−0.0061

2) 峰态系数

峰态系数(kurtosis)描述数据的集中程度,其表达式为:

$$C_e = \frac{\mu_4}{\sigma^4} \tag{6.20}$$

式中,σ 为标准差,μ_4 为四阶中心矩,用式(6.21)计算。

$$\mu_4 = \frac{\sum_{i=1}^{n}(H_i - \overline{H})^4}{n} \tag{6.21}$$

C_e 描述数据分布在均值附近的集中程度,表示分布图形的峰度高低。对于标准正态分布来说,$C_e = 3$;当 $C_e > 3$ 时,称为高峰态;当 $C_e < 3$ 时,称为低峰态。

由表 6.1 及式(6.18)~式(6.21)可求得:$C_v = 0.08 > 0$,$C_e = 3.2 > 3$,这说明该地区地面高程向正方向偏一些,有点正偏态,并且呈高峰态分布。

6.2.2　皮尔逊 Ⅲ 分布模型

不少地形地貌的高程分布并不是呈对称分布,往往呈偏态状况,如果正偏离较大,可根据皮尔逊 Ⅲ 型分布的概率密度函数的定义与特性,可建立地面高程分布特征模型:

$$p = \frac{\Delta H \beta^{\alpha}}{\Gamma(\alpha)} (H_i - \delta)^{\alpha-1} e^{-\beta(H_i - \delta)} \tag{6.22}$$

式中,p 是地面高程分布频率,H_i 是高程分组统计的组中值,ΔH 是高程分组统计的组距,$\Gamma(\alpha)$ 可以在 Γ 分布表中查出,α,β,δ 为待定参数,由式(6.23)计算:

$$\left.\begin{array}{ll}\alpha = \dfrac{4}{C_v^2}, \quad \beta = \dfrac{2\mu_2}{\mu_3}, \quad \delta = \overline{H}\left(1 - \dfrac{2C_s}{C_v}\right) \\[4mm] \mu_2 = \dfrac{\displaystyle\sum_{i=1}^{n}(H_i - \overline{H})^2}{n}, \quad C_s = \dfrac{\sigma}{\overline{H}}\end{array}\right\} \tag{6.23}$$

式中,μ_2 为二阶中心矩,其值与 σ^2 相同,其他符号含义同前。

表 6.3 为某地区地面高程分组统计数据,从中可看出其分布正偏离较大,可采用皮尔逊 III 型分布特征模型来表达。

表 6.3　某地区地面高程量测数据分组统计

分组/m	50～100	101～150	151～200	201～250	251～300	301～350	351～400
组中值	75	125	175	225	275	325	375
频数	51	82	106	80	57	61	40
频率	0.079	0.126	0.163	0.123	0.088	0.094	0.062
分组/m	401～450	451～500	501～550	551～600	601～650	651～700	701～750
组中值	425	475	525	575	625	675	725
频数	36	28	17	18	15	8	9
频率	0.055	0.043	0.026	0.027	0.023	0.012	0.014
分组/m	751～800	801～850	851～900	901～950	951～1000	1001～1050	1051～1100
组中值	775	825	875	925	975	1025	1075
频数	9	6	6	5	5	1	0
频率	0.014	0.009	0.009	0.007	0.007	0.002	0.000
分组/m	1101～1150	1151～1200	1201～1250	1251～1300		Σ	
组中值	1125	1175	1225	1275			
频数	3	3	2	1		649	
频率	0.0046	0.0046	0.0031	0.0015		1	

据表 6.3 的数据可求得式(6.22)和式(6.23)中的各个参数:

$$\left.\begin{array}{l}\overline{H} = 321\text{m}, \sigma = 226.133\text{m}, \Delta H = 50\text{m} \\[2mm] \mu_2 = 51136, \mu_3 = 17531197 \\[2mm] C_v = 1.516, C_s = 0.704 \\[2mm] \alpha = 1.74, \beta = 0.006, \delta = 22.868\end{array}\right\} \tag{6.24}$$

式(6.24)中的数据代入式(6.22)中,则该地区的面高程分布特征的数学模型为:

$$p = 0.0074(H_i - 22.868)^{0.74} e^{-0.006(H_i - 22.868)} \tag{6.25}$$

表 6.4 是该地区的计算高程分布频率和实际观测数据统计频率的比较,从中可看出皮尔逊 Ⅲ 型模型能较好的反映该地区的高程分布规律。

表 6.4　皮尔逊 Ⅲ 型分布特征模型计算分布频率与实际分布频率比较

编号	H_i	模型计算频率	统计频率	误差
1	75	0.098	0.079	0.019
2	125	0.123	0.126	−0.003
3	175	0.122	0.163	−0.041
4	225	0.112	0.123	−0.011
5	275	0.097	0.088	0.009
6	325	0.083	0.094	−0.011
7	375	0.069	0.062	0.007
8	425	0.056	0.055	0.001
9	475	0.045	0.043	0.002
10	525	0.036	0.026	0.010
11	575	0.028	0.027	0.001
12	625	0.023	0.023	0.000
13	675	0.018	0.012	0.006
14	725	0.014	0.014	0.000
15	775	0.011	0.014	−0.003
16	825	0.008	0.009	−0.001
17	875	0.007	0.009	−0.002
18	925	0.005	0.007	−0.002
19	975	0.004	0.007	−0.003
20	1025	0.003	0.002	0.001
21	1075	0.0023	0.000	0.0023
22	1125	0.0019	0.0046	−0.0027
23	1175	0.0014	0.0046	−0.0032
24	1225	0.0010	0.0031	−0.0021
25	1275	0.0007	0.0015	−0.0008

6.3　沟壑密度计算与分析

沟壑密度是地表统计参数之一,是衡量地表破碎程度的重要指标。沟壑密度的量算本身属于地表曲面参数量算,但由于它在应用中主要用于描述地表形态统计特征,故在这里重点讨论沟壑密度的地学统计意义。

6.3.1 沟壑密度的计算与地学统计意义

沟壑密度(gully density)也称沟道密度,指单位面积内沟壑的总长度。单位一般以 km·km^{-2}表示,数学表达式为:

$$D = \frac{\sum L}{A} \tag{6.26}$$

式中,D 为沟壑密度,$\sum L$ 为流域范围内的沟壑总长度,一般以 km 为单位,A 为流域面积,其单位为 km^2。

沟壑密度是描述地面切割破碎程度的一个术语。沟壑密度越大,地面越破碎。破碎的地面必然起伏不平,多斜坡。这样一方面使地表物质稳定性降低,另一方面易形成地表径流。沟壑密度越大,地面径流和土壤冲刷越快,沟蚀发展越快。沟壑密度是地形发育阶段、降水量或地势高差、土壤渗透能力和地表抗蚀能力的重要特征值。所以,沟壑密度是有统计意义的地学属性描述参数,它是反映当地气候、地质、地形地貌的一个基本指标,对于水土流失监测、水土保持规划有着重要的意义。

6.3.2 沟壑密度计算

求算沟壑密度关键在于确定分析面积和面积内的沟谷总长度,流域面积是指水流流向出口的过程中所流经地区的汇水面积,沟谷总长度指分析区域内提取的各级沟谷的长度之和。获得了某流域的面积和该流域中沟壑的总长度,就能够得到该流域的沟壑密度。基于格网 DEM 提取沟壑密度的主要步骤为(看图 6.5):

(1)确定沟壑密度的提取区域,计算面积 A,并进行洼地填平。

(2)利用 GIS 水文分析,得到提取区域的水流方向矩阵、水流累积矩阵。

(3)给定不同集水阈值,将水流方向累积矩阵中高于此阈值的格网连接起来得到矢量的沟壑网络。

(4)对上一步提取的不同集水阈值下的沟谷网络,依据与实际形态的拟合程度进行对比分析,确定不同地貌类型对应的集水阈值。

(5)利用上一步确定的集水阈值提取沟壑网络,并计算沟谷总长度 $\sum L$。

(6)将得到的沟壑总长度和面积代入计算公式,求得沟壑密度值。

沟谷密度计算中需要注意以下两点:

(1)沟谷标准的设定与控制。求算沟壑密度的关键在于确定研究区域内的沟谷总长度,选取多大长度的沟谷作为计算时最小沟谷,是十分重要的问题。最小沟道的选取归根到底是汇流累积阈值的设定。汇流累积阈值控制着沟谷网络的范围,阈值小则沟谷过密,大则过于稀疏。确定合理的阈值大小,需要结合研究区域的地貌类型、覆盖物等反复进行实验。

(2)伪沟谷的删除。基于坡面流模拟方法提取沟谷网络是通过设定一个汇流累积阈值来实现的,汇流累积量高于此阈值的栅格即为沟谷网络。在比较破碎的地貌如黄土高

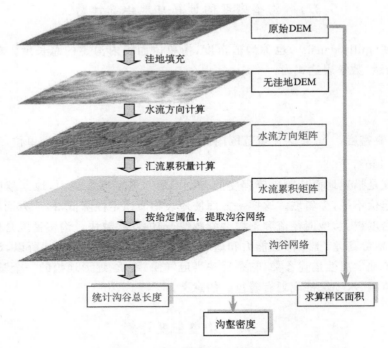

图 6.5　DEM 沟壑密度计算流程

原地区,有大量的平地存在,如黄土塬区、梁区、峁顶和沟底等。在这些地方,水流累积量较大,在基于 DEM 数据的沟谷网络自动提取过程中有大量的伪沟谷出现。这样就会影响沟谷提取的准确性,因此必须采取一定的措施,剔除伪沟谷,图 6.6 是编辑前后的沟谷对比。

表 6.5 是图 6.7 所示 DEM 的沟壑密度计算结果。

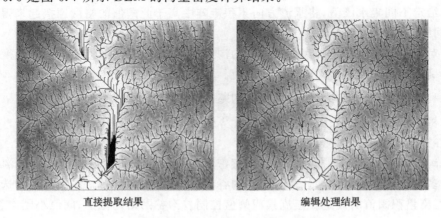

直接提取结果　　　　　　　　　　编辑处理结果

图 6.6　沟谷网络编辑处理前后对比

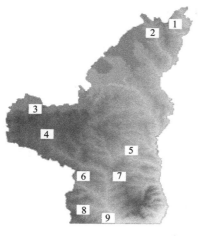

图 6.7　DEM 分布

表 6.5　沟壑密度计算结果

样区	沟壑密度计算值($km \cdot km^{-2}$)
1	2.82
2	2.52
3	2.55
4	2.68
5	2.76
6	2.88
7	3.82
8	2.77
9	3.28

6.4　趋势面分析

空间趋势反映的是空间物体在空间区域上的变化的主体特征,它忽略了局部的变异以揭示总体规律。趋势面分析是一种全局的方法,它用多项式方程可近似拟合已知数值的点。在基于 DEM 的地形分析中,常需要对离散的空间数据进行空间的趋势分析,从而确定空间数据的分布规律及其发展趋向。

6.4.1　趋势面分析的地学意义

对空间离散数据规律性分布的求解,常使用趋势面分析的方法。趋势面是一个光滑的数学曲面,它能够集中地反映空间数据在大范围内的变化趋势,它是揭示面状区域上连续分布的现象空间变化规律的理想工具,也是实际当中经常使用的描述空间趋势的主要方法。趋势面分析根据空间的抽样数据,拟合一个数学曲面,用该数学曲面来反映空间分布的变化情况。经过适当的预处理,非连续分布的现象在面状区域上的空间趋势亦可以用趋势面来描述。

趋势面分析是地学分析中常用的方法,特别是在地质学领域,趋势面分析长期以来在地质制图、勘探和开采计划中广泛应用(Davis,2002)。理论上来讲,当趋势面表达多项式的阶次足够高时,可以模拟任何曲面,包括复杂的地形曲面。然而,提高趋势面多项式的阶次却需要付出极大的计算量的代价,而所增加的地形曲面拟合的精度,并不足以补偿计算量增加的代价,所以,在实际应用中,趋势面多项式的阶数很少超过三阶。表 6.6 是地学分析中常用的多项式趋势面表达形式。图 6.8 是不同阶次趋势面的几何形态。

表 6.6   多项式趋势面表达形式

独立项	项次	趋势面性质	项数
$Z=a^0$	0	平面	1
$+a_1x+a_2y$	1	线形	2
$+a_3x^2+a_4y^2+a_5xy$	2	二次抛物面	3
$+a_6x^3+a_7y^2+a_8x^2y+a_9xy^2$	3	三次曲面	4
$+a_{10}x^4+a_{11}y^4+a_{12}x^3y+a_{13}x^2y^2+a_{14}xy^3$	4	四次曲面	5
$+a_{15}x^2+\cdots$	5	五次曲面	6

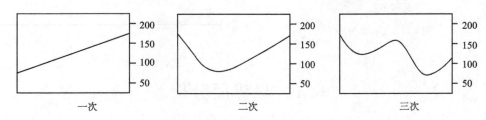

一次　　　　　　　　二次　　　　　　　　三次

图 6.8   不同阶次趋势面的剖面

　　通过趋势面分析,一般可以得到两方面的结果。首先是空间分布的主体特征,即对空间趋势的描述信息;其次是分析区域中不同于总趋势的最大偏离部分。在生产实践中,取样往往存在很多人为因素和非人为因素的影响,通过趋势面分析可以找出这种与整体格格不入的信息特征及其产生原因。趋势面分析在应用上要考虑两个方面:一是数学曲面类型(数学表达式)的确定,二是拟合精度的确定。数学曲面类型的确定在理论上宜选用一个周期函数作为数学表达式,但这在地学数据分析中使用的并不多,一般情况下多选用多项式函数作为数学表达式。

　　表达式确定的另一个因素就是求解上的可行性和便利性,目前趋势面的求解均采用最小二乘法,其求解过程如图 6.9 所示。图中计算式中,$\hat{Z}_i$ 代表趋势面方程式的估计值,Z_i 是原始数据,a_{ij} 是趋势面方程系数。一般来说只有线性表达式以及可转化为线性的表达式方可求解,其他表达式的求解则相当困难。趋势面的拟合精度具有特殊性,它并不要求有很高的拟合精度,相反,过高的拟合精度会因数学曲面过于逼近实际分布曲面而难以反映分布的主体特征,达不到描述空间趋势的目的。趋势面分析将空间分布划分为趋势面部分和偏差部分,趋势面反映总体变化,受大范围系统性的因素控制。在采用多项式的趋势面分析中,可通过改变多项式的次数来控制拟合精度,以达到满意的分析结果。

　　一般说来,多项式的次数越高,趋势值与实测点的偏差越小,但次数越高计算越复杂,同时也会造成趋势面过多的曲折,使得效果反而不好。所以,在实际应用过程中,趋势面的拟合次数需根据空间变量的实际变化情况确定。对于离散的采样点,可以将它们按照空间分布的特点分别投影到 X 和 Y 轴上,判断他们所呈现的空间规律而采用不同的多项式趋势面方程,一般有如下规则:

　　(1)如果地学变量在空间上的分布由一个方向向另一个方向递减或递增,即为一个倾

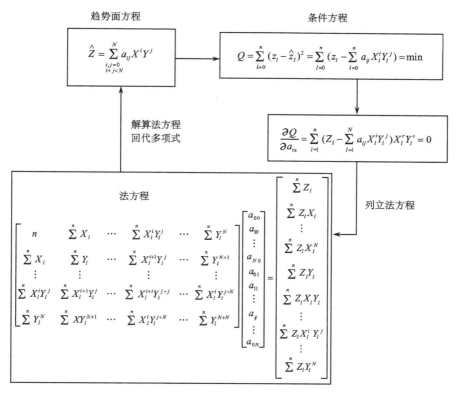

図 6.9 趋势面方程求解流程

斜平面时,可以采用一次趋势面。

（2）如果地学变量在空间上的分布呈抛物曲面时,可以采用二次趋势面。

（3）如果地学变量在空间上的分布形态较为复杂或十分复杂,需采用高次趋势面。

6.4.2 高程数据的趋势面分析

高程是地形分析的基础数据源,也是表征地形地貌最直接的参数。在一定的区域内利用高程数据通过趋势面分析就可以从宏观态势上描述该区域地形。图 6.10(a)为某一地区 DEM 与等高线叠加在一起的示意图,从中可以看出该地形东北高,西南低,有三处大的突兀和两处凹陷。图 6.10(b)~(g)是通过不同阶次的多项式所模拟的该区地形的变化趋势。

从图 6.10(b)和 6.10(c)可以看出,该地形高程数据经过一次、二次趋势面拟合反映了该地形从总体上东北高、西南低的宏观态势,但无法反映其他起伏。随着多项式阶数的增加,如图 6.10(d)~(g)所示,多项式也越来越逼近原始地形形态,局部细节也得到较充分的反映。这也印证了无论多么复杂的曲面,都可以通过高次曲面对其逼近。然而要注意的是,趋势面的次数越高,越容易出现震荡现象,微小的数据误差可能导致较大的解算误差。因此,趋势面在地形分析中的主要作用是揭示宏观变化,而不是精确逼近。这也是地形分析中较多使用低次曲面而不采用高次曲面的一个原因。

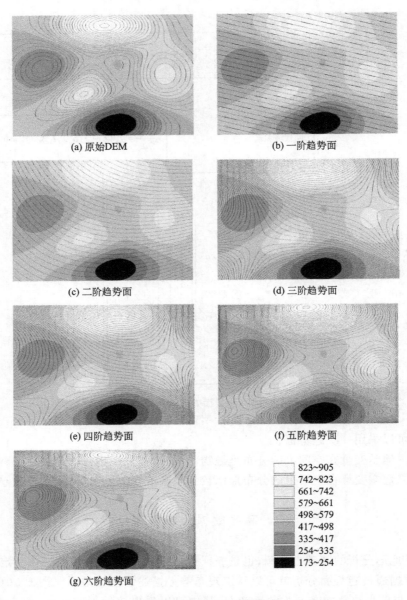

(a) 原始DEM   (b) 一阶趋势面

(c) 二阶趋势面   (d) 三阶趋势面

(e) 四阶趋势面   (f) 五阶趋势面

(g) 六阶趋势面

	823~905
	742~823
	661~742
	579~661
	498~579
	417~498
	335~417
	254~335
	173~254

图 6.10　高程数据不同阶次趋势面的地形分析

6.4.3　趋势面的拟合精度

不同次数的趋势面对原始数据的逼近程度是不一样的,从理论上讲,越高次数的趋势面越能有效模拟原始地形地貌,但在地形分析中,作趋势面分析的目的主要是为了从宏观上把握地形的总体态势而非地形的细部特征,而且高次数趋势面在计算上较加复杂,所以应合理地进行趋势面拟合,通常用拟合度 C 来描述趋势面的逼近程度。

$$C = 1 - \frac{\sum\limits_{i=1}^{n}(Z_i - \hat{Z}_i)^2}{\sum\limits_{i=1}^{n}(Z_i - \overline{Z}_i)^2} \tag{6.27}$$

式中，C 表示趋势面的拟合度；Z_i 是原始数据；$\hat{Z}_i$ 是依趋势面方程求得的估计值；$\overline{Z}_i$ 是原始数据的平均值，由式(6.28)计算：

$$\overline{Z}_i = \frac{\sum\limits_{i=1}^{n} Z_i}{n} \tag{6.28}$$

一般情况下，当 C 为 $60\% \sim 70\%$ 时，即可说明总体规律(郭仁忠，1997)。

6.5 地形相关性分析

按照地理学第一定律，空间的事物总在不同程度上相互联系与制约，而相近的事物之间的影响通常大于较远事物的影响。这种现象被称为空间自相关。空间自相关根据数值的空间排列，量测变量值之间的关系。如果类似数值在空间上相互接近，可描述为高度空间相关关系，如果数值排列识别不出空间上的相互关联模式，则称为独立或随机关系。例如地貌在一定空间范围内是具有空间自相关性的，即具有空间上的相似性。

DEM 地形分析为量化地貌的自相关性提供了很好的数据条件。DEM 目前大部分是以栅格形式存储的，格网单元遵循明确定义的空间排列，它所描述的空间自相关可以定义为某一栅格单元的值与其相邻栅格值的趋近程度。

空间自相关理论对于研究地形属性描述指标、区域地形规律都有着重要参考价值。在地学分析中进行空间自相关研究主要是表达空间事物属性值间的相关程度，一般常用莫兰指数(I)、局耶瑞指数(c)和半变异函数来度量。

6.5.1 莫 兰 指 数

莫兰指数(Moran's I)定义如下：

$$I = \frac{n \times \sum\limits_{i=1}^{n} \sum\limits_{j=1}^{m} w_{ij}(x_i - x_m)(x_j - x_m)}{\sum\limits_{i=1}^{n} \sum\limits_{j=1}^{m} w_{ij} \times \sum\limits_{i=1}^{n}(x_i - x_m)^2} \tag{6.29}$$

式中，x_i、x_j 分别是在位置 i、j 的测量值；x_m 是在所有 i、j 位置点测量值的均值；n 是所有测量点的数目；w_{ij} 是赋予每一个栅格测量单元的权重。如果 j 是直接与 i 毗邻的四个单元之一，w_{ij} 为 1，如果是其他单元或单元为无数据，w_{ij} 则为 0。若计算区域有相似的属性值，I 为正；若计算区域为不同数值，则为负；若属性值随机排列，则趋于 0。

Wood(1996)的研究证明，对于栅格数据自相关的计算，莫兰指数的计算公式可以简化为：

$$I = \frac{\sum\limits_{i=1}^{n}\sum\limits_{j=1}^{m}(x_i - x_m)(x_j - x_m)}{\sum\limits_{i=1}^{n}(x_i - x_m)^2} \tag{6.30}$$

莫兰指数可以通过如下的伪代码程序实现。

```
for (row = 0; row<nrows; row + +) {
    if ((row + ylag < nrows) AND (row + ylag > = 0)) {
        for (col = 0; col<ncols; col + +) {
            if ((col + xlag < ncols) && (col + xlag > = 0)) {
                zi = raster[row][col]
                zj = raster[row + ylag][col + xlag]
                covar + = (zi - zbar) * (zj - zbar)
                vari + = (zi - zbar) * (zi - zbar)
                if ( (row + ylag * 2 > = nrows) OR
                    (row + ylag * 2 < 0) OR
                    (col + xlag * 2 > = ncols) OR
                    (col + xlag * 2 < 0))
                        varj + = (zj - zbar) * (zj - zbar)
            }
        }
        var = (vari + varj)
    }
}
if (var ! = 0.0)
    moran[ylag + (nrows/2)][xlag + (ncols/2)] = cover / var
else
    moran[ylag + (norws/2)][xlag + (ncols/2)] = 1.0
```

根据式(6.30),在一幅 DEM 上,分别以 5×5、13×13、25×25 的窗口提取其正负地形,并计算其自相关系数。计算结果如图 6.11 所示,从图中可看出正负地形空间布局的空间自相关程度随着图形综合程度的加大而增大。

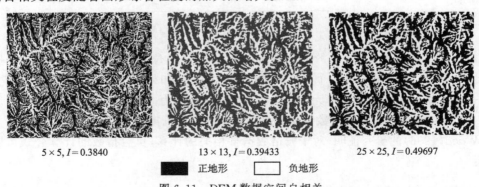

$5 \times 5, I = 0.3840$　　　　$13 \times 13, I = 0.39433$　　　　$25 \times 25, I = 0.49697$

■ 正地形　　□ 负地形

图 6.11　DEM 数据空间自相关

6.5.2 局耶瑞指数

局耶瑞指数（Geary's c）为：

$$c = \frac{(n-1) \times \sum_{i=1}^{n} \sum_{j=1}^{m} w_{ij} (x_i - x_j)^2}{\sum_{i=1}^{n} \sum_{j=1}^{m} w_{ij} \times \sum_{i=1}^{n} (x_i - x_m)^2} \tag{6.31}$$

式(6.31)的符号注释与莫兰指数 I 计算式中的意义相同。不同的是，莫兰指数在计算中使用协方差 $(x_i - x_m)(x_j - x_m)$，而局耶瑞使用方差 $(x_i - x_j)^2$。局耶瑞指数取 1 作为随机模型，小于 1 为正相关模式，大于 1 为负相关模式。

6.5.3 半变异函数

在数字地形分析中，可采用经典统计学对地形参数的均值、方差等进行统计，分析获得地形地貌的分布特征，但这些统计量只能概括地形地貌的大致特征，却无法反映其局部的变化特征。例如，方差是随机变量与其均值之差的平方的数学期望。方差大，表明地形地貌变化差异大。然而，方差却无法回答对于地形参数计算甚为重要的各参数间在局部范围内的变化关系。

地统计学在经典统计学的基础上，充分考虑到变量的空间变化特征——相关性和随机性，并以半变异函数（semivariance）作为工具反映地学现象区域化变量（regionalized variable）的空间自相关性，这里着重讨论半变异函数在地形相关性分析中的应用。

半变异函数是方向和样点对间距的函数，以反映空间变量的自相关性。半变异函数也称之为半方差函数，它是将邻近事物比相隔较远的事物更加近似这一假设定量化，因此随着样点对间距的增大，其相似性就会降低，其数值间的差异也就会加大。半变异函数在地学中的主要作用在于：①度量地学现象区域化变量的空间自相关性；②拟合理想的函数曲线来预估任意给定间距的变异程度。它的数学表达如式(6.32)：

$$\gamma(h) = \frac{1}{2} [z(x_i) - z(x_j)]^2 \tag{6.32}$$

上述定义中，$\gamma(h)$ 代表已知样本点对间的变异程度，h 是已知点之间的距离，x_i 和 x_j 是间隔 h 的两个量测点，z 代表属性值。

在实际中，如图 6.12 用半变异方差云（semivariogram cloud）来描述空间变异程度，是一组数据中所有已知点对间 $\gamma(h)$ 与 h 的对应图，如果数据间存在相关性则量测点彼此靠拢且有较小的变异，反之则不具有相关性。半变异方差云虽说是表现变异程度的重要工具，但它囊括了所有已知点对，数据量大，操作不便且容易形成拥塞，对此可应用归并（binning）技术来约化数据量。归并是典型均值化（average）表达变异程度的一种方法，一般分两步：①依据间隔 h 对样本点对进行分组；②依据方向对样本点对进行分组。归并的结果是数据样本点对以距离和方向分类形成了一个组群，于是有更为通用的半变异函数计算式：

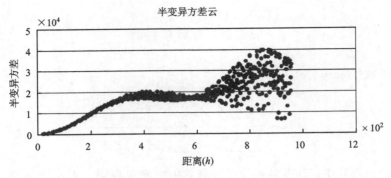

图 6.12　半变异方差云

$$\gamma(h) = \frac{1}{2n}\sum_{i=1}^{n}\big[z(x_i) - z(x_i + h)\big]^2 \tag{6.33}$$

式中，$\gamma(h)$ 代表所有间隔 h 的样本点对的平均变异程度；h 是已知点之间的距离，常用于滞后距（lag）；n 是以方向分类而成对的样本点对数目；z 代表属性值。

　　变异函数一般用变异曲线来表示。它是一定滞后距 h 的变异函数值 $\gamma(h)$ 与该 h 的对应图。图 6.13 是一个理想化的变异曲线图，图中的 C_0 称为块金效应（nugget effect），它表示 h 很小时两点间结构信息的变化；a 称为变程（range），当 $h \leqslant a$ 时，任意两点间的观测值有相关性，这个相关性随 h 的变大而减小，当 $h > a$ 时就不再具有相关性，a 的大小反映了研究对象中某一区域化变量的变化程度；c 称为总基台值（sill），它反映某区域化变量在研究范围内变异的强度，它是最大滞后距的可迁性变异函数的极限值，当 $h \to \infty$ 时，$\gamma(\infty) = c = \sigma^2$，即当 $h \to \infty$ 时，变异函数值近于先验方差 σ^2，当无块金效应 C_0 时，$c = C$，当有块金效应时，$c = C + C_0$；而 C 称为偏基台值（par-

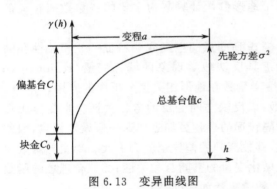

图 6.13　变异曲线图

tial sill），它是先验方差 σ^2 与块金效应之差，即 $C = c - C_0$。

　　尽管变异函数有助于解决区域化变量的变化特征及结构性状，但它纯粹是一个数据的概括技术，当定量地描述某区域变量的特征时，如同经典统计学那样，变异函数也需要模型来支撑，即拟合。最常用的理论模型是球状模型、指数模型、线性模型及高斯模型，各自的定义及示意图见表 6.7，它们可以通过对半方差云图的拟合得到。

表 6.7　常见半变异函数模型

模型	定义	示意图
球状（spherical）	$\gamma(h) = \sigma_0^2\left(\dfrac{3h}{2a} - \dfrac{h^3}{2a^3}\right)$	

模型	定义	示意图
指数(exponential)	$\gamma(h)=\sigma_0^2(1-e^{-h/a})$	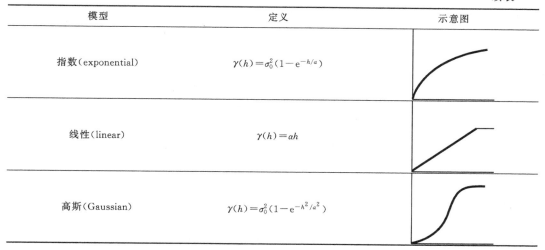
线性(linear)	$\gamma(h)=\alpha h$	
高斯(Gaussian)	$\gamma(h)=\sigma_0^2(1-e^{-h^2/a^2})$	

6.6 本章小结

统计分析本身包括许多方法,从概率、抽样、假设检验,到相关分析、回归分析、趋势面分析等,已经形成了一套非常完善的体系,地形的统计分析主要是探讨 DEM 数据及其地形因子之间的相互关系,找出各因子或参数的变化规律和内在联系,是 DEM 的模型分析的前提和依据。

本章首先以高程数据的分析为例,讨论了地形参数的基本统计方法,包括平均值、平均偏差、方向等内容。值得注意的是,进行地形参数的统计分析,需要考虑地形参数的方向性。线性数据和方向性数据在平均值、方差等统计指标上的分析并不相同,常用的统计方法适合于前者,而后者则要考虑矢量代数的统计分析技术。不区分这一点,将会导致错误的结果。

趋势面分析描述离散的空间数据的分布规律及其发展趋向。趋势面分析把地形要素的数值视为空间坐标的近似函数,用一次到高次多项式或周期函数(傅里叶函数)对要素数值与地理坐标间的关系进行最优拟合,把趋势部分理解为区域性因素所引起的有规律的变化,而把误差部分归纳为局部性因素或误差所引起的变化。通过趋势值与实际观测值的离差的分析,对要素的分布规律作预测或分析。

地形数据所具有的自相关特性是 DEM 建立以及各类地形分析的基础,本章也简要讨论了地形数据空间自相关性的计算方法,包括莫兰指数、局耶瑞指数、半变异函数等内容。莫兰指数和局耶瑞指数计算比较简单,是空间自相关常用的表达方式;半变异函数也是空间自相关程度的量化评价指标,但与前两者相比,它具有函数曲线拟合的能力,并可预估任意给定间距的变异程度,因此在诸如高程内插和空间数据的建模等地学分析中成为重要的参数之一。

要说明的是,地形分析的统计特征远远不止本章所列出的内容,其他如数据分级、聚类分析、回归分析等内容也是地形数据统计分析的内容。由于篇幅所限,本章不一一讨论,有兴趣的读者可参阅相关的论著。

第7章 复合地形属性

　　导读：作为地理环境的重要组成部分，地形地貌对其他自然地理要素与地理环境整体特征有着广泛而深刻的影响，其主要影响在于：①导致地表热量和能量的不均匀分配，从而影响不同尺度的气象气候特征；②流域特征改变局部地区的水平衡和湿度的不均匀分配；③重力和坡度的影响造成地表物质的移动，导致土壤类型分化；④能量、水分和物质的分化影响自然地理环境的其他要素的特征及分布。

　　为充分描述地表过程，仅仅考虑地表的几何特征（如坡度、曲率和汇水面积等）显然不能满足要求，因而需要结合相应的专业领域的知识（如水文学、土壤学和生态学等），建立地形对地表各种过程的量化表达和描述的关系式，称之为复合地形属性。本章主要讨论有关土壤水分分布、土壤侵蚀、太阳辐射能量分布等方面复合地形属性的定义和算法，并简单讨论其应用意义。

7.1　一般概念

　　作为活跃的地理环境组成要素之一，地形地貌对其他自然要素与地理环境整体特征有着广泛而深刻的影响，主要体现在：

　　（1）导致地表热量的重新分配和温度分布状况复杂化。如果地表没有地势起伏，到达地表的太阳辐射以及由之转化而成的热能和地表温度状况应严格按纬度分布，而实际存在的地形地貌分异特征改变了这一特点，导致地表温度分布不均和热量分布的不均衡。

　　（2）改变地表水分的分布格局。宏观地形因子、海拔高度、大型坡地方位等地形分异特征造成降雨量、河川径流、土壤湿度等在中尺度（Meso-scale）和地形尺度（Topo-scale）空间上的不均匀分布（图1.2）。

　　（3）改变生物分布的复杂化。海拔、坡向的不同造成光、水、热条件的差异，从而形成不同植被类型乃至不同的生态系统，山地地形地貌的复杂变化导致了生态环境的复杂化。

　　（4）影响土地类型分化。作为最基本的地理单元，地貌对土壤水分分布、土壤性状、土壤侵蚀等都起着举足轻重的作用，是划分土地类型的关键因素。

　　为充分刻画地形对地表过程的影响，仅依靠单一的地形因子如坡度、坡向、高程等显然是不够的。通常在应用中需要结合相应的专业知识如水文、土壤、生态等，建立地形对地表各种过程的量化表达和描述的关系式，即复合地形属性。

　　本章结合土壤、水文等因素，主要讨论有关土壤水分分布、土壤侵蚀、太阳辐射等方面复合地形属性的原理和计算。由于复合地形属性是建立在地形参数计算的基础上，其本身并不涉及由DEM提取地形参数和地形特征。因此，本章的讨论着重在各个复合地形属性模型的数学定义和应用意义，其算法均可在格网DEM上实现，具体的模型参数计算实现可参考本书第 4 章和第 5 章。为方便讨论,本章介绍的算法均以栅格数据结构为假设。

7.2 土壤含水量分布模型

土壤含水量分布模型主要反映土壤中水分的含量、分布特征,一般通过降水、蒸发、深层下渗和径流四个地表水要素之间的水量平衡关系进行分析。从这一角度出发,有:

$$R = P - E - d \tag{7.1}$$

式中,(P)表示降水;蒸发(E)和深层下渗(d)可以被看做是区域水资源平衡的水分流失;径流(R)包含地表径流和地下径流。长期平均水量平衡是用平衡方法及空间一致性平均降雨量进行估算。

在坡面降雨—径流过程的研究中,在地表任一点径流产生过程在很大程度上取决于土壤含水量、土壤渗透性和降雨强度,Beven(2001)将此关系简单表示为水分的下渗盈余(infiltration excess)、饱和盈余(saturation excess)和浅层地下流(subsurface storm-flow),如图 7.1 所示。

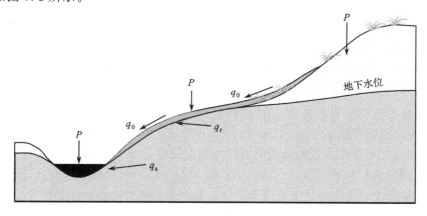

图 7.1 坡面降雨—径流过程(根据 Beven,2001 改绘)

q_0 为下渗盈余,q_r 为饱和盈余,q_s 为浅层地下流

由此可见,在降雨—径流过程的研究中,土壤含水量估算是相当重要的,以上水分平衡的下渗盈余和饱和盈余,均与土壤含水量直接相关。此外,土壤水分是植被生长的限制因素,也是土壤构成及其他地貌过程的影响因素,其空间分布与地形地貌有着相当密切的关系。由于地形、降雨、辐射、蒸发以及土壤水分运动等因素之间错综复杂的相互影响和制约关系,在较高空间分辨率尺度对大范围内的土壤含水量进行估算比较困难。实践表明,在 1~100m 的空间距离上,土壤水分含量及与其相关的土壤成分经常会显示明显的变化,因而在这一尺度对土壤水分含量及其分布进行完整精确的描述是不切实际的。

然而,利用数字地形分析的方法,可以在分析地形因素对土壤水分含量的影响的基础上,通过在物理上的近似和对参考因素的简化,从而模拟土壤含水量或土壤湿度的空间分布和定量指标。

根据所考虑的因素的不同,土壤含水量的分析按其复杂程度分为三个层次(Wilson

and Gallant，2000）：

（1）不考虑太阳辐射的作用，同时将区域内由蒸发和深层下渗造成的降水损失设定为常数，即不考虑其在空间上由于地形分异而造成的差异。

（2）由太阳净辐射（net radiation）计算蒸发潜力，但不考虑土壤含水量对降水损失速率的影响，即假设在空间每一点上都取得最大速率的蒸发和深层下渗，而不考虑由土壤水分不同造成的差异，这实际上就是模拟最大土壤含水量。

（3）不仅要考虑太阳净辐射（net radiation）的空间分布差异来计算空间每一点上的蒸发潜力，而且还要通过描述土壤含水量、水分蒸发和深层下渗过程中的函数关系确定每一点上的土壤含水量。这里，蒸发速率和深层下渗与土壤含水量是相关的。

有关三个层次的土壤含水量计算，请参考下面第 7.2.3 节的讨论。

7.2.1　地形湿度指数

对静态土壤含水量的最常用的指标是地形湿度指数（topographic wetness index），其定义为（Beven，1986）：

$$\omega = \ln\left(\frac{A_s}{\tan\beta}\right) \tag{7.2}$$

式中，ω 为地形湿度指数；A_s 为单位等高线上游的汇水面积（catchment area），也称为单位汇水面积（Specific Catchment Area，SCA）；β 为坡度（单位为度），$\tan\beta$ 即为以百分数表示的坡度。

地形湿度指数有不同的名字，如湿度指数（wetness index）、地形指数（topographic index）、复合地形指数（compound topographic index）等，但本书更倾向于将其称为地形湿度指数，主要考虑是该指数主要描述地形对土壤湿度空间分布的控制。

地形湿度指数中的七个假设：

（1）均衡状态下流出的潜流量等于平均补给水量和单位汇水面积的乘积。

（2）局部水力坡度可用局部地形坡度代替。

（3）土壤的饱和水力传导性（hydraulic conductivity）是土层厚度的指数函数。

（4）均衡状态。

（5）土壤性状在空间上分布均匀。

（6）同一流域中具有相同地形湿度指数的地点，其局部地下水位与平均土层厚度之间的关系亦相同。

（7）同一流域中具有相同地形湿度指数的地点，对各种输入的响应亦相同。

关于这些假设（或限制）的详细内容可参考 Beven 和 Kirkby（1979），Moore 和 Hutchinson（1991c），Barling 等．（1994），等。

7.2.2　地形湿度指数的计算

地形湿度指数涉及两个地形参数计算，即单位汇水面积和坡度。坡度计算可采用第 4 章中方法进行计算。单位汇水面积的计算要用到流水路径算法（flow routing algorithm),具体算法见第 5 章。考虑到计算效率和对结果误差的敏感性,在实际运算中采用简单的最大坡降算法(或称为 D8 算法)即可。为方便讨论,此处简要给出单位汇水面积的计算公式。

单位汇水面积(A_s)的一般表达式为:

$$A_s = \lim_{L \to 0} \frac{A}{L} = \frac{1}{L_j} \sum_{i \in C_j} S_i \tag{7.3}$$

式中,S_i 是格网单元 j 上游第 i 个格网单元的面积;L_j 是格网单元 j 的水流宽度,通常以格网分辨率代替;而 C_j 是格网单元 j 的所有上游汇水单元的集合,这些单元的水都流向 j 单元,汇水单元集的确定可采用水流方向矩阵来判断,而累计汇水矩阵则可用来计算格网单元 j 的汇水面积[即式(7.3)中的 A]。

7.2.3 基于地形湿度指数的土壤含水量分析

在格网 DEM 中,每个格网单元都有水量平衡条件,因此可在式(7.4)中变量 A(即汇水面积)的计算中考虑一个权值 μ,来计算有效汇水面积(A_E),用以修正式(7.3)中的单位汇水面积(A_s),因而通过土壤湿度指数可分析土壤的含水量及其分布。考虑权因子的有效汇水面积计算式为:

$$A_E = \frac{1}{L_j} \sum_{i \in C_j} \mu_i S_i \tag{7.4}$$

权因子 μ 可通过降水量(P)、总蒸发(evapotranspiration)(E——包括蒸发和蒸腾)、深层下渗(d)来计算:

$$\mu = 1 - \frac{E + d}{P} \tag{7.5}$$

式中,P、E 和 d 的单位均为 mm·day^{-1};比率 $\dfrac{E+d}{P}$ 代表没有转化为径流部分降雨量,即由于蒸发和深层下渗造成的降水损失比率。

根据 E 和 d 计算方法及其前提条件的不同,地形湿度指数权因子(μ)的计算实际上是对土壤含水量进行分析,可按其复杂程度分为三个层次。

1. 层次一

这是最简单的一种分析方法,假设区域内土壤水分总蒸发和深层下渗结构均一,在景观空间上没有变化,土壤水分的空间分布只受制于地形,并可用地形湿度指数[式(7.2)]来近似。在这类方法的分析中,$\dfrac{E+d}{P}$ 比率在同一流域设定为常数,可以用流域的长期降水和径流观测资料进行估算。

$\dfrac{E+d}{P}$ 比例估算方法

当有降雨和径流观测资料时,用水平衡方程可直接对流域的 $\dfrac{E+d}{P}$ 比率进行估计。对水平衡方程[式(7.1)]进行改写,有 $E+d=P-R$,则有下式:

$$\frac{E+d}{P} = \frac{P-R}{P} = 1 - \frac{R}{P}$$

式中，P 是年平均降雨量；R 是年平均径流。

2. 层次二

层次一的分析假设水分蒸发和深层下渗在空间上的分布是均匀的。然而，在实际地理景观中，地表不同区域上接受的太阳辐射可以由于地形高程、气象、气候条件和植被的不同而呈现巨大的空间差异，地表各个部位的蒸发量因而也是不同的。因此，层次二土壤水分分析考虑太阳辐射的空间差异，通过计算潜在总蒸发（potential evapotranspiration）来确定地形湿度指数的权因子。

假设在地表每一点（在 DEM 上为栅格单元）土壤湿度永远处于饱和状态，并有最大深层下渗，潜在总蒸发 E_p 可以通过下式计算（Priestley and Taylor, 1972）：

$$E_p = \frac{\alpha_e(R_n - G)}{\lambda\left(1 + \dfrac{\gamma}{\Delta}\right)} \tag{7.6}$$

其中，R_n 是太阳净辐射（可由 7.5 节的相关公式计算得到），G 是土壤热通量（soil heat flux，在大于 1d 的时段上，该值可以忽略），α_e 是经验常数，一般取 1.26，λ 是蒸发潜热（latent heat of vaporization of water），Δ 是饱和气压曲线的斜率，γ 是干湿常数 [Δ 和 γ 是温度和气压的函数，参见 Shuttleworth（1993）和相关文献]。

式（7.6）的假设与测量蒸发的 Bowen 比率方法（Shuttleworth, 1993）的假设一致，由此可得出 Bowen 比率 [B_0——即可感热通量（sensible heat flux）与潜热通量（latent heat flux）之比] 的计算式：

$$B_0 = \frac{R_n - G - \lambda E_p}{\lambda E_p} = \frac{1 + \dfrac{\gamma}{\Delta}}{\alpha_e} - 1 \tag{7.7}$$

注意：应用 Bowen 比率的前提是饱和土壤，由此而计算的蒸发量大于非饱和土壤的实际蒸发，在层次二的分析中，如果不考虑土壤水分纠正，且研究区域中有可靠的观测数据，则可利用区域的平均 Bowen 比率来计算地形湿度指数的权因子。

层次二分析参数的确定

在层次二的分析中，对 $\dfrac{E+d}{P}$ 的计算需要以下参数：附近气象站观测的平均气温、气象站高程、平均降雨量、水量平衡差（storage deficit）、最大下渗速率 d_{max} 及指数 β，平均气温和平均降雨量可从附近观测站历史记录进行估算，气温和高程值用来计算 Bowen 比率。水量平衡差、最大下渗速率和指数 β 可从当地年鉴资料中获取。注意较大的水量平衡差和最大下渗速率会降低土壤水分含量，而较大的 β 值将会减少深层下渗流失从而增加相对土壤水分含量。

3. 层次三

第三层次的土壤水分分析采用与计算土壤潜在总蒸发 [式（7.6）] 同样的方法，但计算实际土壤总蒸发(E),表示为土壤潜在总蒸发E_p和土壤水分的函数(Kristensen and Jensen,1975):

$$E = E_p[1-(1-\theta)^{\frac{C}{E_p}}] \qquad 0 \leqslant \theta \leqslant 1 \qquad (7.8)$$

式中,E_p是蒸发力(evaporative demand)(mm·day^{-1}),由潜在总蒸发确定,C为一常数(约为 12 mm·day^{-1}),θ是相对土壤水分,范围为 0.0~1.0,由地形湿度指数和临界地形湿度指数(ω_σ)所决定:

$$\left.\begin{array}{ll} \theta = \dfrac{\omega}{\omega_\sigma} & \omega < \omega_\sigma \\[2mm] \theta = 1 & \omega \geqslant \omega_\sigma \end{array}\right\} \qquad (7.9)$$

这里,临界地形湿度指数(ω_σ)由试验所决定,即当$\theta=1.0$(即土壤持水力)时的地形湿度指数值。深层下渗也可以以θ表达,根据标准的水力传导性(hydraulic conductivity)的指数关系函数(Rawls *et al.*,1993)由下式计算:

$$d = d_{max}\theta^\beta \qquad (7.10)$$

式中,d_{max}为最大深层下渗(取代饱和水力传导性);β为常数,通常为 10~15(参考表7.1)。

表 7.1　土壤含水量模型计算所需输入参数及其说明

参数	量纲	层次	说明
数字地形模型	m	全部	给定区域的数字地形模型,从中计算提取参数:坡度、地面高程、水流宽度
临界地形湿度指数(ω_σ)		全部	与饱和土壤水分(土壤持水力)相对应的地形湿度指数,典型值为 8~10
降雨量(P)	mm·day^{-1}	全部	研究区域分析时段的平均降雨量
径流量(R)	mm·day^{-1}	全部	研究区域分析时段的平均径流量
$\dfrac{E+d}{P}$比率		一	从土壤中流失的没有转化为径流的部分降雨
太阳净辐射(R_n)	W·m^{-2}	二、三	太阳净辐射,由 7.5 节介绍的太阳辐射模型计算
平均气温(T)	℃	二、三	参考测站所记录的分析时段内的平均气温
测站高程(H)	m	二、三	记录平均气温测站的高程
水量平衡差	mm	二、三	区域水量平衡差,由当地年鉴资料获取
最大深层下渗(d_{max})	mm·day^{-1}	二、三	当土壤完全湿透时(即达到土壤持水力界限)由于深层下渗所导致的水分流失速率
β指数		二、三	关联土壤水分与排水率的指数,典型值为由砂性土的 7 到黏土的 15,由当地年鉴资料获取
C指数	mm·day^{-1}	三	关联土壤水分与实际蒸发率的指数,典型值为 10~12 mm·day^{-1}

根据由式(7.2)~式(7.10)所表达的地形湿度指数(ω)→相对土壤水分(θ)→土壤总蒸发(E)和深层下渗(d)→权因子(μ)→地形湿度指数(ω)等函数关系,对地形湿度指数

(ω)的计算要反复进行直至解出的 ω 值收敛,达到稳定,从没有上游汇水单元的栅格单元(如山顶、山脊等)开始向下游运行,直到对所有的栅格单元求解完成。

表 7.1 列出了土壤含水量模型计算所需输入参数,表 7.2 总结了上述土壤含水量模型的计算内容和直接或间接计算得到的有关土壤湿度的参数,计算这些参数的目的在于确定地形湿度指数计算中的权因子,以得到更接近于现实世界实际情况的地形湿度指数,从而得到对地理景观中土壤湿度的空间分布的客观描述。

表 7.2 土壤含水量模型的计算内容

内容	量纲	公式	说明
地形湿度因子(ω)		7.2	考虑蒸发蒸腾和深层下渗所造成的水分损失而修正的地形因子,用于确定土壤水分
有效汇水面积(A_E)	m^2	7.4	给定栅格单元的汇水面积,按比例减去由蒸发蒸腾和深层下渗所造成的水分损失
潜在总蒸发(E_p)	$mm \cdot day^{-1}$	7.6	给定栅格单元在无土壤水分限制下(即最大土壤湿度)的总蒸发量
实际总蒸发(E)	$mm \cdot day^{-1}$	7.8	给定栅格单元由于蒸发蒸腾造成的水分损失,由潜在总蒸发和相对土壤水分计算得到
相对土壤水分(θ)		7.9	土壤水分与土壤持水力之比,最小值 0 表示极干燥土壤,最大值 1 代表湿透土壤
深层下渗(d)	$mm \cdot day^{-1}$	7.10	给定栅格单元由于深层下渗所造成的水分损失,由最大深层下渗和相对土壤水分计算得到

7.3 准动态土壤水分分布模型

如前所述地形湿度指数的一个重要假设是均衡状态,基于这一假设,浅层地下流的流速可以被参数单位汇水面积取代,从而简化地形湿度指数的计算。然而,当均衡状态不能满足时,潜流的动态变化必须考虑,由此产生了准动态土壤水分分布模型。

7.3.1 静态土壤水分模型和准动态土壤水分模型

在均衡潜流假设条件下,在流域中的每一点地下潜流到达平衡所经历的时间过程中,地面补给水量是恒定的(Moore et al. , 1992b, 1993b;Barling et al. , 1994)。这种情况多发生在湿润地区,频繁而大量的降雨使土壤保持在湿润状态,因此基于均衡条件的土壤湿度模型的结果和实际的土壤水分含量可以较好地吻合(Troch, et al. , 1993)。在这种环境中,流域最低点总是最湿的,沿着流水线逆流而上至分水岭,土壤水分会逐渐有规律地减少。

在比较干燥的环境中,地下水流速比较小,大部分地点只能从其上游汇水区域中的一小部分得到补给,因此浅层地下流系统具有动态不平衡的特征。举例来说,如果土壤饱和水力传导率是 $0.1 \sim 0.2 \ m \cdot h^{-1}$,在 300m 长的斜坡上要是每个点都达到潜流平衡,则需

60～120d 连续不断的补给(Kirkby et al.，1967)。如果时间过程较短,浅层地下流仅仅在临近分水岭的极为狭小的范围内向下坡方向呈线性增加,在这种情形下,局部地形特征在决定土壤水分分布和形成土壤饱和区上起着更重要的作用。例如,Barling(1992)在澳大利亚新南威尔士州的一个 7hm² 左右的山坡试验区的研究中发现:在若干降雨事件中,浅层地下流仅仅受到上游汇水区域很小一部分的影响,最早的地表水分饱和并不出现在具有最大地形湿度指数值的地方。

　　显然在不具备稳定流的地区,采用均衡假设的地形湿度指数分析土壤水分含量是不合适的,因而需要寻求一种考虑时间因素的动态土壤水分含量分布的模型,即准动态地形湿度指数(quasi-dynamic topographic wetness index)(Wilson et al.，2000)。准动态地形湿度指数认为流域地下潜流很少或根本就不会达到稳定状态,也就是说不可能每个点都会得到从整个上游汇水面积排出的水量。因此,准动态地形湿度指采用有效单位汇水面积(effective specific catchment area)取代稳定流条件下的单位汇水面积(A_s)。有效单位汇水面积(A_e)的计算受到流速和降雨事件的时间间隔的限制,Barling 等在上述的试验中,在同一地区计算了均衡状态和准动态地形湿度指数,并将其结果与观察到的实际土壤水分分布及饱和地表区域的位置进行了比较,结果表明即使是在一个相当长的排水时期($t \leqslant 120d$)内,这两个湿度指数之间的相关性也很小($R^2 = 0.47$),相比之下,实测土壤水分分布与准动态地形湿度指数所得出来的分布情况比较一致。

7.3.2　准动态地形湿度指数的理论基础

　　准动态地形湿度指数定义为:

$$\omega = \ln\left(\frac{A_e}{\tan\beta}\right) \tag{7.11}$$

　　式中 A_e 为有效单位汇水面积,其计算基础是地下水流的波动方程:

$$q = K_s \tan\beta \tag{7.12}$$

式中,q 是流量密度,即单位面积上的流量(m·s⁻¹),K_s 是土壤饱和水力传导率(m·s⁻¹),β 是土壤表面坡度(Beven，1981；Sloan et al.，1984),由此得出地下水流的渗流速度估算式(Barling et al.，1994):

$$v = \frac{q}{\eta} = \frac{K_s}{\eta}\tan\beta \tag{7.13}$$

式中,η 是有效空隙度。根据 Ida(1984)提出的时间—面积曲线的概念,可以得出估计水流沿流线方向从一点 E 流到另一点 F 所需要的时间:

$$t_{EF} = \int_F^E \frac{ds}{v} = \int_F^E \frac{\eta}{K_s \tan\beta}ds \tag{7.14}$$

其中,s 是 E 和 F 之间的水平距离,式(7.14)可用来得出整个上游汇水区到达单位等高线宽度所需的时间的等时线,图 7.2 描述了时间 t 和有效单位汇水面积(A_e)的关系。在给定时段 t,由单位宽度等高线、两个与之正交的坡线及由函数 $a(t)$ 所定义的等时线构成动态汇水区域。在达到最大时间 t_s 时(即达到均衡状态所需的时间),$a(t_s)$ 等同于单位汇水面积(A_s)。

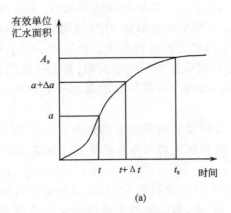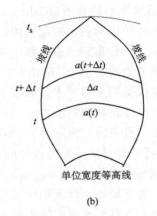

图 7.2 时间—面积曲线[根据 Wilson and Gallant(2000)改绘]

(a) 时间—面积曲线 (b) 对应时间的汇水面积

7.3.3 准动态地形湿度指数计算

由式(7.11)可知,准动态地形湿度指数与均衡地形湿度指数计算的不同在于有效单位汇水面积(A_e)的计算,利用式(7.14),地下水流通过每个栅格单元所需要的时间,可以通过计算和给定所需参数来估算,其中每个格网单元的径流方向、坡度和面积等地形属性可以用第 4 章和第 5 章所述的方法在 DEM 上计算获取,而土壤属性如空隙度和饱和水力传导率等则需要通过试验或测量来估计。由此,每个栅格单元在给定时段的有效汇水面积 A_T 由水流路径和排水的累计时间所决定,而有效单位汇水面积 A_e 可以由下式计算:

$$A_e = \frac{A_T}{L} \tag{7.15}$$

其中 L 表示径流宽度,各个单元的汇水路径可用过流水路径算法实现(参见第 5章)。

准动态地形湿度指数所需参数及其讨论

准动态地形湿度指数的确定,需要土壤深度、土壤空隙度、饱和水力传导率、排水时间等参数。土壤属性变量可从野外测量或各种统计年鉴发布的数值中获取,排水时间是降雨的平均天数,可从邻近气象站的观测记录中获取,有关的地形参数则由 DEM 计算而来。

Barling 等(1994)曾研究了准动态地形湿度指数对 K_s 和 η 的选择及排水时间的敏感性,结果表明在各种不同排水时间上,估算和实测的土壤水分含量和准动态地形湿度指数的分布模式高度相关,其主要原因是地下水流速度是比较缓慢的,因而在很长时间内准动态地形湿度指数的空间分布模式都不会有显著变化。在同一研究中,Barling 等也观察到地下水流速和 K_s 成正比而和 η 成反比,这意味着由给定土壤水力性质和排水时间而预测的湿度分布模式与同等参数组(但绝对量不同)预测模式是一致的。由此可见,不同的参数值可能极大地影响到达到某种湿度分布模式的时间,但不会改变分布模式本身,即平均湿度分布模式不会像绝对数值那样迅速地变化。

7.4　水流侵蚀力模型

当土壤水分饱和,土壤的下渗盈余和饱和盈余造成地表径流的产生,当坡面水流达到一定的强度时,则形成一定的侵蚀力(erosivity)和搬运能力(transportation capacity)。除土壤饱和区的分布直接受地形控制外,坡面水流的流速、流量和受其控制的水流侵蚀力和搬运能力均可以表示为地形参数的函数。基于地形分析的水流侵蚀力模型就是这样一组函数,主要包括描述水流侵蚀力的水流强度指数(stream power index)和描述水流搬运能力的输沙能力指数(sediment transportation capacity index)。

7.4.1　水流强度指数

水流强度指数(stream power index)描述地表水流的侵蚀力,往往用于分析土壤性状的空间分布,如有机物、pH 值、含沙量等以及植被生态分布。水流强度的基本表达形式是一种能量的消耗,在土壤侵蚀、泥沙搬运和地貌学的研究中通常是作为水流侵蚀力的度量(Moore et al.,1991a),其基本表达形式为:

$$\Omega = \rho g q \tan \beta \tag{7.16}$$

式中,ρg 是水的单位重量;q 是单位等高线宽度上的流量;β 是坡度(以度表示)。如果考虑到 ρg 实际上是常数,而 q 通常被认为是与单位汇水面积(A_s)成正比,因此有:

$$\Omega = A_s \tan\beta \tag{7.17}$$

由式(7.17)可以得出:水流强度指数(Ω),与单位汇水面积和坡度梯度(即以百分比表示的坡度)成正比。在实际应用中,水流强度指数往往和地形湿度指数(ω)一起来预测季节性沟壑在坡面上出现的位置和条件。例如,Moore 等(1988a)通过在澳大利亚半干旱区的小流域试验指出季节性沟壑在 $\omega > 7.8$ 且 $\Omega > 18$ 时就会出现,而 Srivastava 和 Moore(1989)其后在安提瓜的小流域试验中发现季节性沟壑出现的条件为 $\omega > 8.3$ 和 $\Omega > 18$。由此,Moore 等(1991a)得出结论:ω 和 Ω 的阈值因土壤性状的不同因地而异。

根据不同的应用要求,水流强度指数也会以不同的方式表现。例如,Montgomery 等在多项应用中对水流强度指数进行了改进(Montgomery et al.,1989,1992;Montgomery et al.,1993),用下式计算了沟壑初始化(channel initiation)指数 Ω_{ci},从而预测侵蚀沟头最早出现的位置:

$$\Omega_{ci} = A_s \tan^2\beta \tag{7.18}$$

水流强度指数有很直接的应用意义,可以用来确定自然坡面上由于水流汇集而形成的强水流路径和可能出现沟头侵蚀的地点,从而有的放矢地部署土壤保持的工程和生物措施,以减少水流的侵蚀力。

7.4.2　输沙能力指数

输沙能力指数(sediment transport capacity index)与水流强度指数相似,是描述土壤侵蚀的无量纲量,其概念源于通用土壤侵蚀方程(USLE)(Wischmeier et al., 1978),其计算方法在一定程度上与 USLE 和改良通用土壤侵蚀方程(RUSLE)(Renard et al., 1991)中的地形因子(又称坡度—坡长因子)相似,两者的主要不同点是输沙能力指数用单位汇水面积取代了 RUSLE 中的流线长度(flow-path length)参数,这两者的物理含义在本质上有所不同,并在试验中由两者计算结果的很低的空间相关性得到了证明(Moore et al., 1992b)。

1. 定义

通用土壤侵蚀方程(USLE)认为坡长(L)和坡度(S)对土壤流失速率有明显的影响(Wischmeier et al., 1978),并建议在土壤流失率计算中将坡长和坡度一起考虑为单一变量——地形因子(LS),其计算公式为:

$$LS = \left(\frac{\lambda}{22.13}\right)^m (65.41\sin^2\beta + 4.56\sin\beta + 0.065) \tag{7.19}$$

式中,λ 是坡长(m)、β 是坡度(°),m 是由田间试验得到的指数变量,当坡度大于等于5%时,m 等于0.5;坡度大于等于3.5%且小于等于4.5%时,m 等于0.4;坡度大于等于1%且小于等于3%时,m 等于0.3;坡度小于1%时,m 等于0.2。

由式(7.19)可知,在均匀的直线坡上(USLE 的基本假设),整个斜坡上的平均单位面积上的土壤流失率与坡长的 m 次幂成正比,而田间试验得出 m 的取值范围为 0.2~0.5,并与坡度有关。

USLE 提出之后,不少学者对其在各个不同条件下的通用性进行了大量的研究,并对其中的 LS 因子提出了很多修订方案,其中影响较大的是 McCool 等(1987,1989)提出的改良方案,根据此方案,LS 可由下列公式计算(Wilson et al., 2000):

$$L = \left(\frac{\lambda}{22.13}\right)^m \tag{7.20}$$

$$\left.\begin{array}{ll} S = 10.8\sin\beta + 0.03 & (\tan\beta < 0.09) \\ S = 16.8\sin\beta - 0.5 & (\tan\beta \geqslant 0.09) \end{array}\right\} \tag{7.21}$$

式中,L 是坡长因子;S 是坡度因子;λ 是流线长度(m)(当 $\lambda \leqslant 4$m 时,$\lambda = 4$m);β 表示坡度(°);

$$m = \frac{F}{1+F} \tag{7.22}$$

在堆积区域,$F=0$;在侵蚀区域,F 通过下式计算:

$$F = \frac{\dfrac{\sin\beta}{0.0896}}{3\sin^{0.8}\beta + 0.56} \approx \frac{\sin\beta}{0.2688\sin^{0.8}\beta + 0.05} \tag{7.23}$$

在"标准"的田间试验直线坡上,$\lambda = 22.13$m,$\tan\beta = 9\%$,则有 $LS = 1$。

输沙能力指数反映地形主导的潜在土壤侵蚀,其本身是一无量纲的量,并假设降雨盈余(rainfall excess)在流域内均匀产生坡面水流。对于给定流域单元 j,设其水文域(即单元 j 的汇水区,包括单元 j 本身)为 C_j,其输沙能力指数 T_C 定义为(Wilson and Gallant, 2000):

$$T_{C_j} = \left(\dfrac{\dfrac{1}{L_j} \sum\limits_{i \in C_j} \mu_i S_i}{22.13} \right)^m \left(\dfrac{\sin\beta_j}{0.0896} \right)^n \tag{7.24}$$

式中各个符号的含义为：

① i 为子流域单元序号。例如，在栅格 DEM 中的格网单元序号。

② μ 为权系数，其值为 $0 \sim 1$，取决于地表径流的产流过程和土壤属性（即土壤渗透率）。当 $\mu = 0$ 时，该单元没有降雨盈余（rainfall excess），即所有的降雨全部下渗，该单元无径流产生；而当 $\mu = 1$ 时，该单元的所有降雨均为降雨盈余，即在该单元内无下渗等损耗，全部降雨都转为径流。

③ S，给定上游子流域单元的面积。

④ L，流域单元的宽度。

⑤ β，流域单元坡度，以度为单位。

⑥ m、n 为经验常数，分别为 $m = 0.6$ 和 $n = 1.3$。

如果要考察通过给定流域子单元（即给定格网单元）时输沙能力的变化（ΔT_C），则可用下式进行计算：

$$\Delta T_{C_j} = \phi \left[\left(\sum_{i \in C_{j-}} \dfrac{\mu_i S_i}{L_{j-}} \right)^m \sin^n \beta_{j-} - \left(\sum_{i \in C_j} \dfrac{\mu_i S_i}{L_j} \right)^m \sin^n \beta_j \right] \tag{7.25}$$

式中，ϕ 是常数系数，由田间试验得出；下标 j 表示单元 j 的出口；下标 $j-$ 表示单元 j 的入口；C_{j-} 表示单元 j 的入口水文域（即单元 j 的汇水区，但不包括单元 j 本身），其余符号的意义同前。当 ΔT_C 为正数时，表示有净沉积（net deposition），ΔT_C 为负数时，则有净侵蚀（net erosion）。

2. 权系数确定方法

式（7.24）和式（7.25）中的权系数 μ 是一先验权值，在整个计算前必须事先确定。对于一个具体的应用课题，权系数的确定通常是比较主观的，很大程度上依赖于田间试验的数据，这是由于径流产生及其侵蚀搬运能力受到大气、陆地地质、地貌地形、植被、土壤及人为等因素的影响，而这些因素之间关系的定量表述往往是难以实现的。一般来说，确定权系数有如下三种方法。

1）均匀降雨盈余

在实际应用中最普遍采用的是均匀降雨盈余（uniform rainfall excess）方法。该方法假设降雨盈余在整个流域均匀产生，即 $\mu_i = \mu = 1$，在计算中不需要考虑径流过程和下渗率。因此，上述侵蚀搬运指数可以通过计算坡度和流域参数得到，式（7.24）和式（7.25）中的水文域参数可以用单位汇水面积（A_s）来替代，简化为：

$$T_C = \left(\dfrac{A_s}{22.13} \right)^m \left(\dfrac{\sin\beta}{0.0896} \right)^n \tag{7.26}$$

$$\Delta T_{C_j} = \phi (A_{s_{j-}}^m \sin^n \beta_{j-} - A_{s_j}^m \sin^n \beta_j) \tag{7.27}$$

在特定条件下（直线坡，坡长小于 100m，坡度小于 14%），式（7.26）实际上和改良通用土

壤侵蚀方程中 LS 因子的计算方法相同(Renard et al.，1991)，但计算比较简单和易于理解。在实际应用中，式(7.26)可用来替代地形因子 LS 的计算，但估算实际的土壤流失量时，通常要乘以一个系数，如 Moore 和 Wilson(1994)提出对每一个单元的估算值需乘以常数 1.6，或将式(7.26)改写为：

$$LS = (m+1)\left(\frac{A_s}{22.13}\right)^m \left(\frac{\sin\beta}{0.0896}\right)^n \tag{7.28}$$

式中，$m=0.4$；$n=1.3$(Moore and Wilson，1992b；1994；Moore et al.，1994)。

2) 饱和坡面流

饱和坡面流(saturation overland flow)方法假设坡面流只出现在土壤水分的饱和区域，为确定地表降雨饱和区域的位置，该方法引入了临界地形湿度指数 ω_σ(见 7.2.3)，如果 $\omega < \omega_\sigma$，则 $\mu_i=0$，即土壤尚未到达饱和状态，无坡面流产生；反之，当 $\omega \geqslant \omega_\sigma$ 时，土壤水达到饱和，坡面流产生，$\mu_i=1$，这里临界地形湿度指数 ω_σ 由用户指定或由试验确定。Moore 等(1992b)的实验表明，当 ω_σ 设定为 6.0 时，$T_C > 2.5$ 的区域与观测到的侵蚀退化地区吻合较好。

采用这种方法，首先在每个流域单元计算地形湿度指数，并将其与给定的临界地形湿度指数比较，则可确定式(7.24)和式(7.25)的权重。

3) 下渗盈余坡面流

如果假设地表径流受下渗盈余(Infiltration excess)所控制，则可采用 Hortonian 坡面流(Hortonian overland flow)方法取得 μ 值。在这一方法中，μ 为一空间变量，是土壤渗透率的函数(Wilson et al.，1996)。通过计算土壤渗透率而确定下渗盈余，进一步通过路径算法(见第 5 章)重新计算有效单位汇水面积，从而估算输沙能力指数 T_C。

7.4.3 应 用 意 义

水流强度指数和输沙能力指数在水土保持、土壤侵蚀等领域中有着重要的应用，主要体现在以下几个方面：

(1) 在水蚀预测和汇水区扩张的侵蚀理论基础上，考虑了输沙能力对泥沙通量的限制，输沙能力指数反映了水流强度指数与坡度的非线性函数关系，以简单明了的方式表达了流域水文、地形属性对侵蚀的影响。

(2) 通过权系数的调节，输沙能力指数可适用于具有不同生成机理的径流和土壤属性，同时可以很方便地从二维演绎到三维，也非常容易与地理信息系统集成。

(3) 由于径流量是相应汇水区、土壤属性和降雨量的函数，水流强度指数和输沙能力指数可通过地表特征和土壤属性的初始状态和降雨过程参数来推算。

(4) 对二维空间表示的坡地来说，式(7.26)的物理含义与通用土壤侵蚀方程(USLE)、改良通用土壤侵蚀方程(RUSLE)中的地形因子 LS 相同。由于在 DEM 上计算坡长并不是一件容易的事，因此在 RUSLE 以及 USLE 中，在流域单元的坡长小于 100m，坡度小于 14°的条件下，式(7.26)可替代坡度坡长因子的计算，不但计算简单而且也容易理解。

(5) 式(7.26)特别考虑了汇水、散水过程,其概念的延伸可以扩展到有剥离和搬运限制条件下的土壤流失速率估算(Wilson et al.,1999)。

7.5 太阳辐射模型

在关于土壤湿度模型的讨论中,我们引入了地表降雨—蒸发—深层下渗—径流水分平衡的概念,并指出蒸发量的计算在均衡状态和准动态土壤水分模型中均占有重要的位置。土壤水分蒸发的计算的重要参数是地表太阳辐射,同时在地表任意点的太阳辐射平衡也是决定其生态系统的终极决定因素。因此,虽然太阳辐射平衡的研究在很大程度上已超出了数字地形分析的研究范畴,但合理精确的太阳辐射模型却是数字地形分析不可缺少的部分。

地球表层 99.8％的能量来源于太阳。太阳辐射是地球表层上的物理、生物和化学过程(如雪融、作物光合、蒸腾、作物生长等)的主要能源,也是生态系统过程模型、水文模拟模型和生物物理模型研究中的必要参数。随着生态学和地球科学研究尺度的扩展,太阳辐射的空间分布特征也日趋重要。但太阳辐射的直接观测由于其设备复杂,成本费用高,其观测密度远小于对温度、降水等气象要素的观测密度。另外,利用少数观测站点的实测数据,并采用简单的空间内插或外推技术也不可能合理地揭示在地形尺度上太阳辐射的空间分布特征。因此,建立一个合理的太阳辐射空间模型,并采用合适的技术手段实现,对于建立区域范围地形尺度的太阳辐射数据库,进行区域的宏观生态学研究,具有重要的理论和实践意义。

到达地表的太阳辐射量主要受三个主要因素的影响,即太阳的几何因素、地形因素、以及云量和其他非均质性大气影响因素。其中太阳几何因素决定太阳辐射的纬度效应和季节变化特征,控制全球尺度和中尺度的太阳辐射空间分布特征;地形因素描述由于不同坡度、坡向以及周围地形影响等而造成的太阳辐射能量不均匀分配,决定在地形尺度的太阳辐射量的变化特征;云量和其他非均质性大气因素决定太阳辐射受局地气候影响的变化规律。

图 7.3 简要描述了地球系统的辐射平衡。其中,太阳几何因素影响大气层顶的太阳辐射的空间分布(即图 7.3 中的Ⓐ层),其时空间分布呈明显的地带性和季节性,随机变化可以忽略不计;地形因素影响到达地表的太阳辐射的再分配(即图 7.3 中的Ⓒ层),地带性的太阳辐射空间分布在地形因素的作用下呈现区域内的复杂变化;而云量和其他非均质性大气因素(即图 7.3 中的Ⓑ层)则影响到在给定时空范围内的辐射变化。简而言之,几何因素决定了太阳辐射分配的地带性和季节性,地形因素在局部空间重新分配的太阳辐射能量,大气因素则在时间上造成地表太阳辐射平衡的差异。

太阳总辐射是地球系统辐射平衡的重要参数。它包括太阳的直接辐射、散射辐射以及由周围地形所引起的反射辐射。晴天无云条件下的太阳总辐射是地球表面可能接受到的太阳总辐射的最大值,即潜在太阳总辐射,它的计算需要考虑太阳几何因素(即到达大气层顶的辐射总量)和大气因素(即大气衰减),从而得出在给定时段到达海平面的辐射总量,这一辐射总量其后由地形因素(即由局部地形造成的反射率、温度梯度等差异)而形成在局部空间内的不均匀分布。

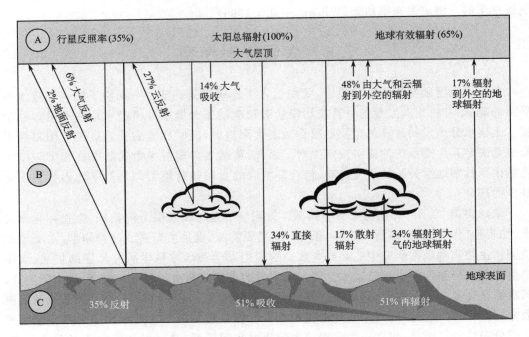

图 7.3　地球系统的辐射平衡(资料来源：Haggett，1983)

长期以来,在地球系统辐射平衡的计算中,由于考虑地形条件的太阳辐射计算公式较为复杂,地形参数的获取受到技术上的限制,以及缺乏合适的计算平台,地形因素往往被忽略或简化。随着地理信息系统技术的发展和高精度数字地形模型的获取技术的日趋成熟,使得在辐射平衡的研究中充分考虑地形影响成为可能,数字地形分析对于太阳辐射平衡的研究,正是建立在辐射平衡算法模型、数字地形模型与地理信息系统的集成的基础上而实现的。

数字地形分析对太阳辐射的研究范畴包括：

(1) 计算在地形尺度上到达局部地表的太阳短波辐射(short wave radiation)。

(2) 计算局部地域内的地球长波辐射(long wave radiation)。

(3) 在前两者的基础上计算地表任一点的净辐射(net radiation)。

鉴于本书篇幅所限,这里只简要介绍与数字地形分析直接相关的辐射平衡计算的基本方法,有关辐射平衡计算的详细讨论可参见 Wilson 和 Gallant(2000)编著中的有关部分和其他有关文献,如 Gates(1980),刘昌明等(2000)。

7.5.1　短波辐射

在数字地形模型上进行太阳辐射计算,一般需要四个基本步骤：

第一步：地球大气层顶的垂直太阳辐射强度计算；

第二步：晴空条件下的瞬时太阳辐射通量计算(从日落到日出的单位时段,通常以分钟为单位),包括平坦地形的太阳直接辐射和散射辐射通量计算,非平坦地形上的直接辐射、环日散射、均匀散射以及地形反射通量计算等；

第三步：日太阳辐射量计算；

第四步：对某一时间段内的日太阳辐射量求和，从而计算该时间段内的日平均辐射量。

1. 地球大气层顶的垂直太阳辐射强度

地球大气层顶的垂直太阳辐射强度（extraterrestrial radiation）R_{oh}受太阳几何因素控制，与年时、日时和纬度有关，其计算公式为：

$$R_{oh} = \frac{I_0}{r^2} \cos z \tag{7.29}$$

式中，I_0为太阳常数（solar constant），是在日地平均距离上，大气层顶垂直于太阳光线的单位面积上每分钟接受的太阳辐射，其数值根据所用单位不同而有不同的表达方式（表7.3）。

r是日地距离与日地平均距离（1.496×10^8 km）的比率。由于地球公转，每日的日地距离并不相同，因此r并不是一个常数，

表7.3 太阳常数与辐射单位

[Wilson 和 Gallant (2000)]

太阳常数
$1.9 cal \cdot cm^{-2} \cdot min^{-1}$
$119.4 langley h^{-1}$
$4.871 MJ \cdot m^{-2} \cdot day^{-1}$
$1354 W \cdot m^{-2}$

其大小在1.0344（1月3号）和0.9674（7月5日）之间变动，但变动幅度不大于3.5%。

z是天顶角（zenith angle），是太阳光线方向与天顶之间的夹角，天顶角的数值取决于地球本身的形状及其运动状况，即地理纬度、一天中的时间和一年中的季节，用下式计算：

$$\cos z = \sin\varphi\sin\delta + \cos\varphi\cos\delta\cos h \tag{7.30}$$

式中，φ为地理纬度（以度为单位，南半球时取负值）；δ为太阳赤纬；h为时角。

赤纬是在赤道坐标系中，从天赤道起沿太阳的赤经圈到太阳的角距离，太阳在天赤道以北为正，以南为负，变化范围从北半球冬至（12月22日）的-23.5°到北半球夏至（6月22日）的23.5°。赤纬的计算与年度、纬度无关，仅是年日序的函数，计算公式为：

$$\delta = 23.45 \times \sin\left[\frac{360°(284 + N_d)}{365}\right] \tag{7.31}$$

式中的变量N_d为日序，1月1日为1，12月31日为365。

时角h是描述太阳在24h内的运动情况，以当地真太阳时正午（日中天）为0°，下午为正，上午为负，每15°为1h。即

$$h = 15 \times (t - 12) \tag{7.32}$$

t为地方时。

另外，式（7.29）中的天顶角z也可用天顶距Z来代替。天顶距也称太阳高度角，是太阳光线与水平面的夹角，天顶距与天顶角互余，因此有：

$$\cos z = \sin Z \tag{7.33}$$

2. 晴空水平面的直接辐射和散射辐射

通过式(7.29)计算出来的太阳辐射值是理想条件下到达地表的辐射值,它没有考虑在传输过程中的能量损失。实际上,当太阳光线穿过大气层时,大气层中的水气分子、悬浮尘埃粒子等将会对太阳直接辐射形成散射源,因而到达地面的太阳辐射由两部分组成,即太阳直接辐射(direct-beam radiation)和大气散射后到达地表的散射辐射(diffuse radiation)。由于大气层中的各种分子的存在,太阳直接辐射和散射辐射都会产生衰减,二者之和称为太阳辐射总量。

对太阳辐射衰减的计算主要有两种方法,一是总体透射计算方法,另一为个体透射计算方法。

1) 总体透射计算方法

总体透射计算方法(lumped transmittance approach)是假设太阳直接辐射的衰减是在匀质、无云的大气层中进行的,衰减量与太阳直接辐射的传播距离有关,计算公式为:

$$R_{dirh} = R_{oh}\tau^m \tag{7.34}$$

式中,R_{dirh}是晴空无云条件下水平面的太阳直接辐射量,τ是透射系数(transmission coefficient),即由大气层顶入射经垂直路径(或最短路径)到达地表的辐射比率,m是天顶角为z时太阳入射路径长度与垂直路径长度的比率。

对于 DEM 而言,每一格网单元的透射系数 τ 可通过格网单元高程、海平面月透射率和透射递减率(transmissivity lapse rate)来计算,表达式为:

$$\tau = \tau_{sl} + \tau' \times H \tag{7.35}$$

式中,τ_{sl}是海平面的透射系数;τ'是透射衰减率;H是给定格网单元的高程。式(7.35)认为:因为较高的地形位置空气比较稀薄,所以较高地形位置的透射率也较高。

m 称为相对气团质量(relative air mass),由天顶角给出:

$$m = \sec z = \frac{1}{\cos z} \tag{7.36}$$

式(7.34)~式(7.36)的实际作用是估算太阳直接辐射到达地面时的衰减,这里也包括了转化为散射辐射的一部分,这一部分(即散射辐射 R_{difh})的计算公式为:

$$R_{difh} = (0.271 - 0.294\tau^m)R_{oh} \tag{7.37}$$

由式(7.37)可知,散射辐射随直接辐射的透射率的增加而减少(Gates,1980)。

总体透射系数计算

总体透射系数是一比率,一般为 0.6~0.7,地面点高程越高,透射系数越大。透射系数的计算一般采用以下三个步骤:

第一步:利用地面测站观测的辐射总量 R_{th} 计算晴空月辐射平均值 R_{thcs}:

$$R_{thcs} = \frac{R_{th}}{0.35 + 0.61\left(\dfrac{n}{N}\right)}$$

式中，$\frac{n}{N}$ 为日照比（即实测日照时间与最大可能日照时间之比）；常数 0.35 和 0.61 与地理纬度有关。

第二步：计算测站的太阳辐射衰减比率，即大气层顶太阳辐射量与地面晴空月平均辐射量之比。

第三步：由第二步的结果，通过给定的透射衰减率推算海平面晴空月平均透射系数，通常给定的透射衰减率取值为 0.00008m^{-1}。

2）个体透射计算方法

个体透射计算方法（individual transmittance approach）对各个投射元素分别计算，该方法考虑大气层中的主要元素，如水气、尘埃、晴空大气分子等对太阳直接辐射和散射辐射的影响，得出直接太阳辐射衰减的计算式为：

$$R_{\text{dirh}} = R_{\text{oh}} \times \text{AW} \times \text{TW} \times \text{TD} \times \text{TDC} \tag{7.38}$$

式中，AW 为水气吸收；TW 为水气散射；TD 是尘埃散射；TDC 是晴空大气空气分子和密度分异造成的散射，这几个量可由式（7.39）获得（Gates，1980）：

$$\left. \begin{aligned} \text{AW} &= 1 - 0.077\left(um\frac{p}{p_0}\right)^{0.3} \\ \text{TW} &= 0.975^{um\frac{p}{p_0}} \\ \text{TD} &= 0.95^{m\frac{p}{p_0}D} \\ \text{TDC} &= 0.9^{m\frac{p}{p_0}} + 0.026\left(m\frac{p}{p_0} - 1\right) \end{aligned} \right\} \tag{7.39}$$

式中，m 由式（5.36）定义；p 为当地（在 DEM 上为当前格网单元）大气压；p_0 为标准大气压（即海平面大气压，等于 1013.25mba）；u 是大气柱的含水量，以 cm 为单位；D 是由实验得出的尘埃系数，和大气扰动有关，一般情况下，当尘埃含量为 300 时，取 D 等于 2，而当其略小于 100 时（即诸多试验点的标准状态），D 等于 1。

注意：上述大气透射模型假设大气吸收在散射之前发生，而散射量在各方向上均分。同时，一些其他影响因素也忽略不计。例如，没有考虑二氧化碳和臭氧的吸收，以及假设上述各成分的影响在太阳辐射各光谱段是均等的。另外，还假设散射的辐射量在转化为散射辐射的过程中不再有吸收，由此得出散射辐射的计算公式：

$$R_{\text{difh}} = \frac{1}{2}(R_{\text{oh}} \times \text{AW} - R_{\text{dirh}}) \tag{7.40}$$

3. 环日和均匀散射辐射

天空散射辐射可分成两个部分，一是均匀散射辐射（isotropic diffuse radiation），其辐射量在天空中各方向等量分布，另一为环日散射辐射（circumsolar diffuse radiation），指分布在太阳光线周围 5°范围内的散射辐射（Linacre，1992）。环日散射辐射随太阳运动，并且可被分离并加入到太阳直接辐射中以计算地面入射辐射量。目前大部分的太阳辐射模型都没有把环日散射分量分离出来，从而可能在估算斜坡上的辐射通量时造成高达

40%的误差。

考虑环日散射辐射的太阳直接辐射和散射辐射的计算式为：

$$\left. \begin{aligned} R_{dirh} &= R_{dirh} + R_{difh} \times CIRC \\ R_{difh} &= R_{difh} - R_{difh} \times CIRC \end{aligned} \right\} \tag{7.41}$$

式中，CIRC 为环日散射系数，定义为在太阳光线周围 5°范围内散射辐射的比率。

> **环日散射系数的计算**
>
> 环日散射系数 CIRC 与地形属性（坡度、坡向、阴影等）有关。一般晴空条件下，环日散射辐射约占太阳直接辐射的 5% 或均匀散射辐射的 30%，得出典型的环日散射系数 0.25。但环日散射系数在夏天一般较高而在冬天则较低。环日散射系数可通过测站的观测数据计算其月平均值，计算式为：
>
> $$CIRC = \frac{R_{dirh}}{24I_0}$$
>
> 式中，R_{dirh} 是测站观测的太阳直接辐射的月平均或年平均值，单位为 $Wh \cdot m^{-2}$，I_0 是太阳常数。

4. 地表日照强度

地表日照强度指无遮蔽情况下的斜坡太阳直接辐射，其计算可以从 DEM 可视化分析中常用的光照模型（Zhou，1992）导出。在不考虑均匀散射辐射和周围地形的反射辐射的前提下，任意地表接受的太阳直接辐射通量取决于入射角。根据 Lambert 余弦定理有：

$$R_{dirs} = R_{dirh}(1-a)\cos\theta \qquad 0 \leqslant \theta \leqslant \frac{\pi}{2} \tag{7.42}$$

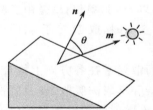

图 7.4　坡面法线和太阳矢量

式中，R_{dirs} 表示地表日照强度；R_{dirh} 表示到达水平地表的直接辐射和环日散射辐射，由式（7.41）计算；a 是地面反照率（albedo），或称反射系数，取值为 0（无反射）～1（全反射）；θ 是入射角，当考虑到斜坡的情况时，θ 则为入射太阳光线与坡面法线之间的夹角（图 7.4）。

设 n 为给定坡面任一点的单位法线矢量，m 为指向太阳位置的单位矢量，则 $\cos\theta$ 可以用矢量 n 和矢量 m 的点乘来表示，即：

$$\cos\theta = n \cdot m \tag{7.43}$$

式（7.42）由此可改写为：

$$R_{dirs} = R_{dirh}(1-a)(n \cdot m) \tag{7.44}$$

坡面法线矢量可以由下式表示：

$$n = \left(\frac{-\partial f}{c\partial x}, \frac{-\partial f}{c\partial y}, \frac{1}{c} \right) \tag{7.45}$$

式中，符号 f，x，y 已在表 1.1 定义；c 是系数，由式（7.46）计算：

$$c = \sqrt{1 + \left(\frac{\partial f}{\partial x}\right)^2 + \left(\frac{\partial f}{\partial y}\right)^2} \tag{7.46}$$

矢量 $\boldsymbol{m}$ 与在给定的时间和地面位置有关,可由式(7.47)表示:

$$\boldsymbol{m} = (\sin\alpha\cos Z, \cos\alpha\cos Z, \sin Z) \tag{7.47}$$

式中,Z 是太阳高度角,可由太阳天顶角 z 推算[式(7.30)和式(7.33)];α 是太阳方向角,由地理纬度(φ),太阳赤纬(δ)[式(7.31)]和太阳高度角推算。

$$\cos\alpha = \frac{\sin\delta - \sin\varphi\sin Z}{\cos\varphi\cos Z} \tag{7.48}$$

将式(7.45)和式(7.47)代入式(7.44),有:

$$R_{\text{dirs}} = \frac{R_{\text{dirh}}(1-a)}{c}\left(\sin Z - \frac{\partial f}{\partial x}\sin\alpha\cos Z - \frac{\partial f}{\partial y}\cos\alpha\cos Z\right) \tag{7.49}$$

式(7.49)说明,晴空斜坡上的太阳直接辐射和环日散射辐射受地形影响,在给定地面反射率的条件下,当入射太阳光线与坡面法线之间的夹角较小时(即入射太阳光线与坡面趋向垂直),太阳直接辐射较强,反之亦然。在具体的计算中,偏微分 $\frac{\partial f}{\partial x}$ 和 $\frac{\partial f}{\partial y}$ 可在第4章介绍的算法由 DEM 求得,太阳高度角和方向角则由上述各式计算。

在日辐射量的计算中,通常以 12min 为间隔计算瞬间辐射量(即单位时间辐射量,以每分钟计),乘以 12,并将从日出到日落期间的计算结果累加,得出无遮蔽日直接辐射量(R_{dirsns})的估算值。在遮蔽条件下,则需在每 12min 间隔判断是否有阴影,如有,则将该时段的辐射量从累加中剔除,从而得出考虑遮蔽情况的日直接辐射量(R_{dirss})的估算值。因此有:

$$R_{\text{dirss}} \leqslant R_{\text{dirsns}} \tag{7.50}$$

5. 晴空非平坦地形的直接辐射、散射辐射和地形反射辐射

在平坦地形条件下,太阳直接辐射、散射辐射只与太阳几何因素和大气因素有关。然而,在非平坦地区(即斜坡上),由于地形的影响使得太阳相对于地面的入射角在局部地点发生了改变,造成了辐射能量在地面上的再分配。另外,不平坦的地形还要求考虑周围地形的遮蔽和反射辐射因素,因为它们在不同程度上减少或增加了局部地面上的短波辐射通量。

在无遮蔽条件下斜坡上的晴空太阳直接辐射和环日辐射由上述日照强度计算得出,均匀散射辐射以及地形反射辐射也需要考虑斜坡本身的地形因素,主要包括坡度、坡向、水平高度角(horizon angle)和天空可见率(fraction of sky hemisphere)。在地形遮蔽条件下计算天空可见率比较复杂,通常需要采用光线跟踪法(ray tracing)(Foley et al.,1990)等较为复杂的计算方法。然而对于格网 DEM,可以以一种简单且计算效率较高的方法——剖面法(Doizer et al.,1981)来替代,其基本思想是在数个方向上计算当前格网单元与周围格网单元的水平高度角(即当前单元与周围单元的剖面线与水平面的夹角,由相邻点高程差和水平距离计算),并计算各个方向上水平高度角的平均余弦来确定天空可见率(v),即:

$$v = \frac{1}{n}\sum_{i=1}^{n}\cos H_i \tag{7.51}$$

式中，i 为方向序号；H_i 为当前格网单元与周围单元的水平高度角。要注意的是方向线越多，计算结果越可靠，一般 n 取 16，但在 3×3 局部窗口中，直接相邻的格网单元仅八个，因此其他方向的相邻点高程要通过内插的方法获取（见第 4 章有关讨论）。

非平坦地形上的均匀散射辐射通常要低于平坦地形，因为部分天空被遮蔽，由此在计算中要考虑由于天空可见率造成的折减，即：

$$R_{\text{difs}} = R_{\text{difh}} \times v \tag{7.52}$$

式中，R_{difs} 为非平坦地形上的均匀散射辐射；R_{difh} 是瞬间水平面上的均匀散射辐射，由式（7.37）或式（7.40），和式（7.41）计算。

在非平坦地形上的任一点，不仅接受太阳直接辐射和散射辐射，还会收到周围地形的反射辐射（R_{ref}），其计算公式为：

$$R_{\text{ref}} = (R_{\text{dirh}} + R_{\text{difh}})(1 - v)a \tag{7.53}$$

式中，R_{dirh} 和 R_{difh} 分别是晴空水平面的太阳直接辐射和散射辐射；a 为反照率（即地表对太阳辐射的反射率）。

6. 阴天影响

地球表面的太阳直接辐射和散射辐射的可变性很大，特别是在天空部分或全部被云遮住的时候预测起来尤为困难（Linacre，1992）。云层在形式、大小、密度、厚度及持续时间上非常易变，非常薄而透明的卷云对辐射影响不大，而厚实的雷暴云则可能大幅减少接受的太阳辐射，使其达到不足晴空辐射时的 1%（Gates，1980）。

由于通常的观测资料和技术限制，计算阴天影响的瞬时太阳辐射十分困难。因此，阴天的影响通常要在一个时间段内考虑，通过包括该时间段内的日照比、云层透射率等参数以统计方法来计算。例如，在估算日辐射量时，需计算晴空条件下的瞬时太阳直接和散射辐射，其日累计总量再由日照比和云层透射率修正，从而求出阴天条件下的太阳辐射量。

水平面上阴天条件下的日太阳辐射量 R_{th} 计算公式为：

$$R_{\text{th}} = (R_{\text{dirh}} + R_{\text{difh}}) \left[\frac{n}{N} + \left(1 - \frac{n}{N} \right) \tau_{\text{c}} \right] \tag{7.54}$$

式中，$\dfrac{n}{N}$ 为日照比（即给定时段实测日照时间与最大可能日照时间之比）；τ_{c} 是该段时间内的云层透射率。

斜坡上的阴天日太阳辐射量 R_{ts} 除受到上述云层透射率和日照比影响之外，还有两点需要考虑：一是由于天空可见率降低而造成的辐射衰减；一是由于地面和云对散射辐射的多次反射而造成的辐射增加。由此得出计算公式：

$$\left. \begin{aligned} R_{\text{ts}} &= (R_{\text{dirss}} + R_{\text{difs}}) \left[\frac{n}{N} + \left(1 - \frac{n}{N} \right) \xi \right] + R_{\text{ref}} \\ \xi &= \tau_{\text{c}} v \left(\frac{R_{\text{tsns}}}{R_{\text{tss}}} \right) \end{aligned} \right\} \tag{7.55}$$

ξ 是阴天影响系数，表示为由云层透射率和天空可见率修正的无遮蔽晴空太阳辐射 R_{tsns}，与地形遮蔽条件下的晴空太阳辐射 R_{tss} 之比。

关于式(7.54)和式(7.55)中参数的意义的说明

日照比$\frac{n}{N}$是所处纬度实际的光照时间与理论最大时间的比值,可通过测站的观测数据获取。

云层透射率τ_c是月平均多云条件下的实际辐射与晴空辐射的比率,由于这类数据一般在测站很少纪录,因而要通过太阳总辐射、晴空辐射及日照时数进行估算,估算式为:

$$R_{th} = R_{thcs}\left[\frac{n}{N} + \left(1 - \frac{n}{N}\right)\tau_c\right]$$

上式表明:实际辐射等于晴天时的晴空辐射(由式中$\frac{n}{N}$项代表)加上多云时(由式中$\left(1 - \frac{n}{N}\right)$项代表)的部分(由$\tau_c$代表)晴空辐射,$\tau_c = 1$时表明云没有减少辐射,而$\tau_c = 0$时则代表在多云时期辐射为0,实际的$\tau_c$值应介于这两个极值之间,且和每天的云层结构组成及平均云层密度有关。

7.5.2　地面温度计算模型

在估算地面辐射平衡时,地面长波辐射计算的重要参数是局部地点的气温(见7.5.3),除此以外,地面温度是计算土壤水分蒸发的重要参数之一,也是景观生态学研究中的重要参数。由于地面温度的观测需要在测站(如气象站和水文站)进行,而观测站点的密度受诸多条件限制,因此在局部地区的研究中依靠实测温度资料是不现实的。

利用数字地形分析的方法,可以将 DEM 上每一格网单元的温度作为附近测站实测数据的函数来估算,这些实测数据包括月平均最低和最高气温和地表温度,最低、最高和平均温度递减率(temperature lapse rates),以及参考测站的高程。

在 DEM 上推算温度时,要考虑两个主要因素:一是地面高程温度递减率的影响——温度随高程增加递减,二是地面环境因素的影响,包括植被和地形的影响。地面高程因子对温度的作用可以通过给定地面点与参考测站的高差和平均温度递减率推算,植被影响可以由给定地面点上的叶面积指数(LAI)与最大叶面积指数(LAI_{max})之比来表达,局部地形对温度的影响可通过短波辐射比(ξ_R),即水平面太阳辐射量(R_{th})与斜坡太阳辐射量(R_{ts})之比来反映,即:

$$\xi_R = \frac{R_{ts}}{R_{th}} \tag{7.56}$$

由此,给定地面点的温度 T(即在 DEM 给定格网单元上推测的最低或最高气温或地表温度)可以由下式求出:

$$T = T_0 - \frac{T_{lapse}(H - H_0)}{1000} + C\left(\xi_R - \frac{1}{\xi_R}\right)\left(1 - \frac{LAI}{LAI_{max}}\right) \tag{7.57}$$

式中,T_0是地面温度测站的月平均最低或最高气温或地表温度(取决于T的计算目的);T_{lapse}是月平均垂直气温递减率(℃/1000m),H 为给定地面点(格网单元)的高程;H_0代表地面温度测站(即参考测站)的高程;C 为常数系数,一般取值为 1;LAI 是给定地面点的叶面积指数,LAI_{max} 是最大叶面积指数。

要说明的是辐射和叶面积修订[即式(7.57)中的第二项]不适合于最低温度的计算,因为最低温度通常发生在夜间,而夜间是没有太阳辐射的。因此,在推算最低温度时,设系数 C 等于 0。

7.5.3 地 面 辐 射

地面辐射,也称长波辐射,是地表能量平衡分析中必须要考虑的因素之一。长波辐射由地球大气和地表连续发射,而地表接收的由大气射入的长波辐射(L_{in})能量几乎从来都小于地表射出的长波辐射(L_{out})能量,因此日平均净长波辐射(L_{net})可以代表生物圈能量的净流失。

日射出长波辐射(L_{net})是地表温度的函数,可根据斯蒂芬—波尔斯曼定律计算:

$$L_{out} = \varepsilon_s \sigma T_s^4 \tag{7.58}$$

式中,ε_s 是地面辐射系数(surface emissivity),对于大部分的自然地表,ε_s 大于 0.95;σ 是斯蒂芬—波尔兹曼常数(Stefan-Boltzmann constant),等于 5.6697×10^{-8} W·m^{-2}·K^{-4};T_s 为地表温度(K)。

日入射长波辐射(L_{in})可通过气温和天空可见率推算:

$$L_{in} = \varepsilon_a \sigma T_a^4 \nu + (1 - \nu) L_{out} \tag{7.59}$$

式中,ε_a 是大气辐射系数(atmospheric emissivity),它是气温、水汽压和云量的函数;T_a 是日平均气温(K);ν 为天空可见率。在式(7.58)中引入天空可见率使该公式既适合水平面的计算,也适合斜坡面的计算。在斜坡地形上,天空可见率代表了在局部点上的可见天空部分。因此,在式中第一项以变量 ν 表示由于天空可见率代表的地形遮蔽而导致的大气射入长波辐射(L_{in})的衰减,而第二项 $(1-\nu) L_{out}$ 则表示部分地面射出长波辐射(L_{out})由于受到地形的阻碍而重返地面,即加入到入射长波辐射成分。

由此,地面净辐射(L_{net}),也称地面有效辐射,可由下式计算:

$$L_{net} = \varepsilon_s L_{in} - L_{out} \tag{7.60}$$

7.5.4 太 阳 净 辐 射

太阳净辐射(net solar radiation)是地表空气和土壤升温、蒸发以及光合作用等过程的中可利用的总能量。在 DEM 的每一格网单元上,太阳净辐射(R_n)可通过给定时段的入射和射出辐射通量来进行估算,即:

$$R_n = (1-a)R_{th} + \varepsilon_s L_{in} - L_{out} \quad (\text{水平面}) \tag{7.61}$$

$$R_n = (1-a)R_{ts} + \varepsilon_s L_{in} - L_{out} \quad (\text{斜坡面}) \tag{7.62}$$

式中,a 表示地面反照率;其他各符号意义同前。一般来说,当地表辐射平衡为正时,即局部地表有辐射能量的净流入,R_n 值为正号;反之,当局部地表有辐射能量的净流出时,地表辐射平衡为负,R_n 值亦为负号。通常在夏季估算的结果是 $R_n > 0$;而在冬季,则可能出现 $R_n < 0$ 的情况,特别是在没有直接太阳辐射的高纬度地区和背阴坡上。

7.5.5 太阳辐射模型各项计算的相关关系

总结本节的讨论,在给定的局部地表,辐射平衡的计算包括太阳的短波辐射和地面的长波辐射,其中,短波辐射的计算包括直接辐射和散射辐射,而长波辐射的计算包括大气辐射和地面辐射,在各项的计算中又有更为细分的考虑,图 7.5 简要给出各项计算之间的相关关系。表 7.4 列出了各种环境下需要计算的太阳辐射参数及其实际含义,而表 7.5 则对本节计算公式的输入参数进行了总结。

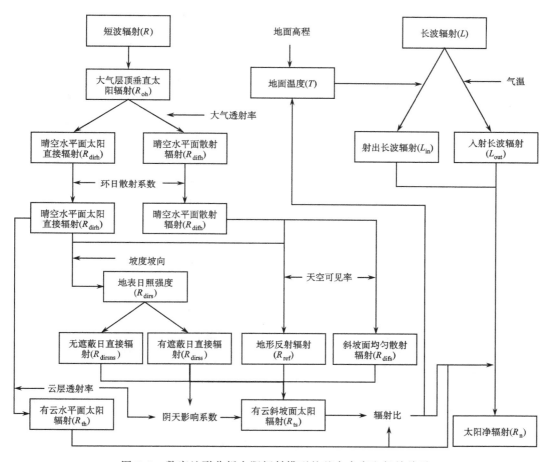

图 7.5 数字地形分析太阳辐射模型的基本内容和相关关系

表 7.4 数字地形分析太阳辐射模型计算基本内容

符号	内容	量纲	公式	说明
R_{oh}	大气层顶垂直太阳辐射	$W \cdot m^{-2}$	(7.29)	大气层顶太阳辐射,仅受太阳几何因素影响
R_{dirh}	晴空水平面太阳直接辐射	$W \cdot m^{-2}$	(7.34)或(7.38),和(7.41)	水平地表经过大气透射率和环日散射系数修正的太阳短波直接辐射

符号	内容	量纲	公式	说明
R_{difh}	晴空水平面散射辐射	$W \cdot m^{-2}$	(7.37)或(7.40)，和(7.41)	水平地表经过大气透射率和环日散射系数修正的太阳短波散射辐射
R_{dirs}	地表日照强度	$W \cdot m^{-2}$	(7.49)	无遮蔽条件下斜坡面太阳直接辐射
ν	天空可见率		(7.51)	给定时间可见天空与天空半球面积之比
R_{difs}	斜坡面均匀散射辐射	$W \cdot m^{-2}$	(7.52)	斜坡地表经过天空可见率修正的太阳散射辐射
R_{ref}	地形反射辐射	$W \cdot m^{-2}$	(7.53)	周围地形的反射辐射
R_{th}	有云水平面太阳辐射	$W \cdot m^{-2}$	(7.54)	水平地表经过云透射率和日照比修正的太阳短波总辐射(包括直接和散射辐射)
R_{ts}	有云斜坡面太阳辐射	$W \cdot m^{-2}$	(7.55)	斜坡面经过云透射率、日照比、天空可见率和地形遮蔽修正的太阳短波总辐射
ξ_R	短波辐射比		(7.56)	斜坡地表短波总辐射与水平地表短波总辐射之比
T	地面温度	℃	(7.57)	由邻近测站数据根据高差、辐射比、垂直温度梯度和叶面指数推算的地面温度
L_{out}	射出地面长波辐射	$W \cdot m^{-2}$	(7.58)	由地表射出的长波辐射
L_{in}	入射大气长波辐射	$W \cdot m^{-2}$	(7.59)	地表接收的由大气射入的长波辐射
L_{net}	地面净辐射	$W \cdot m^{-2}$	(7.60)	地表长波辐射之净流失通量
R_n	太阳净辐射	$W \cdot m^{-2}$	(7.61)和(7.62)	水平或斜坡地表所接收的短波总辐射与净长波辐射之和

表 7.5 数字地形分析太阳辐射模型计算输入参数一览

符号	参数	量纲	说明
DEM	数字地形模型	m	给定区域的数字地形模型
I_0	太阳常数	$W \cdot m^{-2}$	在日地平均距离上大气层顶垂直于太阳光线的单位面积上每分钟接受的太阳辐射(参见表 7.3)
r	日地距离比	—	日地距离与日地平均距离(1.496×10^8 km)之比
φ	地理纬度	°	给定地面点的地理纬度
N_d	年日序	—	一年内的日序，1月1日为1，12月31日为365
t	地方时	—	地方时
τ_{sl}	海平面大气透射率	—	由大气层顶入射、经最短路径到达海平面的辐射比率
τ'	大气透射衰减率	m^{-1}	大气透射随高度的衰减率，通常给定为 0.00008
H	地面高程	m	给定格网单元的高程
$\frac{n}{N}$	日照比	—	实际光照时间与理论最大可能光照时间之比
p	气压	mbar	当地大气压

符号	参数	量纲	说明
p_0	标准大气压	mbar	海平面大气压,等于 1013.25mbar
u	大气含水量	cm	大气柱的含水量
D	尘埃系数	—	实验得出,尘埃含量 $= 300 \times 10^{-6}$ 时,$D = 2$;尘埃含量略小于 100×10^{-6}时(标准状态),$D = 1$
CIRC	环日辐射系数	—	太阳光线周围 5 度范围内散射辐射的比率,可由测站太阳直接辐射的观测值求出,典型值 0.25
a	地面反照率	—	地表对太阳辐射的反射率(0~1)
$\boldsymbol{n}$	坡面法线	—	坡面法线矢量,定义坡度坡向,由 DEM 求得
τ_c	云层透射率	—	云的透射比率
T_0	气温或地面温度	℃	地面测站月平均最低或最高气温或地表温度
T_{lapse}	垂直气温递减率	℃·km^{-1}	月平均垂直气温递减率
LAI	叶面积指数	—	给定地面点的叶面积指数
$\text{LAI}_{\max}$	最大叶面积指数	—	最大叶面指数,典型值为 10
ε_s	地面辐射系数	—	一般为 0.92~0.99
ε_a	大气辐射系数	—	气温、水汽压和云量的函数

7.6　本章小结

　　地形数据作为空间信息基础设施的最基本的成分,其基础信息库的建设在世界各国都得到了十分的重视。到目前为止,发达国家和相当一部分发展中国家的国土都已被不同比例尺的数字地形数据所覆盖。在拥有大量基础地理数据的基础上,对地理信息技术新的挑战也随之而来,即如何将投资了大量人力物力和时间而获取的地理数据转化为生产力,从而在国民经济建设中实现其使用价值和经济价值。在人们探索经济—社会—环境可持续发展的今天,以追求高附加值(包括经济、社会文化和环境价值)为目的地理信息技术和基础地理信息数据的产业化,已成为空间信息技术发展新的动力。因此,作为国家基础地理信息的核心数据库的数字地形数据的应用也必然会越来越广泛地推向社会,以求更广泛地为国民经济建设服务。

　　在地形数据作为主要空间数据源的应用中,数字地形分析的技术主要应用于地形的几何特征的提取和计算。随着越来越多的环境数据的获取和发布,目前已有可能实现地形和其他环境数据的整合,以达到对地形和环境数据更深层次的地学信息提取的目的。本章所介绍的土壤湿度、水流侵蚀力和太阳辐射模型,就是这种深层次地学信息提取的一些尝试。这些模型的基本思路,都是以在本书第 5 章和第 6 章介绍的数字地形分析地形参数计算和地形几何特征提取的基础上,对一些通用的地学模型进行提炼和归纳,利用较为精确的 DEM 和地形分析的手段,对过去难以获取的模型参数求解,以求建立实用的定量化地学应用模型。

　　需要指出的是,复合地形属性在很大程度上是属于数字地形分析的应用范畴,其理论技术是紧跟相应的应用领域的研究和技术开发而发展的；从另一方面来看，应用领域的理论与技术的发展也得益于复合地形属性引入，从而提出更高和更广泛的应用课题。因此，复合地形属性的模型、算法和应用领域是无止境的。本章的目的，仅是在于向读者介绍复合地形属性的基本概念，并通过一些目前流行的应用模型，剖析复合地形属性的性质和特点，以求达到举一反三，抛砖引玉的目的。

第8章 地形可视化及分析

  导读:地形可视化表达是研究地形的显示、简化以及仿真等内容的技术,在GIS、虚拟现实、环境仿真、游戏等中有着重要的应用。然而从数地形分析的角度看,地形可视化不仅仅局限于地形的表达与仿真,它包括两个方面,其一是通过地形分析技术,进一步增强地形可视化的表达,另一方面则是在各种可视化表达的基础上,挖掘所隐藏的各种与地形相关的信息。

  本章从数字地形分析角度出发,简要论述这两方面的内容。本章关心的问题在于利用可视化技术进行地形分析,包括信息增强和要素提取等。而 DEM 数据的可视化技术及其实现,则已经有大量的著作阐述,因此不在本章讨论的重点之列。

8.1 地形剖面分析

  地形剖面(vertical profile)是一维地形可视化技术,通常反映的是地形在某一断面上地形的起伏状况,如图 8.1 所示。

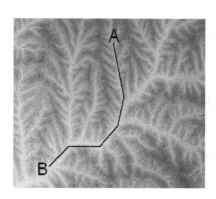
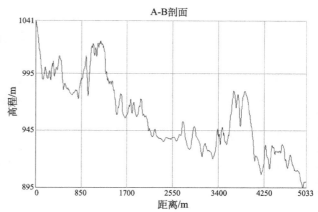

图 8.1   地形剖面

  地形剖面一直是各种线形工程设计的基础数据,如道路设计中,纵断面(沿路线中线方向)和横断面(垂直于路线方向)是道路纵坡设计、横断面设计、土方计算等不可或缺的资料。近年来,随着 GIS 空间分析技术的发展、DEM 数据可获得性的增加,基于 DEM 的地形剖面由于其灵活性、快速性等优点而在地形、地貌、地质等领域广为应用(张会平等,2004)。对地形剖面的研究已经从线扩展到面,通过 DEM 所获取的剖面,不仅能够反映地形沿剖面的起伏特征,还能进行高程条带的分析(swath profile),也就是说,通过缓冲区分析技术,可以获取剖面缓冲区内的各类地形信息,如最大高程、最小高程、平均高程、平均坡度、地势起伏度、地形粗糙度等参数,为深入研究地形、地貌、地质提供了必要的基础数据。

例如,利用地形剖面所反映的地形表面特征,结合构造地质、沉积地质等研究方法,可以深入讨论活动断裂的特征、盆山系统的耦合关系等(张会平等,2004)。Fielding 等(1994)和 Duncan 等(2003)以青藏高原及邻区的 30m 分辨率 DEM 为基础,通过统计 100km×5km 的条带剖面段生成的最大高程、最小高程和平均高程并结合坡度分析后,根据青藏高原现今的地貌特征,特别是北部及中部地区具有低坡度分布的特点,推断第三纪晚期以及第四纪以来青藏高原上地壳并未经历强烈的断裂活动和褶皱造山作用,并由此指出青藏高原新生代以来的强烈隆升无法通过上地壳大规模缩短模型来解释,因此认为 Barazangi 和 Ni(1982)、Beghoul 等(1993)的印度板块向亚欧板块俯冲模型以及 Zhao 和 Morgan(1985,1987)的贯入模型更适合于解释高原的隆升。Fielding 早期的 DEM 地貌研究也得到了 Burbank(1992)的肯定,他将 Fielding 等、Duncan 等有关喜马拉雅-青藏高原地区的 DEM 高程剖面研究进一步加以综合,讨论分析了高原隆升、剥蚀演化的高程特征以及坡度分布等之间的关系。Kuhni 等(2001)利用 DEM 数据,结合岩石、构造地质等研究方法,分析瑞士阿尔卑斯地区的地貌特征与地层岩性、构造发育之间的关系。在进行高程剖面分析时,重点分析对比了以不同滤波参数获取的平均高程图之间的差异,同时分析讨论区域地形起伏度与具有不同侵蚀度的岩石地层的分布之间的关系。根据由 DEM 提取的该地区的水系沟谷的发育特征,研究认为阿尔卑斯山地区水系流域模式同地层岩性差异之间具有很高的相关性,经向水系沟谷主要发育于具有高侵蚀度的岩层分布地区。

8.2　二维可视化表达与分析

二维可视化表达是三维地形的一种常用表达方式,它是将三维地形表面投影到平面上,并通过一定的符号、颜色、注记等配置实现的。最常见的表达方式是等高线地形图,等高线虽然具有可量测性,但不直观也不具备立体感,为了克服这一不足,研究人员将描述地形的各类参数如坡度、坡向等与高程结合在一起,希望通过这一结合,既能实现地形表达上的直观性和立体性,也具备可量测性,这就形成了诸如明暗等高线法、地貌晕渲、高程分层设色等二维地形可视化技术。

8.2.1　等　　高　　线

等高线(contour)就是高程相等的相邻点的连线,是地形表达最为常用的形式,能较为科学地反映地面高程、山体、坡度、坡形、山脉走向等基本的地貌形态及其变化,如图 8.2 所示。

从 DEM 上提取等高线一直是计算机辅助地图制图的基本任务之一,也是 DEM 最为重要的应用之一。在格网 DEM 和 TIN 上,提取等高线的基本步骤一致(图 8.2 是同一区域 DEM 和 TIN 上提取的等高线),主要包括如下步骤:①内插等高点;②追踪等高线;

③注记等高线;④光滑等高线并输出。从这些步骤中不难看出,DEM 上计算等高线的基本原理与常规的地形测绘中勾绘等高线原理基本一致,不同的是在 DEM 上是用格网边或三角形边取代手工勾绘中的地形特征线,而等高线的连接采用一定的知识法则进行的。目前大多数商用 GIS 都具有等高线提取的功能。要注意的是,从 DEM 自动生成的等高线常会出现一些与实际不符的现象,如等高线不合规律甚至出错等(图 8.3),这时要通过一定的编辑手段进行交互编辑。

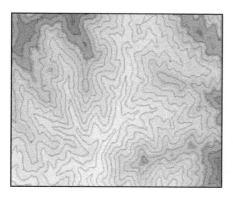 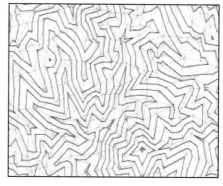

格网DEM等高线   TIN等高线

图 8.2　DEM 等高线(未光滑处理)

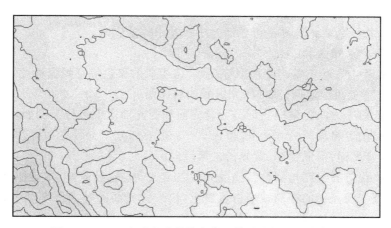

图 8.3　DEM 自动生成的等高线及其误差的可视化表现

8.2.2　明暗等高线

明暗等高线(illuminated contour)是日本学者 Kirtiro Tanaka 于 1950 年针对平面等高线立体感不强而提出的一种地形可视化表达方法。明暗等高线就是将等高线分为两类,即明等高线和暗等高线,明等高线用白色表示,暗等高线用黑色表示,通过它们之间的反差来形成视觉立体,如图 8.4 所示。

明暗等高线的理论背景有三个:①根据斜坡所对的光线方向确定等高线的明暗程度;②受光等高线为白色,背光等高线为黑色;③地图的底色饰为灰色。也就是说,该方法将每条等高线首先分为受光面的阳坡段及背光面的阴坡段,受光部分的等高线饰为白色,背光部分的等高线饰为黑色,地图的底色饰为浅灰色。这样所制成的等高线地图,利用了等高线线段的明暗对比产生阶梯状的三维视觉效果,立体效果显著。

图 8.4　明暗等高线

光源:西北方向 315°,水平高度角 45°

基于 GIS 软件的明暗等高线可以通过下述技术路线实现:

(1)生成研究区域的 DEM。

(2)从 DEM 中按给定等高距提取等高线,将生成的矢量等高线栅格化。

(3)从 DEM 上提取坡向,获得研究区域的坡向图。

(4)根据入射光方向将坡向图划分为背光面和受光面两个部分。例如,假定光源位于区域西北方向,则可将坡向为 0°～45°和 225°～360°的部分划为受光面,坡向为 45°～225°的部分划分为背光面,形成受光、背光的二值坡向图。

(5)将栅格化等高线图与划分背光受光的二值坡向图进行融合,实现栅格化等高线的二值分布,对位于受光面的等高线用白色显示,位于背光面的等高线用黑色显示,背景用灰色显示,得到明暗等高线地图,如图 8.4 所示。

其实从上述明暗等高线生成方案中可看出,坡向是决定明暗变化的唯一因素。由于坡向的变化,使地面产生亮暗的反差,进而形成了立体感。明暗等高线地图中根据坡向仅划分阳坡面与阴坡面,不受侧面的影响。同时,明暗等高线法表示地貌时用色不涉及坡度变化的影响。但在实际绘图中,由于地表坡度陡缓的变化,使得相同面积区域内等高线密集程度发生变化,从而形成了在阳坡面地面越陡白色等高线越集中,在阴坡面地面越陡黑色等高线越集中的表现结果。由此造成阳坡面上随坡度变陡而渐趋明亮,阴坡面上随坡度变陡而渐趋阴暗的视觉效果,使得整体效果增强。

尽管如此,明暗等高线不足之处也比较明显,普遍的感觉是明暗等高线使地貌变成梯田(Imhof,1982)。事实也是这样,通过明暗等高线使得地貌立体感加强,但会造成该地区地貌类型为阶梯状的假象,特别是在平原地区,等高线间隔比较大,问题更加突出。为此,许多学者都提出不同的改进措施,如采用过度色调、考虑等高线的宽度变化、坡度坡向分别考虑等(Eyton,1984;Kennelly 等,2001;郭庆胜等,2005)。

8.2.3　阶梯等高线

尽管大多数的地形呈不规则变化,通过等高线也可表示其起伏变化。然而对于一些规则变化的人工建筑,如斜坡、圆形剧场、露台、土堆等,虽然通过等高线也可进行表达,但通过等高线在垂直方向上的拉伸,就可简单而直接的创建具有立体感的阶梯状等高线(stepped contour),如图 8.5 所示。

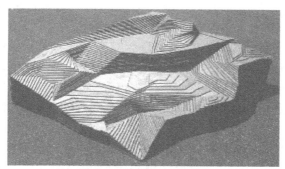

图 8.5　阶梯等高线模型

www.landscapemodeling.org/html/ch2

在建立阶梯状等高线过程中,关键的因素是垂直方向上的拉伸距离的确定。当垂直的距离太大时,会给结果引入令人讨厌的梯坎,而这些梯坎很难使用简单的透视技术来克服。虽然如此,当等高线的间隔和范围尺寸相比比较小时,视觉效果完全可以被接受,而在某些特定的条件下,比如在圆形剧场或其他的建筑地形中,这种效果反而可能是最合适的,如图 8.6 所示。

图 8.6　带有建筑物的阶梯等高线

http://www.signaturelandscapes.com/collins.htm

8.2.4　高程分层设色

高程分层设色(hypsometric tinting,layer tinting)就是用不同的颜色或灰度级表示不同的高度带,一般包括基于常规的高程分带设色和基于高程数据的灰度影像(半色调符号表示法)两种类型。在分层设色地图中,色阶使用的好有助于看出高程的渐变,尤其是小比例尺图。

1. 基于高程的分带设色

基于高程的分带设色是根据等高线划分出地形的高程带,逐层设置不同的颜色,用以表示地势起伏的一种方法。高程带的选择主要根据用途及制图区域的地势起伏特征。

设色基本要求是:①各色层颜色既要有区别又要渐变过渡,以保证地势起伏的连续性;②应用色彩的立体效应建立色层表,使分层设色富有立体感;③具体选色应适当考虑地理景观色及人们的习惯,如用蓝色表示海底地势,绿色表示低平原,白色表示雪山、冰川等。

设计色层表有以下不同原则。例如,高程越高,颜色越暗;高程越高,颜色越亮、越饱和越鲜明。目前常采用上述原则的混合色表,如绿—黄—褐—紫色表等。分层设色法早在中世纪的地图上就已出现,但精确而又科学地利用色彩来表示地形始于 19 世纪初期,并随着多色平版印刷的出现而得以推广。常与等高线、晕渲配合使用于普通地图、地形挂图、航空图等地图上。

彩图 6 是根据 DEM 所产的某一地区的高程分层设色图。在实际应用中,分层设色法还常用来强调具有特殊意义的高度带。例如,野生生物栖息地研究中野生生物的适宜高度带。

2. 基于高程数据的灰度影像

分层设色是根据等高线将地形分成相应得的高程带而得到,能使等高线地形图给人以高程分布和对比更为直观的印象,并能增强等高线地形图的立体感,但要事先生成等高线。当地形以 DEM 表示时,还可以对不同的高程数值赋予不同的灰度阶,从而通过不同的色调差异实现二维平面上的三维地形表达,这就是半色调符号表示法的基本思想,如图8.7 所示,该方法也称为基于高程数据的灰度影像。

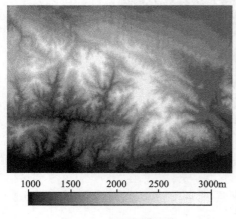

1000   1500   2000   2500   3000m

图 8.7　高程灰度影像

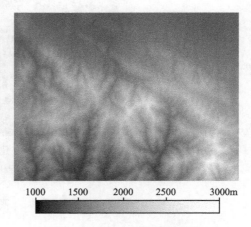

1000   1500   2000   2500   3000m

图 8.8　连续高程灰度图影像

半色调符号表示法的关键是将高程数据转换为灰度域[0～255]中的灰度值,这可通过线性内插或非线性内插方式实现。设高程数据的范围为$[H_{\min}, H_{\max}]$,而对应灰度域范围为$[G_{\min}, G_{\max}]$,则对于任意高程,$H_i(H_i \in [H_{\min}, H_{\max}])$,其所对应的灰度值$G_i$可通过线性内插或非线性内插方式得到。比较简单的计算方法是线性内插,基本公式为:

$$G_i = G_{\min} + \frac{G_{\max} - G_{\min}}{H_{\max} - H_{\min}} \times (H_i - H_{\min}) \tag{8.1}$$

实际工作中至于采用何种内插方法,取决于地形变化情况,一般用线性内插比较多。在式(8.1)中,最大灰度$G_{\max}$和最小灰度值$G_{\min}$可根据需要进行设定,灰度域的范围为0～255,如果取最大高程的灰度值为255,而最小高程值灰度为0,则得到连续的灰度影像,如图8.8所示。要说明的是,半色调符号法虽然实现简单,但显示层次固定(最大为256),如果研究区域的高差范围比较大,显示的细节层次就越少。

8.2.5 地形晕渲法

地形晕渲法(hill shading)又称地貌晕渲法或阴影法,是通过模拟太阳光对地面照射所产生的明暗程度,并用相应灰度色调或色彩输出,得到随光度近似连续变化的色调,达到地形的明暗对比,使地貌的分布、起伏和形态特征显示具有一定的立体感,直观地表达地面起伏变化。

利用DEM可以很方便的是实现地貌晕渲,其基本原理是:①确定光源方向;②计算DEM单元的坡度、坡向;③将坡向与光源方向比较,面向光源的斜坡得到浅色调灰度值,背光的斜坡得到深灰度值,两者之间的灰度值进一步按坡度确定。

上述过程虽简单易行,但没有考虑太阳光的高度角,同时还涉及按坡度的内插计算。另一较常采用的方法是计算每个DEM格网单元的相对辐射值或入射值,进而转换成照明值或灰度级,如图8.9所示。其计算公式如下:

$$G = \begin{cases} G_{\max}[\cos(\alpha_f - \alpha_s)\sin H_f \cos H_s + \cos H_f \sin H_s] \\ G_{\max}[\cos H_f + \cos(\alpha_f - \alpha_s)\sin H_f \cot H_s] \end{cases} \tag{8.2}$$

式中,$G_{\max}$是最大灰度级,一般取255。灰度(照明)值G受控于四个参数,分别是:

① α_f,三角形或格网单元的坡向,范围为0°～360°。

② α_s,太阳方位角,即光源的来向,范围为0°～360°。

③ H_f,三角形或格网单元的坡度,其值在0°～90°。

④ H_s,太阳高度角,即太阳光与地面的夹角,其值在0°～90°。

式(8.2)中的上式称之为相对辐射模型,下式为入射辐射模型。G的取值范围为0～255,0为最暗,255为最亮。

Zhou(1992)根据Lambert余弦定理(Lambert's cosine law),提出了计算地面反射亮度的简单的计算方法,指出地面反射的亮度I(即地形晕渲的灰度值)与入射角(即地形曲面法线和入射太阳光线的夹角)的余弦成正比,即:

$$I = I_0 k\cos\theta \quad 0 \leqslant \theta \leqslant \frac{\pi}{2} \tag{8.3}$$

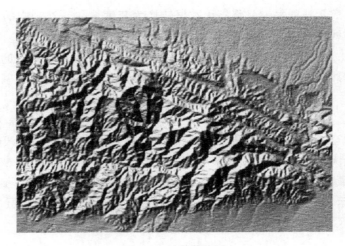

图 8.9 地貌晕渲图
光源＝315°,高度角＝45°

式中,I_0 表示光源强度(即太阳光照强度);k 是地表反射常数,与不同的地表物质有关,在计算地形晕渲时,可设 $I_0＝1,k＝1$(即不考虑地表物质反射率的影响)。据此可以得到地形晕渲的计算公式:

$$\left.\begin{array}{l}I = \dfrac{1}{c}\left(\sin\phi - \dfrac{\partial z}{\partial x}\sin\alpha\cos\phi - \dfrac{\partial z}{\partial y}\cos\alpha\cos\phi\right)\times 100 \\[4mm] c = \sqrt{1+\left(\dfrac{\partial z}{\partial x}\right)^2+\left(\dfrac{\partial z}{\partial y}\right)^2}\end{array}\right\} \tag{8.4}$$

式中,ϕ 是太阳高度角;α 是太阳方位角;I 是由百分数表示的地形反射率。

8.3 可视性表面分析

可视域是一个能充分反映特定特征的可视表面(visibility surface),通过对可视表面的进一步分析,不仅可获得点点之间的通视情况,还可获取该区域的各种地形特征。实际上,目前随着 GIS 空间分析技术的发展,地形可视性分析已不再局限于传统意义上的两点通视性分析或者某一视点的可视范围,可视性分析的概念扩大到更为广泛更为完整。例如,通过可视表面的分析,可以获取视域内的各种社会活动属性,如捕猎(Van Leusen,1992;Krist et al.,1994)、安全(Madry et al.,1996)、考古鉴别(Fry et al.,2004)等各个方面。而这些的基础就是对可视表面进行各种分析。这里简要介绍 Caldwell 等(2003)提出的可视性表面分析与可视化的概念和内容。

Caldwell(2003)将可视表面分析的内容分为三类,即基本可视参数、扩展可视参数和决策支持。基本可视参数包括累积可视性(cumulative visibility)、破碎度(fragmentation)、核心区域可视性(core area visibility),这些参数可直接通过 DEM 可视分析得到。扩展可视参数包括累积可视性坡度(slope of cumulative visibility)、累积可视性与核心区域可视性之比(ratio of cumulative visibility to core area visibility)等,这些参数通过对基本可视参数的运算得到。决策支持是在上述两类参数基础上的一些可视分析,包括目标可视百分比(percent target visible、最小可视路径(least visible route)、最大可视路径(most visible route)。

下面的分析以图 8.10 所示的 DEM 为基础进行。

8.3.1　基本可视参数分析

1. 累积可视性

累积可视性(cumulative visibility)是指对于 DEM 中的每一点,其总的可视域都与观测者所在的位置有关,其值可以从 0 到 DEM 中的所有点,值越高意味着该位置的可见度越高(图 8.11)。利用可视累积性可以快速判断一个区域可见度的高或低,还可以用来选择最佳的可视路线。

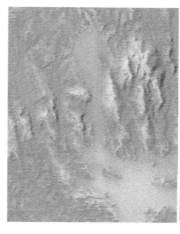

累积可视性值(格网数)
高:73632
低:0

图 8.10　试验区 DEM(Caldwell et al.，2003)　　图 8.11　累积可视性(Caldwell et al.，2003)

如图 8.11 所示,沿着南北方向的山脊和中部的平坦地区具有较大的可视性(东南角平坦地区是海域)。这里要说明的一点是,累积可视域受边界效应(edge effect)的影响较大,由于 DEM 数据范围的限制,其可视域并不是实际可视域。例如,对于两个山头而言,在实际地形上其可视范围大致相同,然而在 DEM 上,如果一个山头位于中部,而一个山头位于 DEM 边缘,则二者的可视域将是不同的,这就是边界效应。在图 8.11 中可看出由于边界效应的影响,位于西边山坡和东边山坡上的点的累积可视域明显较小。

2. 破碎度

对于 DEM 中每一点,破碎度是与该点可视区域连通的区域总数。连通区域可以按照四连接的标准和八连接的标准进行定义。其值最小可以为 1,值越大意味着该区域的破碎度越大。破碎度的取值范围四连接标准小于八连接标准。破碎度很大程度上是由自然界的特征决定的,可以用来判断可视区域的连通程度。

图 8.12 是图 8.10 的八连通可视破碎度分布图,它与累积可视性图非常相似。从图

中可看出,南北走向的山脊具有较大的破碎度值,表明这些地方连通程度较差。

3. 核心区域可视性

核心区域可视性表述 DEM 上的每一点的可视位置数、可视区域大小或者可视区域百分比。核心区域可以按照四连接的标准和八连接的标准进行定义,当以计算视域中的像素表达时,其值可以从 1 到 DEM 中的所有点,值越高,核心区域越大。核心区域可视性可以用来估测可视域与其他区域的邻接程度,确定邻近观测者并且能大面积可视的观测点。

图 8.13 为图 8.10 的八连通核心区域可视性分布图,平坦地区如海域具有较大的值,同时在邻近平坦区低山坡区也具有较大核心区域可视性。

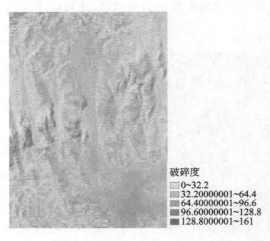

破碎度
□ 0~32.2
■ 32.20000001~64.4
■ 64.40000001~96.6
■ 96.60000001~128.8
■ 128.8000001~161

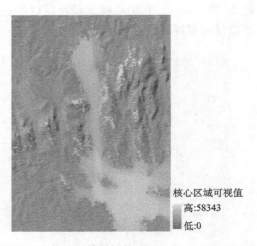

核心区域可视值
■ 高:58343

■ 低:0

图 8.12 破碎度(Caldwell et al.,2003)　　图 8.13 核心区域可视性(Caldwell et al.,2003)

8.3.2 扩展可视参数分析

1. 累积可视性坡度

对于 DEM 中每一点的累积可视性坡度可以用一个数值度量,若坡度以度数来计算,其值范围是 0°~90°;若坡度以百分比计算,值的范围 0~∞。值越大,则坡度越陡峭。累积可视性坡度可以用来判断某位置的可见性特征是否存在明显的变化,但是累积可视性坡度并不具有传统坡度的意义。当在 DEM 上计算坡度时,X、Y、Z 的单位是相同的;当在累积可视性地图上计算坡度时,X、Y 的单位可以是度、米或英尺,而 Z 的值是可视域的像素数,如图 8.14 所示。

从图 8.14 中可以看出,山脊顶部具有较大的累积可视性坡度,这是由于该区域累积可视性在局部区域具有较大的变化所致。

2. 累积可视性与核心区域可视性之比

累积可视性与核心区域可视性之比是指累计可视性除以核心区域可视性,两者的单位必须相同,或者用像素、或者用可视百分比(图 8.15)。累积可视性与核心区域可视性之比反映了每个观测点可视区域与核心可视区域的关系。其值最小为 1,最大值由 DEM 的区域确定。

从图 8.15 中可看出,平坦区具有较小的累积可视性与核心区域可视性比值,如东南角的海域以及沟谷区域,南北方向山脊顶部具有较大的累积可视性与核心区域可视性比值,反映了该地区破碎度和较小的核心区可视性的增加。

图 8.14 累积可视性坡度
(Caldwell,2003)
颜色越浅,值越大

图 8.15 累积可视性与核心区域可
视性(Caldwell,2003)
颜色越浅,值越大

8.3.3 可视性表面分析应用

1. 目标可视百分比

从 GIS 理论可知,任何点状目标、线状目标或区域目标都可通过栅格数据表达,因此目标可视百分比就表示 DEM 上每个格网点所能看到的目标特征的百分数,如彩图 7 所示。目标可视百分比值从 0 到 100,0 表示目标根本不可见,100 表示目标完全可见。目标可视百分比在监视点设置、最佳位置确定等领域有着广泛的用途。

从彩图 7 的目标可视百分比分布图可看出,该区域没有一个位置能够看到全部目标,尽管位于山脊上的点具有较大的可视范围,但沿着 DEM 中部的河谷在较大距离上却能看到目标的一部分。

2. 最小—最大可视路径分析

最小—最大可视路径分析在方法上与 GIS 中常用的最佳成本路径(cost path)分析相似,由于累积可视性越大,可见区域就越大,因在计算两点之间的可视路径时,累积可视性图常作为路径分析的成本表面。最小可视路径分析的目的是找寻两点间可视性最小的路径(即最隐蔽的路径),因此累积可视性可以直接作为成本表面,即较大的可视区域会增大相应的成本,在路径搜寻中就会尽量避免。最大可视路径分析的目的与最小可视路径相反,是找寻两点间可视性最大的路径(即视线最开阔的路径),这时只需将累积可视表面反过来,即用零减去所有的累积可视性值(这类似于负地形的概念),从而使较大可视区域具有较小的值,从而使获得的最佳成本路径实际上是沿最大累积可视性区域而行。最佳成本路径分析的其他一些方法,也可应用到最小—最大可视路径分析中,如引入其他环境因素,如坡度、植被等,创建复合成本表面,从而实现更为复杂的可视路径分析。

可视路径分析常用在旅游规划(避免垃圾场、不良区域等)、道路景观设计(旅客能够看到周围较好的区域,尽量避免看到垃圾场等)和行军路线规划(隐蔽路径)等领域。

彩图 8 是在图 8.10 所示 DEM 上两点之间的最小—最大可视路径。从图中可以看出,最小可视路径不仅距离长而且路径迂回,基本沿着山谷走向;而最大可视路径则沿山脊和比较平坦开阔的地区取其走向,路线较短且比较平直。

8.4 地形的三维表达与分析

随着计算机软硬件技术的进步、计算机图形学算法原理的日益完善,高度逼真地再现地形地貌成为可能,地形的三维表达成为当今地形可视化的主要特征。地形三维表达包括透视图、景观图、地形漫游等方式,本节简要讨论这些表达方式以及通过地形分析技术增强地形三维表达的效果。

8.4.1 纹理分析与设计

逼真地进行地形三维可视,在地形表面模型建立后,一般还要在表面模型上贴上各种各样的地形纹理(texture)。相同的地形模型在不同纹理及光照条件下,可获得不同的效果,这就需要对地形纹理及其光照等内容有一定的了解。针对地形纹理而言,其材质确定一般倾向于暴露的矿脉如岩石、砂石、砾石、黏土、灰尘等,或者由覆盖植被如草地、苔藓、地衣、花丛、灌木、乔木、森林、枯枝落叶等确定,因此色调和土壤、植被等相似(灰色、棕褐色、棕红色、绿色、橄榄色)。

(1)颜色纹理。最简单纹理就是纯色,一般能够满足特定的可视分析需要。例如土壤常采用棕红色、棕褐色或绿色表达。地形的表达以柔和的阴影和缓和的色调表达较佳,亮色调一般不太适合,彩图 9 显示地表高程的颜色纹理,在这里地面高程的变化通过绿—黄—红—白色阶得到反映。

(2)照片纹理。颜色纹理虽然简单也容易实现,但模拟的地形表面呆板,不自然。为取得真实的地形模拟,需要使用比颜色更为复杂的纹理,同时也要考虑不同地形表面的特征。照片纹理是一种廉价而又具有丰富地形表面色彩信息的纹理(彩图 10)。如果将不同地貌类型、覆盖类型的照片联合使用,则有可能获得较为真实的地形三维景观。

(3)影像数据。各种遥感、航空影像数据是进行地形景观建模最为有效的纹理数据。将同一地区的影像纹理覆盖在 DEM 上,就可生成一幅真实反映地形外观特征的景观渲染图(彩图 11)是航空遥感影像和 DEM 叠加的示意图。遥感影像数据作为地形纹理,需要对影响数据进行纠正并进行正确的纹理影射。

(4)象征纹理。影像纹理是在三维地形表面上生成的一个二维图像,纹理中没有高程信息。这样的纹理在向下鸟瞰地形时一般比较满意,但是在倾斜时,这种方式就不太真实。这时就需要对覆盖在地形表面的物体进行分析定位,并将事先产生好的三维物体(如树木、房屋等)放置在适当的地方。这些地物并不是真正的地物,而是正确位置的替代物,因此称之为象征纹理。象征纹理一般是指分布在地形表面的各种人工的、自然的构筑物,它们一般通过各种景观建模软件预先产生,当然也可用真实树木的照片或真实建筑的三维模型来准确的描述实际的景物,如彩图 12 所示。

8.4.2　光照模型与观察要素

除正确的纹理外,三维地形表面模拟的效果很大程度上取决于明暗模拟效果,明暗模拟的前提是正确的模拟光源照在地面上的效果,计算每一个像素的颜色亮度。因此光照模型是指根据光学物理的有关定律,计算景物表面上任一点投向观察者眼中的光亮度的大小和色彩组成的公式。因此,光照模型是试图通过理论公式来模拟自然光照效果。由于自然表面的复杂性,完全逼真模拟自然景物的光照效果显然不现实也不可能,一般情况下,一个好的光照模型应该满足:①能产生较好的立体效果;②在理论上具有一定的合理性和严密性;③计算量较小。

从 Lambert 漫反射模型开始,人们先后提出了 Phong 模型、Cook-Torrace 模型、增量式模型、Whitted 整体光照模型等一系列考虑不同因素的光学模型,并从理论和实际效果进行了大量的分析和验证。不同的光照模型由于考虑的因素不同,得到的效果也不同,具体应用何种模型,需要考虑应用目的、计算效率和硬件条件。针对自然地形表面的光照模拟,一般考虑这几个因素:①光源位置;②光源强度;③视点位置;④地面漫反射光;⑤地面对光的反射和吸收特性。另外还需考虑晚间、阴天、阴影等因素。

光照模型是高度真实感及图形绘制的重要研究课题内容,有关光照模型原理和算法参见计算机图形书籍[如 Foley 等(1990)]。在地形模拟中较常采用的是 Phong 光照模型。

地形模型中的观察视角也是一个关键因素,不同观察视角可能会得到不同的观察结果。一般的,在三维环境下进行三维模型的观察,可通过下述参数的改变来获取在不同条

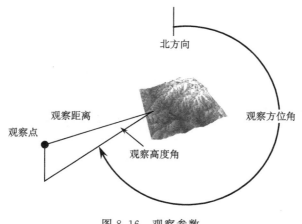

图 8.16　观察参数

件下的观察效果(图 8.16):

(1) 观察方位角,即观察方向,是观察者对地面的方向,变化范围是从北方向开始按顺时针旋转,值域为 0°~360°。

(2) 观察高度角,是观察者所在高度与地平面的夹角,值域为 0°~90°。观察角度为 90°时,意味着从正上方观察地面,而观察角度为 0°时,意味着从正前方观察地面。因此当观察角度为 0°时的三维效果达到最大,而观察角度为 90°时的三维效果最小(平面图)。

(3) 观察距离,是观察者与地形表面的距离。

(4) 垂直放大因子,当垂直比例尺与水平比例尺一致时,微观地貌很难显现。为了突现小地形特征,一般要将高程放大一定的倍数。

图 8.17 是在不同观察条件下的观察效果。

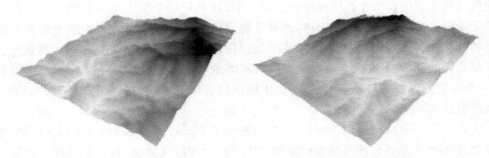

观察方位 = 90°, 高度角 = 45°　　　　　　观察方位 = 270°, 高度角 = 45°

图 8.17　不同观察要素对地形模拟的影响

8.4.3　三维分析与表达

1. 立体等高线模型

平面等高线图在二维平面上实现了三维地形的表达,但地形起伏需要进行判读,虽具量测性但不直观。借助于计算机技术,可以实现平面等高线构成的空间图形在平面上的立体体现。由于等高线图形没有构成面元,因此不能进行明暗模拟。图 8.18 是某一地区的立体等高线示意图。

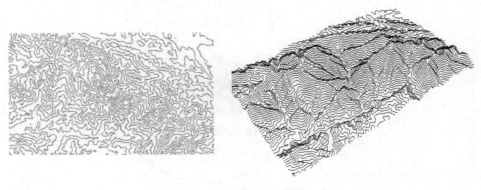

图 8.18　立体等高线模型

2. 三维线框透视图

线框透视图或线框模型(wireframe)是计算机图形学和 CAD/CAM 领域中较早用来表示三维对象的模型,至今仍广为运用,流行的 CAD 软件、GIS 软件等都支持三维对象的线框透视图建立。线框模型是三维对象的轮廓描述,用顶点和邻边来表示三维对象,其优点是结构简单、易于理解、数据量少、建模速度快,缺点是线框模型没有面和体的特征,表面轮廓线将随着视线方向的变化而变化,由于不是连续的几何信息因而不能明确地定义给定点与对象之间的关系(如点在形体内、外等)。同时从原理上讲,此种模型不能消除隐藏线,不能做任意剖切,不能计算属性和不能进行两个面的求交。尽管如此,但其速度快、计算简单的优点,仍然在 DEM 的粗差探测、地形趋势分析中有着重要的应用。图 8.19 是某地区 DEM 的三维线框透视图。

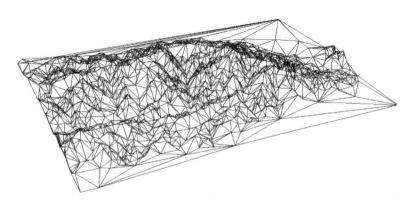

图 8.19 DEM 三维线框透视图

3. 地形三维表面模型

三维线框透视图是通过点和线来建立三维对象的立体模型,仅提供可视化效果而无从进行有关的分析。地形三维表面模型是在三维线框模型基础上,通过增加有关的面、表面特征、边的连接方向等信息,实现对三维表面的以面为基础的定义和描述,从而可满足面面求交、线面消除、明暗色彩图等应用的需求。简言之,三维表面模型是用有向边所围成的面域来定义形体表面,由面的集合来定义形体。

在 DEM 三维表面模型上,可以叠加各类地物河流网络等,也可进行光照模拟以及叠加遥感影像等数据形成更加逼真的地形三维景观模型。

图 8.20 是在某一地区 DEM 上生成的地形三维表面模型示意图。

4. 地形景观模型

地形景观模型就是在地形表面模型基础上叠加各类纹理图像所形成的。如前所述,用来进行地形模拟的纹理包括简单颜色、照片、影像数据以及各类扫描图像数据。将纹理叠加在 DEM 上的过程,称之为纹理影射或纹理匹配。

纹理匹配过程中要注意:

三维表面模型　　　　　　　　　　　　叠加河流网络后的三维表面模型

图 8.20　DEM 三维透视模型

（1）纹理图像的大小应与所绘制三维图像的大小相适应。一般来说，利用纹理映射算法绘制三维地形图中，要对纹理图像进行重采样，从照片上扫描而来的纹理图像，其扫描分辨率不能低于 300dpi（像素/英寸），而分辨率越高，纹理图像就越大，这样会造成庞大的纹理数据量，因此应合理地选择纹理图像的大小。经验性的确定原则是纹理图像不应小于所绘制的三维图形尺寸的 1/2，也就是说，纹理图像的长度应是三维图形长度的 1/4以上（徐青，2000）。

（2）纹理图像中的景物视角、视距应尽量与所要生成的三维地形图的视角、视距保持一致。比如视距较远的三维地形图，就不能选用能看清单棵树木草丛的植被图像（近距离摄影）。只有这样才能保证"贴上"纹理的地形具有和谐、真实的立体效果。

（3）纹理图像应选择亮度均匀的区域而避免阴影和强光部分的影像，这样在三维显示算法中，经光照模型处理可以获得较理想的阴影和起伏感。

（4）可以在一幅纹理图像中按一定格式构成多种纹理（如山体植被、平地上的田野、天空背景、零散的居民地等），从而为三维地形图上有选择和有控制地进行多种纹理的复合打下基础。

彩图 13 是不同纹理资源与 DEM 进行叠加的效果图。

地形景观模型生成过程中，结合各类地形参数有可能获得更为真实的地形景观。例如对于一个地区积雪的景观模拟，可能需要不同的积雪厚度，而积雪厚度与高度、坡向是相关的。一般的，阴面温度较低而积雪厚度较大，阳面温度较高，雪融较快而具有较小的积雪厚度。因此可根据坡向将该地区划分为阳面和阴面，并赋之不同的积雪厚度，从而模拟出更为真实的积雪景观。

又如在生态系统的景观建模中，不同的植物具有不同的生长环境，有些植物适宜于在较低高程带生存，而有的适合于缓坡地带，南坡植物种类繁多而北坡相对较少。因此，为正确地进行生态建模，应首先根据 DEM 上的高程、坡度、坡向等参数进行地形区域划分，然后再对不同的地形区域配置不同的植物类型。

8.4.4 动态模拟

前面所讨论的各种 DEM 可视化技术都属于静态可视化范畴,即将 DEM 所表示的地形用一幅图形或图像的形式进行表达。实际上,对于一个较大区域的 DEM,若用一幅图像进行表达,则只见森林不见树木,很难把握局部地形,而若将 DEM 分割成小单元,虽可反映局部地势但难以把握全局。一个较好的解决方案就是使用计算机动画和虚拟现实技术,使得观察者能够畅游于地形环境中,从而从整体和局部两个方面了解地形环境(图8.21)。

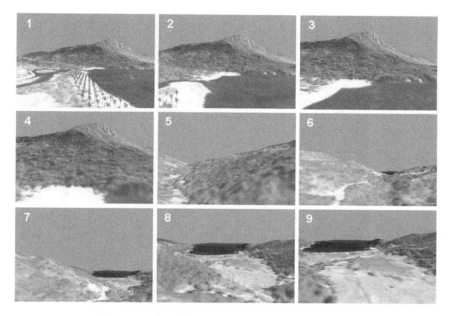

图 8.21 利用计算机模拟虚拟现实技术对某地区
地形实现的飞行模拟动画系列

实际上,结合动画技术、各类地形参数以及地学模型,还可以模拟更为复杂的地学变化过程,这里以一个实验为例来说明动画技术在地貌沟壑演变中的应用。

沟壑的极度发育是黄土地貌的基本特征,常规的对沟蚀的研究多从描述沟壑的形态特征入手,较难反映沟蚀及沟壑的动态演化规律。本实验采用高精度近景摄影测量方法,记录在人工降雨条件下黄土坡面沟壑的发育过程,通过建立多时段 DEM,揭示黄土坡面由初期阶段的细沟、浅沟,发育到较高级阶段的冲沟、河沟,乃至整个汇水小流域的过程。

通过实验,可以获得不同期的数字高程模型,在 GIS 软件平台上,生成模拟小流域不同发育时期的立体模型(图 8.22 所示为其中的 9 个时段)。该 9 个时段的地形模型再现了原始坡面在降雨的侵蚀作用下,由初始的缓坡状态,发育为地形破碎、沟壑纵横的侵蚀地貌景观渐进的演化过程,将其连续播放就得到黄土高原沟壑演变的过程模拟。

从图中可以看出,随着流水侵蚀的加强,溯源侵蚀加剧,沟谷不断扩展,沟沿线的曲折度增加,其空间形态由初期的多小弯曲不规则曲线,甚至支沟上部尚未形成明显的陡坎状

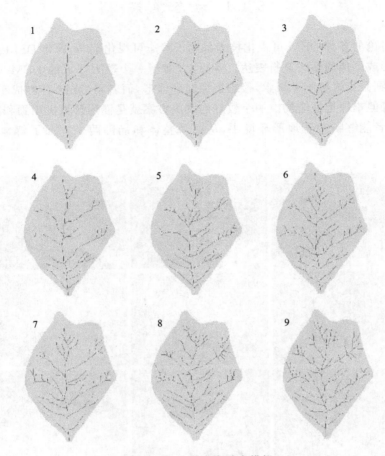

图 8.22　沟壑发育动态模拟

沟沿,逐渐发育成较为光滑的多弯曲曲线形态。降雨作用下土壤侵蚀所导致的地表物质再分配是小流域模型地貌空间形态发育的主要原因,其中处于小流域模型沟缘陡峭部位的重力侵蚀占据主导地位。由这些图可以看出,流域模型地貌发育初期时段和发育活跃期时段,是主支沟下切最剧烈的时期,沟床起伏不平且多发育陡坎,河床的下切速度非常快。发育稳定时期,主沟的下切减缓。从下切的方式来看,并非在流水作用下整体下切,而主要以陡坎溯源的形式来实现。

8.5　本章小结

地形的可视化表达是地形地貌、景观建模、地学分析等领域的基本技术手段之一。完整在再现复杂的地形表面,不仅要考虑表达方式,还要考虑地形的几何特征。通过和地形分析技术的有机结合,可使地形的表达更加逼真形象。

本章首先从一维可视化角度讨论了地形剖面的表达,以及基于地形剖面的地学分析方法,虽然仅从地质分析角度展开讨论,但可以看出基于 DEM 的地形剖面技术在地学分析领域所具有的强大的生命力。地形的二维表达是现今常用的表达方式,本章从等高线、阶梯等高线、明暗等高线、高程分层设色、晕渲等角度讨论了不同方式的优缺点;地形可视表面分析目前研究较少,本章简要介绍了目前这方面的研究进展,需要指出的是地形可视表面的分析与应用仍处于初级阶段,需要进一步的研究和开发。最后本章讨论了地形三维景观的表达,特别强调了地形分析技术在地形三维景观模拟中的作用。

第9章 数字地形分析的误差与精度

导读:数字地形分析的目的是从地形数据中提取和生产实践直接相关的地形参数和形态特征,而这些参数和特征的质量和精度对其后的地学分析和应用有着直接的影响。除了数据源本身的误差与精度分析研究外,数字地形分析本身过程的精确性和合理性,即数字地形分析模型和算法本身的误差与精度,以及它们对数据误差的敏感性分析,是数字地形分析技术广泛应用的前提条件,具有十分重要的现实意义。

数字地形分析的误差与精度的研究包括:误差源、误差分析方法、精度评价模型,以及特定的数字地形参数的误差分析与精度评价。本章在综述数字地形分析的误差源、误差分析方法和精度评价模型的基础上,重点讨论数据独立的误差分析方法,并以坡度坡向和流域路径算法为例,说明相应精度指标、误差空间分布特征及综合评价。

9.1 概　　述

在空间数据的分析和研究中,误差(error)和不确定性(uncertainty)是两个容易混淆的术语。误差是观测值(或计算值)与其真值的偏离程度,包含系统误差和偶然误差,但不包括粗差。对于任何测量观测值,误差是不可避免的,唯一能做的是尽可能地缩小误差,并清楚地说明误差的大小和存在条件。一般来讲,误差服从统计规律,单个误差的大小其实并无实际意义。不确定性是指对真值的认知或肯定的程度,是更广泛意义上的误差(Goodchild,1991;Heuvelink,1993),它包含系统误差、偶然误差、粗差、可度量和不可度量误差、数据的不完整性、概念的模糊性等。在空间数据分析中,空间数据的真值一般是未知的,空间分析模型的建立往往是通过局部的测量和观察来认识自然现象,并进而推论和综合而成的,因而一般倾向于采用术语"不确定性"来描述数据和分析结果的质量。

本章的目的是试图从理论和实际应用上的层面上,对数字地形分析模型和算法的误差和精度,进行较为系统的讨论。本章重点是讨论数据独立的误差分析方法,即在基于数学曲面的 DEM 上对数字地形分析模型和算法进行精度评价和误差分析。由于数学曲面解析式已知,则可求得各地形参数的真值,因此误差基础理论更适合于本章的研究内容。

误差分析体系的建立是空间数据质量研究的主要内容之一。空间数据来源复杂,种类繁多,虽然传统意义上的误差分析与研究方法仍然是空间数据误差分析体系的基础,但需根据空间数据的特点做出扩展和补充。对数字地形分析而言,其误差分析体系应包含的主要内容有:误差来源的确定、误差性质的鉴别、误差与精度描述、误差研究方法、误差传播模型、算法评价及其适用范围、地形参数生产质量控制、误差控制以及 DEM 数据特征的影响等。为方便讨论和篇幅所限,本章的研究对象限于基于栅格数据结构 DEM 的DTA 算法。

9.1.1　空间数据质量研究概况

数据是 GIS 的血液,对数据的操作,是 GIS 的数据获取、输入、编辑、存储、分析和输出等各个环节中不可分割的部分。空间数据不可避免地含有误差,误差在 GIS 的操作中可能被传播和放大,因而直接导致 GIS 分析结果的不可靠和失去辅助决策的可信度。Goodchild(1989)指出:"由于目前大多数基于矢量的 GIS 都能执行求交、覆盖或生成缓冲区等操作,却不考虑操作结果的精度,其后果是当用户发现 GIS 产品提供的建议与地理实际状况严重不符时,GIS 公司就会在用户中立刻失去信誉"。而 Abler(1987)也指出:"不考虑质量的 GIS 能以相当快的速度生产各种垃圾,而这些垃圾看起来似乎是精美无比的"。由此可见,空间数据精度和质量是 GIS 生存和发展的关键问题之一。

其实,人们对空间数据误差与其所引起的后果在 GIS 的萌芽阶段——机助制图时期就已经意识到了。例如,Goodchild(1978);MacDougall(1975)等先后对制图和图形操作运算方面的质量与精度进行了分析研究。空间数据精度问题受到广泛重视始于 20 世纪 80 年代后期,如 Burrough(1986)对空间数据误差的研究进行了比较系统的分析和归纳,把与 GIS 有关的数据质量问题归纳为三类,即明显质量问题、原始观测值质量问题和处理过程中引起的质量问题。1988 年 12 月,美国国家地理信息与分析中心(National Center for Geographic Information and Analysis,NCGIA)在加利福尼亚的 La Casa de Maria 主持召开的"空间数据库精度研讨会"被普遍认为是空间数据质量和精度分析系统研究的里程碑。此次会议把空间数据库精度研究列入 NCGIA 的总研究计划,并拟订了研究方向,主要内容为 GIS 数据结构和数据模型误差、GIS 空间要素的不确定性模型建立、空间数据处理和分析的误差传播、GIS 产品风险分析、GIS 用户对精度和质量的理解、GIS 数据精度与质量的量度与实验及误差消弱方法等。此次会议后,对空间数据精度、GIS 产品质量控制的研究蓬勃展开,各种研究机构和组织,如英国的 ESRC(The Economic and Social Research Council)和荷兰的 ITC(The Institute for Aerospace Survey and Earth Sciences)等都相继把空间数据精度作为 90 年代的主要研究课题。NCGIA 在 1991 年底启动了"空间信息质量及可视化"课题,主要研究误差分析和数据质量指标、GIS 数据模型建立和数据更新中的质量管理、数据误差的可视化方法和表达工具以及有关数据质量的用户需求分析等。自 1999 年起,国际空间数据质量研讨会(International Symposium on Spatial Data Quality)系列成为了空间数据质量研究的阶段性总结和交流的主要平台,迄今已举行了四届,发表了众多的最新研究成果。

空间数据精度与不确定性研究,对评价 GIS 产品质量、确定 GIS 数据录用标准、改善 GIS 算法、提高 GIS 分析结果可信度、保证 GIS 的生存与发展、完善 GIS 基础理论和技术等有着重要的意义(黄幼才等,1995;刘大杰等,1999)。但 GIS 数据具有多数据源、多时相、多尺度的特点,加之 GIS 的操作比较复杂,对空间数据精度研究大多还停留在定性研究和分析方面,在误差分析体系、误差传播、误差表达和定量化研究上还有待进一步的分析研究。

9.1.2 数字地形分析精度研究概况

与基于纸质地图的地形分析精度受地形图精度和比例尺的控制相似,数字地形分析的误差和精度与 DEM 数据的精度、数据结构和分辨率有关。在地形分析过程中,DEM 作为数据源,其本身的误差往往会被放大和传播,特别是当地形分析结果作为 GIS 地学应用模型(如水文、土壤、环境等模型)的输入数据时,地形分析结果中的误差影响着人们对地学模拟过程中的解释和判断,有时甚至会得出自相矛盾或错误的结论。长期以来,关于 DEM 的精度和误差分析一直是国内外空间信息科学研究的重点(Tang,2000;Florinsky,1998a,1998b),如粗差探测(López,1997),质量控制(李志林,朱庆,2000),地形描述精度(Tang,2000),误差空间分布模式(Liu,1999),原始数据误差和地形复杂度与 DEM 精度关系(Li,1991,1993a,1993b;Kumler,1994),误差可视化(Kraus,1994;Hunter et al.,1995),分辨率与 DEM 精度关系(Li,1994)等,涵盖了 DEM 生产与质量控制的各个环节,提出了各种 DEM 精度的估计公式(李志林等,2000;柯正谊,1988)和 DEM 误差修正方法,取得了相当丰硕的研究成果。

DEM 数据误差只是影响数字地形分析的一个因素,影响地形分析精度的另一个重要因素是数字地形分析方法,即 DEM 解译算法。如本书第 2 章所示,从理论上来讲,各个地形属性的定义和表达是明确的、唯一的和解析的,然而 DEM 是连续变化地形表面的离散化表达,是对地形表面的一种近似,其本身就含有数据误差和结构上的局限性,同时在离散 DEM 上实现定义在连续表面的地形属性计算,各种假设也是必需的。因此,同一地形属性可能具有不同的解译算法,地形分析结果受所采用的地形分析方法的影响,有时候这种影响可能从根本上改变分析结果。Moore(1996);Pilesjö 等(1998)和 Zhou 等(1998)也相继指出,目前许多 GIS 软件中的地形分析算法(如 D8 路径算法)并不能给出和实际相符的地形解译结果。

然而,相对于地形数据误差和精度的研究,地形分析过程(包括模型和算法)的误差和精度研究则比较薄弱,迄今为止,还没有比较完整系统的文献体系。到目前为止,关于地形属性误差的研究,如空间分布特征、传播机理、DEM 误差和分辨率与地形属性关系、解译算法的分析和评价、地形分析结果的可信度、地形分析过程控制、结果预测和误差修正以及对地学应用的限制等,还基本停留在定性的对比研究中,并缺乏公认的精度测量手段,由此得出的结论往往会存在很大的争议,并受具体的数据和研究区域类型限制(Florinsky,1998a;1998b)。

数字地形分析误差和精度的研究首先是研究方法的问题(Florinsky,1998a)。目前大部分有关数字地形分析精度研究(包括 DEM 精度分析)都是在实际地形 DEM 上通过对比分析技术进行(Bolstad et al.,1994;Garbrecht et al.,1994;Wolock et al.,1994;Zhang et al.,1994;Wolock et al.,1995;Desmet and Govers.,1996a;Mendicino et al.,1997;Walker et al.,1999;Tang,2000),这种方法忽视了 DEM 本身是对地形的模拟,其本身也有相当大的未知不确定性因素,因此在数据本身的不确定因素的影响下,对地形分析结果和解译算法的评价往往不能分辨误差的由来,从而降低了研究结果的说服力。地形属性的特殊性在于其定义与实现并不一致,许多地形参数定义是明确的(如汇水面积、单位汇水面积、径流长度等),但在 DEM 实现上则是一种模拟(如汇水面积计算中的路径算法),通过误差传播分析方法(Florinsky,1998a)只能实现部分具有明确解析式(如坡度、坡向)的地形参数精度分析。

为解决数字地形分析误差分析中的数据不确定性问题,Zhou 等(1997)提出了利用已知函数的数学曲面替代含有未知误差的 DEM 数据,从而排除了数据的不确定性对地形分析算法评价的干扰。这一方法其后被发展和总结为数据独立(data-independent)的误差分析方法(Zhou et al.,1998;Zhou,2000;刘学军,2002),并对数字地形分析的不同应用算法进行了系统的评价,包括坡度坡向的算法评价(Zhou et al.,2004a),数据结构和特性以及地面复杂度对坡度坡向算法的影响(Zhou et al.,2004b,2005),和流域路径算法的误差数值精度指标、空间分布特征及其综合评价(Zhou et al.,2002)。

9.2 数字地形分析的误差源

分析理清数字地形分析中的误差源,对于进行误差分析研究是至关重要的一步。在传统的纸质地图上进行地形分析时,误差来源主要从三个方面考虑:即地形图的精度,地图比例尺和地形图应用方法;与之对应,数字地形分析的误差来源主要有:DEM 精度、DEM 结构和解译算法。二者相比,DEM 结构对于 DTA 产生的影响包含了相对比例尺对于一般纸质地形图应用的影响更为广泛的内容,包括分辨率、格网方向和数据准确度(图 9.1)。

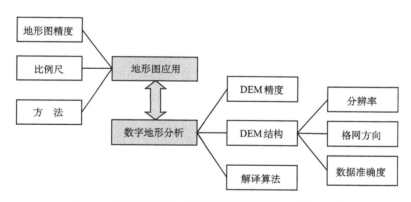

图 9.1 地形图应用与数字地形分析误差来源的比较

9.2.1 DEM 精度

DEM 精度(accuracy)包括 DEM 采样误差、内插误差、描述误差(representative error)等(Bolstad et al.,1994;Florinsky,1998a;Walker et al.,1999;Tang,2000)。DEM 是数字地形分析的基础,DEM 误差不可避免地会影响地形参数的可信度。有关 DEM 精度与误差详细的论述可参阅 Ackermann(1978),Kubik(1988),Tang(2000),李志林和朱庆(2003),Li 等(2005)。

数字地形分析中的大部分操作和计算是在 DEM 局部窗口中,通过相邻格网单元在水平方向(DEM 分辨率)和垂直方向(高程增量或垂直分辨率)上的关系进行,DEM 高程数据误差和分辨率对地形属性影响显而易见。例如,当高程数据凑整至米位时(USGS 的 30m DEM 数据记录精度),在分辨率为 30m 的 DEM 上将引起 2.7°的坡度误差和 1.9°的(东西或南北方向)坡向误差,而坡度、坡向误差引起水流方向的改变,对平坦地区的地形分析和应用是极为不利的(Garbrecht et al., 1999)。地形分析中 DEM 误差另一不利因素是洼地现象,自然地形中的洼地是一种真实的地貌现象,为地表水的汇水区域,然而由于 DEM 的数据误差、内插方法与格网分辨率等影响,在 DEM 生成过程中会产生一些实际地形中并不存在的洼地,即伪洼地。由于缺乏水流出口,洼地存在使得流域网络分布不再完整,特别是在平坦地区容易导致流域模式的失真(Garbrecht et al., 1997; Rieger, 1998)。

Carter (1988),Weilebl 和 Heller (1991),Kumler (1994),李志林等(2003),Li 等(2005)从数据源角度对 DEM 误差成因进行了分析,并提出了 DEM 精度估计式。Tang (2000)则重点研究 DEM 的地形描述误差及与地形属性关系。Gao (1997)对以地形图为数据源的 DEM 数据采样间距作了较为深入的分析研究。Schut (1978)对各种 DEM 内插技术进行了对比分析。Hutchinson (1989),Freeman (1991),Martz 和 Garbrecht (1998),Rieger (1998)分别提出了 DEM 洼地填平处理方法。另外 Polidori 等(1991),Brown 和 Bara (1994),Li (1994),López (1997)等也分别从不同角度如 DEM 误差探测、误差估计、空间分布、可视化等方面进行了研究。DEM 误差描述和精度估计为 DTA 精度定量化研究提供了基本工具。

Florinsky (1998a)通过误差传播定律导出了坡度、坡向、平面曲率、剖面曲率等中误差和 DEM 中误差的函数关系指出,地形参数精度与 DEM 误差成正比,与 DEM 分辨率成反比。Lee 等(1992)通过误差模拟分析了 DEM 误差相关性对地形参数计算的影响,指出 DEM 误差的空间结构对地形参数精度有显著影响。而 Hunter 和 Goodchild (1997)则建立了坡度坡向中误差和 DEM 误差相关系数的精度模型。

9.2.2 DEM 结构

DEM 结构特征包括 DEM 数据准确度(precision)、格网分辨率(grid resolution)、格网方向(grid orientation)等(Carter, 1992; Zhang et al., 1994; Gao, 1997)。格网 DEM 按一定间距和确定的方向记录高程数据,数据的记录准确度(即数据有效数字的位数)和格网分辨率影响着 DEM 对地形的逼近程度和地形参数的精度,而解译算法对格网方向的适应程度,也是衡量算法优劣的一个重要标志,虽然在理论上任何解译算法与格网方向都无关。

相对于 DEM 分辨率对地形参数影响分析研究而言,对 DEM 的其他结构特征的研究较少。Wise (1998)对不同结构的 DEM 及其对坡向的影响进行了对比分析。Carter (1992)讨论了数据准确度对坡度坡向的影响,指出 DEM 数据准确度对坡度的影响比对坡向的影响要大。Gyasi-Agyei 等(1995)也研究了 DEM 垂直分辨率对地形参数影响,指出高程数据分辨率的改变对坡度、坡向、上游汇水面积等地貌因子影响较大,而对地形参数的累积频率分布并无显著的影响。Jones (1998)在讨论坡度坡向算法时首次顾及算法对 DEM 格网方向的适应性。

为考察 DEM 坡度分类的正确性以及 DEM 分辨率对坡度的影响,Hammer 等(引自 Wilson and Gallant,2000)在两个实验区布设了 10m×10m 的网格并实际测量了每个网格的坡度,建立了该地区 10m 和 30m 分辨率 DEM。通过对比实测坡度分类和 10m、30m DEM 上产生的坡度分类发现,10m 分辨率 DEM 的坡度分类结果正确率在 50% 以上,而 30m 分辨率 DEM 在两个实验区则只有 30% 和 21% 的正确率。Chang 和 Tsai(1991)也进行了类似的研究,结果分析表明坡度坡向精度随 DEM 分辨率的降低而降低,坡度误差主要集中在较陡的区域上而坡向误差则分布在较平坦地区。Hodgson(1995)在 Marrison 合成曲面上对 DEM 计算坡度坡向的有效范围进行了研究,指出有效的坡度坡向范围是 DEM 分辨率的 2～3 倍。Moore 等(1993d)在澳大利亚东南区域的三个中等规模盆地上,进行了 22 种 DEM 分辨率对坡度、稳定流地貌湿度指标的灵敏度分析。Brasington 和 Richards(1998)在 20～500m 分辨率的 DEM 上分析了地形湿度指数与分辨率的关系。Wolock 和 Price(1994),Zhang 和 Montgomery(1994)分别就 DEM 原始数据比例尺、DEM 分辨率考察了其对地形湿度指数和 TOPMODEL 流域模型的影响。Garbrecht 和 Martz(1994)在 84km² 的研究区域研究了流域网络对 DEM 分辨率的依赖性。Issacson 和 Ripple(1991),Lagacherie 等(1996)则在 DEM 数据源和数据采样方案上对地形参数和水文模型的影响进行了分析。Chairat 和 Delleur(1993)定量描述了 DEM 分辨率、等高线长度和地形湿度指数的分布关系。Gao(1997)重点研究了数据采样间距对坡度坡向的影响,结果显示采样间距对坡度影响比坡向大。Florinsky 等(2000)以土壤含水量分布为指标,分析讨论了 DEM 格网分辨率对其的影响。

9.2.3 解 译 算 法

解译算法(interpretation algorithm)主要是地形参数的数学模型和模拟算法(Holmgren,1994;Wolock et al.,1995;Desmet and Govers,1996a)。地形是连续变化的复杂曲面,DEM 对地形的表达是近似的、离散的、不可微的(Weibel et al.,1991;Wood,1996),加之地表物质运动的复杂性,使得地形参数的理论定义和数学模型建立、算法设计在 DEM 上的实现都存在不同程度的假设前提。不同的观点有着不同解译算法,造成地形分析结果差别较大(Zhou et al.,1998)。大量的实验分析也表明,在 DEM 上通过地形分析求出的地形参数受分析方法的影响极大(Moore et al.,1993a;Bolstad et al.,1994;Gao,1997;Florinsky,1998a)。

显而易见,在提高 DEM 数据精度的同时,提高解译算法的合理性和精度也是改善地形参数精度的关键步骤。DEM 是地形曲面的模型化表达而非其数学模型,地形参数的理论定义虽然明确,但在具体的实现上却存在假设前提和近似,特别是复合地形属性是建立在简化的自然机理模型上,不同前提即会产生不同的解译算法。Moore(1996)分析了 GIS 软件中水文分析模块中的算法及其具有明显缺陷的计算结果指出,"利用 GIS 进行水文过程或现象的空间特性分析与所采用方法高度相关,方法上的差别在环境模型研究与数据库开发中是不应忽视的"。Pilesjö 和 Zhou(1997),Burrough 和 Mcdonnell(1998)也相继指出分析和评价解译算法的重要性。解译算法是 DTA 的基础,算法的合理性影响地学分析的结果,因此选择良好的算法是利用 GIS 进行合乎实际的地学分析的基础。

　　Skidmore (1989)通过 DEM 坡度坡向计算值和地形图上参考值,比较了六种坡度坡向算法,认为三阶差分系列坡度算法精度高于二阶差分坡度算法精度,并且在三阶差分系列中的不带权算法优于带权算法。Florinsky (1998a)应用误差传播分析技术得出与 Skidmore 相同的结论。然而,Hodgson (1995)在 Morrison 合成曲面上对坡度坡向算法的分析结果刚好与 Skidmore 和 Florinsky 的结果相反,即二阶差分坡度算法比三阶差分坡度算法更精确且带权算法精度高于不带权算法。Jones (1998)在 Morrison 合成曲面上对八种坡度坡向算法的精度按 RMSE 进行了排序,其结论支持了 Hodgson 的分析结果。另外 Srinivasen 和 Engel (1991)也进行了和 Skidmore 类似的研究工作。在这些研究中,都采用了以某种方法获取的参考值(如实际的地面测量)为比较对象,由于没有区分误差来源与性质,得出的结论则有所不同,也引起了坡度坡向误差空间分布上的不同结论。例如,有的研究认为坡向误差在平坦地区较大,而坡度较大的误差则分布在较陡的地区(Chang et al. , 1991;Bolstad et al. , 1994);有的研究却得出了坡度坡向误差都集中在平坦地区(Carter, 1992;Florinsky, 1998a)的结论,而 Davis 和 Doizer (1990)则指出坡度坡向误差主要分布在坡度的突变区域。

　　目前用于进行流域网络分析和汇水面积计算的路径算法(见本书第 5 章)有许多版本,如确定性八方向算法(D8)、随机八方向算法(Rho8)、多流向算法(FMFD)、流管算法(DEMON)、无穷方向算法(Dinf)等。许多学者对一种或多种路径算法进行了分析比较。例如,Moore 等(1993a)指出 D8 算法通过最大坡降方向确定水流方向,容易导致平行流线而歪曲实际流域模式,也不适合于分水流域分析。Rho8 是 D8 的统计版本,能比 D8 更真实的模拟实际流域网络但也不适合分水流域。Moore 等的研究还表明虽然 Rho8 避免了 D8 的平行流线,但会产生大量的独立的流域单元,这对整体的流域网络分析不利。

　　Wolock 和 McCabe (1995),Moore (1996),Desmet 和 Govers (1996a),Ichoku 等(1996)和 Mendicino 等(1997)对部分路径算法在不同的环境下进行了分析比较。Wolock 和 McCabe (1995)在不同的地貌环境下(10 个不同地区的不同分辨率 DEM)分析对比了单流向(SFD)和多流向(MFD)算法对 TOPMODEL 中地形指数(topographic index)的影响,结果表明地形指数的空间分布和统计值(平均值、方差)与算法有关,而格网分辨率和流域大小对地形指数的影响不大。在不同分辨率 DEM 和流域面积上,SFD 和 MFD 产生的地形指数均值、方差几乎相同,对路径算法的选择应取决于应用分析目的。Moore (1996)在 D8、Rho8、FMFD、Rho8、DEMON 和基于等高线路径等算法对单位汇水面积(SCA)的影响的分析研究中表明,D8 和 Rho8 具有相同的 SCA 累积频率分布,虽然 Rho8 克服了 D8 算法的平行流线,却产生了零碎的流域单元,FMFD、DEMON 和基于等高线路径算法从不同途径实现了地表水流的自然模拟,累积频率分布几乎相同,因此他建议在水文参数具有重要意义的环境分析中采用 MFD 算法计算 SCA 而不采用 SFD。Ichoku 等(1996)以分形技术对 D8 的流量累积(flow accumulation)方法和多级骨架化(multilevel skeletonization)算法从流域网络的分数维角度进行了对比评估,指出多级骨架化算法由于阈值变化幅度小且适应局部地形坡度从而能更好地描述地形自然形态,而流量累积方法由于阈值变化范围大则难以确定而导致输出结果的不确定。Mendicino 等(1997)在分析多个路径算法所得到的地形指数中所含的信息量熵后认为,FMFD 算法较其他路径算法含有更丰富的信息量。Desmet 和 Govers（1996a）分析了六种路径算法对 SCA 计算和季节性冲沟预测的影响后认为，SFD 算法对 DEM 误差比较敏感，且不同的 SFD 会产生不同的 SCA 空间分布，因此推荐结合使用 SFD 和 MFD 算法，即在分水区域采用 MFD 而在汇水域应用 SFD 算法。

路径算法在 DEM 上实现了对地形曲面物质运动的模拟，是一典型的简化了的自然机理模型。地形表面的复杂性，使得对路径算法的分析和评价都是对某种指标（如地形湿度因子、流量因子、总汇水面积或单位汇水面积）在形状分布和统计方面进行，而这种评价基本上是定性的，缺乏对路径算法精度进行定量的描述。例如，就流域网络的分布形态而言，D8、FMFD、DEMON 和 Dinf 都能给出较为相似的形状（图 9.2）。然而不同路径算法得出的 SCA 数值却可能有数倍的差别（表 9.1）。因此当采用计算而来的 SCA 作为输入参数而进行进一步的水文模型分析时（如计算地形湿度指数），其结果自然会有相当大的差异。

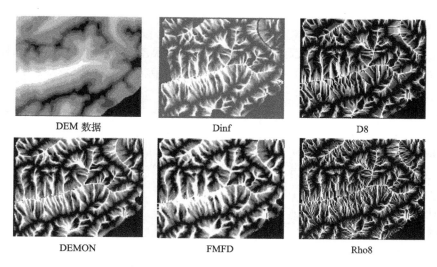

图 9.2　各种路径算法流域分布图

表 9.1　各种算法 SCA 计算结果表

路径算法	最小值	最大值	平均值	标准差
DEMON	35.4	138 855.6	1 009.5	5 255.5
Dinf	50.0	520 833.0	2 477.1	24 935.5
FMFD	13.4	178 344.6	1 244.8	6 685.2
D8	35.4	173 500.0	1 051.2	6 373.0
Rho8	35.4	170 150.0	1 069.6	6 426.3

9.3　数字地形分析的误差分析方法与精度评价模型

误差和精度的度量指标、表达形式和传播规律是空间数据不确定性理论研究的核心问题（刘大杰等，1999）。数字地面模型、数字地形分析中的误差与精度模型应能反映误差大小、误差的空间相关关系及误差的空间分布。但空间数据本身的复杂性,使误差与精度模型很难用一种简洁明了的公式表达,一般根据应用目的和研究内容,建立相应的精度模型,如用某种精度指标(如中误差)来描述误差的大小(Bolstad et al.,1994;Hunter et al.,1995;Wood,1996;Jones,1998),或通过局部单元之间的空间相关关系建立误差自相关精度模型(Burrough,1986;Heuvelink,1998),以及利用可视化的方法来描述和分析误差的空间结构和分布(Florinsky,1998a;刘大杰等,1999)。

9.3.1 数字地形分析的精度模型

对于任何误差分析,最重要的步骤是建立具有说服力同时又有实用意义的精度模型,即建立误差分析的参照系。在给定参照系的前提下,误差分析可以采用数值分析、空间统计和可视化等方法执行。

1. 数值精度模型

设地形参数的真值为 Z,观测值或计算值为 z,则误差定义为 $\varepsilon = Z - z$,采样个数为 n,据此归纳数字高程模型和数字地形分析中常用的数值精度模型,如表 9.2。

表 9.2　数值精度模型

名称	定义
中误差(RMSE)(root mean square error)	$\text{RMSE} = \sqrt{\dfrac{\sum\limits_{i=1}^{n} \varepsilon_i^2}{n}}$
相对中误差(R-RMSE) (relative root mean square error) (Kroll and Stedinger,1996;Wechsler,1999)	$\text{R}-\text{RMSE} = \sqrt{\dfrac{\sum\limits_{i=1}^{n}\left(\dfrac{\varepsilon_i}{z_i}\right)^2}{n}}$
对数中误差(L-RMSE) (log root mean square error) (Kroll and Stedinger,1996;Wechsler,1999)	$\text{L}-\text{RMSE} = \sqrt{\dfrac{\sum\limits_{i=1}^{n}\left[\ln\left(\dfrac{z_i}{Z_i}\right)\right]^2}{n}}$
平均误差(ME)(mean error)	$\text{ME} = \dfrac{\sum\limits_{i=1}^{n} \varepsilon_i}{n}$
标准差(SD)(standard deviation) (Li,1988)	$\text{SD} = \sqrt{\dfrac{\sum\limits_{i=1}^{n}(\varepsilon_i - ME)^2}{n}}$
精度比率(AR)(accuracy ratio) (Wood,1996)	$\text{AR} = \sqrt{\dfrac{\sum\limits_{i=1}^{n} \varepsilon_i^2}{\sum\limits_{i=1}^{n}(\varepsilon_i - ME)^2}}$

数值精度模型从统计意义上描述了 DEM 和 DTA 的误差大小,其计算需要知道地形参数的"真值"。各种精度模型均有其应用前提和特点。RMSE 由于计算简单、易于理解而成为使用较为广泛的精度模型[如美国 USGS 的各种分辨率 DEM、英国 OS(Ordance Survey)DEM,其精度都以 RMSE 衡量]。因为 RMSE 并不反映单个误差的大小,而是从整体意义上描述了地形参数与其真值的离散程度。因此,RMSE 的真正价值在于它能提

供真值可能存在的范围。

误差统计模型的建立需要合理的误差频率分布假设(Wood，1996)，RMSE 假定误差服从均值为零的正态分布。因此，RMSE 不能揭示误差中的系统成分。Goodchild (1988)认为在误差模型中应剔除趋势偏差，Li (1988)提出用标准差(SD)代替 RMSE 以消除系统性误差。R-RMSE 通过赋予误差相同的权、L-RMSE 通过对数变换，试图标准化误差的分布。RMSE 的大小不仅与误差本身有关，而且与地形和 DEM 尺度有关，Wood (1996)提出精度比率(AR)这一无量纲量来比较分析不同空间尺度、不同地形表面时的 DEM 与地形参数精度。

在大多数的应用中，一般采用中误差、标准差、平均误差以及正负误差百分比等数值指标作为算法的精度模型。检验中得到较小 RMSE 的解译算法具有较高的地形参数计算精度，RMSE、SD、ME 之间的关系则刻画了算法误差的性质和分布。例如，若误差服从均值为零的正态分布，则 ME 应比较小且 RMSE 和 SD 比较接近。

2. 空间自相关精度模型

数字地形分析中的误差在空间上是自相关的(如水准测量中某点的误差将会影响其余点的高程精度)，误差的自相关性对各种地形分析结果影响是系统性的，这就造成了单一的、非空间统计模型(如 RMSE)对分析结果评价上的偏差。对用户而言，了解 DEM 误差的空间结构、空间分布也是非常重要的，因为实际地形分析总是在具体的位置上进行的，只有充分认识 DEM 误差的空间分布和结构，才能对分析结果的精度做出正确的判断和预测(Tang，2000)。

误差的空间自相关程度常用 Moran 指数 I 来表达(Monckton，1994；Wood，1996；Tang，2000)，其表达式如下：

$$I = \frac{\sum_{i=1}^{n}\sum_{j=1}^{n}w_{ij}(z_i - \text{ME})(z_j - \text{ME})}{\text{SD}^2\sum_{i=1}^{n}\sum_{j=1}^{n}w_{ij}} \tag{9.1}$$

式中，w_{ij} 是相邻网格单元的权重，可按反距离关系定权，即：

$$w_{ij} = \frac{1}{d_{ij}^{p}} \tag{9.2}$$

式中，d_{ij} 是相邻格网单元距离；p 为任意实数；其余符号同前。Moran 指数理论上反映了误差平均值和方差的变化，其值在 -1 和 1 之间。当 $I = 1$ 时，误差严格正相关；$I = 0$ 时，误差呈随机分布；$I = -1$，则表示误差负相关。有关 Moran 指数的详细讨论见 Goodchild (1988)，Mockton (1994)等文献。

由于数字地形分析多在局部窗口中进行，DEM 误差的自相关性对地形参数有较大的影响。Goodchild (1991)给出了坡度中误差 σ_{slope}、DEM 中误差 σ_{e} 及 DEM 误差相关系数 r 之间的关系：

$$\sigma_{\text{slope}}^2 = 2\sigma_{\text{e}}^2 \frac{(1-r)}{g^2} \tag{9.3}$$

式中，g 是格网分辨率。对于 USGS 30m 分辨率的 DEM，其标称精度为 $\sigma_{\text{e}} = 7\text{m}$，当

误差相互独立(即 $r = 0$)时,坡度误差可达 33%,远大于通过计算值和实测值对坡度误差的估计;而当局部窗口 DEM 误差高度相关($r = 1$)时,坡度估计几乎是无误差的。而实际情况也的确是这样,r 非常接近于 1,坡度估计具有较高的可信度。Heuvelink (1998) 采用指数自相关函数计算相关系数,通过实验证实了上述结论。由上述分析可见,DEM 的精度描述不但要包括 RMSE 或 SD 等精度指标,还应包含高程误差的自相关系数(Goodchild et al.,1992;Heuvelink,1998)。

3. 误差的可视化模型

空间数据误差与精度的数值模型以及自相关模型定量地描述了误差的大小,但无法表达误差的空间分布,而且数值指标在很大程度上受空间尺度的影响。为描述地理数据不确定性的空间分布模式,可利用可视化技术,以具体的、生动的图像图形来表达抽象单调的数据,从而分析空间数据误差的分布规律和特点,揭示统计模型无法反映的误差空间分布模式。

1)频率分布图

频率和频率分布图(histogram)常用于分析地形属性分布特征。地形属性在不同地形区域和分辨率的 DEM 上所表现的频率分布往往是有差异的,并可在频率分布曲线形状上直观地反映出来。因此,可通过对比来分析这种差异的特征。频率分布图常用于统计和分析内插算法对 DEM 精度影响以及 DEM 分辨率、解译算法、DEM 结构对地形参数的影响(Zhang et al.,1994;Moore,1996;Gao,1997;Wise,1998;Wilson et al.,2000),误差频率分布图也可以辅助研究和分析误差的某些性质和所服从的分布。

2)等值线图

通过 DEM 产生的等高线和原始地形图的套合检查,是检测和剔除原始高程数据误差的有效手段。地形结构线的位置(如山脊、山谷等)依赖于 DEM 中的高程、坡向与平面曲率,它对高程数据误差非常敏感,特别是单点高程误差,而单点高程误差在 DEM 晕渲图中很难发现。部分单要素地形参数,如坡度、单位汇水面积等的等值线与相应的理论等值线对比检查,或直接产生误差等值线图,可直观地显现误差的空间分布结构和分布规律。

3)误差图

灰度图、晕渲图、三维立体图等计算机可视化技术是空间数据不确定性研究的重要工具(Heuvelink,1998;史文中,1998;刘大杰等,1999)。在 DEM 所表示的平面位置上,叠加各种地形参数,如高程、坡度、坡向等的误差值或精度值,则可得到地形参数的误差(精度)模型。通过可视化技术,以不同的灰度级别或颜色表示误差大小,可观察统计模型无法反映的误差的空间分布模式、格网分辨率影响、边界匹配误差等。Florinsky (1998a) 认为误差图是一种方便的、实用的 DEM 与 DTA 误差精度表现手段,并用误差图研究了坡度、坡向、平面曲率、剖面曲率的误差分布结构。Monckton (1994),Hunter 和 Goodchild (1995)等用误差分布图研究了 DEM 误差的分布模式、边界匹配问题。

9.3.2 数字地形分析误差的分析方法

分析和研究 DEM 误差、DEM 结构、解译算法等因素对地形属性的影响是 DEM 和 DTA 误差与精度分析的主要内容。许多学者通过不同的方法和数学工具对上述问题进行了研究,概括起来,所采用的方法主要有:

(1) 对比分析技术(Band, 1986；Skidmore, 1989；Chang et al. , 1991；Quinn et al. , 1991；Chairat et al. , 1993；Garbrecht et al. , 1994；Wolock et al. , 1994；Zhang et al. , 1994；Wolock et al. , 1995；Desmet et al. , 1996a；Mendicino et al. , 1997；Liang et al. , 2000；Tang, 2000)。

(2) 误差传播分析技术(Rieger, 1998；Florinsky, 1998a, 1998b)。

(3) Monte Carlo 模拟分析技术(Fisher, 1991；Lee, 1992, 1996；Hunter et al. , 1997；Liu et al. , 1999；Wechsler, 1999)。

(4) 分形理论(Goodchild, 1988；Polidori et al. , 1991；Brown et al. , 1994)。

(5) 数据独立的误差分析方法(Zhou, 2000；Zhou et al. , 2002；刘学军, 2002；Zhou et al. , 2004a, 2004b, 2005)。

1. 对比分析技术

这是目前采用较多的一种方法。一般通过计算值和参考值的的比较,利用数值指标,如中误差、回归分析、可视化方法实现在不同环境下地形属性误差与精度分析。对比分析技术的关键是参考值的获取,一般由野外测量或地形图上获取。

从误差分析观点来看,这种方法存在着以下几方面的缺陷:

(1) 评价结果与实际地形地貌相关,某一地貌环境下的分析结果可能不适合于另一地区,不同的研究环境会导致不同的数量关系和空间分布。

(2) 影响 DEM 精度因素较多,如数据来源、内插方法、地形类别等,很难定量地描述 DEM 精度,而数字地形分析的数学模型和算法对数据中的误差非常敏感,DEM 误差本身掩盖了算法和模型精度。

(3) 不同算法和模型的比较,不能刻画算法本身所具有的精度和误差大小,反映的是算法之间的相对精度和相对空间分布,这不利于对算法的衡量和改进。

(4) 由地形图或野外测量获得的参考值不能看做是地形参数的真值,地形图中的比例尺、现势性、成图误差等,野外测量中的环境、仪器、方法等决定着参考值的精度,进而影响着分析结果。

(5) 分析结果与参考点的数量密切相关。Li (1991)和 Kumler (1994)已经证明,参考点的数量、分布和量测精度评价结果密切相关,即不同的参考点分布和数量、量测精度,可能会产生不同的结论。

2. 误差传播分析技术

误差传播定律描述了变量的随机特性和其函数随机特性的函数关系,随机特性包括分布、均值、方差协方差等。在应用误差传播定律时,必须知道变量的随机特性以及函数关系。数字地形分析中,大部分地形参数都可直接或间接地表示为高程的函数。因此,当DEM的方差协方差已知时,通过误差传播定律可求得地形参数的方差,进而可分析相关因素对地形参数精度的影响。Florinsky (1998a)就是通过误差传播定律对坡度、坡向、平面曲率、剖面曲率的几种算法以及地形属性精度与DEM分辨率关系进行了分析。

基于误差传播定律进行空间数据不确定性分析,计算量适中,且可提供输出误差的方差解析式(史文中,1998)。然而应用这一方法必须知道变量的统计特性以及解析的函数式,这在空间数据的分析和处理中有时难以达到。例如,DEM中的系统性误差在实际中是可能碰到的,由于难以模拟而并未引入。有些地形参数如单位汇水面积并没有直接的解析式,因而也就不可能采用这种方法。

3. Monte Carlo 模拟分析技术

空间数据来源与操作都比较复杂,用简单的、固定不变的或解析的误差模型描述空间数据处理中的传播规律有时很难实现。在对所研究问题的背景不十分了解或无法用数学表达式描述过程的情况下,采用模拟方法得出误差的分布与传播规律是一种有效的方法,既可取得实用公式,也可检验理论研究的正确性。模拟方法有多种,其中常用的是 Monte Carlo 模拟分析技术。

Monte Carlo 方法首先根据经验对数据误差的统计特性进行假设,然后利用计算机进行某一操作过程的重复模拟实验,以取得该操作的大量样本值,并依此估计样本的统计参数如均值、方差等,从而实现误差传播的模拟实验。Monte Carlo 方法的特点是能在任意精度水平下实现某一操作的分布,且不受操作的影响。缺点是不能提供操作分布的解析式,模拟结果的好坏与模拟次数有关(史文中,1998)。

许多学者应用 Monte Carlo 模拟方法对数字高程模型和数字地形分析中不确定性进行了分析研究。例如,Fisher (1991)应用 Monte Carlo 模拟方法就 DEM 误差对视场分析的影响进行了评估;Lee 等(1992,1996)通过 DEM 误差模拟发现,DEM 较小的误差对所提取的水文地貌特征有较大影响;Hunter 和 Goodchild (1997)则分析了不同自相关系数对坡度和坡向的影响;Wechsler (1999)利用 Monte Carlo 模拟方法,考察了 DEM 误差对坡度、坡向、上游汇水面积及地貌因子的影响。

4. 分形理论

大量的研究表明,自然地形表面具有与观测尺度无关的标度特征,很多情况下可由满足分数布朗运动特征的分形表面来表达(王桥等,1998)。数字高程模型作为地表的数字表达形式,在建立过程中由于内插引起的系统性误差,通过 RMSE 很难体现(Tang,2000)。而地表本身所具有的细结构(不规则性不随观察尺度的减少而消失)和自相似性(地貌形态受随机因素影响,具有某种意义的整体与局部的相似性)等特征使得用分形理论研究和表达 DEM 质量成为可能。例如,Brown 和 Bara (1994)通过半变异函数和分数维,分析了 DEM 中系统误差的结构,并指出通过滤波可减弱这种误差。Polidori 等(1991)利用分形技术研究了内插方法对 DEM 精度的影响,他认为分数维可作为 DEM 质量的衡量标准,因为分数维可揭示内插中方向的趋势性和过分平滑现象。然而分形理论用于 DEM 质量评估,目前还局限在 DEM 系统误差的分析方面,同时分形方法对具体的计算方法十分敏感,因此利用分形理论进行 DTA 质量分析仍需更为深入的研究。

9.3.3 数据独立的误差分析方法

数字地形分析的数据基础是数字高程模型,而 DEM 本身是对地形表面的一种模拟,它自身就包含了多种误差成分,在此基础上探讨 DTA 误差已经是相当复杂的问题,因为常将数据误差和算法误差混为一谈而难以区分。不同的误差源和不同程度的误差成分对 DTA 的影响是不同的,要正确分析和评价 DTA 解译算法的误差与精度,应该在一个客观公正的量化环境中进行,其前提条件应具备三个:

(1) 误差结构分析,即确定地形参数计算的误差来源。

(2) 误差应具有独立性,各项误差应易于区分和控制。

(3) 分析结果应具有明确的可比对象或真值。

显然在实际 DEM 上的分析研究并不能满足上述条件,为了避免 DEM 数据对地形表面的模拟误差,Zhou 等 (1997),Zhou (2000),刘学军(2002)等提出并归纳了数据独立的误差分析方法,其目的是通过建立已知函数的数学曲面替代实际地形表面来分析 DTA 算法误差,从而消除或控制 DEM 数据的误差影响,达到分离误差源的目的。根据这一指导思想,Zhou 等 (1998),Zhou 和 Liu (2002,2004a,2004b,2005)针对 DTA 的不同算法(如坡度坡向、水文路径算法等)进行了实验分析。

数据独立的误差分析方法的本质是建立一系列和实际地形相似的模拟数学曲面 DEM,这些曲面数学表达式已知,则可由地形参数的数学定义,求得该参数在任意给定位置的真值,以设定与算法和数据都无关的参考对比值。另外,在这种数学曲面 DEM 上,可以控制和区分各种误差成分。例如,若考察地形参数数学模型误差,则可直接在数学曲面离散化的 DEM 上进行,即在零数据误差的环境下进行算法误差分析;若分析的对象是 DEM 误差对地形参数的影响,则可对数学曲面 DEM 施加先验随机特性已知的"噪音",即添加有控制的数据误差,从而实现对 DEM 数据误差的模拟,以进行数据误差对地形参数的影响分析。

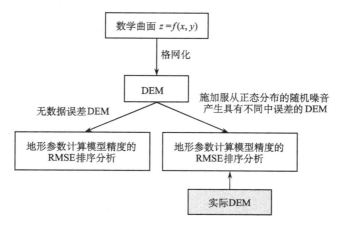

图 9.3　数据独立的误差分析流程

数据独立的误差分析方法实质也是一种对比分析方法,但最大优势在于地形参数具有明确的可比对象,即真值,避免了 DEM 数据中不确定因素的影响,使得对解译算法的评价在一种客观的、量化的环境中进行,有利于算法的分析对比以及地形属性误差的定量化描述。数据独立的误差分析过程可以用图 9.3 表示。

9.4 坡度坡向误差分析与精度评价

坡度和坡向作为描述地形特征信息的两个重要指标,不但能够间接表示地形的起伏形态和结构,而且是水文模型、滑坡监测与分析、地表物质运动、土壤侵蚀、土地利用规划等地学分析模型的基础数据。早在 GIS 技术广泛推广应用之前,在数字地形数据的基础上就已经有多种坡度坡向计算数学模型提出(Sharpnack et al.,1969;Fleming et al.,1979;Zevenbergen et al.,1987;Horn,1981;Unwin,1981;O'Callaghan et al.,1984;Wood,1996)。尽管坡度坡向的理论定义是明确的,然而 DEM 是地形曲面的微分模拟,算法设计必然存在各种各样的假设,不同假设和前提导致不同的坡度坡向计算模型和结果,这虽然对地形特征的可视化和地形分类影响不大,但对以数值计算为主的地学分析模型的影响却是非常显著的(Zhou,2000;刘学军,2002)。

9.4.1 算法对坡度坡向影响的理论分析

坡度坡向的精度与 X 和 Y 方向的偏导数 f_x 和 f_y 相关,而不同的算法有着不同的 f_x 和 f_y 的求解公式,但无论何种算法,最终都可归结为偏导数计算,因此可从差分形式的 f_x 和 f_y 的求解公式入手分析讨论各种坡度、坡向算法的精度。下面以二阶差分为例进行分析,其他各种算法误差精度估算公式可用类似方法导出。

1. f_x 和 f_y 误差分析

由数值微分理论知,二阶差分是以二阶精度逼近其真值的,其逼近总误差可表示为如下(徐萃薇,1985;King,1989):

$$
\begin{aligned}
\mathrm{d}f_x &= \frac{g^2}{6}\left[\frac{f_x''(\xi_x,y)+f_x''(\gamma_x,y)}{2}\right]+\frac{\mathrm{d}z_6-\mathrm{d}z_4}{2g} \\
\mathrm{d}f_y &= \frac{g^2}{6}\left[\frac{f_y''(x,\xi_y)+f_y''(x,\gamma_y)}{2}\right]+\frac{\mathrm{d}z_8-\mathrm{d}z_2}{2g}
\end{aligned}
\tag{9.4}
$$

在式(9.4)中,第一项是由连续数据的离散结果和公式的截断所引起的误差,可归结为由数学模型不精确引起。其中 ξ_x, ξ_y, γ_x 和 γ_y 是依 f''' 变化的量,$\xi_x\in(x,x+g)$,$\xi_y\in(y,y+g)$,$\gamma_x\in(x-g,x)$,$\gamma_y\in(y-g,y)$。由于这些变量与 x,y 的相关关系一般并不清楚(Phillips et al.,1972),具体数值难以确定,通常是给其一个上界。设 M_x,M_y 分别是 f''' 关于 x 和关于 y 的上界,则式(9.4)可改写成式(9.5)。式中第二项是由数据误差(包括数据准确性)产生的,即 DEM 误差。

$$
\left.
\begin{aligned}
\mathrm{d}f_x &= \frac{g^2}{6}M_x+\frac{\mathrm{d}z_6-\mathrm{d}z_4}{2g} \\
\mathrm{d}f_y &= \frac{g^2}{6}M_y+\frac{\mathrm{d}z_8-\mathrm{d}z_2}{2g}
\end{aligned}
\right\}
\tag{9.5}
$$

在式(9.5)中,M_x,M_y分别是f'''关于x和关于y在某一格网点上的上界,是按最坏情况估计误差限,一般比实际误差大得多。这种保守的误差估计不反映实际误差的积累,考虑到误差的分布特性,此类误差也具有一定的随机性,可视为服从某种分布的随机变量(李庆扬等,1982)。这对在3×3移动窗口中的操作是适宜的,由于在每点处的M_x,M_y的大小、符号并不相同,而且不可知,因此M_x,M_y具有随机性。设M_x,M_y中误差相等且同为M,并DEM误差为m,通过误差传播定律得出f_x和f_y的中误差:

$$m_{f_x}^2 = m_{f_y}^2 = \left(\frac{g^2}{6}\right)^2 M^2 + \frac{m^2}{2g^2} \tag{9.6}$$

坡度、坡向是f_x和f_y的函数,从式(9.5)和式(9.6)知,坡度坡向误差与f_x和f_y的计算模型(由M代表)、原始数据误差(由m代表)及格网分辨率(g)有关。

2. 坡度坡向误差分析

对坡度、坡向公式微分,并考虑到$\beta=\arctan\sqrt{f_x^2+f_y^2}$,即$\tan^2\beta=f_x^2+f_y^2$,有:

$$\mathrm{d}\beta = \frac{f_x\mathrm{d}f_x + f_y\mathrm{d}f_y}{(1+\tan^2\beta)\tan\beta}; \quad \mathrm{d}\alpha = \frac{f_y\mathrm{d}f_x - f_x\mathrm{d}f_y}{\tan^2\beta} \tag{9.7}$$

顾及式(9.6),可得坡度中误差m_β、坡向中误差m_α为:

$$m_\beta^2 = \left[\left(\frac{g^2}{6}\right)^2 M^2 + \frac{m^2}{2g^2}\right]\cos^4\beta; \quad m_\alpha^2 = \frac{1}{\tan^2\beta}\left[\left(\frac{g^2}{6}\right)^2 M^2 + \frac{m^2}{2g^2}\right] \tag{9.8}$$

式(9.8)为二阶差分的坡度坡向中误差,令$a=\frac{1}{6}g^2$,$b=\frac{1}{\sqrt{2}}g^{-1}$,则式(9.8)可表示为一般公式:

$$m_\beta = \sqrt{a^2 M^2 + b^2 m^2}\cos^2\beta$$
$$m_\alpha = \sqrt{a^2 M^2 + b^2 m^2}\cot\beta \tag{9.9}$$

仿上述过程,可推算其余算法的坡度、坡向中误差,如表9.3所示。

表 9.3 坡度坡向计算中误差

坡度中误差	$m_\beta = \sqrt{a^2 M^2 + b^2 m^2}\cos^2\beta$	
坡向中误差	$m_\alpha = \sqrt{a^2 M^2 + b^2 m^2}\cot\beta$	
算法	计算模型误差 M 系数 a	数据误差 m 系数 b
二阶差分	$\frac{1}{6}g^2$	$\frac{1}{\sqrt{2}}g^{-1}$
三阶不带权差分	$\frac{1}{6}g^2$	$\frac{1}{\sqrt{6}}g^{-1}$
三阶反距离平方权差分	$\frac{1}{6}g^2$	$\frac{1}{\sqrt{5.33}}g^{-1}$
三阶反距离权差分	$\frac{1}{6}g^2$	$\frac{1}{\sqrt{5.83}}g^{-1}$
Frame差分	$\frac{1}{6}g^2$	$\frac{1}{2}g^{-1}$
简单差分	$\frac{1}{2}g$	$2g^{-1}$

9.4.2 DEM 误差对坡度坡向的影响分析

考察式(9.9),在格网分辨率一定的情况下,坡度和坡向的精度与 f_x 和 f_y 的计算模型误差 M 和 DEM 误差 m 有关,坡度和坡向的精度取决于这两个因素中哪个起支配作用,而这与分析方法有关。

1. 算法精度分析

分析坡度和坡向的误差,考虑到坡度坡向的计算模型的多样性,这里仍以二阶差分算法为例,在式(9.9)中,当 DEM 误差起主要作用时,偏导数的计算模型误差可忽略不计,这时坡度中误差 m_β 和坡向中误差 m_α 可表示为如下的形式:

$$m_\beta = bm\cos^2\beta; \quad m_\alpha = bm\cot\beta \tag{9.10}$$

从式(9.10)可以看出坡度、坡向误差除与 DEM 误差、格网分辨率有关外,还与计算点的坡度值相关。图 9.4 显示在已知数学函数曲面 DEM 上由不同的算法对坡度坡向的估算结果对比,当 DEM 误差增加时,算法对坡度的估计一般比理论值大,而且简单差分、二阶差分比其余算法的坡度估计大得多。同时由式(9.10)还可推出,坡度的微小变动,将引起较大的坡向计算误差变化,也就是说,坡向误差比坡度误差对坡度值敏感得多。例如,在 DEM 数据中误差为 19.5 时,二阶差分、Frame 差分、简单差分的坡向中误差都比三阶差分小,但坡度计算值远大于三阶差分的计算坡度。因此,对坡向精度的分析不能完全依靠坡向精度 m_α 的大小,而且还应该从坡度方面考虑,坡度估计的准确性决定了坡向计算的精度。

不同的坡度算法有着不同的数据误差系数 b,当只考虑 DEM 数据误差时,三阶不带权差分坡度精度最高,其次为三阶反距离权差分,然后依次为三阶反距离平方权差分、Frame 差分、二阶差分、简单差分。这与计算模型误差占主导地位时的结论基本相反,计算模型误差、DEM 误差对坡度、坡向的影响规律不同。实际上,不管为何种三阶差分形式,在局部窗口中对 DEM 数据都有过滤和平滑作用,避免各种极端数据的出现(Burrough et al. , 1998)。因此,能够提高 DEM 地形表示精度和地形参数计算精度,而对地形结构自相关的认识和模拟方法的不同(例如权),产生不同精度的三阶差分形式。二阶差分、简单差分只使用了局部窗口的部分格网点,它们对原始数据误差比较敏感,故而精度较低。

为考察上述结论的正确性,对数学曲面 DEM 施加随机噪音,并通过与真值的比较,可计算 DEM 中误差。在此 DEM 上对各种坡度、坡向算法的分析统计结果如图 9.4。图中的数据变化规律与上述结论是一致的。

2. 误差性质分析

根据与上述方法类似的实验,刘学军(2002);Zhou 和 Liu (2004a)利用反椭球面和高斯曲面,分析了六种坡度坡向算法的误差性质,有如下结论:

(1)对于任何含有误差的 DEM,各个算法对坡度估计都偏大,这体现在坡度标准差小于坡度中误差,平均误差也较大且大于零,并且随着地形复杂程度的增加,正向坡度误

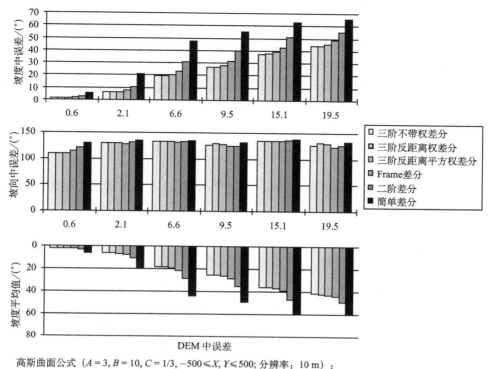

高斯曲面公式（$A=3$, $B=10$, $C=1/3$, $-500 \leqslant X$, $Y \leqslant 500$; 分辨率：10 m）：

$$z = A\left[1-\left(\frac{x}{m}\right)^2\right]e^{-\left(\frac{x}{m}\right)^2-\left(\frac{y}{n}+1\right)^2} - B\left[0.2\left(\frac{x}{m}\right)-\left(\frac{x}{m}\right)^3-\left(\frac{y}{n}\right)^5\right]e^{-\left(\frac{x}{m}\right)^2-\left(\frac{y}{n}\right)^2} - Ce^{-\left[\left(\frac{x}{m}\right)+1\right]^2-\left(\frac{y}{n}\right)^2}$$

图 9.4 不同 DEM 精度下坡度坡向算法精度之对比

差频率比负向坡度误差频率大得多。因此从整体上，计算坡度误差带有一定的系统性，且比理论值大。

（2）由于坡向中误差与坡向标准差比较接近，同时平均误差趋于零，正负误差频率基本相等，故所有算法的坡向误差是均匀的，并与地形复杂程度无关。

（3）任何小的 DEM 数据误差将引起较大的坡向误差，DEM 误差对坡向估计影响比坡度要大，但当 DEM 数据误差增加到一定程度（大于10），坡向误差逐渐趋于稳定。随着DEM 误差的增加，坡度误差增益比坡向要快些。

（4）从各种算法的坡度中误差、标准差与平均误差来看，其精度序列从高到低为三阶不带权差分、三阶反距离权差分、三阶反距离平方权差分、Frame 差分、二阶差分、简单差分，这与上面算法精度分析的结论相符。

3. 坡度频率分析

通过实验，刘学军（2002）分析了 DEM 数据误差对不同算法的坡度频率分布影响。就算法而言，在相同精度的 DEM 上，算法可分为两个层次，第一层次为三阶带权差分、三阶反距离权差分、三阶反距离平方权差分，该层次中的各种算法的坡度频率比较接近。第二层次包括 Frame 差分、二阶差分和简单差分，各算法的坡度频率分布比较松散，不同坡度区间频率相差较大。第一层次中的算法较第二层次算法更接近理论分布。

当DEM数据误差较小时,对各种算法的坡度频率分布并无显著的影响,然而随着DEM数据误差和地形复杂程度的增加,DEM数据误差对坡度频率的分布影响愈来愈大,使之偏离理论分布。在各种坡度坡向算法中,仍以三阶不带权差分算法的坡度频率与理论频率较为接近,其余依次为三阶反距离权差分、三阶反距离平方权差分、Frame差分、二阶差分和简单差分,这与坡度中误差的分析结论是一致的。

9.4.3　DEM结构对坡度坡向的影响分析

我们从DTA误差来源的分析中知道DEM结构对DTA的影响主要包括:DEM数据准确度、分辨率和格网方向。下面就从这三个方面着重分析DEM结构对坡度坡向的影响。

1. DEM数据准确度

DEM数据准确度实际上是一种高程数据的舍入和截断误差。在原始DEM数精确情况下,高程数据的舍入和截断将使DEM误差增加,然而此类误差所引起的DEM误差一般都比较小,当数据凑整到米时,DEM误差小于1m;凑整到分米时,DEM误差小于0.1m;而精确到厘米或毫米位时,DEM误差接近于零,如图9.5所示。

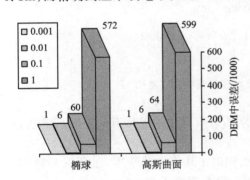

图9.5　数据准确度与DEM中误差

DEM数据准确度对坡度、坡向的影响分析,与DEM误差对坡度、坡向影响分析相同,但分析该误差时应采用较高的DEM分辨率。由式(9.9)知,分辨率对计算模型误差和数据误差的影响规律不同,较大的分辨率会增大计算模型误差而掩盖数据误差。例如,在高程数据精确到米时,在30m DEM上产生的坡向误差为 $\arctan\left(\dfrac{1}{30}\right)=1.91°$;而精确到分米时的误差为 $\arctan\left(\dfrac{0.1}{30}\right)=0.19°$,这相当于300 m分辨率、高程数据准确到米的DEM (Carter, 1992)。

Zhou和Liu (2004b)分析了DEM数据准确度的影响,指出如下的规律:当数据凑整到毫米和厘米时,所引起的DEM中误差几乎等于零,这时二阶差分和三阶反距离平方权所产生的坡度、坡向中误差较小,而其他算法的误差则较大。实际上由于此时DEM数据误差较小,坡度坡向误差主要来源于算法本身,因此当数据凑整到毫米和厘米时,算法对坡度、坡向的影响以二阶差分算法的精度较高,然后依次为三阶反距离平方权差分、三阶反距离权差分、三阶不带权差分、Frame差分、简单差分。当数据凑整到分米或米时,DEM误差逐渐增大,坡度、坡向误差来源逐步由以计算模型误差为主过渡到以DEM数据误差为主,这时三阶不带权差分和三阶反距离权差分较其他算法为优。Zhou和Liu的研究同时发现DEM数据准确度对坡向的影响比坡度影响要大,较小的数据误差将产生较大的坡向误差,特别是当数据凑整到分米或米时,将引起坡向误差的急剧增大,而坡度误差变化较小。

DEM 数据准确度对坡度、坡向的影响分析应结合 DEM 本身的精度。原始数据误差、数据采样方法和内插技术等都会产生 DEM 误差,而且这些误差往往较数据凑整误差大,此时如果数据记录的有效位数再多也是毫无意义的。相反,若 DEM 精度优于数据准确度,则不应忽视由数据舍入带来的影响。就坡度、坡向算法而言,Carter(1992)认为,三阶差分系列算法并不能给出较高精度的坡度、坡向结果,其原因是:①三阶差分系列的高程变化率是不同位置的中心差分的平均值,因此会得到与实际不符的计算精度,特别是对凑整到米的 DEM;②三阶差分系列使用了中心点周围的 8 个格网点,其范围比二阶差分算法大了一倍,许多地形细节被平滑。他建议如果地形细节不重要,且 DEM 精度优于数据准确度时,则三阶差分系列的坡度、坡向算法是适宜的。然而 DEM 对地形的细节描述取决于 DEM 分辨率,虽然三阶差分系列坡度坡向算法的数据范围大些,但实际 DEM 的误差一般大于数据的凑整误差,三阶差分系列的坡度坡向算法对 DEM 误差和数据凑整误差有一定的平滑和滤波作用(Evans,1998),而且顾及了地形的自相关性,因此三阶差分坡度坡向算法有着较可靠的坡度、坡向估计结果。

2. DEM 分辨率

从坡度、坡向中误差表达式知,DEM 分辨率对坡度、坡向的影响与计算模型误差成正比,而与 DEM 数据误差成反比,这是相互矛盾的。一般模型误差界 M 未知,同时实际 DEM 不可避免的含有误差,且坡度、坡向对 DEM 误差比较敏感。因此,在忽略模型误差的情况下,可由坡度中误差 m_β(单位为度)和 DEM 中误差 m 来确定 DEM 分辨率 g,公式为:

$$g = \frac{bm}{m_\beta} \times \frac{180°}{\pi} \cos^2\beta \tag{9.11}$$

式中,β 为 DEM 区域的平均坡度;b 是 DEM 中误差系数。此处没有通过坡向中误差来计算 DEM 分辨率,主要原因在于坡向中误差对坡度平均值比较敏感。为考察式(9.11)的合理性,Zhou 和 Liu(2004b)利用含有不同误差的 DEM 进行了检测,部分结果如表 9.4 所示。由表中数据可看出,计算分辨率和已知 DEM 分辨率比较接近。因此,通过要求的坡度计算精度和 DEM 中误差,由式(9.11)可确定 DEM 分辨率,从而选择合适的 DEM 产品。

上述试验还得出了不同误差的 DEM 上坡度、坡向误差与 DEM 分辨率关系。当 DEM 数据误差处于次要地位时,不管何种算法,坡度、坡向中误差随着 DEM 分辨率的增加而增加,坡度、坡向中误差与 DEM 分辨率成正比;而当 DEM 误差较大时,坡度、坡向中误差随着 DEM 分辨率的增加而减少,二者成反比关系。上述分析的结果说明:高分辨率的 DEM 并不一定能给出高质量的坡度、坡向结果。在 DEM 数据比较精确的前提下,较高分辨率的 DEM 才可给出较高坡度坡向计算精度。而在实际应用中,DEM 误差不可避免,而且往往占有主导地位,因此从应用观点看,较高的分辨率不一定能带来较高精度的坡度、坡向的估算值。坡度、坡向的精度随着 DEM 分辨率的降低而增加。

表 9.4　由坡度中误差和 DEM 中误差确定 DEM 分辨率(以三阶不带权差分为例)

DEM 中误差/m	坡度中误差/(°)	平均坡度/(°)	计算 DEM 分辨率/m
0.6	1.00	37.0	9.0
2.1	3.21	37.0	9.8
6.6	9.18	37.0	10.7
9.5	12.43	37.0	11.4
15.1	17.96	37.0	12.5
19.5	21.26	37.0	13.6

(已知分辨率＝10m；$b = \dfrac{1}{\sqrt{6}}$，试验曲面：$\dfrac{x^2}{A^2} + \dfrac{y^2}{B^2} + \dfrac{z^2}{C^2} = 1$, $A = 400$；$B = 300$；$C = 300$)

3. DEM 方向

　　地形面上点的坡度坡向是地形的固有属性,并不随格网方向的改变而变化。然而 DEM 按规则格网组织高程数据并以离散的形式表达连续地形曲面,在此基础上的偏导数是高程数据的直接函数,以不同格网方向对曲面离散化形成的不同方向 DEM,数学模型的截断误差、数据的舍入误差和离散误差将会影响导数计算的精度,从而引起坡度、坡向估算误差。

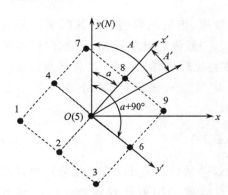

图 9.6　DEM 格网方向与标准格网方向

　　如图 9.6,在格网局部坐标系($x'oy'$)中,格网分辨率为 g,中心点 5 的 3×3 窗口中各格网点的格网坐标分别为:1$(-g, -g)$,2$(-g, 0)$,3$(-g, g)$,4$(0, -g)$,6$(0, g)$,7$(g, -g)$,8$(g, 0)$,9(g, g)。由坐标变换公式可实现由格网坐标系到标准坐标系的坐标转换。以二阶差分为例,8、2、6、4 各点在标准(局部)坐标系的坐标为 8$(g\cos a, g\sin a)$,2$(-g\cos a, -g\sin a)$,6$(-g\sin a, g\cos a)$,4$(g\sin a, -g\cos a)$,据此按变换后的坐标计算各点的函数值。

　　为分析格网方向对导数计算的影响,在中心点 5 处对各函数值按泰勒级数展开(取至一次项),如对 8、2 两点有:

$$z_8 = f(x_8, y_8) = f(x_5 + g\cos a, y_5 + g\sin a)$$
$$= f(x_5, y_5) + f_x g\cos a + f_y g\sin a + O(z_8) \tag{9.12}$$
$$z_2 = f(x_2, y_2) = f(x_5 - g\cos a, y_5 - g\sin a)$$
$$= f(x_5, y_5) - f_x g\cos a - f_y g\sin a + O(z_2) \tag{9.13}$$

则按二阶差分有:

$$f_{x'} = \frac{z_8 - z_2}{2g} = f_x\cos a + f_y\sin a + \frac{O(z_8) - O(z_2)}{2g} \tag{9.14}$$

　　$f_{x'}$ 是在 DEM 上对标准坐标系中方向 x' 的方向导数的估计,其准确值为式(9.14)中的前两项,则导数估计误差 $\Delta f_{x'}$ 为:

$$\Delta f_{x'} = \frac{z_8 - z_2}{2g} - (f_x \cos a + f_y \sin a) = \frac{O(z_8) - O(z_2)}{2g} \tag{9.15}$$

同理可得出 $\Delta f_{y'}$ 为

$$\Delta f_{y'} = \frac{z_6 - z_4}{2g} - (f_x \cos a + f_y \sin a) = \frac{O(z_6) - O(z_4)}{2g} \tag{9.16}$$

$\Delta f_{x'}$ 和 $\Delta f_{y'}$ 是由数学模型截断误差引起的偏导数估计误差。由于模型误差界一般与具体函数有关且难以用具体的解析式表达，Zhou 和 Liu（2004b）采用了实验方法来分析格网方向对坡度、坡向算法的影响规律。按格网旋转角度增量为 15° 分别建立 0°、15°、30°、45°、…、345° 等格网方向的 DEM。当曲面函数已知时，坡度、坡向真值是格网点平面位置的函数，因此旋转后格网点坡度、坡向真值的计算可将格网点坐标变换至标准坐标系中实现。

通过实验，发现误差数据变化有如下规律：

（1）DEM 格网方向对三阶差分系列算法（三阶不带权差分、三阶反距离权差分、三阶反距离平方权差分）比二阶差分、Frame 差分和简单差分的影响要大。二阶差分、Frame 差分的坡度、坡向中误差几乎成直线变化，而三阶差分系列算法的坡度、坡向中误差起伏较大。简单差分的坡向比坡度对 DEM 方向敏感些。

（2）各种坡度坡向算法几乎都在 $45° \times k(k = 0, 1, 2, 3, \cdots, 7)$ 的格网方向取得极值。

（3）坡向误差与坡度误差同时取得极值，这是由于坡度、坡向误差与坡度本身相关的缘故。

9.4.4 地形复杂度对坡度坡向的影响分析

由式（9.10）可知，坡度中误差 m_β、坡向中误差 m_a 与坡度值 β 本身相关，并且坡度取值一般为 $0°\sim90°$，$\cos^2\beta$ 和 $\cot\beta$ 均大于零，因而这种相关是正向的。考虑到 $\cos^2\beta$ 和 $\cot\beta$ 的函数特性（图 9.7），坡度 β 越大，坡度中误差 m_β、坡向中误差 m_a 就越小，反之亦真。因此坡度、坡向误差主要分布在较为平坦区域；同时 $\cot\beta$ 变化较 $\cos^2\beta$ 快，这意味着较小的坡度变化产生较大 $\cot\beta$，因而坡向误差比坡度误差对地形变化更为敏感。不同算法和 DEM 误差对坡度、坡向误差的分布规律并没有影响，其差别仅在误差大小上。因此，下面主要以三阶不带权差分算法为例考察地形复杂程度对坡度、坡向的影响和坡度、坡向误差的空间分布。

地形复杂程度对坡度和坡向有一定的影响。描述地形复杂度的指标并不一致，Gao（1997）曾利用地势起伏参数（最大高程与最小高程之差）、高程标准偏差及单位面积等高线分布密度（单位面积等高线长度总和与面积之比）等三个参数从数值角度表述地形复杂度，地势起伏参数、高程标准偏差、单位面积等高线密度越大，地形变化越复杂。单位面积等高线分布密度描述地形复杂程度有一定的局限性，主要原因是等高线长度的计算不但与计算方法有关（Gao，1997），而且和比例尺、DEM 分辨率有关。地势起伏参数和高程标准偏差又过分单一，不能很好地刻画地形起伏。基于此，采用地势起伏参数、高程标准偏差和坡度分布频率表示地形的复杂程度。

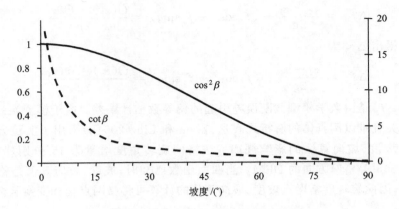

图 9.7 $\cos^2\beta$ 和 $\cot\beta$ 的函数变化特性

Zhou 和 Liu（2005）采用了不同高斯曲面模拟同一区域曲面起伏状态，建立了由简单到复杂的曲面系列，在此基础上对地形复杂度的影响进行了实验分析。通过实验，得到各个曲面 DEM 的坡度、坡向误差的分级统计结果，揭示了如下规律：

（1）在曲面单元内部，坡度、坡向中误差随着坡度的增加而提高，而且坡向误差较坡度误差的提高幅度大。

（2）在曲面单元之间，随着曲面复杂程度由简单到复杂，坡度、坡向误差也在逐步减少，即地形变化越复杂，坡度、坡向计算越准确。

（3）坡度、坡向误差随着地形复杂程度的增加而逐渐趋于稳定，这也进一步说明坡度、坡向误差分布在平坦地区，且坡向比坡度对地形复杂程度敏感。

9.4.5   坡度坡向算法的综合评价

综合本节的讨论并考虑式（9.9），可以得出结论：在格网分辨率一定的情况下，坡度坡向精度与 f_x 和 f_y 的计算模型误差 M 和 DEM 数据误差 m 有关，坡度坡向的精度取决于这两个因素中哪个起支配作用，而这与误差分析方法有关。如 Skidmore（1989），Chang 和 Tsai（1991）等在实际 DEM 上进行算法分析，这时 DEM 数据误差起主要作用，由数据误差所引起的坡度坡向误差比算法产生的误差大得多，故主要考察的是数据误差对坡度坡向的影响。Hodgson（1995），Jones（1998）等在数学曲面上对坡度坡向的分析，其 DEM 数据误差较小，则误差主要来源于算法误差。由于没有区分误差来源与性质，因而所得的分析结论就会不一致，甚至互相矛盾（Florinsky，1998a；1998b）。

本节主要分析算法本身所产生的误差，从数值分析角度看，在数据较精确时，f_x 和 f_y 估算的主要误差 M 来源于数据的离散误差和公式的截断误差，而且此误差与格网分辨率成正比。考虑到 M 依赖于点的具体位置和曲面函数的高次导数，一般从理论较难进行分析，因此采用实验方法在给定数学曲面上分析误差的统计规律。通过对计算模型的实验，当 DEM 数据误差处于次要地位时，坡度坡向算法误差有如下规律：

（1）算法精度序列。通过比较中误差，坡度坡向算法的精度由高到低为二阶差分、三阶反距离平方权差分、三阶反距离权差分、三阶不带权差分、Frame 差分和简单差分。

（2）误差性质。算法对坡度影响有一定的系统性，当地形曲面比较简单时，坡度估计过大，而当地形复杂时，坡度计算比实际值要小，然而算法对坡向的影响比较均匀，不具备明显的系统性。

（3）算法对坡度频率分布影响不大，即坡度频率分布与算法无关。

9.5　流域路径算法的误差分析

与地形邻域属性具有确定的数学模型不同，地形非邻域信息的分析和提取需要一个能描述地表各种物质，如水、沉积物、营养成分等在地形单元之间（从高到低）的传输和流动算法，这种算法称为路径算法（routing algorithm）（Desmet and Govers，1996a）。路径算法可确定给定的地形单元的流量的分布，是建立各种分布式水文模型的基本参数。对现有基于 DEM 的路径算法进行客观准确的分析评价，是改善和设计新算法、保证数字地形分析和 GIS 地学分析结果的可信度的重要的前提条件。

路径算法不同于坡度、坡向等地形参数的计算，因为地形参数具有明确的数学公式和理论依据，而路径算法则是对地表物质运动的模拟，是建立在对地表物质运动机理和地貌结构认识的基础上，因此并不具备严密的逻辑公式。因此对路径算法的分析和评价一般是基于实验的，通常的做法是在实际的 DEM 上对路径算法对某种计算结果通过可视化、参数频率分布、统计分析等手段来分析判断其合理性。基于实际 DEM 进行算法分析评价，可获取算法的一般定性特征，而不利于对算法本身所具有的精度进行分析和评价；同时 DEM 误差常掩盖了算法误差。Freeman（1991），Costa-Cabral 和 Burges（1994），Tarboton（1997）等虽在参数曲面上分析对比了几种路径算法，但其数学曲面（如圆锥、平面）过于简单，也没有给出具体的数值指标。

考虑上述因素和路径算法本身特点，以及地形的数学特征，Zhou 和 Liu（2002），刘学军（2002）选择了较为复杂的数学曲面如椭球、马鞍面、平面等对路径算法进行了分析评价，这些数学曲面具有明确的地形意义，各地形参数的真值也已知，因而具备了作为分析评价中的参考基准的基本条件。

9.5.1　路径算法的数值精度指标

路径算法的结果可以是数值指标，如汇水面积 TCA、单位汇水面积 SCA、径流长度等，也可按图形方式表示的流域网络、地貌结构线等。算法的分析评价应在一个可比的、可量化的基础上进行。为具体说明算法评价的方法，采用单位汇水面积 SCA 作为路径算法的评价指标，这主要是因为 SCA 不但是一个具体的数值指标，而且它是各种地貌结构分析和水文模型的基本参数，如各种基于流域的地形因子（流量强度指数、地形湿度指数等）、主流、支流边界描述（Band，1986；Gardner et al.，1990）、流域网络分析（Mark，1984；Jenson，1994）、土壤水分分布和饱和区域分析（O'Loughlin，1986）、季节性冲沟分析（Desmet and Govers，1996a）、土壤侵蚀机理研究（Mitasova et al.，1996；Biesemans et al.，2000；Cochrane et al.，1999）、非点源污染模型（Pansuka et al.，1991）、滑坡监测与分析（Duan et al.，2000）、地貌结构研究（闾国年等，1998a，1998b）。

路径算法有很多种,本书第 5 章已经就各参数曲面的 SCA 理论值计算和各种算法作了详细的介绍,这里以 SCA 中误差 RMSE、平均值 ME 及标准偏差 SD 将作为衡量算法的数量指标来揭示路径算法的误差空间分布特征,并选用最大坡降算法 D8 (O'Callaghan et al. , 1984)、随机(四)八方向法 Rho8 (Fairfield et al. , 1991)、Freeman 多流向算法 FMFD (Freeman, 1991)、流管法 DEMON (Costal-Cable et al. , 1994)和无穷方向算法 Dinf (Tarboton, 1997)作为分析研究对象对其进行误差分析。

9.5.2 路径算法的误差空间分布特征

对于给定的数学曲面,按一定分辨率建立数学曲面 DEM。根据各参数曲面 SCA 的理论计算以及 D8、Rho8、FMFD、DEMON 和 Dinf 路径算法可计算每一格网点的 SCA 理论值和观测值(即算法计算值)。通过 SCA 等值线图的分析对比,可揭示路径算法 SCA 值的空间分布及规律。

SCA 中误差 RMSE、平均值 ME 及标准偏差 SD 将作为衡量算法的数量指标,通过理论值计算值对比获取。SCA 误差定义为 V_i:

$$V_i = A_s(i) - A_s(0) \tag{9.17}$$

式中,$A_s(0)$ 为给定格网点 SCA 的理论值;$A_s(i)$ 为相应的路径算法 i 的计算值。Zhou 和 Liu (2002)对上述各种路径算法在椭球、马鞍面和平面 DEM 上的 RMSE、ME、SD 进行了统计分析,并且通过计算算法的误差正负频率分析了算法的误差性质。通过对统计结果和等高线图的分析,可比较各算法并归纳出以下误差分布特征:

在曲面上,DEMON 和 Dinf 路径算法有着较为相似的 SCA 分布形态。DEMON 与理论分布最为相似,其 RMSE 也最小。而 Dinf 和 FMFD 由于在下游单元进行流量分配,导致主流线方向(即通过最高点的流向)上不同程度圆滑现象。Dinf 只在两个下游单元进行流量分配,圆滑现象较小。FMFD 在所有下降方向分配流量,圆滑现象较大。同时 FMFD 算法有着较强烈的边界效应,即位于 DEM 边缘格网有着向外的流量分量,但多流向特性使该分量也进入下游单元,从而在 DEM 边缘格网产生较大的流量累积。

在平面上,各格网点有着相同的流向,且其 SCA 理论值为流径长度。当 D8 算法应用于具有平行流向的平面和山坡面时出现三种情况:其一,当流向为 0°、90°、180°、270° 时,D8 给出正确的 SCA 计算值和格网点流向;其二,当流向为 45°、135°、225°、315°时,D8 同样给出正确的流向,但 SCA 计算值为理论值的 1/2;其三,当流向为其他方向时,D8 流向和 SCA 计算值均有误差产生,而且由于单流向的特性,在流向方向上的流量累积上也会产生较大 SCA 计算值误差。

Rho8 算法期望通过随机参数的引入在全局上取得与实际一致的流向,在平行流向的区域并不合适。流向的随机性使流量累积不连续,许多格网单元上产生了孤立的流量累积值,SCA 分布没有规律。D8 和 Rho8 均有着较大的 SCA 中误差。

在误差分布方面,DEMON 和其余四种算法有着不同的误差分布,而 Dinf、FMFD 和 D8 在误差分布上比较相似。DEMON 的误差分布比较有规律,除在主流线方向上的上误差突变外,在主流线两侧误差分布较大且比较均匀,从这一点看,DEMON 算法误差并不累积,具有恒定的误差值,但格网结构使其主流线两侧误差大小并不相等,误差均为正值,因此 DEMON 算法得到的 SCA 计算值比理论值大。Dinf、FMFD 和 D8 算法除数值上相差较大和边界效应之外（FMFD 在边界上有着较大的误差），误差的分布形态和规律是相似的。在主流线上误差达到最大值，并且沿主流线方向误差有累积趋势。在主流线两侧，随着格网点远离主流线，误差逐步减少并趋于平稳变化，除 D8 在边界局部外，Dinf、FM-FD 和 D8 的 SCA 值比理论值要小，但 FMFD 的误差变化幅度在主流线两侧要比 Dinf 和 D8 小。Rho8 算法的误差分布则由于流向的随机性显得比较紊乱。

9.5.3 路径算法的分析与综合评价

对各种路径算法的比较评价通过实验得出，具体的实验结果请参考 Zhou 和 Liu（2002）、刘学军（2002）。这里只对实验结果进行讨论。

1. 算法分析

通过数据独立的实验方法，可客观公正的评价每一种路径算法的误差分布和精度。这种分析和评价是基于统计基础上的量化分析评价，同时由于采用了理论真值作为参照系，分析方法并不是针对某一特定区域，因而分析结果具有普遍性。下面对上述五种常见路径算法逐一做出分析。

1）管流法 DEMON

相对于其他路径算法，DEMON 算法在各种参数曲面上 SCA 的 RMSE 最小，ME、SD 也较小，而且小误差频率较高。因此，从原理上，DEMON 算法为目前较好的基于格网 DEM 的路径算法。

DEMON 算法在格网结构 DEM 上模拟实现了基于等高线计算汇水面积的方法，能较客观的表达和描述格网单元之间的水的流动。DEMON 算法的误差分布呈现了两种特点：一是具有一定的系统误差，正误差出现的频率数较高，因此它对 SCA 的估计总比实际值要大。二是误差主要集中在东西、南北方向，而且汇水区域误差比分水区域误差要大。在分析其原因时，Costa-Cabral 和 Burges（1994）认为是由坡向计算误差引起的（DE-MON 程序中，格网面元坡向通过格网面元四个顶点按拟合平面估计），用曲面拟合代替平面拟合可消除这种误差。据此，可以认为这一问题是由算法的简化和格网结构所引起。

DEMON 算法通过格网坡向形成水流路径，是一种基于坡向的路径算法。基于坡向的路径算法，需要一种高精度的坡向计算方法。然而，根据本章关于坡度坡向误差的讨论，我们知道坡向对 DEM 数据误差总比坡度要敏感，较小的 DEM 数据误差可使流向产生较大改变，从而导致较大的 TCA 和 SCA 误差，因此 DEMON 算法在含有误差的 DEM 上 SCA 计算精度并不是很高，其 SCA 数值精度与 FMFD 有着较为相似的结果。

2）无穷方向算法 Dinf

Dinf 是一种混合路径算法。首先，Dinf 通过坡向进行流量比例分配计算。在其算法要素中，既有 DEMON 的坡向计算成分，也有 FMFD 的流量分配成分，但其流量分配方式与后两者不同。DEMON 是通过格网中心坡向利用格网角点形成水流路径，进而形成流量分配影响矩阵,FMFD 则完全基于坡度进行流量比例计算,而 Dinf 通过格网坡向确定下游接受单元,并按与坡向的接近程度分配流量。因此,当 DEM 无误差时,由于坡向计算较准确而使 Dinf 能给出比 FMFD 较高的 SCA 计算精度,但单纯基于坡向的流量分配计算却使其 SCA 精度低于 DEMON。当 DEM 含有误差时,流向计算上的较大误差导致在下游接受单元选择和流量分配上的较大误差,其 SCA 精度整体上低于 FMFD 和 DEMON。

本质上 Dinf 是一种介于多流向和单流向之间的路径算法,当格网点流量与格网基本方向($k \times 45°$)一致时,Dinf 退化为 D8;不一致时则为具有两个下游接受单元的多流向算法。由于流向的多向性,计算的 SCA 分布较为光滑;但由于下游接受单元较少,分水区域 SCA 分布虽比 D8 好但比 FMFD 差;而在汇水区域,由于地形几何形状的限制,Dinf 算法在某一方向有较大流量的分配使计算的 SCA 分布呈现单流向算法的某些特点。

数据统计结果显示,Dinf 与 DEMON 正好相反,正误差占主导地位,中误差 RMSE 和标准偏差 SD 相差比较大,计算结果较实际值小。

3)Freeman 多流向算法 FMFD

Freeman(1991)和 Quinn 等(1991)的多流向路径算法 MFD 并不需要计算格网点的坡向,流量分配纯粹按坡度在所有较低单元进行,坡向计算误差对其影响较小,主要误差来源是流量分配比例和流向宽度计算。因此,确定合理的流量分配比例计算公式和相关参数是 MFD 算法中的关键。Freeman 按坡度指数分配流量,并通过圆锥曲面讨论和确定了坡度指数 p 的最佳值为 1.1。然而实验结果表明,除在坡度均匀的圆锥面和平面(这两种曲面的坡度为常数)外,在其他参数曲面上按 $p = 1.1$ 并不能得到理想的结果(刘学军,2002)。

FMFD 算法在汇水区域的计算 SCA 的空间分布要优于分水区域,但中误差却相反,汇水区域误差要大些。这是由于多流向算法在所有较低单元流量分配以及流向宽度计算误差的缘故。汇水区域的凹形形状限制着 FMFD 算法在更广范围内的流量分配,TCA 值计算较为合理,而等高线曲率的逐渐增大和流量的不断地向下游聚集,TCA 值增加较快,较小的流向宽度计算误差就会产生较大的 SCA 误差。在分水区域,多流向算法的纵向发散特性使得流量分配在较广泛的范围内进行,此时流量分配上的不合理将产生较大的 TCA 误差,然而较小的上游 TCA 值和较为平缓的等高线曲率(流向宽度误差较小)使 SCA 较小,从而导致 SCA 分布的不合理和较小的 RMSE。

相对基于坡向的路径算法如 DEMON 和 Dinf 等,多流向算法对 DEM 误差的适应性要强一些,这一方面是由于 FMFD 按坡度关系计算流量分配比例,而 DEM 误差对坡度影响比对坡向影响要小;另一方面则是由于其多流向特性,由高程数据误差引起的局部流量聚集将会被多流向的发散特征分散到较低的格网单元,Desmet 和 Govers(1996a)将这种现象称为负向反馈(negative feedback),使主要汇流方向和位置不受局部流偶然的量聚集而改变。

和 DEMON 和 Dinf 算法不同,FMFD 算法的误差比较均匀,误差平均值较小且 RMSE 和 SD 比较接近,同时正负误差频率也比较接近,因此 FMFD 算法从整体上讲,并不具备明显的系统误差特征。

4) 最大坡降算法 D8 和随机(四)八方向算法 Rho8

实验分析表明,无论 DEM 是否含有误差,D8 和 Rho8 总是给出较低精度的 SCA 估算值,为五种路径算法中精度较差的算法。D8 算法的缺点已为人们所认识并进行了大量的分析研究(Fairfield et al.,1991;Costa-Cabral et al.,1994;Desmet et al.,1996;Moore,1996;Pilesjö et al.,1996;Tarboton,1997;Pilesjö et al.,1998;Zhou et al.,1998;Wilson et al.,2000;Zhou,2000)。这里,在上述各项的研究基础上,结合本书的研究,分析总结 D8 和 Rho8 路径算法特性。

D8 流向计算只在八个格网方向中进行,格网点的流向具有确定性和不连续性。流量分配只有一个下游接受单元,将具有一定面积的格网单元看做是没有维数的点,从而使二维流管变成一维的流线(Costa-Cabral et al.,1994)。这两点除了产生流域网络中的平行流线(Fairfield et al.,1991;Moore,1996)和错误的流向(流向不与等高线垂直)外,还会因流向改变而使格网单元失去上游汇水面积,造成 SCA 计算值较理论真值小,并呈现强烈的八方向性。

D8 算法可接受多个上游单元流量但只能从一个方向流出,因此 D8 算法不适合处理分水区域的流量分配和 SCA 计算(Moore,1996)。DEM 内插中伪洼地现象、自然地形中的坑、穴等都足以引起较大的流量聚集,而由于 D8 的单流向特性,使这些不真实的流量聚集无法进行流量的再分配。同时 D8 对 DEM 高程数据误差比较敏感(Moore,1991a),较小的数据误差将导致较大的坡向误差,从而使流向改变,这些将会产生错误的主流线位置和不合理的流线分布(如平行流线)。

为了消除 D8 算法的上述不足,人们设计了许多基于不同原理的路径算法,Rho8 便是其中之一。Rho8 算法主要目的是为解决 D8 算法的平行流线而提出的,通过在流向计算中引入随机参数,试图从整体上产生与实际坡向一致的平均流向。从实际应用效果来看,Rho8 比 D8 能给出较为真实的流线分布,这一点在坡向比较一致的区域如山坡比较明显,而在汇水区域,由于流向的限制而效果不显著。Rho8 算法虽然给出了较为真实的流向分布和流域网络,但却是有代价的。首先,流线不再连续,变得比较破碎。第二,由于流线的不连续使许多格网没有上游汇水单元(Wilson et al.,2000),从而导致流量累积的变化,SCA 分布毫无规律(Zhou et al.,2002)。第三,不可重复性,随机参数的任意性,使得每次运行的结果不完全一致(Wilson et al.,2000)。第四,在具有平行流向的区域,将产生不平行的流向,并且流向的任意扭动,容易导致流线的不自然聚合以及较大的流量累积误差(Costa-Cabral et al.,1994)。第五,如同 D8,Rho8 算法也不适合于分水区域(Moore,1996)。从上述分析看,Rho8 虽可用来提取流域网络,但不宜应用在基于 SCA 和 TCA 等地形参数的水文模型、侵蚀模型等环境过程的计算和模拟。

2. 算法综合评价

Tarboton (1997)认为,在格网 DEM 上进行路径算法设计时,应考虑以下五点原则:
(1) 最小的发散性(minimum dispersion)。
(2) 避免格网结构如格网方向影响(minimum influence by grid structure)。
(3) 高精度的坡向算法(high accuracy algorithm of aspect)。

（4）简单有效的矩阵存储结构（simple and efficient matrix storage structure）。

（5）健壮性（robustness），对各种地形如鞍部、洼地、平坦地形有较强的处理能力。

实质上，汇水面积是产生在弧段上的量，在格网 DEM 上，当水流经过具有单位格网面积的像素时，其发散现象是必然的，这是一种自然现象，在格网 DEM 上的实现则是在下游格网的流量比例分配计算。因此，可以从主要格网结构、坡向算法、存储结构和健壮性等四个方面以及算法的时间复杂度（time complexity）、算法复杂度（algorithm complexity）对 DEMON、Dinf、FMFD、D8 和 Rho8 做一综合评价（表 9.5）。

表 9.5　五种路径算法之比较

算法 项目	DEMON	Dinf	FMFD	D8	Rho8
格网结构影响	小	小	小	大	大
坡向计算精度	较好	一般		差	差
存储结构	复杂	一般	一般	简单	简单
健壮性	较差	好	好	好	好
时间效率	较低	较高	较高	高	高
算法设计	复杂	简单	简单	简单	简单

在五种算法中，DEMON 算法具有较高的计算精度和理想的 SCA 分布，但 DEMON 程序计比较复杂，要考虑的特殊情况太多（Tarboton，1997），运行速度较慢（Willison et al.，2000），而且 DEMON 算法属坡向算法范畴，DEM 误差对坡向影响比较大。因此，在含有误差的 DEM 上 SCA 精度与 FMFD 大致相当。Dinf、FMFD、D8 和 Rho8 算法结构简单，均可用递归算法实现（Freeman，1991；Tarboton，1997），因此这四种算法有着较高的执行效率。从精度方面看，FMFD 为一基于坡度的路径算法，算法本身精度虽不如 DEMON，但受 DEM 数据误差和格网方向的影响较小。FMFD 算法对地形的几何形状有较强的依赖性（Costa-Cabral et al.，1994），确定合理坡度指数和消除边界效应是该方法的关键。Dinf 算法中既有坡向计算成分，又有流量比例分配成分，坡向计算精度和流量分配比例是制约 Dinf 算法精度的主要因素，算法本身虽有着较小的 RMSE（比 DE-MON 大但比 FMFD 小），但由于依赖于坡向计算，受 DEM 数据误差影响较大。D8 算法对地形有着较强的适应能力，常用来进行 DEM 数据的洼地、平坦地区处理，但受格网结构和 DEM 误差影响较大。Rho8 算法引入随机参数，虽然在视觉效果上改进了 D8 算法的平行流线等"赝像"（artifact），但却付出了破坏地形的自然结构的代价，与 D8 一样，都不宜用于 SCA 和 TCA 的计算。

综上所述，就算法计算精度而言，基于坡向的路径算法（DEMON 和 Dinf）能给出较可靠的 SCA 值和较为理想的 SCA 分布，然而若考虑 DEM 误差，则基于坡度的路径算法（FMFD）则可获得较高的计算精度。

9.6　本章小结

数字地形分析的主要任务是通过对数字高程模型数据的分析和计算，提取地形曲面参数和地形形态特征,而这些参数和特征是定量的、可测量的,而且是具有明确的地学意义的。这在很大程度上与一些普遍的 DEM 应用[如 DEM 可视化等(李志林等,2003)]不同,需要有合理准确而且具有说服力的误差分析和精度评价,从而确定各种算法的适用范围。

　　本章对基于栅格 DEM 的数字地形分析算法进行了误差和精度分析,重点讨论了数字地形分析的误差源和误差分析方法,并提出了基于数据独立的误差分析方法。在对坡度和坡向算法的分析的基础上,建立了坡度坡向算法误差的理论模型,并对六种最常用的算法进行了实验研究,确定了这些算法的误差与 DEM 数据特征(如高程数据准确度、格网分辨率和格网方向)、地形曲面特征(如地形复杂度)之间的相关关系,同时检验了坡度坡向参数和算法对 DEM 数据误差的敏感度。对水文模型中常用的路径算法,本章讨论了利用数据独立的误差分析方法,以给定数学模拟曲面对常用的五种算法通过实验对比分析了其误差性质、空间分布以及对 DEM 数据误差的敏感度,据此对各种算法的精度进行了评价,并给出了各种算法的适用范围。

　　本章所讨论的误差分析方法与传统的误差分析的最大的不同,是在于分离了数据误差和算法误差,避免了误差分析中误差成分的混淆,从而可对各种算法本身的精度以及它们对数据误差的敏感度进行更为准确客观的评价,为已有算法的改进和新算法的开发提供了定量化的参考模型和比较依据。

第10章　数字地形分析的发展方向和展望

导读:随着各种大型基础地理信息数据库和与之相应的信息共享和分发机制的建立,数字地面模型数据将会更加广泛地应用,初级阶段以可视化分析为主的简单数据分析也将会进一步深化为以数字化分析为主导的地学分析,以期为国民经济建设取得更为直接的社会经济效益。数字地形分析的发展将持续以地学知识和模型的数字化表达为基本的研究对象,在越来越多的数字地形模型数据的支持下,不断发展和完善其理论基础和应用技术,并充分地与地理信息系统技术和系统整合,使之成为地理信息系统的一个不可缺少的组成部分。

10.1　数字地形分析面临的挑战

在地理信息科学和技术如火如荼发展的今天,随着各种大型基础地理信息数据库和与之相应的信息共享和分发机制的建立,如何将大量的基础地理信息转化为科学技术生产力,进而变为社会经济财富,是地理信息产业将长期面临的挑战。地理信息技术的应用在不断地深化和广泛地传播,正在积极地渗透到日常生活中的方方面面。因此,地理信息系统应用的重点已由初期阶段的"建库",逐渐演变到现在的"数据挖掘",即从海量的地理数据中挖掘能直接应用到社会经济各个方面的信息,并进一步提炼成为相应的地学知识。

数字地形分析理论和技术的发展,是和地理信息科学和技术的发展息息相关的。作为 GIS 的基础信息之一的数字地形模型,已经广泛地包括在从国家到县市的各个级别的地理信息系统中,其数据获取和质量控制手段也在不断地改进。然而,在实际应用中,如何将这样大量的基础地形数据转化为能在社会经济过程中直接应用的地学信息,并将这些地学信息转化为地学知识,从而推动地学研究和应用的发展,则是数字地形分析需要长期面对的挑战,这些挑战包括:

(1) 对数字地形分析理论研究的挑战。

(2) 对数字地形分析技术实现的挑战。

(3) 对数字地形分析应用的挑战。

10.1.1　对理论研究的挑战

大量的研究和实践表明,陆地表面的地形曲面的复杂性远远超出了目前所采用的数学和计算模拟手段的能力。虽然通过曲面拟合和近似可以得到地形曲面的近似数学表达式,但这些表达式所描述的曲面在可操作性的限制下还远远不能满足精确描述地形曲面的要求。从几何角度来说,地形曲面本身是一连续面,在其上处处都应能得到描述其几何形状的特征值。然而,在很多实际情况中,这一曲面上却有相当明显的不连续现象,如断崖、陡坎等。因此,造成了连续函数表达的地形曲面上的不连续现象,从而形成大量的误差。

从模拟角度来说,目前人们对地学现象的本质的认识还有很大的局限性。例如,关于土壤侵蚀模型,虽然经过数十年的研究应用,仍然不能找到一种在不同自然环境和土地利用模式中通用的模型,其根本原因就在于人们对降水—侵蚀—搬运—堆积这一地学过程缺乏足够准确的、定量化的认识。另外,地学研究本身的局限性也会给数字地形分析理论的发展造成障碍。例如,在不同地学模型的应用尺度问题上的模糊,往往会导致不适当的分析方法,造成分析结果的错误。

此外,本书多次强调,目前数字地形分析是基于数字地面模型数据的,而数字地面模型数据本身就是对地形表面的一种近似,其中必然含有偏差。因此,建立在具有不确定性的数据基础上的分析模型自然也可能得到令人怀疑的结果,实验证明这种数据不确定性造成的分析误差常会大于分析算法本身所产生的误差。因此,目前各种数字地面模型对地形分析的适宜性,无疑是对数字地形分析理论的又一挑战。

10.1.2 对技术实现的挑战

虽然经过多年的努力,数字地形分析的理论和技术体系已经基本建成,但其很多算法还达不到应用的要求,因而难以普及。由于数字地形分析的很多结果是以数字形式表达的,并且这些参数具有明确的应用意义,可以在实践中检验,因此在应用推广中首先要解决的问题就是精度问题,而提高分析算法的精度又常受到数据误差的干扰。这就造成了很多情况下数字地形分析的应用仅仅停留在可视化显示和分析的层面,难以深入。

随着 DEM 数据的不断普及,有效地解决 DEM 数据的多尺度问题也是数字地形分析迫切需要解决的问题。目前大部分的数字地形分析的应用技术都是基于单一 DEM 数据集的,由于地形面本身的复杂性,这种数据尺度的单一性往往造成在简单地形区域的数据过剩,而在复杂地形区域造成数据短缺。如何建立有效的多尺度数字地面模型,并开发与之相应的地形分析方法和技术,可以说是数字地形分析技术目前最具挑战性的任务之一。

10.1.3 对应用的挑战

在过去相当长的一段时间里,数字地形分析技术的应用往往受制于 DEM 数据的获取。传统的测量方法和地形数据数字化技术使得很多潜在的技术应用在高昂的成本面前望而却步,大大地限制了理论与技术的推广。然而,这一限制在今年来有了很大的改善。随着全数字摄影测量、激光雷达和专用地形数据数字化软硬件平台的普及推广,以及数字地形数据发布的商业化和社会化,DEM 数据的来源已经得到了很大程度的改善,成本也大大降低,为数字地形分析技术的推广和普及提供了很好的基础。

然而,从目前主要的 DEM 应用来看,数字地形分析的主要应用仍停留在较低的层次上,多数情况下仅限于简单的可视化分析和演示,鲜有比较深入的定量化的分析。这在很大程度上是由于熟悉数字地形分析的专业人才的缺乏,以及软件开发和专业应用的严重脱节。例如,虽然本书所阐述的很多先进的地形分析算法早已在专业领域得到了广泛的认可,然而在众多国内外流行的 GIS 软件中,所谓"地形分析"功能仍在采用已被证实是含有严重缺陷的算法,而将更为准确可靠的分析方法束之高阁。分析其原因,答案几乎毫无例外地是"无市场要求"。由此可见,提高专业应用人员对数字地形分析理论和技术的了解和应用水平,乃是数字地形应用理论与技术广泛应用和持续发展的前提条件。

10.2 数字地形分析急需解决的问题

为进一步提高数字地形分析理论与技术应用的深度和广度,一些目前存在的理论与技术问题需要得到解决。需要说明的是,数字地形分析需要解决的问题不仅仅限于本节所讨论的问题,而这些问题也只是根据作者的经验对所遇到的问题作一个简要的归纳。

10.2.1 在不同 DEM 数据模型上获取地形信息的方法和模型

DEM 数据结构对地形参数的计算有一定的影响,本书在介绍各种地形参数的计算方法时,尽量考虑到在不同的数据结构上的算法实现。但由于在实际应用中,诸多应用问题和数据源均采用栅格 DEM 数据结构,所以在本书中关于栅格 DEM 的算法以及由此而产生的问题就不可避免地占据本书较大部分的篇幅。相对而言,基于栅格 DEM 的算法比较容易实现,运算效率也较高,而基于 TIN 和等高线模型的算法则较难实现,并且不容易提高运算效率,因此在目前商品化的 GIS 软件中很少得到支持和实现。然而,从另一方面来看,基于 TIN 和等高线模型的数字地形模型已越来越多地出现在各个共享的基础地理信息数据库中,能够直接利用原始数据的数据模型进行数字地形分析无疑可以增强数据分析的精度和改进数据利用和存储的效率,所以研究和开发基于 TIN 和等高线模型的地形分析方法和技术也就成为当今数字地形分析的重要任务之一。

10.2.2 海量信息库中地形信息的提取和数据挖掘

如前所述,随着地形信息获取技术的不断发展,大型的地形海量数据库已经逐步建成,相应的地形数据库管理技术也得到了重视(Li et al. , 2005),从而为数字地形分析提供了可靠的信息源。然而,海量地形数据库的出现,对数字地形分析技术提出了全新的挑战,过去基于单一地形数据集的分析方法和算法已经不再适用于海量地形数据库的应用,开发基于数据库的多尺度的分析算法已经是海量地形数据库的有效应用之必需。

基于数据库的分析算法与基于单一数据集的分析算法的最大不同,在于它灵活和智能化的数据库数据提取能力,根据不同应用尺度的要求,根据需要和地形区域特点动态提取地形数据进行分析并输出分析结果,是基于数据库的地形分析算法的基本设计思想,也是其计算实现的难点所在。

10.2.3 地形信息的解译和表达

改进和完善地形信息的解译和表达是数字地形分析长期不变的目标。从本书的讨论可知,各种数字地形分析方法和算法都存在这样和那样的优点和缺点,并具有其应用的使用范围。目前来看,在数字地形模型的不完善的理论表达的限制下,寻找放之四海而皆准的地形分析方法和算法是不现实的,这种状况也为目前各种模拟和近似的方法提供了改善空间。

10.2.4　与其他地理信息的融合

在本书绝大部分的讨论中,地形表面是被当作光滑均一的曲面来看待的,即地形曲面的几何形状是本书介绍的很多分析方法的唯一考虑因素,这种对现实世界地形表面的简化是必要的,也是必需的,因为它可以集中解决地形分析中的主要矛盾,即描述地形曲面的主要特征。

明显地,对现实世界地形表面的描述和模拟,单靠其几何形状信息是不够的,其他地理环境要素,如植被、土壤、水体、建筑物等,在地表过程中也会起到巨大的作用,有时这种作用甚至是决定性的。因此,数字地形分析的重要任务之一,就是把其他地理信息引入到地形分析模型中来,以求得到与现实世界地理环境更为接近的模拟。

10.2.5　地形分析的精度及误差传播评估

在本书的讨论中,我们反复强调了地形分析精度和误差分析的重要性。由于多数数字地形分析的结果是定量化的结果,对结果的可靠性和误差范围的估计就显得尤其重要,因为错误的误差分析可能误导分析结果的应用,从而造成严重的后果。在有关数字地面模型的文献中,精度和误差分析大多围绕着 DEM 数据误差而进行,对于算法本身产生的误差则鲜有涵盖。通过本书的讨论,作者认为:数字地形分析算法误差及其传播对分析结果的影响在很多情况下并不小于数据造成的误差,有时甚至大大超过数据误差的影响。因此,对于各种地形分析算法的误差、适用范围、受数据结构和性质的影响,以及对数据误差的敏感性等研究,需要引起足够的重视。

10.3　对数字地形分析的展望

在科学技术飞速发展的今天,对任何一种信息技术的发展做出展望都是一件很困难的事情,因为我们今天的思想很难跟上技术的发展。然而,目前一些重要的科学技术的出现,对未来数字地形分析的发展的影响则是显而易见的。

10.3.1　DEM 数据源和数据库

在过去几年里,有关数字地形模型的最明显的科技进步无疑是地形数据的获取手段的发展,全数字摄影测量技术、激光雷达技术(LIDAR)、全球定位系统(GPS)技术、移动制图(mobile mapping)技术等的出现和推广为数字地形分析提供了大量的高质量的信息源。与此同时,数据共享平台和大型空间数据的建立,也为地形数据的传播和发布提供了有效的平台。在这一基础上,对这些海量 DEM 数据的有效应用,实现其社会经济价值,就自然成为科学研究和应用技术发展的动力。因此,数字地形分析在不同层次上的应用和技术实现,特别是基于分布式共享地形数据库的地形分析方法和计算实现,将会成为GIS 理论与技术开发的新的增长点。

10.3.2　地形形态的数学模型

目前限制数字地形分析理论进一步发展的瓶颈之一在于准确的地形形态的数学模型。建立较为完善和精确的数学模型是提高数字地形分析技术应用水平的前提条件,只有将模型本身的不确定性尽量减少并做出定量化的评估,数字地形分析的结果才可能被广泛接受。随着数字地形分析应用的不断推广和深入,地形形态数学模型的改进和深化是令人期待的。

10.3.3　地学知识的挖掘和地学过程反演

不言而喻,数字地形分析的基础是地学分析,是地学知识的计算实现。数字地形分析理论和技术的不断发展和深化,也反过来为地学知识的挖掘和反演地学过程提供了平台。目前已经看到为数不少的类似研究,如本书第 8 章介绍的黄土沟壑演变过程,以及美国北依利诺斯大学(Northern Illinois University)开发的地形模拟模型(Web-based Interactive Landform Simulation Model - WILSIM)(www. niu. edu/landform),以非线性模型反演地貌学过程。通过这种地学过程反演,可以进一步深化和促进相关的地学研究,进而改进数字地形分析的基础——地学模型。

10.4　结　束　语

数字地形分析是在数字高程模型上进行地形属性计算和特征提取的数字信息处理技术,它是随着数字高程模型的发展而出现的地形分析方法。本书试图以地形曲面的数字特征为出发点,阐述数字地形分析的理论、方法和技术,分析在数字高程模型上各种地形参数与地形特征的计算和实现原理,剖析数字地形分析方法对地学分析的影响,以求比较全面地建立数字地形分析的基本理论体系框架。

应该指出的是,由于篇幅所限,本书并不力求事无巨细地涵盖与数字地形分析有关的全部内容,而着重讨论数字地形分析的基本理论、核心算法和典型应用。本书的目的是向读者介绍数字地形分析的基本概念和技术,同时也希望尽量提供实用的方法和算法,并尽可能地提供各种方法的出处和参考文献。如果读者可以将本书作为数字地形分析的入门书和工具书,本书的目的也就达到了。

参 考 文 献

鲍伊柯, A B. 1989. 地形测量自动化的方法和设备. 扬定国译. 北京:测绘出版社

陈家琦. 1998. 当代水文学的发展趋势. 见:陈述彭主编. 地球系统科学. 北京:中国科学技术出版社. 852~854

陈永良, 刘大有. 2001. 一种新的山脊线和山谷线自动提取方法. 中国图形图像学报, 6(12)A版:1230~1234

龚健雅. 1993. 整体 SIS 的数据组织与处理. 武汉:武汉测绘科技大学出版社

龚健雅. 2001. 地理信息系统基础. 北京:科学出版社

郭庆胜, 陈宇箭, 李雪梅. 2005. 明暗等高线自动绘制方法. 测绘信息与工程, 30(3):30~32

郭仁忠. 1997. 空间分析(第一版). 武汉:武汉测绘科技大学出版社

郭仁忠. 2001. 空间分析(第二版). 北京:高等教育出版社

国家科技部国家 863 计划信息获取与处理主题专家组, 中国地理信息系统协会和国家遥感中心办公室. 2003. 我国
地理信息系统技术及其产业发展现状报告. 北京:中国地理信息系统协会

黄培之. 1995. 彩色地图扫描数据自动分层与等高线分析[博士学位论文]. 武汉:武汉大学

黄培之. 2001. 提取山脊线和山谷线的一种新方法. 武汉大学学报, 信息科学版, 26(3):247~252

黄幼才, 刘文宝. 1995. GIS空间数据误差分析与处理. 武汉:中国地质大学出版社

柯正谊, 何建邦, 池天河. 1993. 数字地面模型. 北京:中国科学技术出版社

柯正谊. 1988. 建立黄土高原数字高程模型的一种可行方法. 资源与环境信息系统研究系列论文集之二. 北京:测
绘出版社

李钜章. 1987. 中国地貌基本形态划分的探讨. 地理研究, 6(2):32~39

李庆扬, 王能超, 易大义. 1982. 数值分析. 武汉:华中工学院出版社

李志林, 朱庆. 2000. 数字高程模型. 武汉:武汉测绘科技大学出版社

李志林, 朱庆. 2003. 数字高程模型(第二版). 武汉:武汉大学出版社

刘昌明, 岳天祥, 周成虎. 2000. 地理学的数学模型与应用. 北京:科学出版社

刘昌明. 1998. 小流域暴雨径流计算. 见:陈述彭主编. 地球系统科学. 北京:中国科学技术出版社. 854~855

刘大杰, 史文中, 童小华等. 1999. GIS空间数据质量的精度分析与评价. 上海:上海科学技术与文献出版社

刘黎明. 1998. 区域土壤侵蚀与水土保持. 见:陈述彭主编. 地球系统科学. 北京:中国科学技术出版社. 909~910

刘新华, 杨勤科, 汤国安. 2001. 中国地形起伏度的提取及在水土流失定量评价中的应用. 水土保持通报, 21(1):
57~59, 62

刘新仁. 2001. 数字水文——信息时代的水文技术革命. 见:刘昌明主编. 21世纪中国水文科学研究的新问题、新技
术和新方法. 北京:科学出版社. 11~17

刘学军, 符锌砂, 赵建三. 2000. 三角网数字地面模型快速构建算法研究. 中国公路学报, 13(2):31~36

刘学军, 符锌砂. 2001. 三角网数字地面模型的理论、方法现状及发展. 长沙交通学院学报, 17(2):24~31

刘学军. 2002. 基于规则格网数字高程模型解译算法误差分析与评价. 武汉大学博士论文

刘泽慧, 黄培之. 2003. DEM数据辅助的山脊线和山谷线提取方法的研究. 测绘科学, 28(4):33~36

闾国年, 钱亚东, 陈钟明. 1998a. 基于栅格数字高程模型提取特征地貌技术研究. 地理学报, 53(6):562~568

闾国年, 钱亚东, 陈钟明. 1998b. 基于栅格数字高程模型自动提取黄土地貌沟沿线技术研究. 地理科学, 18(6):
567~573

倪绍祥. 1999. 土地类型与土地评价概论. 北京:高等教育出版社

牛文元. 1992. 理论地理学. 北京:商务印书馆

任立良, 刘新仁. 2001. 基于数字流域的水文过程模拟研究. 见:刘昌明主编. 21世纪中国水文科学研究的新问题、
新技术和新方法. 北京:科学出版社. 181~189

史文中. 1998. 空间数据误差处理的理论与方法. 北京:科学出版社

孙家广. 1998. 计算机图形学. 北京:清华大学出版社

汤国安，杨玮莹，秦鸿儒．2002．GIS 技术在黄土高原退耕还林草工程中的应用．水土保持通报，22(5)：46～50

王家耀．2001．空间信息系统原理．北京：科学出版社

王桥，毋河海．1998．地图信息的分形描述与自动综合研究．武汉：武汉测绘科技大学出版社

王延亮．1999．由等高线计算水域体积．测绘工程，(3)：52～55

王耀革，王玉海．2002．基于等高线数据的地性线追踪技术研究．测绘工程，11(3)：42～44

邬伦，刘瑜，张晶，马修军等．2001．地理信息系统——原理、方法和应用．北京：科学出版社

毋河海，龚健雅．1997．地理信息系统(GIS)空间数据结构与处理技术．北京：测绘出版社

吴立新，史文中．2003．地理信息系统原理与算法．北京：科学出版社

吴艳兰．2001．基于参考面的可视域计算方法．测绘信息与工程，(1)：19～21

夏军．2001．水文学学科发展与思考．见：刘昌明主编．21 世纪中国水文科学研究的新问题、新技术和新方法．北京：科学出版社．18～27

徐萃薇．1985．计算方法引论．北京：高等教育出版社

徐青．2000，地形三维可视化技术．北京：测绘出版社

杨艳生．1998．土壤侵蚀模型．见：陈述彭主编．地球系统科学．北京：中国科学技术出版社．908～909

应申．2005．空间可视分析的关键技术与应用研究．武汉大学博士学位论文

张超，陈丙咸，邬伦．1999．地理信息系统．北京：高等教育出版社

张超，杨秉赓．1991．计量地理学基础．北京：高等教育出版社

张会平，刘少峰．2004．利用 DEM 进行地形高程剖面分析的新方法．地学前缘，11(3)

张克权，郭仁忠．1991．专题制图数学模型．北京：测绘出版社

赵其国．1998．土壤圈和土壤学．见：陈述彭主编．地球系统科学．北京：中国科学技术出版社．884～887

钟业勋，魏文展，李占元．2002．基本地貌形态数学定义的研究．测绘科学，27(3)：16～18

周贵云，刘瑜，邬伦．2000．基于数字高程模型的水系提取算法．地理学与国土研究，16(4)：77～81

朱庆，林晖．2004．数码城市地理信息系统．武汉：武汉大学出版社

Abler R F. 1987. The national science foundation center for geographic information and analysis. *International Journal of Geographic Information Systems*, 1: 303～326

Abrahams A D. 1984. Channel networks: a geomorphological perspective. *Water Resources Research*, 20: 161～188

Ackerman C T, Evans T A, Brunner G W. 2000. HEC-GeoRAS: linking GIS to hydraulic analysis using ARC/INFO and HEC-RAS. In: Maidment D, Djokic D (eds.). *Hydrologic and Hydraulic Modeling Support with Geographic Information Systems*, Redlands, C. A: ESRI Press: 156～176

Ackermann F. 1978. Experimental investigation into the accuracy of contour from DTM. *Photogrammetric Engineering and Remote Sensing*, 44: 1537～1548

Ambroise B, Beven K, Freer J. 1996. Toward a generalization of the TOPMODEL concepts: Topographic indices of hydrological similarity. *Water Resources Research*, 32: 2135～2145

Band L E. 1986. Topographic partition of watershed with digital elevation models. *Water Resources Research*, 22(1): 15～24

Band L E. 1999. Spatial hydrography and landforms. In: Longley P A, Goodchild M F, Maguire D J et al (eds.). *Geographical Information Systems*, New York: John Wiley and Sons. 527～542

Barazangi M, Ni J. 1982. Velocities and propagation characteristics of P_n and S_n waves beneath the Himalayan Arc and Tibetan Plateau: Possible evidence for under-thrusting of Indian continental lithosphere beneath Tibet. *Geology*, 10: 179～185

Barling R D, Moore I D, Grayson R B. 1994. A quasi-dynamic wetness index for characterizing the spatial distribution of zones of surface saturation and soil water content. *Water Resources Research*, 30: 1029～1044

Barling R D. 1992. Saturation Zones and Ephemeral Gullies on Arable Land in Southeastern Australia. PhD Thesis. University of Melbourne

Beghoul N M, Barazangi B, Isacks. 1993. Lithospheric structure of Tibet and Western North-America: Mechanisms of uplift and a comparative study. *Journal of Geophysics Research*, 98: 1997～2016

Bell J C, Grigal D F, Bates P C. 2000. A soil terrain model for estimating spatial patterns of soil organic carbon. In: Wilson J P, Gallant J C(eds.). Terrain Analysis: Principles and Applications, New York: John Wiley and Sons. 295~310

Bennett D A, Armstrong M P. 1989. An inductive bit-mapped classification scheme for terrain feature extraction. In: Proceedings of the GIS/LIS conference 1989, Orlando, 1: 59~68

Beven K J, Kirkby M J. 1979. A physically-based variable contributing area model of basin hydrology. *Hydrological Sciences Bulletin*, 24: 43~69

Beven K J. 1981. Kinematic subsurface stormflow. *Water Resources Research*, 17: 1419~1424

Beven K J. 1986. Runoff production and flood frequency in catchments of order: an alternative approach. In: Gupta V K, Rodriguez-Iturbe I (eds.). Scale Problems in Hydrology. Dordrecht: Reidel. 107~131

Beven K J. 2001. Rainfall-Runoff Modelling. Chichester: John Wiley and Sons

Biesemans J, Meirvenne M V, Gabriels D. 2000. Extending the RUSLE with the Monte Carlo error propagation technique to predict long-term average off-site sediment accumulation. *Journal of Soil and Water Conservation*, (1): 35~42

Blöschl G, Sivaplan M. 1995. Scale issues in hydrological modelling: a review. *Hydrological Processes*, 9: 313~330

Boissonnat J D, Dobrindt K. 1992. On-line construction of the upper envelope of triangles in R^3. In: Wang C A (eds). Proceedings 4th Canadian Conference on Computational Geometry. Newfoundland, Memorial: 311~315

Bolstad P V, Stowe T J. 1994. An evaluation of DEM accuracy: elevation, slope and aspect. *Photogrammetric Engineering and Remote Sensing*, 60: 1327~1332

Brasington J, Richards K. 1998. Interactions between model predictions, parameters and DTM scales for TOPMODEL. *Computer and Geosciences*, 24(4): 299~314

Breimen L, Friedman J H, Olshen R A et al. 1984. Classification and Regression Trees. Belmont, CA: Wadsworth

Brown D, Bara T. 1994. Recognition and reduction of systematic error in elevation and derivative surface from 7. 5-minute DEMs. *Photogrammetric Engineering and Remote Sensing*, 60(2): 189~194

Bruzzone E, DeFloriani L, Magillo P. 1995. Updating visibility information on multiresolution terrain models. In: Frank A U, Kuhn W (eds). Proceedings Conference on Spatial Information Theory (COSIT'95), Lecture Notes in Computer Science 988, Berlin: Springer-Verlag. 279~296

Burbank D W. 1992. Characteristic size of relief. *Nature*, 359: 483~484

Burrough P A, Mcdonnell R A. 1998. Principles of Geographical Information System. Oxford, UK: Oxford University Press

Burrough P A, Rijn R, Rikken M. 1991. Spatial data quality and error analysis issues: GIS functions and Environmental modeling. In: Maguire D J, Goodchild M F, Rhind D W. (eds.). Geographical Information System: Principles and Applications. London: Longman. 29~34

Burrough P A. 1986. Principles of Geographical Information System for land resources Assessment. Oxford: Clarendon

Caldwell D R, Mineter M J, Dowers S et al. 2003. Analysis and visualization of visibility surfaces. In: Proceedings of the 7th International Conference on GeoComputation. University of Southampton, Southampton

Carter J R. 1988. Digital representations of topographic surface. *Photogrammetric Engineering and Remote Sensing*, 54(11): 1577~1580

Carter J R. 1992. The effect of data precision on the calculation of slope and aspect using gridded DEMs. *Cartographica*, 29(1): 22~34

Cary G J. 1998. Predicting Fire Regimes and Their Ecological Effects in Spatially Complex Landscapes. PhD Thesis. Australian National University, Canberra

Chairat S, Delleur J W. 1993. Effects of the topographic index distribution on predicted runoff using GRASS. *Water Resources Bulletin*, 29: 1029~1034

Chang K, Tsai B. 1991. The effect of DEM resolution on slope and aspect mapping. *Cartography and Geographic In-*

formation Systems, 18: 69~77

Chang K. 2004. Introduction to Geographic Information Systems. Boston: McGraw Hill Higher Education

Chen C S, Lin H C. 1991. Using the cubic spline rule for computing the area enclosed by an irregular boundary. *Surveying and Land Information System*, 51(2): 113~118

Chen J, Li J, He J et al. 2002. Development of geographical information systems (GIS) in China: an overview. *Photogrammetric Engineering and Remote Sensing*, 68(4): 325~332

Chorowicz J, Ichoku C, Riazanoff S, et al. 1992. A combined algorithm for automated drainage network extraction. *Water Resources Research*, 28(5): 1293~1302

Chu T H, Tsai T H. 1995. Comparison of accuracy and algorithms of slope and aspect measures from DEM. In: Proceedings of GIS AM/FM ASIA'95, 21-24 August, Bangkok: I-1 to 11

Cochrane T A, Flanagan D C. 1999. Assessing water erosion in small watersheds using WEEP with GIS and digital elevation model. *Journal of Soil and Water Conservation*, (4): 678~685

Cole R, Sharir M. 1989. Visibility problems for polyhedral terrains. *Journal of Symbolic Computation*, 17:11~30

Costa-Cabral M C, Burges S J. 1994. Digital elevation model networks (DEMON): A model of flow over hillslopes for computation of contributing and dispersal areas. *Water Resources Research*, 30(6): 1681~1692

Davis F W, Dozier J. 1990. Information analysis of a spatial database for ecological land classification. *Photogrammetric Engineering and Remote Sensing*, 56: 605~613

Davis J C. 2002. Statistics and Data Analysis in Geology. 3rd Edition. New York: John Wiley and Sons

De Floriani L, Magillo P. 1999. Intervisibility on terrains. In: Longley P A, Goodchild M F, Maguire D J et al. (eds). Geographical Information Systems. New York: John Wiley and Sons. 543~556

De Floriani L, Marzano P, Puppo E. 1994. Line of sight communication on terrain model. *International Journal of Geographical Information Science*, 8(4): 329~342

Desmet P J J, Govers G. 1996a. Comparison of routing algorithms for digital elevation models and their implication for predicting ephemeral gullies. *International Journal of Geographical Information science*, 10(10): 311~331

Desmet P J J, Govers G. 1996b. A GIS procedure for automatically calculating the USLE LS factor on topographically complex landscape units. *Journal of Soil and Water Conservation*, 51(5): 427~433

Dietrich W E, Wilson C J, Montgomery D R et al. 1992. Erosion thresholds and land surface morphology. *Geology*, 20: 675~679

Dietrich W E, Wilson C J, Montgomery D R et al. 1993. Analysis of erosion thresholds, channel networks and landscape morphology using a digital terrain model. *The Journal of Geology*, 101: 259~278

Djokic D, Maidment D R. 1993. Application of GIS network routines for water flow and transport. *Journal of Water Resources Planning and Management*, 119: 229~245

Dobrindt K, Yvince M. 1993. Remembering conflicts in history yields dynamic algorithms. In: Ng K W, Raghavan P, Balasubramanian N V et al. (eds.). Algorithms and Computation, Lecture Notes in Computer Science 762. Hong Kong: Springer-Verlag. 21~30

Dozier J, Bruno J, Downey P. 1981. A faster solution to the horizon problem. *Computers and Geosciences*, 7: 145~151

Dragut L. 2004. Automated classification of landform elements using object-based image analysis. www. zgis. at/ss_dtm/LinkedDocuments/Lucian_ss_dtm_sbg. pdf

Duan J, Grant G E. 2000. Shallow landslide delineation for steep forest watersheds based on topographic attributes and probability analysis. In: Wilson J P, Gallant J C (eds.). Terrain analysis: Principles and Application. John Wiley and Sons Press, 2000. 311~330

Duncan C, Masek J, Fielding E B. 2003. How steep are the Himalaya? Characteristics and implications of along-strike topographic variations. *Geology*, 31(1): 75~78

Eklundh L, Martensson U. 1995. Rapid generation of digital elevation models from topographic maps. *International Journal of Geographical Information Systems*, 9: 329~340

Evans I S. 1972. General geomorphometry, derivatives of altitude and descriptive statistics. In: Chorley R J. (eds.). Spatial Analysis in Geomorphology. London: Methuen and Co. 17~90

Evans I S. 1979. An integrated system of terrain analysis and slope mapping. Final report on grant DA-ERO-591-73-G0040, University of Durham, England

Evans I S. 1980. An Integrated system of terrain analysis and slope mapping. *Zeitschrift fiir Geomorphologie* (Supplement Band), 36:274~295

Evans I S. 1990. General geomorphometry. In: Goudie A (eds.). Geomorphological Techniques, London: Allen and Unwin. 44~56

Evans I S. 1998. What do terrain statistics really mean? In: Lane S N, Richards K S, Chandler J H. (eds.). Landform Monitoring Modelling and Analysis. New York: John Wiley and Sons. 119~138

Eyton J R. 1984. Raster Contouring. *Geo-Processing*, (2): 221~242

Fairfield J, Leymarie P. 1991. Drainage networks from grid elevation models. *Water Resources Research*, 27(5): 709~717

Fielding E B, Isacks M, Barazangi et al. 1994. How flat is Tibet? *Geology*, 22: 163~167

Fisher P F. 1991. First experiments in viewshed uncertainty: the accuracy of the viewshed area. *Photogrammetric Engineering and Remote Sensing*, 57 (10): 1321~1327

Fisher P F. 1993. Algorithm and implementation uncertainty in viewshed analysis. *International Journal of Geographical Information System*, 7(4): 331~347

Fisher P F. 1999. Models of uncertainty in spatial data. In: Longley P A, Goodchild M F, Maguire D J, et al. (eds.). Geographical Information Systems, New York: John Wiley and Sons. 191~205

Fleming M D, Hoffer R M. 1979. Machine processing of Landsat MSS data and DMA topographic data for forest cover type mapping: West Lafayette, IN, Purdue, University, Laboratory for Applications of Remote Sensing, LARS Technical Report 062879

Florinsky I V, Kuryakova G A. 2000. Determination of grid size for digital terrain modeling in landscape investigations-exemplified by soil moisture distribution at a mirco-scale. *International Journal of Geographical Information Science*, 14(8): 815~832

Florinsky I V. 1998a. Combined analysis of digital terrain models and remotely sensed data in landscape investigations. *Progress in Physical Geography*, 22(1): 33~60

Florinsky I V. 1998b. Accuracy of local topographic variables derived from digital elevation models. *International Journal of Geographical Information Science*, 12(1): 47~61

Foley J D, van Dam A, Feiner S K et al. 1990. Computer Graphics: Principles and Practice, 2nd Edition, Reading, MA: Addison-Wesley

Franklin J, McCullough P, Gray C. 2000. Terrain variables used for predictive mapping of vegetation communities in southern California. In: Wilson J P, Gallant J C (eds.). Terrain Analysis: Principles and Application, New York: John Wiley and Sons. 331~353

Franklin W R, Ray C K. 1994. Higher isn't necessarily better: visibility algorithms and experiments. The 6th International Symposium on Spatial Data Handling. *Advances in GIS Research*, 1-2: 751~770

Freeman T G. 1991. Calculating catchment area with divergent flow based on a regular grid. *Computer and Geosciences*, 17(3): 413~422

Fry G L A, Skar B G, Jerpåsen V et al. 2004. Locating archaeological sites in the landscape: a hierarchical approach based on landscape indicators. *Landscape and Urban Planning*, 67: 97~107

Gallant J C, Hutchinson M F. 1996. Towards an understanding of landscape scale and structure. In: NCGIA (eds.). Proceedings of the Third International Conference on Integrating GIS and Environmental Modeling, Santa Barbara, CA: University of California. National Center for Geographic Information and Analysis: CD-ROM and WWW

Gallant J C, Wilson J P. 1996. TAPES-G: A grid-based terrain analysis program for the environmental sciences. *Computer and Geosciences*, 22(7): 713~722

Gandner T W, Sasowsky K C, Day R L. 1990. Automated extraction of geomorphometric properties from digital elevation data. *Zeitschrift fur Geomorphologie Suppl*, 80: 57~68

Gao J. 1997. Impact of sampling intervals on the reliability of topographic variables mapped from grid DEMs at a mirco-scale. *International Journal of Geographical Information science*, 12(8): 875~890

Garbrecht J, Martz L W. 1994. Grid size dependency of parameters from digital elevation models. *Computer and Geosciences*, 20(1): 85~87

Garbrecht J, Martz L W. 1997. The assignment of drainage direction over flat surface in raster digital elevation models. *Journal of Hydrology*. 193: 204~213

Garbrecht J, Martz L W. 1999. Digital elevation model issues in water resources modeling. http://www. esri. com/library/userconf/proc99

Garbrecht J. 1988. Determination of the execution sequence of channel flow for cascade routing in a drainage network, *Hydrosoft*,1(3):129~138

Garg N K, Sen D J. 1994. Determination of watershed features for surface runoff models. *Journal of Hydraulic Engineering*, 120(4): 427~447

Gates D M. 1980. Biophysical Ecology. New York: Springer

GEO. 1997. The Natural Terrain Landslide Study, Phases I and II, Special Project Report. Hong Kong: Geotechnical Engineering Office, Civil Engineering Office

Gessler P E. 1996. Statistical Soil-Landscape Modeling for Environmental Management. PhD. Thesis. Australian National University, Canberra

Glies P T, Franklin S E. 1996. Comparison of derivative topographic surface of a DEM generated from stereoscopic SPOT images with filed measurements. *Photogrammetric Engineering and Remote Sensing*, 62: 1165~1171

Goodchild M F, Gopal S. (eds.). 1989. The Accuracy of Spatial Database. New York: Taylor and Francis

Goodchild M F, Sun G, Yang S. 1992. Development and test of an error model for categorical data. *International Journal of GIS*, 6: 87~104

Goodchild M F. 1978. Statistical aspects of the polygon overlay problem, Harvard Paper on Geographic Information System, Vol. 6. In: Dutton G. (eds.). New York: Addision-Wesley

Goodchild M F. 1988. Lakes on fractal surfaces: A null hypothesis for lake-rich landscapes. Mathematical Geology, 20(6): 615~630

Goodchild M F. 1991. The spatial data infrastructure of environmental modeling. In: Maguire D J, Goodchild M F, Rhind D W. (eds.). Geographical Information System: Principles and Applications. London:Longman. 11~15

Goovaerts P. 1997. Geostatistics for Natural Resources Evaluation. Oxford: Oxford University Press

Gyasi-Agyei Y, Willgoose G, De Troch F. 1995. Effects of vertical resolution and map scale of digital elevation models on geomorphological parameters used in hydrology. *Hydrological Processes*, 9: 363~382

Haggett P. 1983. Geography: A Modern Synthesis, Revised 3rd Edition. New York: Harper Collins Publishers

Hall G F, Olson C G. 1991. Predicting variability of soils from landscape models. In: Mausbach M J, Wilding L P. (eds.). Spatial Variability of Soils and Landforms. Madison W I: Soil Science Society of America. 9~24

Heuvelink B M. 1993. Error Propagation in Quantitative Spatial Modelling. *Applications in Geographical Information Systems*. University of Utrecht

Heuvelink B M. 1998. Error Propagation in Environmental Modeling with GIS, Taylor and Francis

Hickey R J. 2000. Slope angle and slope length solutions for GIS. *Cartography (Canberra)*, 29(1): 1~8

Hodgson M E. 1995. What cell size does the computed slope/aspect angle represent? *Photogrammetric Engineering and Remote Sensing*, 61: 513~517

Holmgren P. 1994. Multiple flow direction algorithm for runoff modelling in grid based elevation models: an empirical evaluation. *Hydrology Processes*, 8: 327~334

Horn B K P. 1981. Hill shading and the reflectance map. *Proceedings of IEEE*, 69(1): 14~47

Horton R E. 1945. Erosional development of streams and their drainage basins: Hydrophysical approach to quantitative morphology. *Geol. Soc. Am. Bull.*, 56: 275~370

Hudson B D. 1990. Concepts of soil mapping and interpretation. *Soil Survey Horizons*, 31: 63~72

Hunter G J, Goodchild M F. 1995. Dealing with error in spatial database: A simple case study. *Photogrammetric Engineering and Remote Sensing*, 61(5): 529~537

Hunter G J, Goodchild M F. 1997. Modeling the uncertainty of slope and aspect estimates derived from spatial databases. *Geographical Analysis*, 29(1): 35~49

Hutchinson M F, Dowling T L. 1991. A continental hydrological assessment of a new grid-based digital elevation model of Australia. *Hydrological Processes*, 5: 45~58

Hutchinson M F, Gallant J C. 1999. Representation of terrain. In: Longley P A, Goodchild M F, Maguire D J et al. (eds.). Geographical Information Systems. New York: John Wiley and Sons. 105~124

Hutchinson M F, Gallant J C. 2000. Digital elevation models and representation of terrain shape. In: Wilson J P, Gallant J C (eds.). Terrain Analysis: Principles and Applications. New York: John Wiley and Sons. 29~50

Hutchinson M F. 1989. A new procedure for gridding elevation and stream line data with automatic removal of spurious pits. *Journal of Hydrology*, 106: 211~232

Hutchinson M F. 1995. Interpolating mean rainfall using thin plate smoothing splines. *International Journal of Geographical Information System*, 9: 385~403

Hutchinson M F. 1996. A locally adaptive approach to the interpolation of digital elevation models. In: NCGIA (eds.). Proceeding of the third International Conference Integrating GIS and Environmental Models, Santa Fe, New Mexico. 21-25 Janunry, 1996, Santa Barbara, CA: University of California. National Centre for Geographic Information and Analysis: CD-ROM and WWW

Hutchinson M F. 1997. AUNDEN Version 4. 6, Centre Resource and Environmental Studies. Australian National University, Caberra. http://cres. anu. edu. au/software/anuden. html

Hutchinson M F. 1998. Interpolation of rainfall using thin plate smoothing splines, II: analysis of topographic dependence. *Journal of Geographical Information and Decision Making*, 2: 168~185

Ichoku C, Karnieli A, Verchovsky I. 1996. Application of fractal techniques to comparative elevation of two methods of extracting channel networks from digital elevation models. *Water Resources Research*, 32: 389~399

Ida T. 1984. A hydrological method of estimation of topographic effect on saturated through flow. *Transactions of Japan Geomorphology Union*, 5: 1~12

Imhof E. 1982. Cartographic Relief Presentation. Berlin and New York: Walter de Gruvter

Issacson D L, Ripple W J. 1991. Comparison of 7. 5 minute and 1 degree digital elevation models. *Photogrammetric Engineering and Remote Sensing*, 56: 1523~1527

Jenson S K, Domingue J O. 1988. Extracting topographic structure from digital elevation model data for geographic information system analysis. *Photogrammetric Engineering and Remote Sensing*, 54: 1593~1600

Jenson S K. 1985. Automated derivation of hydrologic basin characteristics from digital elevation data. In: Proceedings of Auto-Carto 7, Digital Representations of Spatial Knowledge (Bethesda M D: American Congress on Surveying and Mapping): 301~310

Jenson S K. 1991. Applications of hydrologic information automatically extracted from digital elevation model data for geographic information system analysis. *Photogrammetric Engineering and Remote Sensing*, 54: 1593~1600

Jenson S K. 1994. Application of hydrologic information automatically extracted from digital elevation models. In: Beven K J, Moore I D (eds.). Terrain analysis and Distributed Modelling in Hydrology. John Willy and Sons, Chichester, UK, 35~48

Jiang B, Claramunt C, Klarqvist B. 2000. An Integration of space syntax into GIS for modeling urban space. *International Journal of Applies Earth Observation and Geoinformation*, 2: 161~171

Jones K H. 1998. A comparison of algorithms used to compute hill slope as a property of the DEM. *Computer and Geosciences*, 24(4): 315~323

Jones N L, Wright S G and Maidment D R. 1990. Watershed delineation with triangle-based terrain models, *Journal of*

Hydraulic Engineering, 116: 1232~1251

Kennelly P, Kimerling A J. 2001. Modification of Tanaka's Illuminated Contour Method. *Cartography and Geographic Information Science*, 28(2): 111~123

King J T. 1989. 数值计算引论. 林成森, 颜起居, 李明霞译. 南京: 南京大学出版社

Kirkby M J, Chorley R J. 1967. Throughflow, overland flow, and erosion. *Bulletin of the International Association of Scientific Hydrology*, 12: 5~12

Kraus K. 1994. Visualization of the quality of surface and their derivatives. *Photogrammetric Engineering and Remote Sensing*, 60(4): 457~463

Krcho J. 1991. Georelief as a subsystem of landscape and the influence of morphometric parameters of georelief on spatial differentiation of landscape-ecological processes. *Ecology (CSFR)*, 10: 115~157

Kreveld M. 1996. Variations on sweep algorithms: efficient computation of extended viewsheds and class intervals. *Proceedings Symposium on Spatial Data Handling*: 13A. 15-13A. 27

Krist F J, Daniel G B. 1994. GIS modeling of paleo-Indian period caribou migrations and viewsheds in northeastern lower Michigan. *Photogrammetric Engineering and Remote Sensing*, 60(9): 1129~1137

Kristensen K J, Jensen S E. 1975. A model for estimating actual evapotranspiration from potential evapotranspiration. *Nordic Hydrology*, 6: 170~188

Kroll C, Stedinger J. 1996. Estimation of moments and quartiles using censored data. *Water Resources Research*, 32 (4): 1005~1012

Krysanova V, Müller-Wohlfeil D, Cramer W et al. 2000. Spatial analysis of soil-moisture deficit and potential soil loss in the Elbe Drainage Basin. In: Wilson J P, Gallant J C. (eds.). Terrain Analysis: Principles and Applications. New York: John Wiley and Sons. 163~181

Kubik K. 1988. Digital elevation model review and outlook. In: Proceedings of the 16th ISPRS Congress, B3

Kuhni A, Pfiffner O A. 2001. The relief of the Swiss Alps and adjacent areas and its relation to lithology and structure: topographic analysis from a 250-m DEM. *Geomorphology*, 41(4): 285~307

Kumar L, Skidmore A K, Knowles E. 1997. Modelling topographic variation in solar radiation in a GIS environment. *International Journal of Geographical Information Science*, 11(5): 475~497

Kumler M P. 1994. An intensive comparison of triangulated irregular networks (TINs) and digital elevation models (DEM). *Cartographica*, 31: 1~9

Lagacherie P, Moussa R, Cormary D et al. 1996. Effects of DEM data source and sampling pattern on topographical parameters and on a topography-based hydrological model. In: Kovar K, Nachtnebel H P (eds.). Application of the Geographic Information Systems in Hydrology and Water Resources: Proceedings of the HydroGIS 96 Conference held in Vienna, April 1996, Wallingford, UK: International Association of Hydrological Sciences Publication No. 235:191~199

Lanari R, Fornaro G, Riccio D et al. 1997. Generation of digital models by using SIR-C/X-SAR multifrequency two-interferometry: the Etna case study. *IEEE Transactions on Geosciences and Remote Sensing*, 34: 1908~1114

Lanyon L T, Hall G F. 1983. Land surface morphology: 2. Predicting potential landscape instability in eastern Ohio. *Soil Science*, 136: 382~389

Lea N J. 1992. An aspect-driven kinematic routing algorithm. In: Parsons A J and Abrahams A D(eds). *Overland Flow: Hydraulics and Erosion Mechanics*, London: UCL Press

Lee J, Snyder P K, Fisher P F. 1992. Modeling the effect of data errors on feature extraction from digital elevation models. *Photogrammetric Engineering and Remote Sensing*, 58(10): 1461~1467

Lee J. 1996. Digital Elevation Models: Issues of Data Accuracy and Applications, Proceedings of the ESRI User Conference

Li Z. 1988. On the measure of digital terrain model accuracy. *Photogrammetric Record*, 72(12): 873~877

Li Z. 1991. Effect of check points on the reliability of DTM accuracy estimates obtained from experimental tests. *Photogrammetric Engineering and Remote Sensing*, 57(10): 1333~1340

Li Z. 1993a. Theoretical models of the accuracy of digital terrain models: an evaluation and some observations. *Photogrammetric Record*, 14(82): 651~659

Li Z. 1993b. Mathematical models of the accuracy of digital terrain model surface linearly constructed from square gridded data. *Photogrammetric Record*, 14(82): 661~673

Li Z. 1994. A comparative study of the accuracy of digital terrain models (DTMs) based on various data models. *Photogrammetric Engineering and Remote Sensing*, 49: 2~11

Li Z, Zhu Q, Gold C. 2005. Digital Terrain Modeling: Principles and Methodology. Boca Raton, FL: CRC Press

Liang C, Mackay D S. 2000. A general model of watershed extraction and representation using globally optimal flow paths and up-slope contributing areas. *International Journal of Geographical Information Science*, 14(4): 337~358

Lillesand T M, Kiefer R W, Chipman J W. 2004. Remote Sensing and Image Interpretation, 5th Edition. New York: John Wiley and Sons

Linacre E. 1992. Climate Data and Resources: A Reference Guide. London: Routledge

Liu H, Jezek K C. 1999. Investigating DEM error patterns by directional variograms and fourier analysis. *Geographical Analysis*, 31(3): 249~266

Long S W. 2000. Development of digital terrain representation for use in river modeling. In: Maidment D, Djokic D. (eds.). Hydrologic and Hydraulic Modeling Support with Geographic Information Systems. Redlands, CA: ESRI Press, 145~154

López C. 1997. Locating some types of random errors in digital terrain models. *International Journal of Geographical Information Science*, 11(7): 677~698

MacDougall E B. 1975. The Accuracy of map overlays. *Landscape and Planning*, 2: 23~30

Mackey B G, Mullen I C, Baldwin K A et al. 2000. Towards a spatial model of boreal forest ecosystems: the role of digital terrain analysis. In: Wilson J P, Gallant J C (eds.). Terrain Analysis: Principles and Applications. New York: John Wiley and Sons. 391~422

Mackey B G. 1996. The role of GIS and environmental modelling in the conservation of biodiversity. In: NCGIA (eds.). Proceeding of the Third International Conference on Integrating GIS and Environmental Modeling, Sante Fe, New Mexico, 21-25 January, 1996. Santa Barbara, CA: National Center for Geographic Information and Analysis, University of California: CD-ROM and WWW

Madry S L H, Rakos L. 1996. Line of sight and cost surface techniques for regional research in the Arroux river valley. In: Maschner H D G (eds.). New Methods, Old Problems: GIS in Modern Archaeological Research, Southern Illinois University Center for Archaeological Investigations, Occasional Paper No. 23, Carbondale

Maidment D, Djokic D. 2000. Hydrologic and Hydraulic Modeling Support with Geographic Information Systems, Redlands, CA: ESRI Press

Mark D M. 1984. Automatic detection of drainage networks from digital elevation models. *Cartographica*, 21(2/3): 168~178

Martz L W, Garbrecht J. 1992. Numerical definition for drainage network and subcatchment areas from digital elevation models. *Computers and Geosciences*, 18(6): 747~761

Martz L W, Garbrecht J. 1998. The treatment of flat areas and depressions in automated drainage analysis of raster digital elevation models. *Hydrological Processes*, 12: 843~855

Martz L W, Garbrecht J. 1999. An outlet breaching algorithm for the treatment of closed depressions in a raster DEM. *Computer and Geosciences*, 25: 835~844

McBratney A B, de Gruijter J J. 1992. A continuum approach to soil classification by modified fuzzy k-means with extragrades. *Journal of Soil Science*, 43: 159~175

McCool D K, Brown, L C, Foster G R et al. 1987. Revised slope steepness factor for the Universal Soil Loss Equation. *Transactions of the American Society of Agricultural Engineers*, 30: 1387~1396

McCool D K, Foster G R, Mutchler C K. 1989. Revised slope length factor for the Universal Soil Loss Equation.

Transactions of the American Society of Agricultural Engineers, 32: 1571~1576

McKenzie N J, Gessler P E, Ryan P J et al. 2000. The role of terrain analysis in soil mapping. In: Wilson J P, Gallant J C (eds.). Terrain Analysis: Principles and Applications. New York: John Wiley and Sons. 245~265

Meisels A, Raizman S, Karnieli A. 1995. Skeletonizing a DEM into a drainage network. *Computer and Geosciences*, 21(1): 187~196

Mendicino G, Soil A. 1997. The information content theory for the estimation of the topographic index distribution used in TOPMODEL. *Hydrological Processes*, 11: 1099~1114

Miller C, Laflamme. 1958. The digital terrain model—theory and applications. *Photogrammetric Engineering*, 24: 433~442

Mills K, Fox G, Heimbach R. 1992. Implementing an intervisibility analysis model on a parallel computing system. *Computers and Geosciences*, 18(8): 1047~1054

Mitasova H, Hofierka J, Zlocha M et al. 1996. Modeling topographic potential for erosion and deposition using GIS. *International Journal of Geographical Information Systems*, 10: 629~641

Mitasova H, Hofierka J. 1993. Interpolation by regularized spline with tension, II: application to terrain modeling and surface geometry analysis. *Mathematical Geology*, 25: 657~669

Monckton C. 1994. An investigation into the spatial structure of error in digital elevation models. In: Worboys M F (eds.). Innovations in GIS 1, 201~211. London: Taylor and Francis

Montgomery D R, Dietrich W E. 1989. Source areas, drainage density and channel initiation. *Water Resources Research*, 25: 1907~1918

Montgomery D R, Dietrich W E. 1992. Channel initiation and the problem of landscape scale. *Science*, 255: 826~830

Montgomery D R, Foufoula-Georgiou E. 1993. Channel network source representation using digital elevation models. *Water Resources Research*, 29: 3925~3934

Montgomery D R, Sullivan K, Greenberg M. 2000. Regional test of a model for shallow landsliding. In: Gurnell A M, Montgomery D R(eds.). Hydrological Applications of GIS, Chichester, John Wiley and Sons. 123~135

Moore I D, Burch G J, Mackenzie D H. 1988a. Topographic effects on the distribution of surface soil water and the location of ephemeral gullies. *Transactions of the American Society of Agricultural Engineers*, 31 (4): 1098~1107

Moore I D, O'Loughlin E M, Burch G J. 1988b. A contour-based topographic model for hydrological and ecological applications. *Earth Surface Processes and Landforms*, 13: 305~320

Moore I D, Gallant J C, Guerra L et al. 1993a. Modeling the spatial variability of hydrologic process using GIS. In: Kovar K, Nachtnebel H P (eds.). Application of Geographic Information Systems in Hydrology and Water Resources: Proceeding of the HydroGIS 93, Conference held in Vienna, April 1993, Wallingford, UK: International Association of Hydrologic Sciences Publication No. 211: 83~92

Moore I D, Gessler P E, Nielsen G A et al. 1993b. Soil attribute prediction using terrain analysis. *Soil Science Society of America Journal*, 57: 443~452

Moore I D, Gessler P E, Nielsen G A et al. 1993c. Terrain analysis for soil specific crop management. In: Robert P C, Rust G A, Larson W E (eds.). Soil Specific Crop Management. Madison, WI: Soil Science Society of America. 27~55

Moore I D, Lewis A, Gallant J C. 1993d. Terrain attributes: estimation methods and scale effects. In: Jakeman A J, Beck M B, McAleer M J (eds.). Modeling Change in Environmental System. New York: Wiley:189~214

Moore I D, Norton T W, Williams J E. 1993e. Modelling environmental heterogeneity in forested landscapes. *Journal of Hydrology*, 150: 717~747

Moore I D, Grayson R B, Ladson A R. 1991a. Digital terrain modelling: a review of hydrological, geomorphological, and biological applications. *Hydrological Processes*, 5: 3~30

Moore I D, Grayson R B. 1991b. Terrain-based catchment partitioning and runoff prediction using vector elevation data. *Water Resources Research*, 27(6): 1177~1191

Moore I D, Hutchinson M F. 1991c. Spatial extension of hydrologic process modeling. In: Proceedings of the International Hydrology and Water Resources Symposium, 2-4 October. Perth: 803~808

Moore I D, Turner A K, Wilson J P et al. 1993f. GIS and land surface-subsurface modeling. In: Goodchild M F, Park B O,Steyaert L T (eds.). Environmental Modeling With GIS, New York: Oxford University Press. 196~230

Moore I D, Wilson J P, Ciesiolka C A. 1992a. Soil erosion prediction and GIS: linking theory and practice. In: Luk S H, Whitney J (eds.). Preceeding of the International Conference on the Application of Geographic Information Systems to Soil Erosion Management. Toronto: University of Toronto Press. 31~48

Moore I D, Wilson J P. 1992b. Length-slope factor for the Revised Universal Soil Loss Equation: simplified method of estimation. *Journal of Soil and Water Conservation*, 49: 174~180

Moore I D, Wilson J P. 1994. Reply to comments by Foster on "Length-slope factors for the Revised Universal Soil Loss Equation: simplified method of estimation". *Journal of Soil and Water Conservation*, 47: 423~428

Moore I D. 1996. Hydrologic Modeling and GIS. In: Gooldchild M F, Steyaert L T, Parks B O et al. (eds.). GIS and Environmental modeling: Progress and Research Issues, Fort Collins, CO: GIS World Books. 143~148

Nagy G. 1994. Terrain visibility,*Computer and Graphics*,18(6):763~773

Nelson E J, Jones N L, Miller A W. 1994. Algorithm for precise drainage- based delineation. *Journal of Hydraulic Engineering*, 120(3): 298~312

Nix H A. 1986. A biogeographic analysis of Australian elapid snakes. In: Longmore R (eds.). Atlas of Elapid Snakes of Australian. Canberra: Australian Government Printing Service. 4~15

Nizeyimana E, Bicki T J. 1992. Soil and soil-landscape relationships in the north central region of Rwanda, East-Central Africa. *Soil Science*, 153: 225~236

Onstad C A, Brakensiek D L. 1968. Watershed simulation by the stream path analogy. *Water Resources Research*, 4: 965~971

O'Callaghan J F, Mark D M. 1984. The extraction of drainage networks from digital elevation data. *Computer Vision, Graphics, and Image Processing*, 28: 323~344

O'Loughlin E M, Short D L, Dawes W R. 1989. Modelling the hydrological response of catchments to landuse change. In: Proceedings of Hydrology and Water Resources Symposium. 28~30 November, Christchurch. 335~340

O'Loughlin E M. 1986. Prediction of surface saturation zones in natural catchments by topographic analysis. *Water Resource Research*, 22(5): 794~804

Panuska J C, Moore I D, Kramer L A. 1991. Terrain analysis: integration into the Agricultural Nonpoint Source (AGNPS) Pollution model. *Journal of Soil and Water Conservation*, 46: 59~64

Papo H B, Gelbman E. 1984. Digital terrain models for slopes and curvatures. *Photogrammetric Engineering and Remote Sensing*, 50(6): 695~701

Peucker T K, Douglas D H. 1975. Detection of surface specific points by local parallel of discrete terrain elevation data. *Computer and Image Processing*, (4): 375~387

Phillips G M, Taylor P J. 1972. 数值分析的理论及其应用. 熊西文等译. 上海:上海科学技术出版社

Pilesjö P, Zhou Q. 1996. A multiple flow direction algorithm and its use for hydrological modeling. In: Proceedings of Geoinformatics'96 Conference, 26-28 April, West Palm Beach, FL. 366~376

Pilesjö P, Zhou Q. 1997. Theoretical estimation of flow accumulation from a grid-based digital elevation model. In: Proceedings of GIS AM/FM ASIA'97 and Geoinformatics'97 Conference. 26~29 May, Taipei. 447~456

Pilesjö P, Zhou Q, Harrie L. 1998. Estimating flow distribution over digital elevation models using a form-based algorithm. *Geographical Information Science*, 4(1-2): 44~51

Pilesjö P, Zhou Q. 2000. Estimating surface water flow distribution for urban runoff simulation using gridded digital terrain models. In: Proceedings of the 3rd International Workshop on Urban 3D/Multi-media Mapping. Shibasaki R,Shi Z (eds.). 12~14 September, Tokyo. unpaginated CDROM

Pilotti M, Gandolfi C, Bischetti G B. 1996. Identification and analysis of natural channel networks from digital elevation models. *Earth Surface Processes and Landforms*, 21: 1007~1020

Polidori L, Chorowica J, Guillande R. 1991. Description of terrain as a fractal surface and application to digital elevation model quality assessment. *Photogrammetric Engineering and Remote Sensing*, 57(10): 1329~1332

Preusser A. 1984. Bivariate Interpolation ueber Dreieckselementen durch Polynome 5, Ordung mit C1-Kontinuitaet. *Zeitschrift fuer Vermessungswesen*, 109, Heft 6, 292~301

Priestly C H B, Taylor R J. 1972. On the assessment of surface heat flux and evaporation using large-scale parameters. *Monthly Weather Review*, 100: 81~92

Quinn P F, Beven K J, Lamb R. 1995. The ln(a/tanβ) index: how to calculate it and how to use it within the TOPMODEL framework. *Hydrological Processes*, 9: 161~182

Quinn P F, Beven K, Chevallier P et al. 1991. The prediction of hillslope flow paths for distributed hydrological modelling using digital terrain models. In: Beven K J, Moore I D (eds.). Terrain analysis and Distributed Modelling in Hydeology. Chichester, UK: John Willy and Sons. 63~83

Rawls W J, Ahuja L R, Brakensiek D L et al. 1993. Infiltration and soil water movement. In: Maidment D R (eds.). Handbook of Hydrology. New York: McGraw-Hill. 5. 1-5. 51

Renard K G, Foster G R, Weesies G A et al. 1991. RUSLE: revised universal soil loss equation. *Journal of Soil and Water Conservation*, 41: 30~33

Rieger W. 1998. A phenomenon-based approach to upslope contributing area and depressions in DEMs. *Hydrological Processes*, 12: 857~872

Ritter D. 1987. A vector-based slope and aspect generation algorithm. *Photogrammetric Engineering and Remote Sensing*, 53(8): 1109~1111

Roberts D W, Dowling T I and Walker J. 1997. FLAG: a Fuzzy Landscape Analysis GIS Method for Dryland Salinity Assessment. Canberra: CSIRO Land and Water Technical Report No. 8

Roberts R. 1957. Using new methods in highway location. *Photogrammetric Engineering*, 23: 563~569

Ruhe R V. 1969. Quaternary Landscapes. Iowa. Ames, IA, Iowa University Press

Running S W, Thornton P E. 1996. Generating daily surfaces of temperature and precipitation over complex topography. In: Goodchild M F, Steyaert L T, Parks B O, et al. (eds.). GIS and Environmental Modeling: Progress and Research Issues, Fort Collins, CO: GIS World Books. 93~98

Sampson R J. 1978. Surface II Graphics System, Series on Spatial Analysis, Kansas Geological Survey.

Sasowsky K C, Petersen G W, Evans B M. 1992. Accuracy of SPOT digital elevation model and derivatives: utility for Alaska's North Slope. *Photogrammetric Engineering and Remote Sensing*, 58:815~824

Saunders W. 2000. Preparation of DEMs for use in environmental modeling analysis. In: Maidment D, Djokic D (eds.). Hydrologic and Hydraulic Modeling Support with Geographic Information Systems, Redlands, CA: ESRI Press. 29~51

Schmid J, Evans I S, Brinkmann J. 2003. Comparison of polynomial models for land surface curvature calculation. *International Journal of Geographical Information Science*, 17(8): 797~814

Schmidt J, Hewittl A. 2004. Fuzzy land element classification from DTMs based on geometry and terrain position. *Geoderma* 121: 243~256

Schut C. 1978. Review of Interpolation Methods for Digital Terrain Models. *The Canadian Surveyor*, 30: 389~412

Shapira A. 1990. Visibility and terrain Labelling, Master Thesis. Troy, NY, Rensselaer Polytechnic Institute

Sharpnack D A, Akin G. 1969. An Algorithm for computing slope and aspect from elevations. *Photogrammetric Survey*, 35: 247~248

Shary P A, Sharaya L S, Mitusov A V. 2002. Fundamental quantitative methods of land surface analysis. *Geoderma*, 107: 1~32

Shary P A. 1991. Topographic method of second derivatives. In: Stepanov I N (eds.). The Geometry of Earth Surface Structures, Poushchino: Poushchino Scientific Center. 28~58

Shary P A. 1995. Land surface in gravity points classification by a complete system of curvatures, *Mathematical Geol-*

ogy, 27(3): 373~390

Shreve R L. 1967. Infinite topologically random channel networks. *Journal of Geology*, 75: 178~186

Shuttleworth W J. 1993. Evaporation. In: Maidment D R(eds.). Handbook of Hydrology, New York: McGraw-Hill. 4. 1-4. 53

Skidmore A K, Ryan P J, Dawes W et al. 1991. Use of an expert system to map forest soils from a geographical information system. *International Journal of Geographical Information Systems*, 5(4): 431~445

Skidmore A K. 1989. A comparison of techniques for the calculation of gradient and aspect from a grid digital evevation model. *International Journal of Geographical Information Systems*, 3: 323~334

Skidmore A K. 1990. Terrain positions mapped from a gridded digital elevation model. *International Journal of Geographical Information Systems*, 4(1):33~49

Sloan P G, Moore I D. 1984. Modeling subsurface stormflow on steeply elevation models. *Computers and Geosciences*, 20: 1137~1141

Spanner M A, Strahler A H, Estes J E. 1983. Soil loss prediction in a geographic information system format. In:Proceedings of the 17th International Symposium on Remote Sensing of Environment. Ann Arbor, Michigan. 89~102

Speight J G. 1974. A parametric approach to landform regions. In: Brown E H, Waters R S (eds.). Progress in Geomorphology. London: Alden. 213~230

Srinivasen R, Engel B A. 1991. Effect of slope prediction methods on slope and erosion estimates. *Applied Engineering in Agriculture*, 7:779~783

Srivastava K P, Moore I D. 1989. Application of terrain analysis to land resource investigations of small catchments in the Caribbean. In: Proceedings of the 20th International Conference of the Erosion Control Association. Streamboat Springs, Colorado: 229~242

Storck P, Bowling L, Wetherbee P et al. 2000. Application of GIS-based distributed hydrology model for prediction of forest harvest effects on peak stream flow in the Pacific Northwest. In: Gurnell A M, Montgomery D R (eds.). Hydrological Applications of GIS. Chichester, John Wiley and Sons. 69~84

Strahler A N. 1953. Hypsometric (area-altitude) analysis of erosional topography. *Geol. Soc. Am. Bull.*, 63: 1117~1142

Tang G. 2000. A Research on the Accuracy of Digital Elevation Models. Beijing: Science Press

Tarboton D G, Bras R L,Rodriguez-Iturbe I. 1994. On the extraction of channel networks from digital elevation data. In: Beven K J, Moore I D (eds.). Terrain Analysis and Distributed Modelling in Hydrology. Chicheste: John Wiley and Sons. 85~104

Tarboton D G. 1997. A new method for the determination of flow directions and upslope areas in grid digital elevation models, *Water Resources Research*, 32(2): 309~319

Teng Y A, de Menthon D, Davis L S. 1993. Region-to-region visibility analysis using data parallel machines. *Concurrency: Practice and Experience*, 5: 379~406

Teng Y A. Mount D, Puppo E. 1995. Parallelizing an algorithm for visibility on polyhedral terrain. *International Journal of Computational Geometry and Applications*, 7(12): 75~84

Theobald D M. 1989. Accuracy and bias issues in surface representation. In: Goodchild M F, Gopal S (eds.). The Accuracy of Spatial Database. Taylor and Francis, New York: 99~106

Toriwaki J, Fukumura T. 1978. Extraction of structural information from grey pictures. *Computer Graphics and Image Processing*, (7): 30~51

Tribe A. 1992. Automated recognition of valley lines and drainage networks from grid digital elevation models: a review and a new method. *Journal of Hydrology*, 139: 263~293

Troch P A, Mancini M, Paniconi C et al. 1993. Evaluation of a distributed catchment scale water balance model. *Water Resources Research*, 29: 1805~1817

Unwin. 1981. Introductory Spatial Analysis, Methuen, London and New York

Ustin S L. 2004. Remote sensing for natural resource management and environmental monitoring. Manual of Remote Sensing, 3rd Edition, Volume 4. New York: John Wiley and Sons

Van Kreveld M, Nievergelt J, Roos T et al. 1997. Digital elevation models and TIN algorithm. In: Algorithms Foundation of Geographical Information System. 37~78

Van Leusen M. 1992. Cartographic modeling in a cell-based GIS. In: Andresen J T, Madsen I, Scollar (eds.). Predicting the Past, Computer Applications and Quantitative Methods in Archaeology. Aarhus: Aarhus University Press. 105~124

Venables W M, Ripley B D. 1994. Modern Applied Statistics With S-Plus. New York: Springer

Ventura S J, Irvin B J. 2000. Automated landform classification methods for soil-landscape studies. In: Wilson J P, Gallant J C (eds.). Terrain Analysis: Principles and Applications. New York: John Wiley and Sons. 267~294

Vertessey R A, Hatton T J, O'Shaughnessy P J, et al. 1993. Predicting water yield from a mountain ash forest catchment using a terrain analysis based catchment model. *Journal of Hydrology*, 150: 665~700

Walker J P, Willgoose G R. 1999. On the effect of digital elevation model accuracy on hydrology and geomorphology. *Water Resources Research*, 35(7): 2259~2268

Wang J J, Robinson G J, White K. 2000. Generating Viewsheds Without Using Sightlines, *Photogrammetric Engineering and Remote Sensing*, 66(1): 87~90

Ware J A, Kinder D B, Rallings P J. 1998. Parallel distributed viewshed analysis. In: Proceedings of the sixth CM international symposium on Advanced in geographic information systems, Washington D C. 151~156

Wechsler S P. 1999. Digital Elevation Model (DEM) Uncertainty: Evaluation and Effect on Topographic Parameters. http://www.esri.com/library/userconf/proc99

Weibel R, Heller M. 1991. Digital terrain modeling. In: Geographical Information System: Principles and Application. 269~267

Wheatley J M, Wilson J P, Redmond R L, et al. 2000. Automated land cover mapping using Landsat Thematic Mapper images and topographic attributes. In: Wilson J P, Gallant J C(eds.). Terrain Analysis: Principles and Applications, New York: John Wiley and Sons. 355~389

Wilson J P, Gallant J C. 2000. Terrain Analysis: Principles and Applications. New York: John Wiley and Sons

Wilson J P, Lorang M S. 1999. Spatial models of soil erosion and GIS. In: Fotheringham A S, Wegener M (eds.). Spatial Models and GIS: New Potential and New Models. London: Taylor and Francis. 83~108

Wilson J P, Repetto P L, Snyder R D. 2000. Effect of data source, grid resolution, and flow-routing method on computed topographic attributes. In: Wilson J P, Gallant J C(eds.). Terrain Analysis: Principles and Applications. New York: John Wiley and Sons. 133~161

Wilson J P, Gallant J C. 1996. EROS: a grid-based approaches to environmental resource evaluation. In: Lane S N, Richard K S, Chandler J H (eds.). Landform Monitoring, Modelling, and Analysis. New York: Wiley. 219~240

Wischmeier W H, Smith D D. 1978. Predicting Rainfall Erosion Losses—A Guide To Conservation Planning. Washington D C: U. S. Department of Agriculture, Agriculture Handbook No. 537

Wise S. 1998. The effect of GIS interpolation errors on the use of digital elevation models in geomorphology. In: Lane S, Richards K S (eds.). Landform Monitoring, Modelling and Analysis. John Wiley and Sons. UK: 139~164

Wolock D M, McCabe G J. 1995. Comparison of single and multiple flow direction algorithms for computing topographic parameters in TOPMODEL. *Water Resources Research*, 31(5): 1315~1324

Wolock D M, Price C V. 1994. Effects of digital elevation model and map scale and data resolution on a topography-based watershed model. *Water Resources Research*, 30: 3041~3052

Wood J D. 1996. The Geomorphological Characterisation of Digital Elevation Model. PhD Thesis. University of Leicester

Yeoli P. 1984. Computer-assisted determination of the valley and ridge lines of digital terrain models. Inter. Yearbook of Cartography

Young R A, Ontsad C A, Bosch D D et al. 1987. AGNPS, Agricultural non-Point-Source Pollution Model, A Watershed Analysis Tool. U. S. Department of Agriculture, Conservation Research Report

Zedeh L A. 1965. Fuzzy sets. *Information and Control*, 8: 338~353

Zevenbergen L W, Thorne C R. 1987. Quantitative analysis of land surface topography. *Earth Surface Processes and Landforms*, 12: 47~56

Zhang W H, Montgomery D R. 1994. Digital elevation models grid size, landscape representation, and hydrologic simulations. *Water Resources Research*, 30(4): 1019~1028

Zhao W L, Morgan W J. 1985. Uplift of Tibetan plateau. *Tectonics*, 4: 359~369

Zhao W L, Morgan W J. 1987. Injection of Indian crust into Tibetan lower crust: A two-dimensional finite element model study. *Tectonics*, 6: 489~504

Zhou Q, Liu X. 2002. Error assessment of grid-based flow routing algorithms used in hydrological models. *International Journal of Geographical Information Science*, 16(8): 819~842

Zhou Q, Liu X. 2004a. Error analysis on grid-based slope and aspect algorithms. *Photogrammetric Engineering and Remote Sensing*, 70(8): 957~962

Zhou Q, Liu X. 2004b. Analysis on errors of derived slope and aspect related to DEM data properties. *Computer and Geosciences*, 30(4): 369~378

Zhou Q, Liu X. 2005. The impact of surface complexity on derived topographic properties from a grid-based digital elevation model. In: Proceedings of the 4th International Symposium on Spatial Data Quality. 25-26 August, Beijing. 103~112

Zhou Q, Wang P, Pilesjö P. 1997. On the quantitative measurements of errors generated from hydrological modelling algorithms. In: Proceedings of GIS AM/FM ASIA'97 and Geoinformatics'97 Conference, 26-29 May, Taipei. 811~819

Zhou Q, Wang P, Pilesjö P. 1998. Accuracy assessment of hydrological modelling algorithms using grid-based digital elevation models. In: Proceedings of the International Conference on Modelling Geographical and Environmental Systems with GIS, 22~25 June 1998, Hong Kong. 257~265

Zhou Q, Yang X. 2001. Simulation of an agricultural drainage network using a GIS network model. *Geographical and Environmental Modelling*, 5(2): 133~145

Zhou Q. 1990. Modelling soil erosion by integrating remote sensing and geographical information system. In: Proceedings of the 5th Australian Soil Conservation Conference, 18-23 March, Perth. 29~34

Zhou Q. 1992. Relief shading using digital elevation models. *Computers and Geosciences*, 18(8): 1035~1045

Zhou Q. 2000. A data-independent method for quantitative accuracy assessment of morphological parameters extracted from grid-based DTM. International Archives of *Photogrammetry and Remote Sensing*, 33(Part B4): 1235~1242

Zhu A, Band L E, Dutton B et al. 1996. Automated soil inference under fuzzy logic. *Ecological Modelling*, 90:123~145

Zhu A, Band L E, Vertessy R et al. 1997. Derivation of soil properties using a soil land inference model (SoLIM). *Soil Science Society of America Journal*, 61(2): 523~533

Zhu A, Hudson B, Burt J et al. 2001. Soil mapping using GIS, expert knowledge, and fuzzy logic. *Soil Science Society of America Journal*, 65:1463~1472

Zhu A, Mackay D S. 2001. Effects of spatial detail of soil information on watershed modeling. *Journal of Hydrology*, 248: 54~77

中英文术语对照

accuracy ratio,AR	精度比率
active blocking edge segment sequence ,ABESS	活动障碍边的分割顺序
active sequence	活动顺序
albedo	反射率
algorithm complexity	算法复杂度
alluvium	冲积地
aspect	坡向
Aspect-Driven	流向驱动算法
atmospheric emissivity	大气辐射系数
average	均值化
average curvature	平均曲率
back-slope	背坡
binning	归并
blocking edge	障碍边
boreal forest	寒温带针叶林
brightness	亮度
catchment area	流域面积
catchment length	流域长度
catchment slope	流域坡度
catchment	流域
channel junction	沟谷结点
channel link	沟谷段
channel source node	沟谷源点
chaparral	浓密常绿阔叶灌丛
circumsolar diffuse radiation	环日散射辐射
classification tree analysis,CRT	分类树分析
coarse topo-scale	粗尺度
compound attributes	复合地形属性
compound topographic index	复合地形指数
Computer Assisted Mapping,CAM	计算机辅助地图制图
concave point	凹点
constrained quadratic surface	约束四边形面
constraint TIN	约束不规则三角网

drainage area	流域面积
drainage network	排水网络
drainage system	排水系统
Dynamic Tactical Simulation，Dyntacs	Dyntacs 通视性算法
edge effect	边界效应
effective specific catchment area	有效单位汇水面积
element	平面单元
elevation	高程
elevation range	高程变幅
emissivity	发射率
erosion thresholds	土壤侵蚀阈值
erosivity	侵蚀力
error	误差
evaporative demand	蒸发力
evapotranspiration	总蒸发
exponential	指数
exterior basin area	外部汇流区
exterior link	外部沟谷段
extraterrestrial radiation	地球大气层顶的垂直太阳辐射强度
facet	面片
features	地形形态特征
fine topo-scale	精尺度
flow accumulation	流量累积
flow direction	流向
flow path	流线
flow routing	水流路径跟踪
flow routing algorithm	流水路径算法
flow tube	流管
flow-path curvature	流线曲率
flow-path length	流线长度
foot-slope	麓坡
fraction of sky hemisphere	天空可见率
fragmentation	破碎度
frame finite difference	边框差分
fuzzy set	模糊集
Gaussian	高斯

Geary's c	局耶瑞指数 c
Geographical Information System, GIS	地理信息系统
Geotechnical Engineering Office, GEO	土力工程处
global scale	全球尺度
GPS	全球定位系统
greenness	绿度
grid	格网
grid orientation	格网方向
grid resolution	格网分辨率
gully density	沟壑密度
gully erosion	沟壑侵蚀
head-slope	源头坡
high accuracy algorithm of aspect	高精度的坡向算法
hill shading	地形晕渲法
histogram	频率分布图
horizon angle	水平高度角
horizontal convexity	水平凸度
horizontal curvature	水平曲率
horizontal curvature excess	水平曲率差
Hortonian overland flow	Hortonian 坡面流
hydraulic conductivity	水力传导性
hydraulic gradient	水力坡度
hypsometric tinting or layer tinting	高程分层设色
illuminated contour	明暗等高线
individual transmittance approach	个体透射计算方法
inferior stream link	内部沟谷段
infiltration excess	下渗盈余
Interior basin area	内部汇流区
International Symposium on Spatial Data Quality	国际空间数据质量研讨会
interpretation algorithm	解译算法
inter-visibility	通视性
isotropic diffuse radiation	均匀散射辐射
landform classification	地形分类
latent heat flux	潜热通量
latent heat of vaporization of water	蒸发潜热

lateral flow	侧流
lattice	栅格
least visible route	最小可视路径
line of sight	观察视线
linear	线性
lines of convergent flow	汇水线
lines of divergent flow	分水线（散流线）
local moving window	局部移动窗口
log root mean square error, L-RMSE	对数中误差
long wave radiation	长波辐射
longitudal curvature	纵向曲率
longitudal section	纵断面
lower mid-slope	低中坡区
lumped transmittance approach	总体透射计算方法
Macroscale	宏尺度
manipulation and optimisation	处理优化
maximum curvature	最大曲率
maximum drop slope	最大坡降
maximum z-tolerance	最大 Z 容忍度
mean curvature	平均曲率
mean elevation	平均高程
mean error, ME	平均误差
Mesoscale	中尺度
Microscale	小尺度
mid-slope	中坡区
minimum curvature	最小曲率
minimum dispersion	最小的发散性
minimum influence by grid structure	最小格网结构影响
model generation	数字地形建模
Moran's I	莫兰指数 I
most visible route	最大可视路径
multilevel skeletonization	多级骨架化
multiple directions based on slope algorithm, MS	基于坡度的多流向法
multiple flow direction algorithm, MFD	多流向算法
Nanoscale	微观尺度
NDVI	植被指数

negative feedback	负向反馈
net deposition	净沉积
net erosion	净侵蚀
net lateral drainage flow	净排水侧流
net radiation	太阳净辐射
net solar radiation	太阳净辐射
non-cumulative slope length, NCSL	非累计流量
norm	模
normalisation	归一化
north side-slope	北边坡
nose-slope	山嘴坡
nugget effect	块金效应
outlet	汇聚点或出口
outlet point	集水出口点
parameters	参数
partial sill	基台值
pass	交线点
peak	凸点
percent target visible	目标可视百分比
percentage of elevation range	相对高程百分比
percentile	高程百分位
pit	凹点
plan convexity	平面凸度
plan curvature	平面曲率
plane	平地点
planform curvature	平面形状曲率
potential evapotranspiration	潜在总蒸发
potential solar radiation	潜在太阳辐射
precision	准确度
profile convexity	剖面凸度
profile curvature excess	剖面曲率差
profile curvature or vertical curvature	剖面曲率
quasi-dynamic topographic wetness index	准动态地形湿度指数
rainfall excess	降水盈余
random eight-node, Rho8	随机八方向法

random four-node, Rho4	随机四方向法
range	变程
raster	栅格
ratio of cumulative visibility to core area visibility	累积可视性与核心区域可视性之比
ray tracing	光线跟踪法
regionalized variable	区域化变量
regression tree analysis	回归树分析
relative air mass	相对气团质量
relative root mean square error, R-RMSE	相对中误差
relief	起伏, 高差
representative error	描述误差
resolution	分辨率
Revised Universal Soil Loss Equation, RUSLE	改良通用土壤流失方程
ridge	山脊
ridge line	山脊线
ridge	山脊点
riparian	滨岸
robustness	健壮性
root mean square error, RMSE	中误差
roughness	起伏度(粗糙度)
routing algorithm	路径算法
runoff	径流
saturation excess	饱和盈余
saturation overland flow	饱和坡面流
scale	尺度
secondary topographic attributes	次生地形属性
second-order finite difference	二阶差分
sediment transportation capacity index	输沙能力指数
semivariance	半变异函数
semivariogram cloud	半变异方差云
sensible heat flux	可感热通量
shear stress	水流侵蚀切应力
sheet erosion	面状侵蚀
short wave radiation	太阳短波辐射
shoulder	山肩
side-slope	边坡

significance	重要度
sill	总基台值
simple and efficient matrix storage structure	简单有效的矩阵存储结构
simple difference	简单差分
single flow direction algorithm, SFD	单流向算法
sink or local depression	局部洼地
sink	洼地
slope	坡度
slope length	坡长
slope of cumulative visibility	累积可视性坡度
soil heat flux	土壤热通量
Soil Land Inference Model, SoLIM	土壤景观模型
soil organic carbon, SOC	土壤有机碳
Soil Similarity Vector, SSV	土壤相似性向量
soil-landscape unit	土壤景观单元
Soil-Terrain Model	土壤—地形模型
solar constant	太阳常数
south side-slope	南边坡
specific catchment area, SCA	单位汇水面积
spherical	球状
spurious sink	伪洼地
standard deviation, SD	标准差
standard deviation of elevation	高程标准差
Stefan-Boltzmann constant	斯蒂芬—波尔兹曼常数
stepped contour	阶梯状等高线
storage deficit	水量平衡差
stream	河流
stream networks	水系
stream power index	水流强度指数
stream tube	流管
subsurface stormflow	浅层地下流
sub-watershed	子流域
summit	山顶
surface emissivity	地面辐射系数
swath profile	高程条带
tangential curvature	正切曲率
target point	目标点
temperature lapse rates	温度递减率

terrace	台地
terrain position	地形部位
texture	地形纹理
Economic and Social Research Council, ESRC	经济与社会研究委员会(英国)
Institute for Aerospace Survey and Earth Sciences, ITC	航天与地球科学学院(荷兰)
third-order finite difference	三阶不带权差分
third-order finite difference weighted by reciprocal of distance	三阶反距离权差分
third-order finite difference weighted by reciprocal of squared distance	三阶反距离平方权差分
time complexity	时间复杂度
toe-slope	趾坡
topographic index	地形指数
topographic soil wetness index	地形土壤湿度指数
Topographic Wetness Index	地形湿度指数
Toposcale	地形尺度
total accumulation curvature	全累计曲率
total catchment area, TCA	流域面积(汇水面积)
total curvature	全曲率
total Gaussian curvature	全高斯曲率
total ring curvature	全环曲率
transmissivity	土壤透水性
transmissivity lapse rate	透射递减率
transportation capacity	搬运能力
trend surface	趋势面
Triangulated Irregular Network, TIN	不规则三角网
Uncertainty	不确定性
uniform rainfall excess	均匀降雨盈余
Universal Soil Loss Equation, USLE	通用土壤流失方程
unsphericity curvature	非球形曲率
upper mid-slope	上中坡区
upslope area	上坡面积
upslope catchment area	上游汇水面积
upslope length	坡长
upslope slope	上坡坡度
US Geological Service, USGS	美国地质调查局

valley	山谷
valley bottom	谷底
valley line	山谷线
valley	山谷点
vegetation sensitivity	植被敏感度
vertical convexity	垂直凸度
vertical curvature excess or profile curvature excess	剖面曲率差
vertical profile	地形剖面
Very Important Points, VIP	重要点
viewing azimuth	观察角度
viewing radius	观察半径
viewpoint	观察点
viewshed	可视域
viewshed analysis	可视域分析
visibility	地形可视性(地形通视性)
visibility analysis	地形可视性分析
visibility surfaces	可视表面
watershed	流域
watershed boundary	流域边界
watershed partition	流域分割
wetness	湿度
wireframe	线框透视图或线框模型
zenith angle	天顶角

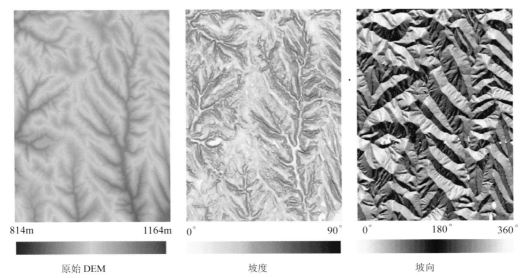

814m   1164m   0°   90°   0°   180°   360°

原始 DEM   坡度   坡向

彩图 1   基于 DEM 的坡度坡向计算示例

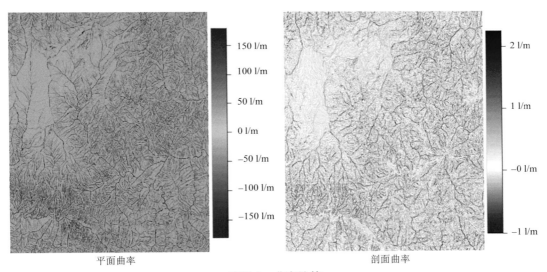

平面曲率   剖面曲率

彩图 2   曲率计算

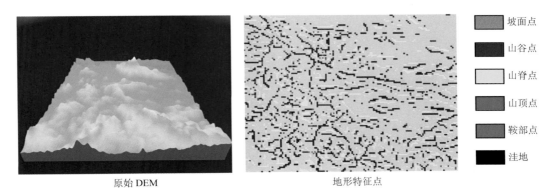

原始 DEM   地形特征点

	坡面点
	山谷点
	山脊点
	山顶点
	鞍部点
	洼地

彩图 3   格网 DEM 地形特征分类

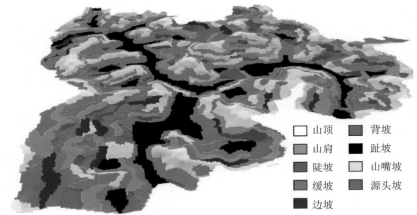

□ 山顶	■ 背坡
■ 山肩	■ 趾坡
■ 陡坡	□ 山嘴坡
■ 缓坡	■ 源头坡
■ 边坡	

彩图 4　地形部位分类结果示意图

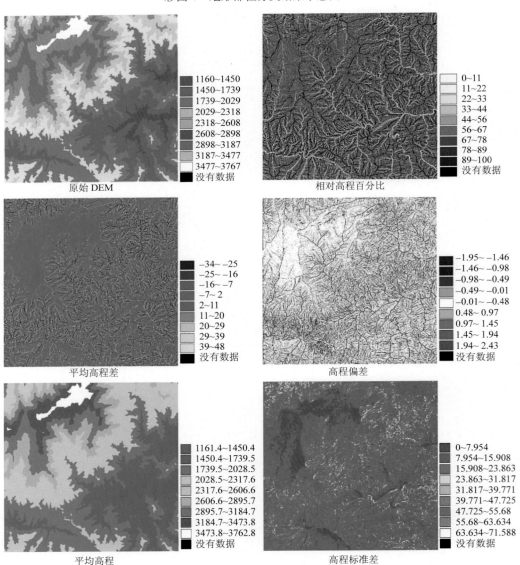

彩图 5　DEM 高程数据统计分析

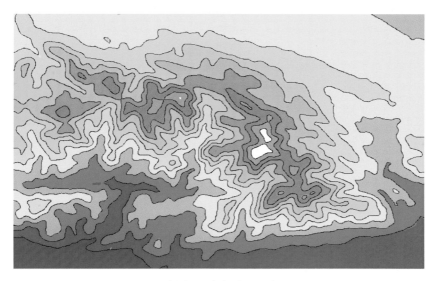

彩图 6　高程分层设色

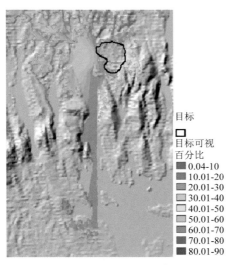

目标

□ 目标可视
百分比
■ 0.04-10
■ 10.01-20
■ 20.01-30
□ 30.01-40
□ 40.01-50
□ 50.01-60
■ 60.01-70
■ 70.01-80
■ 80.01-90

彩图 7　目标可见百分比 (Caldwell et al., 2003)

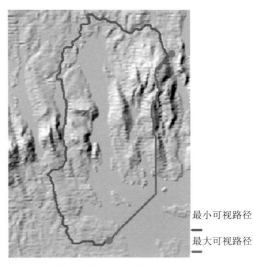

最小可视路径

最大可视路径

彩图 8　最小—最大可视路径 (Caldwell et al., 2003)

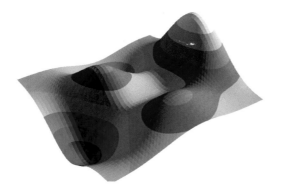

彩图 9　颜色纹理

彩图 10　（农田）照片纹理

彩图 11　影像纹理

彩图 12　象征纹理

DEM+ 扫描地形图

航空正射影像 +DEM+ 等高线

遥感正射影像 +DEM

地物 +DEM

彩图 13　地形景观模型